高等学校应用型本科“十三五”规划教材

# 电气控制与PLC应用技术

主　编　赵　晶

副主编　关健生

参　编　孔祥松　杨贵志　仲训杲　张哲铭

西安电子科技大学出版社

## 内 容 简 介

本书面向当今控制技术和工程实际应用，在注重学生知识面拓宽的同时，突出他们工程应用能力的培养。

本书分为三个部分，共 10 章。第一部分(第 1、2 章)介绍常用低压电器的基础知识、电气控制线路的设计方法以及常用的典型控制线路。第二部分(第 3～9 章)以国内广泛使用且具有很高性价比的三菱公司 $FX_{2N}$ 系列 PLC 为主要对象，适当增加了 $FX_{1N}$ 和 $FX_{2N}$ 升级版 $FX_{3G}$、$FX_{3U}$ 系列 PLC 的内容，介绍了 PLC 的软硬件结构、工作原理、功能和特点、分类和指标、编程语言、开发软件、系统配置、指令系统等内容，并从工程应用出发，详细介绍了指令系统的编程技巧和编程实例、PLC 控制系统的设计方法等，还介绍了 PLC 与变频器、触摸屏、组态软件相结合的设计及其综合应用案例。为了配合职业技能的训练，本书第三部分(第 10 章)重点介绍了可编程序控制系统设计师职业资格考试和考试大纲。为了便于学习，各章后配有适量的习题。

本书不仅可作为高等学校本科自动化、电气工程、电子信息、机电一体化及相关专业的教材，也可作为工程技术人员的自学用书或职业技能考试的培训教材。

**图书在版编目(CIP)数据**

**电气控制与 PLC 应用技术**/赵晶主编. —西安：西安电子科技大学出版社，2017.1

高等学校应用型本科“十三五”规划教材

ISBN 978-7-5606-4329-8

Ⅰ. ① 电…　Ⅱ. ① 赵…　Ⅲ. ① 电气控制　② PLC 技术　Ⅳ. ① TM571.2　② TM571.6

**中国版本图书馆 CIP 数据核字(2016)第 325805 号**

策　　划　秦志峰

责任编辑　秦志峰

出版发行　西安电子科技大学出版社(西安市太白南路 2 号)

电　　话　(029)88242885　88201467　　邮　　编　710071

网　　址　www.xduph.com　　电子邮箱　xdupfxb001@163.com

经　　销　新华书店

印刷单位　陕西天意印务有限责任公司

版　　次　2017 年 1 月第 1 版　2017 年 1 月第 1 次印刷

开　　本　787 毫米×1092 毫米　1/16　印　张　18

字　　数　421 千字

印　　数　1～3000 册

定　　价　36.00 元

ISBN 978-7-5606-4329-8/TM

**XDUP　4621001-1**

***如有印装问题可调换***

# 西安电子科技大学出版社

# 高等学校应用型本科“十三五”规划教材

# 编审专家委员会名单

杨光松(集美大学信息工程学院副院长、教授)
苏世栋(运城学院物理与电子工程系副主任、副教授)
沈汉鑫(厦门理工学院光电与通信工程学院副院长、副教授)
钮王杰(运城学院机电工程系副主任、副教授)
唐德东(重庆科技学院电气与信息工程学院副院长、教授)
谢　东(重庆科技学院电气与信息工程学院自动化系主任、教授)
湛腾西(湖南理工学院信息与通信工程学院教授)
楼建明(宁波工程学院电子与信息工程学院副院长、副教授)

**计算机大组**

**组　长:** 刘黎明(兼)

**成　员:** (成员按姓氏笔画排列)

毕如田(山西农业大学资源环境学院副院长、教授)
向　毅(重庆科技学院电气与信息工程学院院长助理、教授)
刘克成(南阳理工学院计算机学院院长、教授)
李富忠(山西农业大学软件学院院长、教授)
何明星(西华大学数学与计算机学院院长、教授)
张晓民(南阳理工学院软件学院副院长、副教授)
范剑波(宁波工程学院理学院副院长、教授)
赵润林(山西运城学院计算机科学与技术系副主任、副教授)
黑新宏(西安理工大学计算机学院副院长、教授)
雷　亮(重庆科技学院电气与信息工程学院计算机系主任、副教授)

# 前　言

可编程控制器(Programmable Logic Controller，PLC)，是以微处理器为基础，综合了计算机技术、自动控制技术和通信技术发展起来的一种新型工业控制装置。它具有控制功能强、可靠性高、使用灵活方便、易于扩展、通用性强等一系列优点，不仅可以取代传统的继电器控制系统，还可以进行复杂的生产过程控制和应用于工厂自动化网络，已跃居工业生产三大支柱的首位，被广泛应用于各种生产机械和生产过程的自动控制中。

本书在编写时力求由浅入深、理论与工程结合、强化应用，安排了电气控制与可编程控制器两大部分内容。电气控制部分以应用最为广泛的继电接触器控制为主；可编程控制器部分以当今工业自动化领域具有代表性的 PLC 产品——三菱 $FX_{2N}$ 系列 PLC 为主，适当增加了 $FX_{1N}$ 和 $FX_{2N}$ 升级版机型 $FX_{3G}$、$FX_{3U}$ 系列 PLC 的内容。本书在拓宽理论知识的同时，突出工程实际的应用。

本书共 10 章。第 1 章介绍常用低压电器的结构原理、工作特性和选用原则，使学生能正确选用、安装、检测和维修常用低压电器；第 2 章着重讲解基本电气控制线路，使学生掌握设计、分析电气控制线路的基本方法，培养解决工程实际问题的能力；第 3 章主要介绍 PLC 的基础知识、编程语言及开发软件，让学生建立对 PLC 的基本认识；第 4 章介绍三菱 PLC 的系统配置，为后续的指令系统学习奠定基础；第 5 章介绍三菱 FX 系列 PLC 的基本逻辑指令及其编程技巧和工程实例，以熟练掌握基本指令的实际应用；第 6 章介绍 PLC 步进顺序控制指令、顺序编程思想和方法，旨在能应用 PLC 设计较为复杂的综合型控制系统和编写相关程序，培养学生的工程应用能力；第 7～9 章为 PLC 与变频器、触摸屏、组态软件相结合的综合应用，侧重解决工业应用过程中遇到的实际问题，从而培养学生的综合分析能力和解决问题能力；第 10 章与职业培训相结合，介绍了可编程序控制系统设计师职业资格考试及其大纲。书后附有相关的三级理论模拟试卷及参考答案。

书中设置了一些编程实例和工程案例，通过对例题的逐一讲解，力求将知识点和能力点相结合。借助一个机型的详细介绍，达到举一反三的目的，既便于组织教学，又便于读者自学。每章后都提供适量的习题，以供读者练习。

本书由厦门理工学院赵晶担任主编，厦门理工学院关健生担任副主编。本书的具体编写分工为：赵晶老师和关健生老师合编了第 1 章，赵晶老师编写了第 2～5 章，杨贵志老师编写了第 6 章，仲训皋老师编写了第 7 章，孔祥松老师编写了第 8 章，关健生老师和孔祥松老师合编了第 9 章，关健生老师编写了第 10 章。赵晶老师负责全书内容的规划和统稿。

作者在编写过程中参考了其他教材和相关厂家的资料，同时本书获得了厦门理工学院教材出版基金的资助，在此一并致以衷心的感谢。

由于编者水平有限，加之受到设备条件的限制，书中难免有疏漏和不妥之处，敬请读者批评指正。

编　者

2016年10月

# 目　录

# 第 1 章　常用低压电器

本章主要通过对常用低压电器的结构、工作原理、用途、型号、规格及符号等知识的介绍，使读者掌握正确选用、安装、检测和维修常用低压电器的方法。

## 1.1　低压电器的基础知识

电器是所有电工器械的简称。凡是根据外接特定的信号和要求，自动或手动接通或断开电路，断续或连续改变电路参数，实现对电路或非电对象的切换、控制、保护、检测和调节作用的电气设备，统称为电器。电器的种类有很多，低压电器只是电器中的一类。

### 1.1.1　低压电器的定义

根据我国现行标准规定，工作在交流 50 Hz(或 60 Hz)、额定电压 1200 V 以下或直流额定电压 1500 V 以下的电路，起通断、控制、保护与调节等作用的电器称为低压电器。

### 1.1.2　低压电器的分类

低压电器的功能多、用途广、品种规格繁多，为了系统地掌握，必须加以分类。

#### 1. 按动作特点分类

(1) 手动电器：由操作人员手动发出动作指令或依靠机械力进行操作的电器，如刀开关、按钮等。

(2) 自动电器：不需要人工操作，按照电信号或非电信号自动完成接通、分断电路任务的电器，如接触器、继电器、电磁阀等。

#### 2. 按用途分类

(1) 控制电器：用于各种控制电路和控制系统，实现特定控制目的的电器，如接触器、继电器、电动机启动器等。控制电器要求工作准确可靠、寿命长、操作频次高。

(2) 配电电器：用于电能的输送和分配的电器，如刀开关、低压断路器等。配电电器要求有足够的热稳定性和电稳定性，灭弧能力强、分断能力好，在系统产生故障的情况下，动作准确、可靠。

(3) 主令电器：用于自动控制系统中发送动作指令的电器，如按钮、万能转换开关、行程开关等。主令电器为系统提供了人机交互的手段。

(4) 保护电器：用于保护电路、用电设备和人身安全的电器，如熔断器、热继电器、避雷器等。

(5) 执行电器：用于完成某种动作或传送功能的电器，如电磁铁、电磁离合器等。

**3. 按工作原理分类**

(1) 电磁式电器：依据电磁感应原理来工作的电器，如交直流接触器、各类电磁式继电器等。

(2) 非电量控制电器：利用外力或某种非电物理量的变化而动作的电器，如刀开关、速度继电器、压力继电器、温度继电器等。

## 1.1.3 低压电器的组成

低压电器中大部分为电磁式电器，各类电磁式电器的工作原理和构造基本相同，是由检测部分和执行部分组成的。其中，检测部分为电磁机构，执行部分为触点系统。

**1. 电磁机构**

1) 电磁机构的作用

电磁机构又称为磁路系统，其主要作用是将电磁能转换为机械能，并带动触点动作，从而接通或断开电路。

2) 电磁机构的结构及工作原理

电磁机构主要由动铁芯(衔铁)、静铁芯和电磁线圈三部分组成。按照衔铁的运动方式可以分为拍合式和直动式，图 1-1(a)和图 1-1(b)所示的是拍合式和直动式电磁机构常用的几种结构形式。

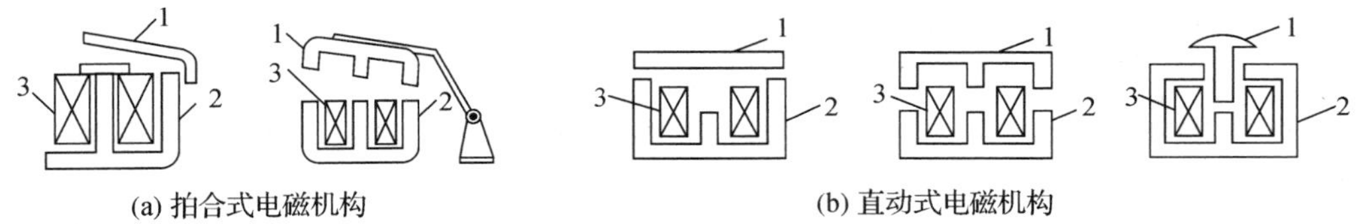


(a) 拍合式电磁机构　　(b) 直动式电磁机构

1—衔铁；2—铁芯；3—电磁线圈

图 1-1　电磁机构常用的结构形式

电磁机构的工作原理：当电磁线圈通电后，线圈电流产生磁场，衔铁获得足够的电磁吸力，克服弹簧的反作用力，产生位移使衔铁与静铁芯吸合。衔铁复位时，复位弹簧将衔铁拉回原位。

3) 交流电磁系统的短路环

在单相交流电磁机构中，由于通的是交变的电流，所以磁通 $\Phi$ 也是交变的。当磁通 $\Phi$ 过零时，电磁吸力消失，衔铁在弹簧作用下被拉开或有被拉开的趋势；磁通 $\Phi$ 过零后电磁吸力又增大，当吸力大于反作用力时，衔铁被吸合。于是，在交流电流的作用下，衔铁产生强烈的振荡和噪声，甚至使铁芯松散。

为避免因线圈中交流电流过零时磁通过零造成衔铁抖动，需在交流电磁机构铁芯的端部开槽，嵌入一个铜制的短路环以消除振动，确保衔铁的可靠吸合，如图 1-2 所示。

安装短路环后，气隙磁通 $\Phi$ 被分为两个部分，一个部分是不穿过短路环的磁通 $\Phi_1$，另一个部分是穿过短路环的磁通 $\Phi_2$。根据电磁感应定律，磁通 $\Phi_2$ 在相位上滞后 $\Phi_1$ 约 90° 电角度，两相磁通不会同时过零。$\Phi_1$ 与 $\Phi_2$ 产生的吸力 $f_1$ 与 $f_2$ 共同作用在衔铁上，产生合成电磁吸力 $F$。由于电磁吸力与磁通的平方成正比，$F$ 较为平坦，因此只要吸力始终大于反力，衔铁的振荡现象就会消失。

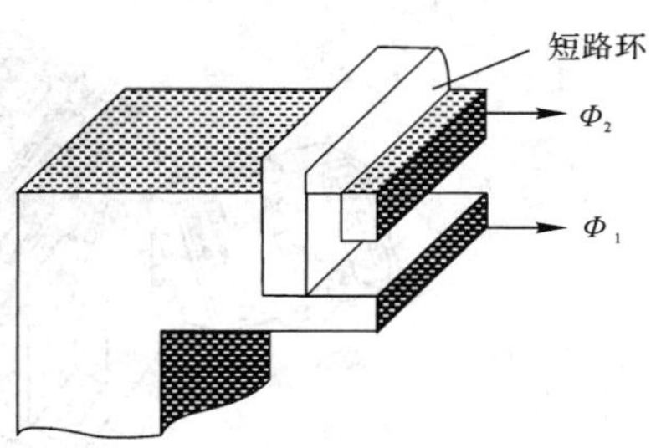


图 1-2　交流电磁铁的短路环

**2. 触点系统**

1) 作用

触点是有触点电器的执行部分，通过触点的闭合、断开来控制电路的通、断。

2) 结构与分类

触点按照非激励状态可以分为常开触点和常闭触点。非激励状态即线圈未通电状态，此时如果触点断开，在线圈通电后才闭合的称为常开触点；反之，称为常闭触点。

触点按照其结构形式分类，有桥式触点和指式触点两种。点接触的桥式触点如图 1-3(a)所示，适用于电流不大且触点压力较小的场合；面接触的桥式触点如图 1-3(b)所示，适用于电流较大的场合；指式触点如图 1-3(c)所示，其接触区域为一直线，触点在接通和断开时产生的滚动摩擦可以去除表面的氧化膜，适用于触点分断次数较多、电流较大的场合。

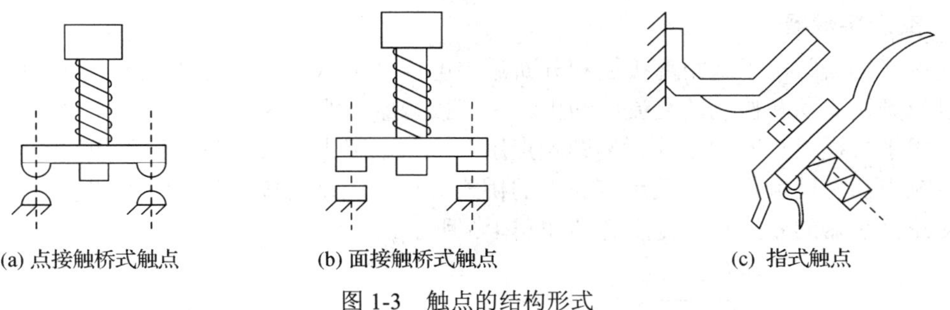

(a) 点接触桥式触点　(b) 面接触桥式触点　(c) 指式触点

图 1-3　触点的结构形式

# 1.2 接　触　器

接触器是机床电气控制系统中使用量较大、涉及面较广的一种低压控制电器，它可以用来频繁地接通和分断交直流主回路及大容量控制电路。大多数情况下，其主要控制对象是电动机，也可以用于其他电力负载，如电热器、电焊机、电炉变压器等。接触器不仅可以自动地接通、断开电炉，还可以实现远距离控制，并具有欠(零)电压保护。接触器在电气控制系统中应用非常广泛。

## 1.2.1 接触器的结构和工作原理

接触器主要由电磁系统、触点系统和灭弧装置组成，外观结构如图 1-4(a)所示，内部结构如图 1-4(b)所示。

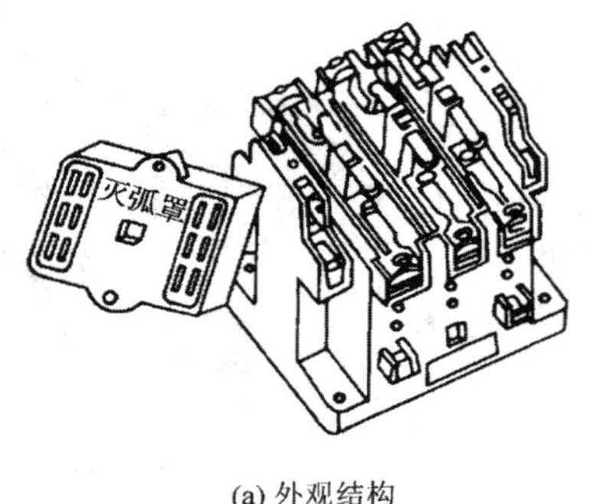


(a) 外观结构

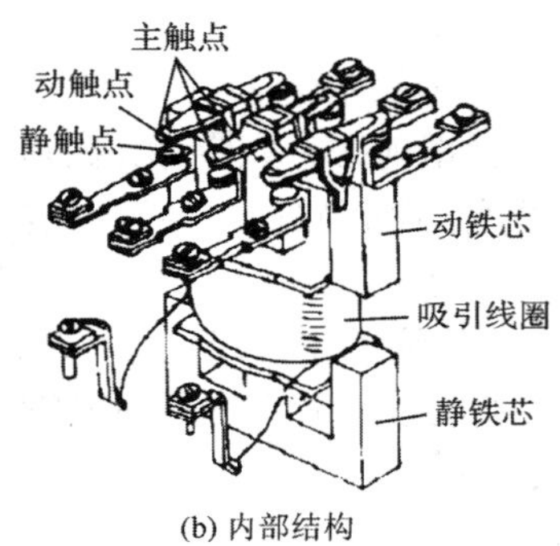


(b) 内部结构

图 1-4　接触器的外观和内部结构

对于电磁式的接触器来说，其工作原理与电磁式电器的工作原理是相同的，即当电磁线圈通电后，线圈电流产生磁场，使静铁芯产生电磁吸力吸引衔铁，并带动触点动作，使常闭触点断开，常开触点闭合，两者是联动的。当电磁线圈断电时，电磁力消失，衔铁在松开弹簧的作用下释放，使触点复原，即常开触点断开，常闭触点闭合。

## 1.2.2　交、直流接触器

按照接触器主触点所控制主电路电流的种类，接触器可以分为交流接触器和直流接触器。

### 1. 交流接触器

交流接触器常用于远距离接通和分断额定电压至 1140 V、额定电流至 630 A 的交流电路，以及频繁启动和控制的交流电动机。交流接触器一般有 3 对主触点和 4 对辅助触点。主触点用于接通或分断主电路，辅助触点用在控制电路中，具有常闭触点和常开触点各 2 对。主触点和辅助触点一般采用双断点的桥式触点，电路的接通和分断由两个触点共同完成。交流接触器的外形和结构示意图如图 1-5 所示。

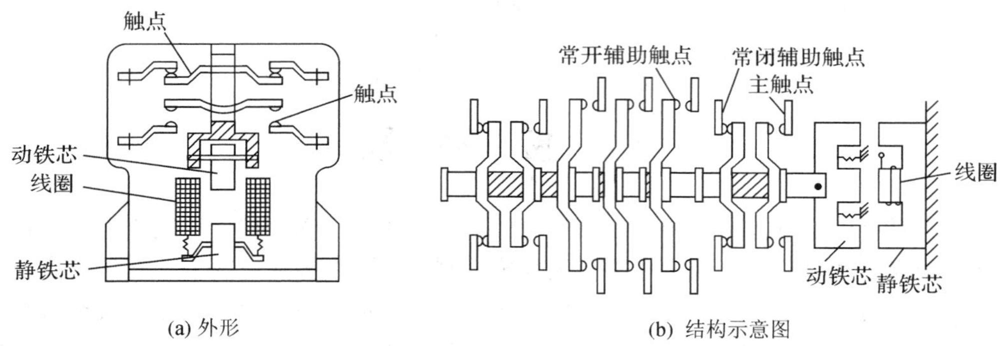


(a) 外形　　(b) 结构示意图

图 1-5　交流接触器

当交流接触器的吸引线圈通电后，电磁系统即把电能转换为机械能，所产生的电磁吸力克服反作用弹簧与触点弹簧的反作用力，使铁芯吸合，并带动触点支架使动合触点接触闭合、动断触点分断，接触器处于得电状态。当吸引线圈失电或电压显著下降时，由于电磁吸力消失或过小，使衔铁释放，在恢复弹簧的作用力下，衔铁和所有触点都恢复常态，接触器处于失电状态。

当交变磁通穿过铁芯时，将会产生涡流和磁滞损耗，使铁芯发热。为减少铁损，铁芯可采用硅钢片冲压而成；为便于散热，线圈可做成短而粗的圆筒状绕在骨架上；为防止交变磁通使衔铁产生强烈的振动和噪声，在交流接触器铁芯端面上都安装一个铜制的短路环。交流接触器的灭弧装置通常采用灭弧罩和灭弧栅。

**2. 直流接触器**

直流接触器主要用于远距离接通和分断额定电压 440 V、额定电流 600 A 的直流电路，如频繁地使直流电动机启动、停止、反转和反接制动等。直流接触器的结构和工作原理基本与交流接触器相同，它也是由铁芯、线圈、衔铁、灭弧装置等部分组成的。所不同的是，除触点电流和线圈电压为直流外，其触点大部分采用滚动接触的指式触点，辅助触点则采用点接触的桥式触点。铁芯由整块钢或铸铁制成，线圈制成长而薄的圆筒形。为保证衔铁可靠释放，常在铁芯与衔铁之间垫有非磁性垫片。由于直流电弧不像交流电弧有自然过零点，所以更难熄灭，因此，直流接触器常采用磁吸式灭弧装置。

接触器的图形符号和文字符号如图 1-6 所示。

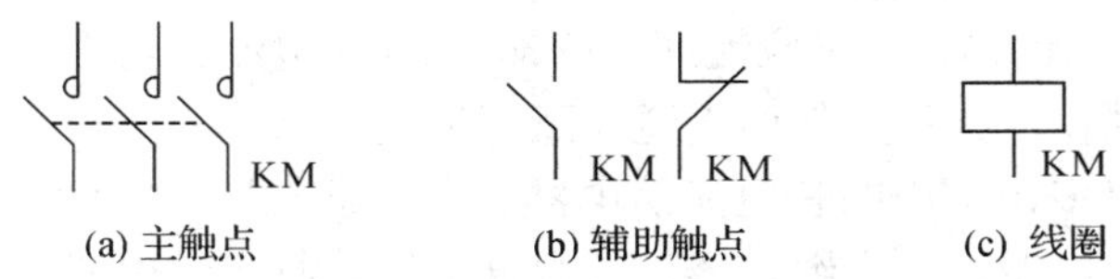


(a) 主触点　(b) 辅助触点　(c) 线圈

图 1-6　接触器的图形符号和文字符号

## 1.2.3　接触器的选择原则

在选择接触器时，应根据实际控制电路的要求和从其工作条件出发，主要考虑下列因素：

(1) 控制交流负载应选用交流接触器，控制直流负载应选用直流接触器。

(2) 接触器的使用类别应与负载性质相一致。

(3) 主触点的额定工作电压应大于或等于负载电路的电压。

(4) 主触点的额定工作电流应大于或等于负载电路的电流。

还要注意的是，接触器主触点的额定工作电流是在规定条件下(额定工作电压、使用类别、操作频率等)能够正常工作的电流值。当实际使用条件不同时，该电流值也将随之改变。

对于电动机负载，可按下列经验公式计算：

$$I_{\mathrm{C}} = \frac{P_{\mathrm{N}} \times 10^3}{KU_{\mathrm{N}}} \tag{1.1}$$

式中：$I_{\mathrm{C}}$ 为接触器主触点电流(A)；$P_{\mathrm{N}}$ 为电动机的额定功率(kW)；$U_{\mathrm{N}}$ 为电动机的额定电压(V)；$K$ 为经验系数，一般取 1～1.4。

(5) 吸引线圈的额定电压应与控制回路的电压相一致，接触器在线圈额定电压的 85%及以上时才能可靠地吸合。

(6) 主触点和辅助触点的数量应能满足控制系统的需要。

## 1.2.4　接触器使用注意事项

接触器在使用时应注意以下事项：

(1) 因为分断负荷时有火花和电弧产生，开启式的接触器不能用于易燃、易爆的场所和导电性粉尘多的场所，也不能在无防护措施的情况下在室外使用。

(2) 使用接触器时，应注意触点和线圈是否过热，三相主触点一定要保持同步动作，分断时电弧不得太大。

(3) 交流接触器在控制电机或线路时，必须与过电流保护器配合使用，接触器本身无过电流保护性能。

(4) 短路环和电磁铁吸合面要保持完好、清洁。

(5) 接触器安装在控制箱或防护外壳内时，由于散热条件差，环境温度较高，应适当降低容量使用。

# 1.3 继 电 器

继电器主要在控制电路和保护电路中作信号转换用，它具有输入电路(又称感应元件)和输出电路(又称执行元件)。当感应元件中的输入量(如电流、电压、温度、压力等)变化到某一定值时继电器动作，执行元件便接通和断开控制回路。

继电器的种类繁多，常用的有电流继电器、电压继电器、中间继电器、时间继电器、热继电器以及温度继电器、压力继电器、计数继电器、频率继电器等。

电压继电器、电流继电器和中间继电器属于电磁式继电器，其结构、工作原理与电磁式接触器相似，由电磁系统、触点系统和释放弹簧等组成。由于继电器可以用于控制电路，流过触点的电流较小，所以不需要灭弧装置。

## 1.3.1 电流继电器

电流继电器的线圈串接在被测量电路中，以反映电路电流的变化。为了不影响电路工作情况，电流继电器线圈匝数少，导线粗，线圈阻抗小，这样通过电流时电流继电器的压降就较小，在不影响负载电路电流的情况下，仍可获得需要的磁动势。电流继电器有欠电流继电器和过电流继电器两类。欠电流继电器的吸引电流为线圈额定电流的 30%～65%，释放电流为额定电流的 10%～20%。因此，在电路正常工作时，衔铁一直是吸合状态。只有当电流降低到某一整定值时，继电器释放，输出信号。过电流继电器在电路正常工作时不动作，当电流超过某一整定值时才动作，整定值的范围通常为 1.1～4.0 倍额定电流。

在机床电气控制系统中，电流继电器主要根据主电路的电流种类和额定电流来选择。

电流继电器的图形符号和文字符号如图 1-7 所示。电流继电线圈中用 $I>$(或 $I<$)表示过电流(或欠电流)继电器。

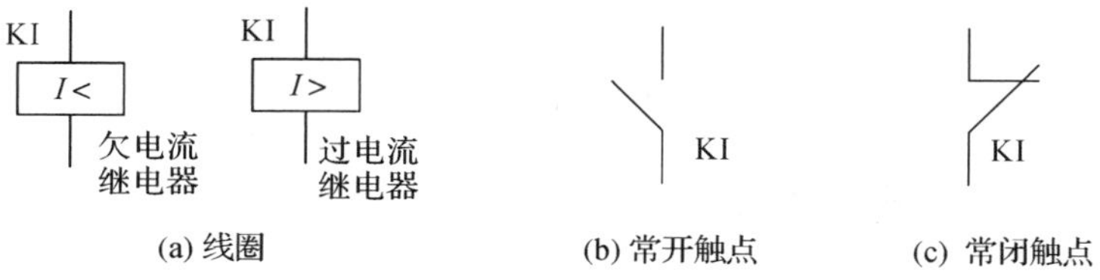


图 1-7　电流继电器的图形符号和文字符号

## 1.3.2　电压继电器

电压继电器的结构与电流继电器相似，不同的是电压继电器线圈为并联的电压线圈，所以匝数多、导线细、阻抗大。

电压继电器按动作电压值的不同，有过电压继电器、欠电压继电器和零电压继电器之分。过电压继电器在电压为额定电压的 110%～115%以上时有保护动作；欠电压继电器在电压为额定电压的 40%～70%时有保护动作；零电压继电器在电压降至额定电压的 5%～25%时有保护动作。

电压继电器的图形符号和文字符号如图 1-8 所示。电压继电线圈中用 $U$<(或 $U$>)表示欠电压(或过电压)继电器。

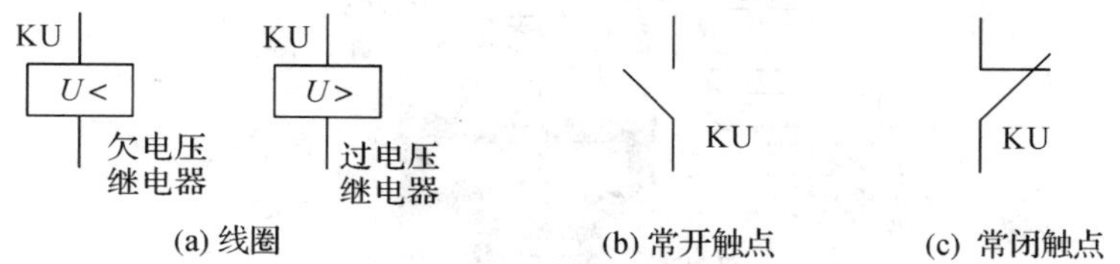


图 1-8　电压继电器的图形符号和文字符号

## 1.3.3　中间继电器

中间继电器实质上是电压继电器的一种，其触点数较多(有 6 对或更多)，触点电流容量较大，动作灵敏。其主要用途是当其他继电器的触点数或触点容量不够时，可借助中间继电器来扩大它们的触点数或触点容量，从而起到中间转换的作用。此外，中间继电器还可以作为信号传递、互锁、隔离等作用。

中间继电器主要依据被控制电路的电压等级，触点的数量、种类及容量来选用。机床上常用的中间继电器有交流中间继电器和交直流两用中间继电器。

中间继电器的图形符号和文字符号一般是相同的，如图 1-9 所示。

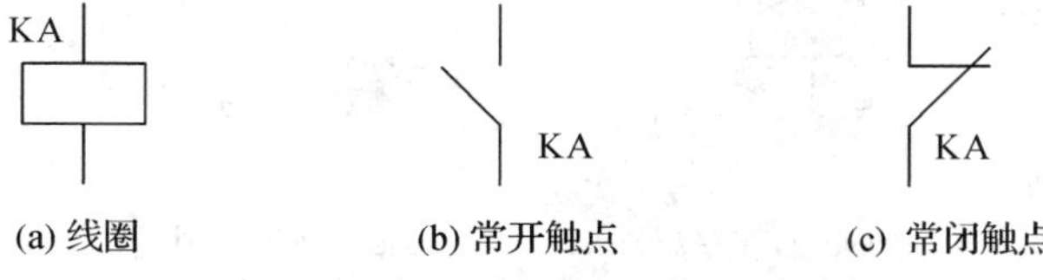


图 1-9　中间继电器的图形符号和文字符号

## 1.3.4　时间继电器

时间继电器是一种用来实现触点延时接通或断开的控制电器，按其动作原理与构造的不同，可分为电磁式、空气阻尼式、电动式和晶体管式等类型。机床控制线路中应用较多的是空气阻尼式时间继电器。

空气阻尼式时间继电器是利用空气阻尼的原理获得延时的，它通常由延时机构、电磁机构和触点系统组成。电磁机构为双 E 直动式，触点系统借用 LX5 型微动开关，延时机构采用气囊式阻尼器。电磁机构可以是直流的，也可以是交流的；既有通电延时型，又有断

电延时型。当衔铁位于铁芯和延时机构之间时，为通电延时型；当铁芯位于衔铁和延时机构之间时，为断电延时型。

图 1-10 是 JS7-A 通电延时型时间继电器。工作时，线圈通电，动静铁芯吸合，活塞杆在塔形弹簧的作用下带动活塞和橡皮膜缓慢向上移动，经过一段时间延时后，杠杆压动延时开关动作，常开触点闭合，常闭触点断开起到通电延时作用。线圈断电，动静铁芯释放，空气通过单向阀迅速被排掉，瞬时延时触点系统迅速复位，不延时。

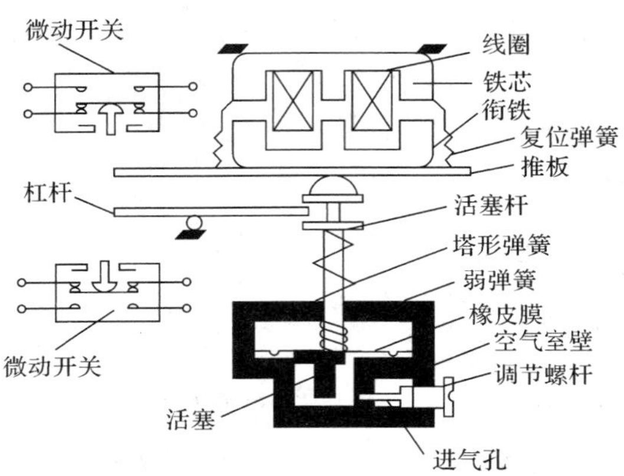


图 1-10 JS7-A 空气阻尼式通电延时型时间继电器

随着半导体技术特别是集成电路技术的进一步发展，电子式时间继电器在时间继电器中已成为主流产品。电子式时间继电器是采用晶体管或集成电路和电子元件等构成的。电子式时间继电器具有延时范围广、精度高、体积小、耐冲击、耐振动、调节方便及寿命长等优点，所以发展很快，应用较广泛。

时间继电器主要是根据控制回路所需要的延时触点的延时方式、瞬时触点的数目以及使用条件来选择的。线圈(或电源)的电流种类和电压等级应与控制电路相同。触点数量和容量不够时，可用中间继电器进行扩展。

时间继电器的图形符号和文字符号如图 1-11 所示。

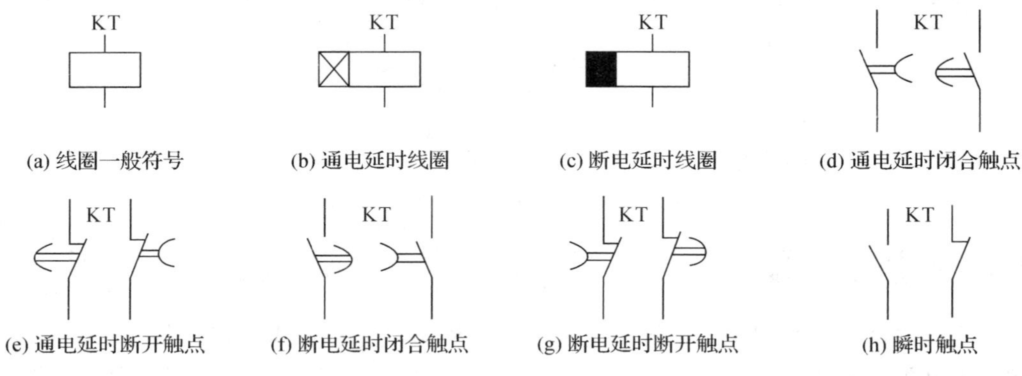


图 1-11 时间继电器的图形符号和文字符号

## 1.3.5 热继电器

热继电器是利用电流的热效应原理来保护设备，使器件免受长期过载的危害。它主要

用于电动机的过载保护、断相保护、三相电流不平衡运行的保护及其他电气设备发热状态的控制。热继电器的外形、结构和原理图如图 1-12 所示。

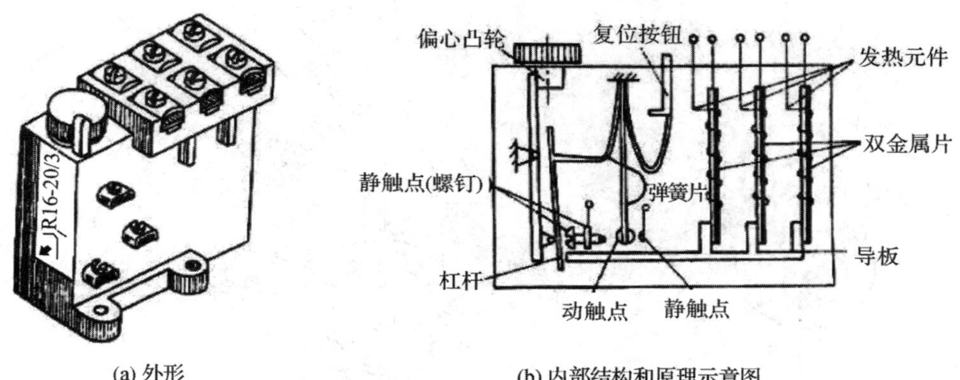


(a) 外形　　(b) 内部结构和原理示意图

图 1-12　热继电器的外形、结构和原理图

热继电器主要由发热元件、双金属片和触点系统三部分组成。当电动机过载时，流过热元件的电流增大，由于两片金属片的膨胀系数不同，热元件产生的热量会使双金属片产生弯曲，经过一定时间后，弯曲位移增大，推动板将常闭触点断开。常闭触点串接在电动机的控制电路中，控制电路断开使接触器的线圈断电，从而断开电动机的主电路。若要使热继电器复位，则只需按下复位按钮即可。

热继电器是根据热惯性原理动作的电器，当电路发生短路故障时，它不能立即动作使电路立即断开。因此，热继电器不能作短路保护。同理，在电动机启动或短时过载时，热继电器也不会动作，这可避免电动机不必要的停车。每一种电流等级的热元件，都有一定的电流调节范围，一般应调节到与电动机额定电流相等，以便更好地起到过载保护作用。

热继电器的选择主要根据电动机的额定电流来确定热继电器的型号及热元件的额定电流等级。

热继电器的图形符号和文字符号如图 1-13 所示。

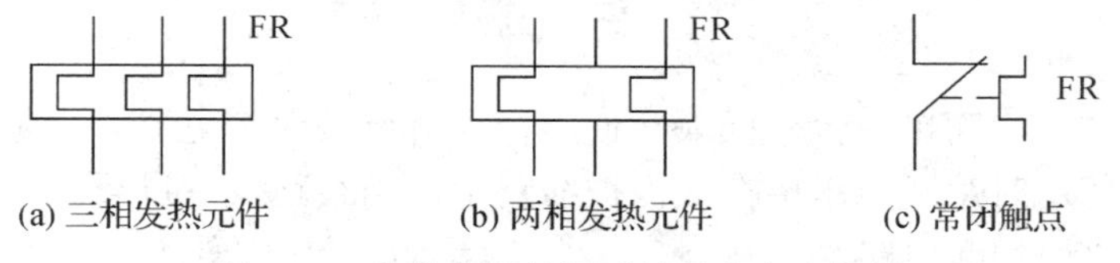


(a) 三相发热元件　　(b) 两相发热元件　　(c) 常闭触点

图 1-13　热继电器的图形符号和文字符号

## 1.3.6　速度继电器

速度继电器是根据电磁感应原理制成的，用于转速的检测，如用来在三相交流异步电动机反接制动转速过零时，自动断开反相序电源。因此，速度继电器又称为反接制动继电器。速度继电器常用于铣床和镗床的控制电路中。速度继电器的外形和结构如图 1-14 所示。

速度继电器主要由转子、圆环(笼形空心绕组)和触点三部分组成。转子由一块永久磁铁制成，与电动机同轴相联，用以接收转动信号。当转子(磁铁)旋转时，笼形绕组切割转子磁场产生感应电动势，形成环内电流，此电流与磁铁磁场相作用，产生电磁转矩，圆环在此力矩的作用下带动摆锤，克服弹簧力而顺转子转动的方向摆动，并拨动触点改变其通断状态(在摆锤左右各设一组切换触点，分别在速度继电器正转和反转时发生作用)。

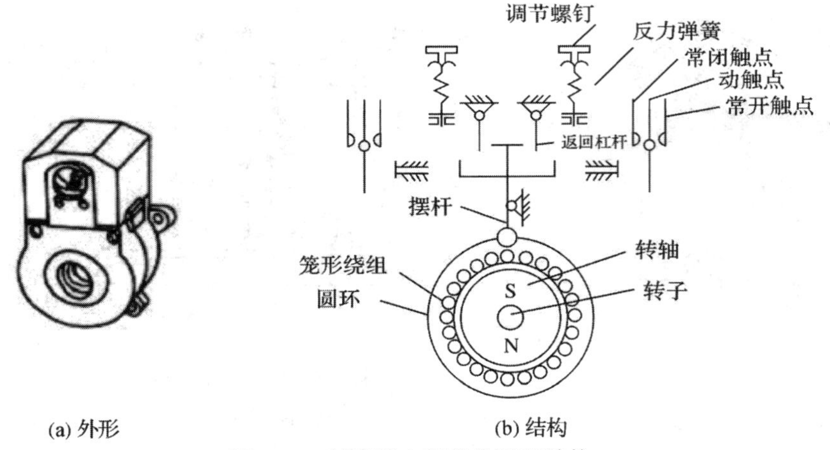


(a) 外形　　(b) 结构

图 1-14　速度继电器的外形和结构

速度继电器的动作转速一般不低于 120 r/min，复位转速约在 100 r/min 以下，工作时，允许的转速高达 1000～3600 r/min。

速度继电器的图形符号和文字符号如图 1-15 所示。

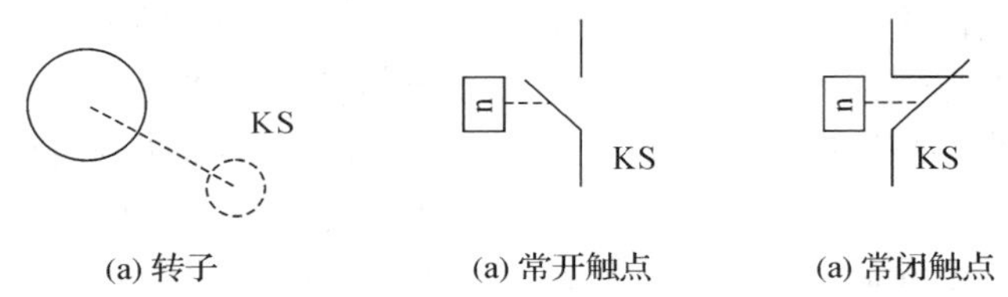


(a) 转子　　(a) 常开触点　　(a) 常闭触点

图 1-15　速度继电器的图形符号和文字符号

# 1.4　熔　断　器

熔断器是一种结构简单、价格低廉、使用极为普遍的保护电器。它是根据电流的热效应原理工作的。使用时熔断器串接在被保护线路中，当线路发生过载或短路时，熔体产生的热量使自身熔化而切断电路。

## 1.4.1　熔断器的结构和工作原理

### 1. 结构

熔断器主要由熔体和绝缘底座组成，熔体为丝状或片状。熔体材料通常有两种：一种是由铅锡合金和锌等低熔点金属制成，多用于小电流电路；另一种是由银、铜等高熔点金属制成，多用于大电流电路。

### 2. 工作原理

熔断器是根据电流热效应原理工作的。熔体的热量与通过熔体电流的平方及持续通电

时间成正比，即反时限特性或安秒特性，如图 1-16 所示。横坐标为熔体电流 $I$，纵坐标为熔化时间 $t$，$I_N$ 为熔断器额定电流。当电路短路时，电流很大，熔体急剧升温，立即熔断；当电路中的电流值等于熔体额定电流时，熔体不会熔断。所以，熔断器可用于短路保护。

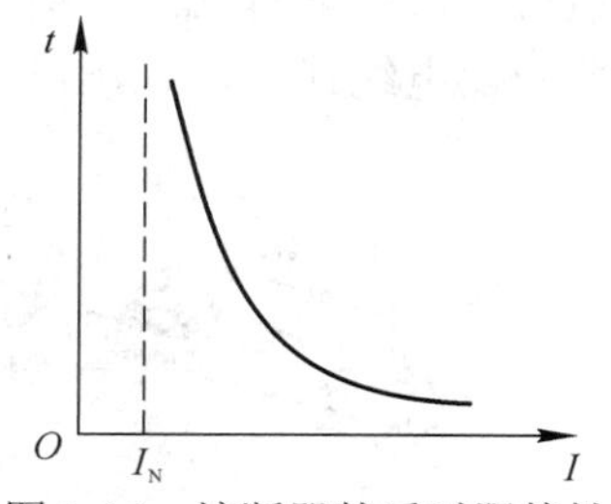


图 1-16　熔断器的反时限特性

由于熔体在用电设备过载时所通过的过载电流能积累热量，当用电设备发生严重过载时，熔体积累的热量也能使其熔断，但熔断器对一般的过载反应不灵敏。因此，熔断器只能用于严重过载的保护。

## 1.4.2　熔断器的分类

熔断器按支架结构形式可分为瓷插入式、螺旋塞式、无填料封闭管式和有填料密封管式四种类型。其中的填料是用石英砂作为材料，目的是增强其灭弧的能力。

### 1. 瓷插入式熔断器(RCIA 系列)

瓷插入式熔断器由瓷盖、瓷座、触点和熔丝四部分组成，如图 1-17 所示。它具有结构简单、价格便宜、易换熔丝等特点，但其熔断特性不稳定，熔断时有电弧外释现象。熔体材料主要是软铅丝和铜丝，瓷座和瓷盖共同构成灭弧室。

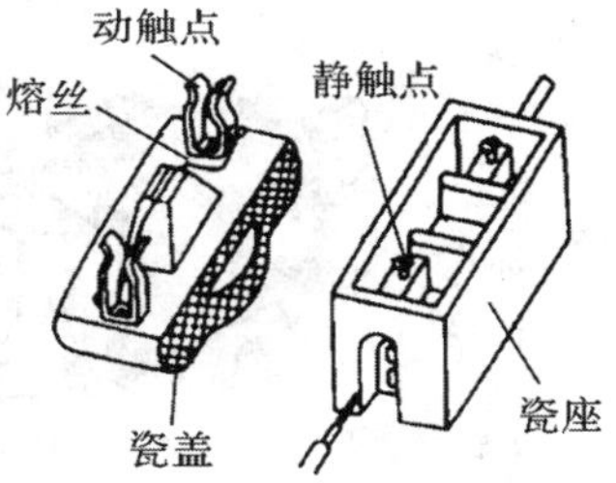

动触点
熔丝
静触点
瓷盖
瓷座

图 1-17　瓷插入式熔断器

这类产品主要用作低压分支电路的短路保护，一般用于交流 380 V 以下线路，且不振动的场合，作民用和工业用的电气设备和照明系统的短路保护，不宜用于较重要的场所，更应禁止在易爆的环境中使用。

### 2. 螺旋塞式熔断器(RL1 系列)

螺旋塞式熔断器主要由瓷帽、熔体、瓷套、上下接线端及瓷座组成，如图 1-18 所示。熔体与瓷帽用弹性零件连成一体，熔体周围填有灭弧作用的石英砂，通过瓷帽面上的视孔，可看到熔体顶部的色点，色点掉落，说明熔丝已断，更换时只要取出已断熔体，换上同规格的熔体即可，安全方便。

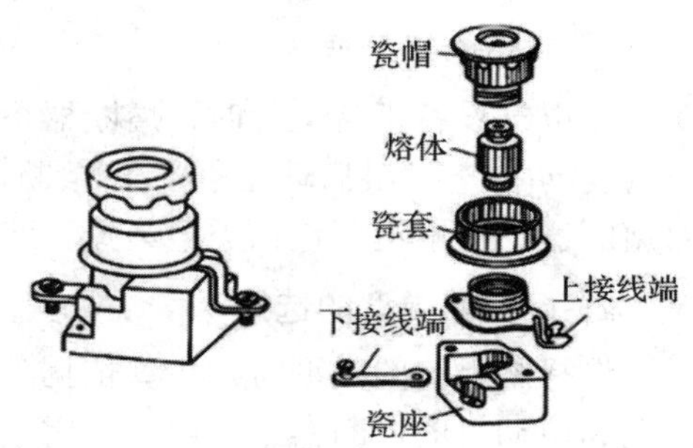


图 1-18　螺旋塞式熔断器

螺旋塞式熔断器主要用于工矿企业低压配电线路或机床电气控制电路中，作短路保护，多用于机床线路中作短路保护。

### 3. 无填料封闭管式熔断器(RM10 系列)

无填料封闭管式熔断器为可拆卸的熔断器，主要由熔管、熔体和底座等部分组成，如图 1-19 所示。熔体用锌片冲成不均匀的截面状，以利于短路保护时分断能力的提高。熔体熔断后，可将其从底座上拔下，拆开更换，使用方便。无填料封闭管式熔断器主要用于小容量的配电线路，在低压电力网络、配电设备中作短路保护。

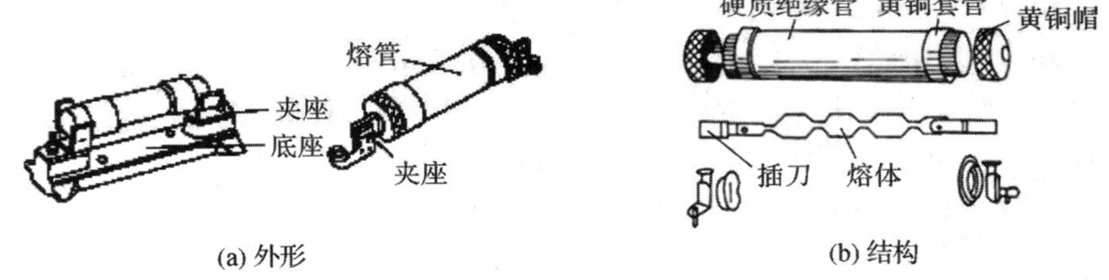


(a) 外形　　(b) 结构

图 1-19　无填料封闭管式熔断器

4. 填料密封管式熔断器(RT0 系列)

填料密封管式熔断器装有填充料(石英砂)，有熔断指示器，结构复杂，如图 1-20 所示。由于这种熔断器有填料及熔体的特殊结构，使它具有较强的灭弧能力和较高的分断能力，其最大分断电流可达 1250 A。

填料密封管式熔断器广泛应用于各种配电设备及较大短路电流的电力输配电网络中。

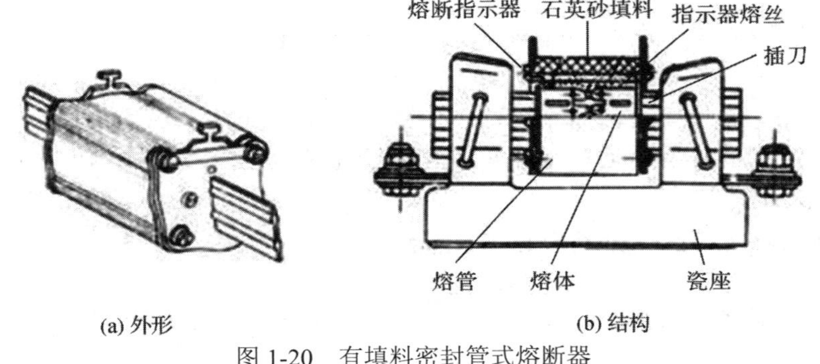


(a) 外形　　(b) 结构

图 1-20　有填料密封管式熔断器

## 1.4.3　熔断器的选择

1. 对熔断器的要求

在电气设备正常运行时，熔断器不应熔断；在出现短路时，应立即熔断；在电流发生正常变动(如电动机启动过程)时，熔断器不应熔断；在用电设备持续过载时，应延时熔断。对熔断器的选用主要包括类型选择和熔体额定电流的确定。

2. 熔断器类型的选择

选择熔断器的类型时，主要依据负载的保护特性和短路电流的大小。例如，用于保护照明和电动机的熔断器，一般是考虑它们的过载保护。这时，希望熔断器的熔化系数应适当小些。所以，容量较小的照明线路和电动机宜采用熔体为铅锌合金的 RCIA 系列熔断器，而大容量的照明线路和电动机，除过载保护外，还应考虑短路时分断短路电流的能力。若短路电流较小，可采用熔体为锡质的 RCIA 系列或熔体为锌质的 RM10 系列熔断器。用于车间低压供电线路的保护熔断器，一般是考虑短路时的分断能力。当短路电流较大时，宜采用具有高分断能力的 RL1 系列熔断器；当短路电流相当大时，宜采用有限流作用的 RT0

系列熔断器。

**3. 熔断器的额定电压**

熔断器的额定电压要大于或等于电路的额定电压。

**4. 熔断器的额定电流**

熔断器的额定电流要依据负载情况来选择。

(1) 电阻性负载或照明电路，这类负载启动过程很短，运行电流较平稳，一般按负载额定电流的 1～1.1 倍选用熔体的额定电流，进而选定熔断器的额定电流。

(2) 电动机等感性负载，这类负载的启动电流为额定电流的 4～7 倍，一般选择熔体的额定电流为电动机额定电流的 1.5～2.5 倍。这样一般来说，熔断器难以起到过载保护作用，而只能用作短路保护，过载保护应使用热继电器才行。

(3) 对于多台电动机，要求

$$I_{FU} \geqslant (1.5 \sim 2.5) I_{NMAX} + \sum I_N \tag{1.2}$$

式中：$I_{FU}$——熔体额定电流(A)；$I_{NMAX}$——最大一台电动机的额定电流(A)。

**5. 上、下级熔断器的配合**

为防止发生越级熔断，上、下级(供电干、支线)熔断器间应有良好的协调配合，为此，应使上一级(供电干线)熔断器的熔体额定电流比下一级(供电支线)大 1～2 个级差。

熔断器的图形符号和文字符号如图 1-21 所示。

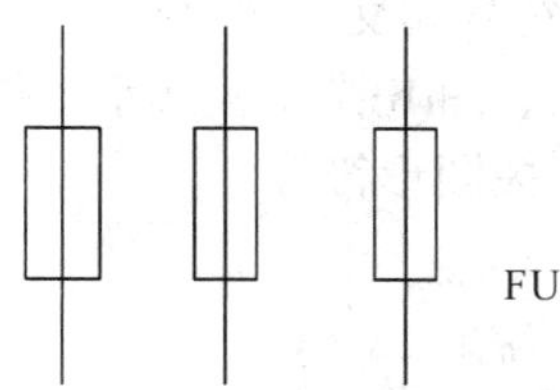


图 1-21　三相熔断器的图形符号和文字符号

# 1.5 刀 开 关

刀开关是低压配电电器中结构最简单、应用最广泛的一种手动电器。常用的刀开关有 HD 型单刀单投刀开关、HS 型单刀双投刀开关、HR 型熔断器式刀开关、HK 型闸刀开关、HH 型铁壳开关、HZ 型组合开关等。

## 1.5.1 HD 型单刀单投刀开关

HD 型单刀单投刀开关是隔离开关的一种，主要用于成套配电装置，容量比较大，额定电流在 100～1500 A。隔离开关没有灭弧装置，不能操作带负荷的线路，只能操作空载线路或电流很小的线路，如小型空载变压器、电压互感器等。

**1. 单刀单投刀开关的分类和结构**

HD 型单刀单投刀开关按照开关极数分为 1 极、2 极、3 极。图 1-22 所示是手动型单刀单投刀开关的结构示意图，主要由静插座、动触刀和手柄组成。

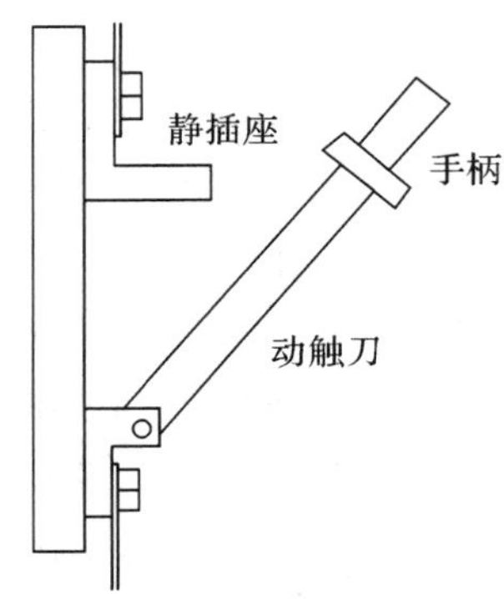


图 1-22　单刀单投刀开关的结构示意图

### 2. 单刀单投刀开关的操作

停电时应将线路的负荷电流用断路器、负荷开关等开关电器切断后，再将隔离开关断开，送电时操作顺序相反。由于单刀单投刀开关控制的负荷能力较小，也没有保护线路的功能，所以通常不能单独使用，一般要和能切断负荷电流和故障电流的电器，如熔断器、断路器等一起使用。

### 3. 单刀单投刀开关的图形符号和文字符号

HD 型单刀单投刀开关的图形符号和文字符号如图 1-23 所示。其中，图(a)是单极式 HD 型刀开关图形符号的一般表示形式，图(b)是单极式手动操作型的 HD 刀开关图形符号，图(c)是三极式手动操作型的 HD 刀开关图形符号。

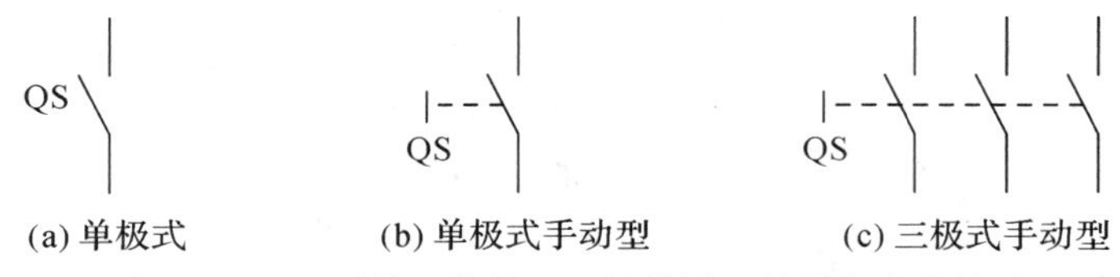


图 1-23　HD 型单刀单投刀开关的图形符号和文字符号

## 1.5.2　HK 型闸刀开关

闸刀开关是一种手动配电电器，主要用来隔离电源或手动接通与断开交直流电路，也可用于不频繁地接通与分断额定电流以下的负载，如小型电动机、电炉等。

### 1. 闸刀开关的结构

闸刀开关的结构如图 1-24 所示，主要由与操作瓷柄相连的动触刀、静触点、进线及出线接线座等组成。这些导电部分都固定在瓷底板上，且用胶盖盖着，所以当闸刀合上时，操作人员不会触及带电部分。胶盖还具有下列保护作用：① 将各极隔开，防止因极间飞弧导致电

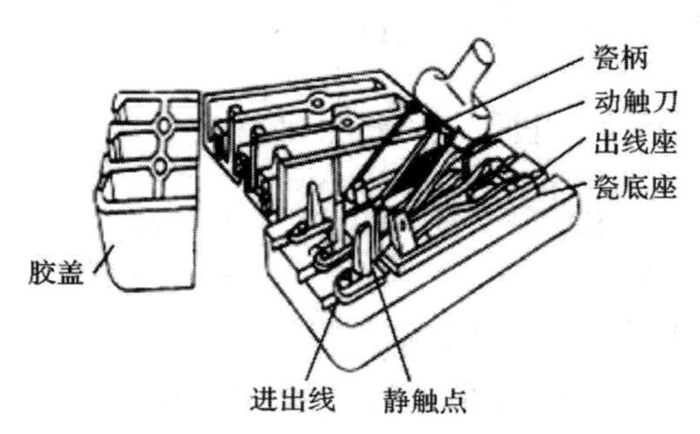


图 1-24　闸刀开关结构

源短路；② 防止电弧飞出盖外，灼伤操作人员；③ 防止金属零件掉落在闸刀上形成极间短路。熔丝的装设，又提供了短路保护功能。

#### 2. 闸刀开关的技术参数

闸刀开关种类很多，有两极的(额定电压 250 V)和三极的(额定电压 380 V)。额定电流从 10 A 至 100 A 不等，其中 60 A 及以下的才用来控制电动机。常用的闸刀开关型号有 HK1、HK2 等。

#### 3. 闸刀开关的选择

正常情况下，闸刀开关一般能接通和分断其额定电流。因此，对于普通负载可根据负载的额定电流来选择闸刀开关的额定电流。当采用闸刀开关控制电机时，考虑其启动电流可达 4～7 倍的额定电流，闸刀开关的额定电流宜选电动机额定电流的 3 倍左右。

#### 4. 闸刀开关使用时的注意事项

(1) 将它垂直安装在控制屏或开关板上，不可随意搁置。

(2) 进线座应在上方，接线时不能把它与出线座搞反，否则在更换熔丝时将会发生触电事故。

(3) 更换熔丝必须先拉开闸刀，并换上与原用熔丝规格相同的新熔丝，同时还要防止新熔丝受到机械损伤。

(4) 若胶盖和瓷底座损坏或胶盖失落，闸刀开关就不可再使用，以防止安全事故。

### 1.5.3　HH 型铁壳开关

铁壳开关也称封闭式负荷开关，它的外形与结构如图 1-25 所示。铁壳开关主要由安装在铸铁或钢板制成的外壳内的刀式开关、熔断器、灭弧系统以及操作机构等组成。

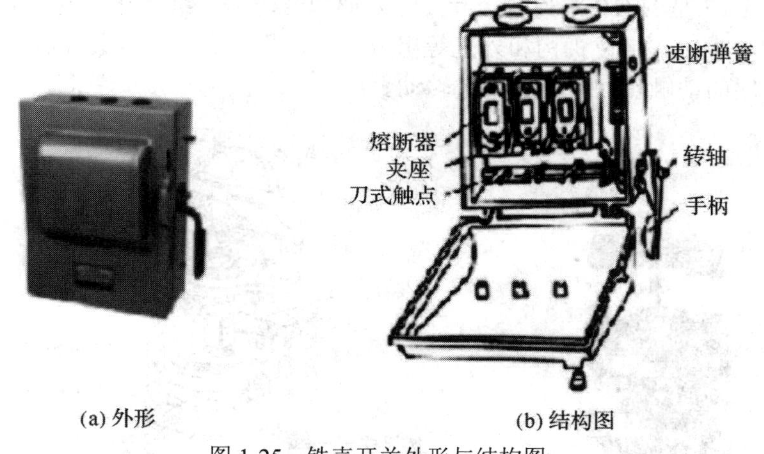


图 1-25　铁壳开关外形与结构图

铁壳开关带有灭弧系统，能够分断复合电流，一般用于小型电力系统、电气照明线路等配电设备中不频繁接通、分断电路，也可以用于异步电动机不频繁全压启动控制。

与闸刀开关相比，铁壳开关具有以下特点：

(1) 触点设有灭弧室(罩)，电弧不会喷出，可不必顾虑会发生相间短路事故。

(2) 熔断丝的分断能力较高，一般为 5 kA，高者可达 50 kA 以上。

(3) 操作机构为储能合闸式，且有机械联锁装置。前者可使开关的合闸和分闸速度与操作速度无关，从而改善开关的动作性能和灭弧性能；后者则保证了在合闸状态下打不开箱盖及箱盖未关妥前合不上闸，提高了安全性。

(4) 有坚固的封闭外壳，可保护操作人员免受电弧灼伤。

铁壳开关有 HH3、HH3、HH10、HH11 等系列，其额定电流有 10～400 A 可供选择，其中 60A 及以下的可用于异步电动机的全压启动控制开关。

用铁壳开关控制电加热和照明电路时，可按电路的额定电流选择。用于控制异步电动机时，由于开关的通断能力为 4 倍的电动机额定电流，而电动机全压启动电流却在 4～7 倍额定电流以上，故铁壳开关的额定电流应为电动机额定电流的 1.5 倍以上。

由于铁壳开关是由开关和熔断器组成的，所以它的图形符号也是由这两个低压电器的图形符号组成的，如图 1-26 所示。

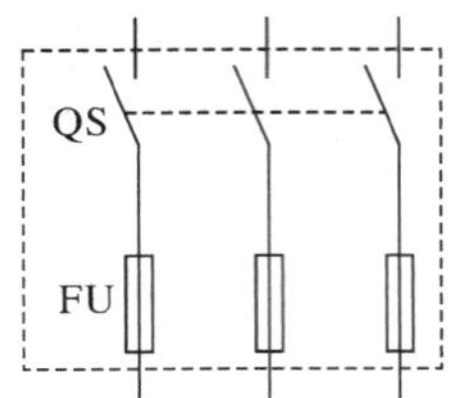


图 1-26　铁壳开关的图形符号和文字符号

## 1.5.4　组合开关

组合开关又称转换开关，是一种特殊的刀开关。一般刀开关的操作手柄是在垂直安装面的平面内向上或向下转动，而组合开关的操作手柄则是在平行于安装面的平面内向左或向右转动。图 1-27 是 HZ10 系列组合开关的外形和结构图。组合开关主要由动触点、静触点、绝缘转轴、手柄、定位机构和外壳等组成。动、静触点分别叠装在数层绝缘壳内，当转动手柄时每层的动触点随着转轴一起转动。

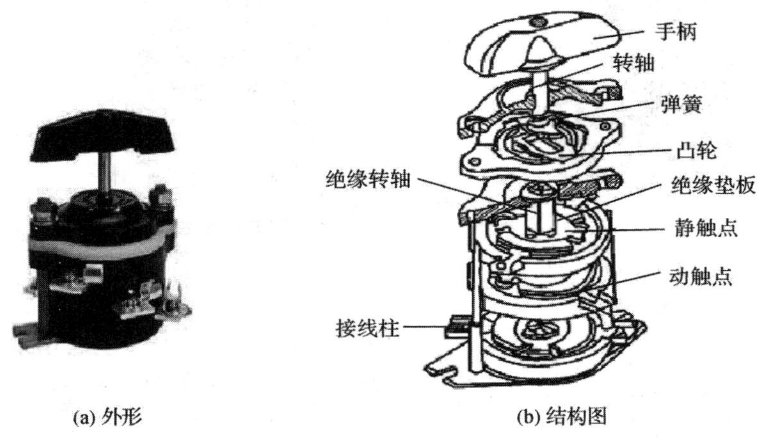


图 1-27　组合开关的外形和结构图

组合开关多应用在机床电气控制线路中，作为电源的引入开关，也可以用作不频繁地

接通和断开电路、换接电源和负载以及控制 5 kW 以下的小容量电动机的正反转和星–三角启动等。

组合开关的图形符号和文字符号如图 1-28 所示。

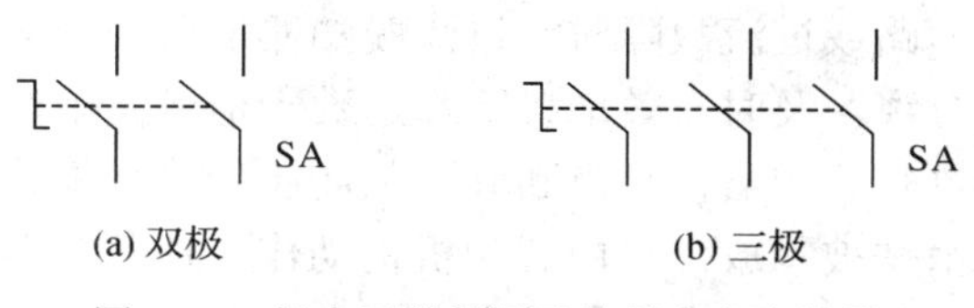


图 1-28　组合开关的图形符号和文字符号

# 1.6　低压断路器

低压断路器又称自动空气开关，可用来分配电能，接通和分断负载电路，也可用来控制不频繁启动的电动机，对电源电路和电动机等进行保护。其功能相当于闸刀开关、过电流继电器、失压继电器、热继电器及熔断器等低压电器功能的总和，主要在电路正常工作条件下作为线路的不频繁接通和分断使用，并在电路发生过载、短路及失压时能自动分断电路。它是低压配电网中应用较广泛的一种控制兼保护的电器。

## 1.6.1　低压断路器的分类

断路器的种类繁多，按照其用途和结构可以分为框架式 DW 系列、塑壳式 DZ 系列、直流快速熔断式 DS 系列、限流式 DWX 和 DWZ 系列。框架式断路器又称万能式断路器，主要用于配电线路的开关保护。塑壳式断路器又称装置式断路器，除了可以用于配电线路的保护开关外，还可以作为电动机、照明电路及电热器的控制开关。

## 1.6.2　低压断路器的结构和工作原理

下面以塑壳式断路器为例，介绍低压断路器的结构和工作原理。

断路器主要由三个基本部分组成，即触点系统、灭弧装置和各类脱扣器，如图 1-29 所示。脱扣器包括过电流脱扣器、失压脱扣器、热脱扣器、分励脱扣器和自由脱扣器。

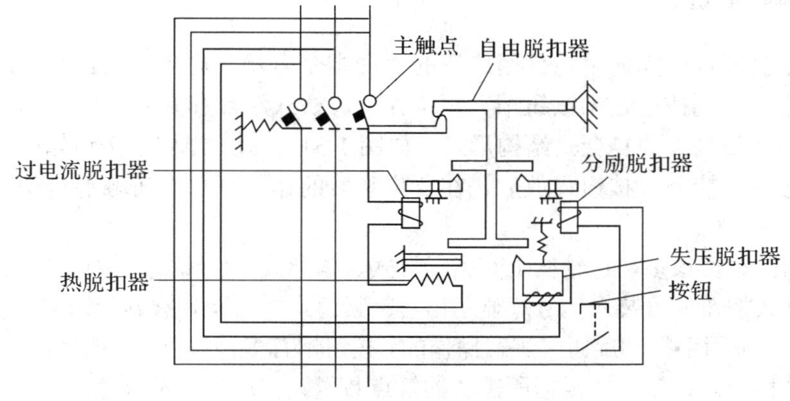


图 1-29　低压断路器的结构图

在正常情况下，断路器的主触点通过操作机构手动或电动合闸。若要正常切断电路，可操作分励脱扣器。

如果电路出现故障，则断路器的自动分断分别通过过电流脱扣器、热脱扣器和欠压脱扣器完成。当电路发生短路或过流故障时，过流脱扣器衔铁被吸合，使自由脱扣机构的钩子脱开，自动开关触点分离，及时有效地切除高达数十倍额定电流的故障电流。当线路发生过载时，过载电流通过热脱扣器使触点断开，从而起到过载保护作用。若电网电压过低或为零，失压脱扣器的衔铁被释放，自由脱扣机构动作，使断路器触点分离，从而在过流与零压、欠压时保证了电路及电路中设备的安全。

### 1.6.3 低压断路器的图形符号和文字符号

低压断路器的图形符号和文字符号如图 1-30 所示。不同断路器的保护是不同的，使用时可以根据不同的用途配备不同的脱扣器。图 1-30(b)是体现了断路器不同功能的完整的图形符号表示形式。

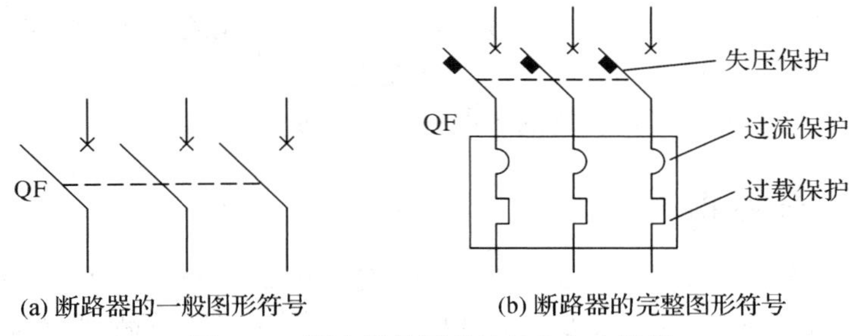


(a) 断路器的一般图形符号　　(b) 断路器的完整图形符号

图 1-30　断路器的图形符号和文字符号

## 1.7 主令电器

自动控制系统中用于发送控制指令的电器称为主令电器。常用的主令电器有控制按钮、行程开关、接近开关、万能转换开关等几种。

### 1.7.1 控制按钮

控制按钮是一种结构简单、使用广泛的手动主令电器，通常用作短时接通或断开小电流的控制电路。控制按钮是由按钮帽、复位弹簧、桥式触点和外壳等组成的，通常做成具有常开触点和常闭触点的复合式结构形式，如图 1-31 所示。当按下按钮帽时，常闭触点先断开，常开触点再接通；按钮释放后，在复位弹簧的作用下，按钮触点自动复位的先后顺序相反。

控制铵钮的种类很多，在结构上有指示灯式、紧急式、旋钮式、揿钮式、钥匙式等控制按钮。指示灯式按钮内可装入信号灯显示信号；紧急式按钮装有蘑菇形钮帽，以便于紧急操作；旋钮式按钮是用手扭动旋钮来进行操作的。按钮帽有多种颜色，一般红色用作停止按钮，绿色用作启动按钮。按钮主要根据所需要的触点数量、使用场合及颜色来进行选择。

按钮的图形符号和文字符号如图 1-32 所示。

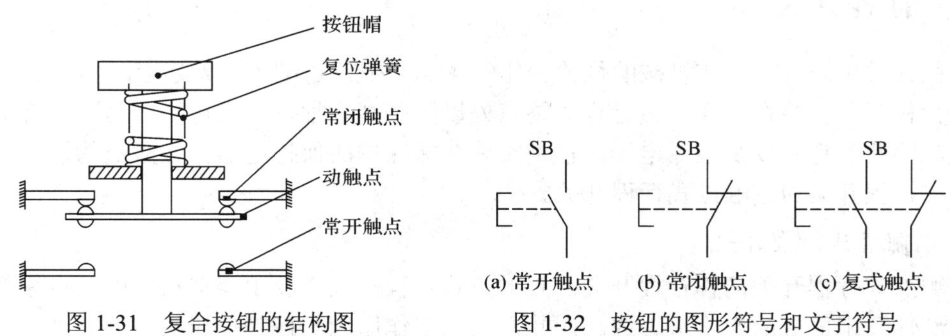


图 1-31　复合按钮的结构图　　图 1-32　按钮的图形符号和文字符号

## 1.7.2　万能转换开关

万能转换开关是一种多挡位、控制多回路的主令电器，由于其挡位多、触点多，因此可控制多个电路，能适应复杂线路的要求。图 1-33(a)是 LW12 型万能转换开关的外形图，它是由多组相同结构的触点叠装而成的，在触点盒的上方有操作机构。由于扭转弹簧的储能作用，操作呈现了瞬时动作的性质，故触点分断迅速，不受操作速度的影响。图 1-33(b)是转轴旋转 90° 前后，万能转换开关触点通断的示意图。

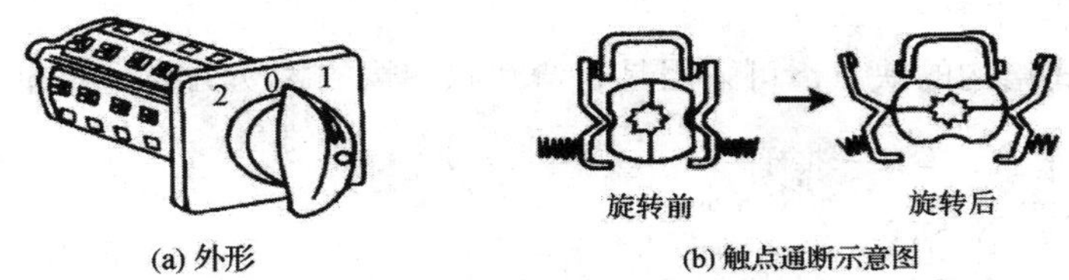


图 1-33　LW12 型万能转换开关

万能转换开关在电气原理图中的表示方法，如图 1-34 所示。图 1-34(a)为图形表示形式，图 1-34(b)为表格表示形式。图 1-34(a)中虚线表示操作位置，而不同操作位置的各对触点通断状态与触点下方或右侧对应，规定用于虚线相交位置上的涂黑圆点表示接通，没有涂黑圆点表示断开。图 1-34(b)是用触点通断状态表来表示，表中以“+”(或“×”)表示触点闭合，“—”(或无记号)表示触点分断。万能转换开关的文字符号为“SA”。

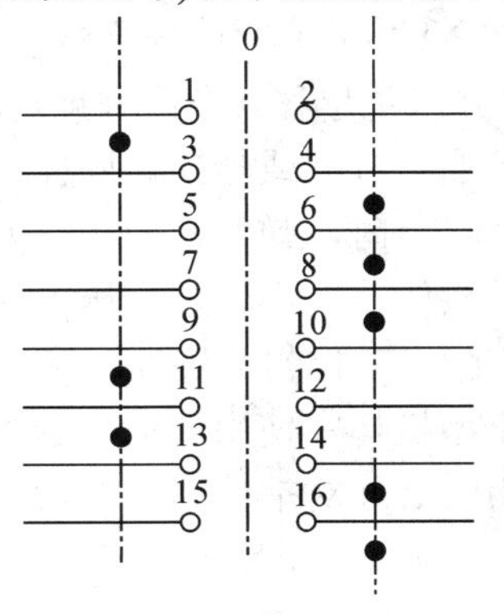


| 触点标号 | Ⅰ | 0 | Ⅱ |
|---|---|---|---|
| 1–2 | × | | |
| 3–4 | | | × |
| 5–6 | | | × |
| 7–8 | | | × |
| 9–10 | × | | |
| 11–12 | × | | |
| 13-14 | | | × |
| 15-16 | | | × |

(a) 图形表示　　(b) 表格表示

图 1-34　万能转换开关的画法

## 1.7.3 行程开关

行程开关用来反映工作机械的位置变化(行程)，用以发出指令改变电动机的工作状态。如果把行程开关安装在工作机械行程的终点处以限制其行程，则又可称之为限位开关或终端开关。因此，它不仅是主令电器，也是实现终端保护的保护电器。按触点的性质可分为有触点式行程开关和无触点式行程开关。

### 1. 有触点式行程开关

有触点式行程开关简称行程开关。有触点式行程开关主要由类似按钮的触点系统和接收机械部件发来信号的操作头组成。因此，它的工作原理和控制按钮类似，区别在于它是利用生产机械运动部件碰撞操作柄而使触点动作，进而发送控制指令。根据操作柄不同，有触点式行程开关可分为直动式行程开关、微动式行程开关和滚轮旋转式行程开关。

1) *直动式行程开关*

图 1-35 是直动式行程开关的结构图。它是靠机械运动部件上的撞块来碰撞行程开关的推杆。其优点是结构简单，成本较低；缺点是触点的分合速度取决于撞块移动的速度。若撞块移动速度太慢，则触点就不能瞬时切断电路，使电弧在触点上停留时间过长，易于烧蚀触点。因此，这种开关不宜用在撞块移动速度小于 0.4 m/min 的场合。

2) *微动式行程开关*

为克服直动式结构的缺点，可采用具有弯片状弹簧的瞬动机构，如图 1-36 所示。

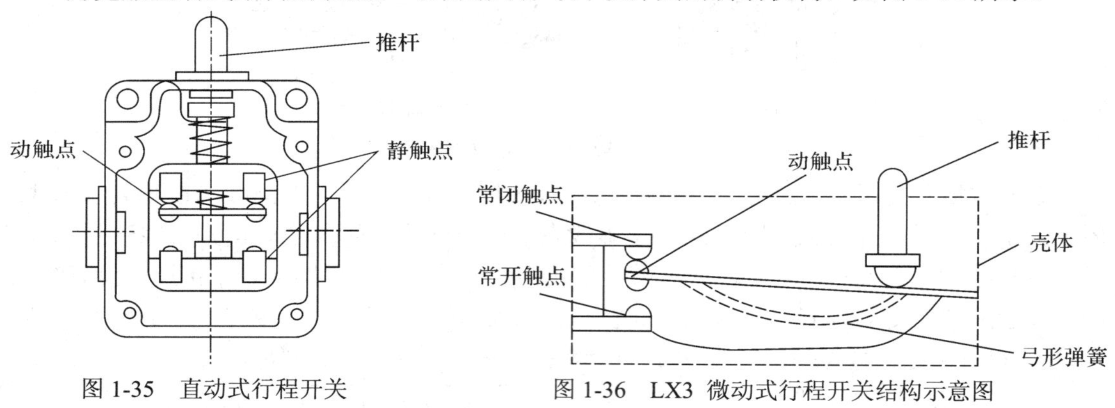


图 1-35　直动式行程开关　　　图 1-36　LX3 微动式行程开关结构示意图

当推杆被压下时，弓形弹簧发生变形，储存能量并产生位移。当达到预定的临界点时，弹簧片连同动触点产生瞬时跳跃，从而导致电路的接通、分断或转换。同样，减小操作力时，弹簧片释放能量并产生反向位移。当通过另一临界点时，弹簧片向相反方向跳跃，微动式行程开关的触点采用瞬动机构可以使开关触点的接触速度不受推杆压下速度的影响，这样不仅可以减轻电弧对触点的烧蚀，而且也能提高触点动作的准确性。

微动式行程开关的体积小、动作灵敏，适合在小型机构中使用，但由于推杆所允许的极限行程很小以及开关的结构强度较低，因此在使用时必须对推杆的最大行程在机构上加以限制，以免压坏开关。

3) *滚轮旋转式行程开关*

为克服直动式行程开关的缺点，还可以采用能瞬时动作的滚轮旋转式行程开关，如图

1-37 所示。该类行程开关适用于低速运动的机械。

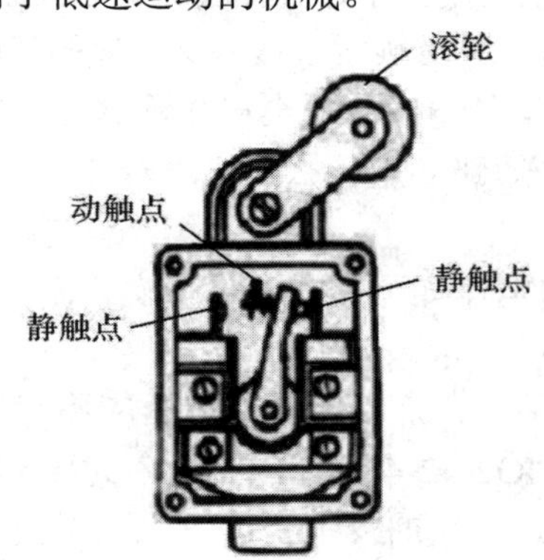


图 1-37　滚轮旋转式行程开关

### 2. 无触点式行程开关

为了克服有触点行程开关可靠性较差、使用寿命短和操作频率低的缺点，可采用无触点式行程开关。无触点式行程开关也称为接近开关。接近开关由感应头、高频振荡器、放大器和外壳组成。根据感应头的不同，接近开关分为电感式接近开关和电容式接近开关两种。当运动部件与接近开关的感应头接近时，改变内部振荡电路的振荡状态，经整形放大器后输出一个电信号。接近开关不仅能代替有触点行程开关进行行程控制和限位保护，还可以作高速计数、测速、零件尺寸检测等用途。由于接近开关采用非接触式的方式进行触发，不仅可以在检测距离内发出检测信号，又具有灵敏度高、频率响应快、重复定位精度高、工作稳定可靠、使用寿命长等优点，在自动控制系统中已获得了广泛应用。

### 3. 行程开关的图形符号和文字符号

行程开关的图形符号和文字符号如图 1-38 所示。

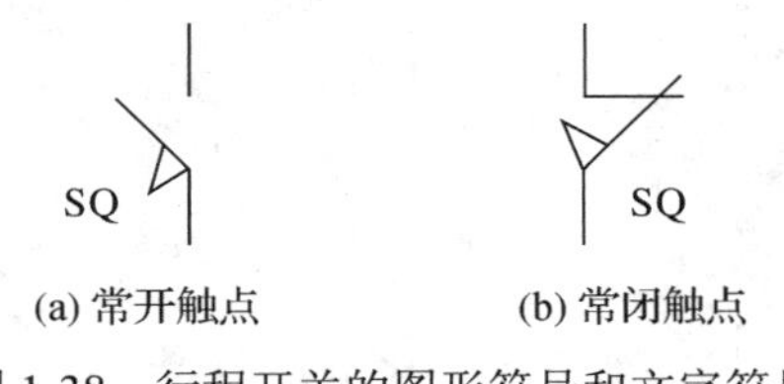


图 1-38　行程开关的图形符号和文字符号

## 习　题

1-1　开关设备通断时，触点间的电弧是怎样产生的？通常采取哪些灭弧措施？

1-2　写出下列低压电器元件的作用、图形符号和文字符号：① 熔断器；② 按钮；③交流接触器；④ 热继电器；⑤ 时间继电器；⑥ 速度继电器。

1-3　在电动机的控制线路中，熔断器和热继电器能否相互代替？为什么？

1-4　简述交流接触器在电路中的作用、结构和工作原理。

1-5　自动空气开关有哪些脱扣装置？各起什么作用？

1-6　如何选择熔断器？

1-7　从接触器的结构上如何区分是交流接触器还是直流接触器?

1-8　线圈电压为 220 V 的交流接触器误接入 220 V 的直流电源上，或线圈电压为 220 V 的直流接触器误接入 220 V 的交流电源上，会产生什么后果？为什么?

1-9　交流接触器铁芯上的短路环起什么作用? 若此短路环断裂或脱落，在工作中会出现什么现象？为什么?

1-10　带有交流电磁铁的电器如果衔铁吸合不好(或出现卡阻)，会产生什么问题？为什么?

1-11　电动机的启动电流很大，启动时热继电器应不应该动作？为什么?

1-12　某机床的电动机为 JO2-42-4 型，额定功率为 5.5 kW，额定电压为 380 V，额定电流为 12.5A，启动电流为额定电流的 7 倍，现采用按钮进行启停控制，需有短路保护和过载保护，试选用接触器、按钮、熔断器、热继电器和电源开关的型号。

# 第 2 章　基本电气控制线路

本章主要介绍电气控制线路设计方法、电气控制线路基本环节的组成、作用和工作原理，以及电气控制线路的基本规律、保护环节，并通过对典型电气控制系统的分析，掌握设计、分析电气控制线路的基本方法。

## 2.1　电气控制线路的设计方法

### 2.1.1　电气控制线路概述

在工业、农业、交通运输等部门广泛使用的各种生产机械大都是以电动机作为动力，通过某种自动控制方式来进行控制的。最常见的控制方式是继电接触器控制方式，又称为电气控制。

电气控制线路是将电机、电器、仪表等电气元件用导线按一定方式连接起来，实现某种要求的电气线路。它的作用是实现对电力拖动系统的启动、调速、反转和制动等运行性能控制，以及对拖动系统的保护，满足生产工艺要求，实现生产过程自动化。

根据通过电流的大小，可将电气控制线路分为主电路和辅助电路。主电路是强电流通过的部分，包括从电源到电动机的电路，由电动机以及与它相连接的电器元件组成，如电机负载、接触器主触点、热继电器的热元件、组合开关等。辅助电路是通过弱电流的电路，包括控制电路、照明电路、信号电路和保护电路。其中，控制电路由按钮、接触器、继电器的吸引线圈和辅助触点，以及热继电器的触点等组成。这些电路能够清楚表明电路的功能，对于分析电路的工作原理十分方便。

电气控制线路的表示方法主要有电气原理图、电气接线图、电气布置图。由于它们的用途不同，绘制原则亦有所差别。本章重点介绍电气原理图的绘制。

电气原理图根据电气控制线路的工作原理进行绘制，包括所有电器元件的导电部分和接线端子，具有结构简单、层次分明、便于研究和分析电路的工作原理等优点。在各种生产机械的电气控制中，无论在设计部门或生产现场，都得到了广泛的应用。

### 2.1.2　电气原理图的绘制原则

#### 1. 绘制电气控制原理图应遵循的原则

在绘制电气控制原理图时，一般应遵循以下原则：

(1) 主电路用粗实线绘制在图面的左侧或上方，辅助电路用细实线绘制在图面的右侧或下方。

(2) 无论是主电路还是辅助电路或其元件，均应按功能布置，尽可能按动作顺序排列，对因果次序清楚的简图，尤其是电路图和逻辑图，其布局顺序应该是从左到右和从上到下。

(3) 为了突出或区分某些电路、功能等，导线符号、信号通路、连接线等可采用粗细不同的线条来表示。

(4) 元件、器件和设备的可动部分通常应表示在非激励或不工作的状态或位置。

(5) 所用图形符号应符合国家标准 GB 4728—85《电气图用图形符号》的规定，所用的文字符号应符合国家标准 GB 7159—87《电气技术中的文字符号制订通则》的规定。如果采用上述标注标准中未规定的图形符号，必须加以说明。

**2. 选择图形符号应遵循的原则**

当国家标准 GB 4728—85 给出几种形式时，选择图形符号应遵循以下原则：

(1) 应尽可能采用优选形式。

(2) 在满足需要的前提下，尽量采用最简单的形式。

(3) 同一图号的图，使用同一种图形符号形式。

(4) 同一电器元件不同部分的线圈和触点均应采用同一文字符号标明。

(5) 对于几个同类电器，在表示名称的文字符号后或下标加上一个数字符号，以示区别，如 KA1、KA2 等。

(6) 在画原理图时，应尽可能减少线条和避免线条交叉。表示导线、信号通路、连接线等的图线都应是交叉和折弯最少的直线。各导线之间有电的联系时，在导线的交点处应画一个实心的圆点。根据图面布置的需要，可以水平布置，或者垂直布置，也可以采用斜的交叉线，即可以将图形符号旋转 90° 或 180° 或 45° 绘制。

一般来说，电气原理图的绘制要求层次分明，各电器元件以及它们触点的安排要合理，并应保证电气控制线路运行的可靠性，节省连接导线，以及施工、维修方便。

## 2.1.3 电气控制线路的一般设计方法

电气控制线路的设计通常包括确定拖动方案，选择电机容量和设计电气控制电路。控制线路的设计又包括主电路和辅助电路的设计。电气控制线路的设计通常有两种，一种是一般设计方法，另一种是逻辑设计方法。这里着重介绍一般设计方法。

一般设计方法又称为经验设计法。根据生产工艺的要求，利用各种典型的基本环节直接设计控制线路，而后再逐步完善其功能，并适当配置联锁和保护等环节，使其组合成一个整体，成为满足控制要求的完整电路。

**1. 一般设计方法的设计原则**

采用一般设计方法设计电气原理图时，需要遵循以下原则：

1) 最大限度地实现生产机械和工艺对电气控制线路的要求

在设计前先弄明白设计的目的和要求。生产工艺的要求通常是由机械设计人员提供，他们所提供的是一般性的、最初的设计要求，将这种要求具体成一个实用的方案是由电气设计人员负责的。因此，电气设计人员需在最初原则、意见的基础上，结合生产实际、具体产品、现场等各种实际情况后，形成最终的、具体的、详细的设计要求，将此要求作为

控制线路设计的依据。

控制线路的基本要求是要满足启动、正反转和制动，对有特殊要求的，根据具体的要求加入，如果已经有类似的设备或设计方案，还应了解它们的特点及运行效果，再进行方案的比较、论证。

2) 在满足生产要求的前提下，控制线路力求简单、经济

(1) 尽量选用标准的、常用的、或经过实际考验过的线路和环节。

(2) 尽量缩短连接导线的数量和长度，并考虑各种元件之间实际接线的合理性，如图 2-1 所示。

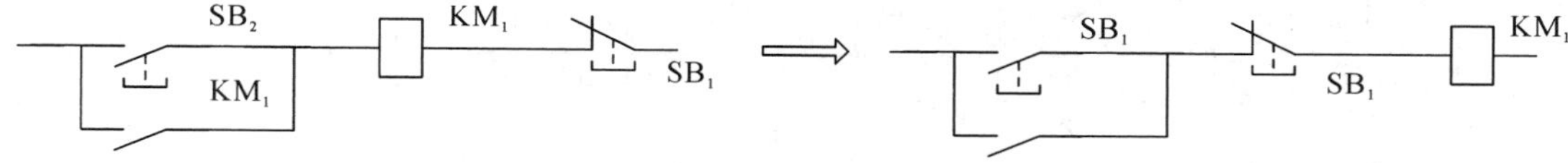


图 2-1　接线合理性的调整

(3) 尽量缩短电器元件的数量，应可能采用标准件，并选用相同的型号。

(4) 应减少不必要的触点，以简化线路。设计完毕，应将线路用逻辑代数式进行验算。

(5) 电气线路在工作时，除了必要的电器必须通电外，其余的应尽量不通电，以节约电能，如图 2-2 所示。

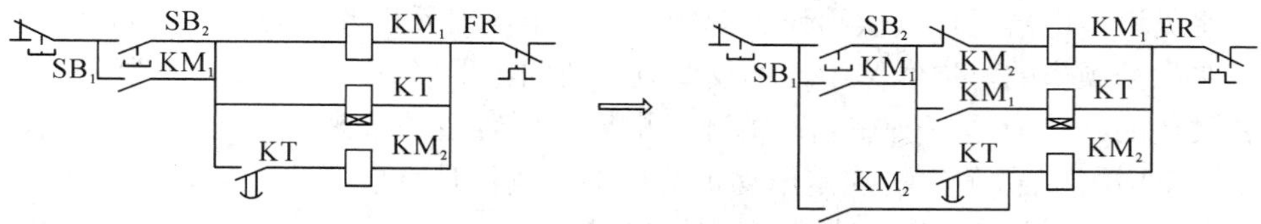


图 2-2　节约电能的控制电路示例

3) 保证控制线路工作的可靠性和安全性

为了保证控制线路工作的可靠性和安全性，最主要的是选用可靠元件，同时在具体设计中还应注意：

(1) 正确连接电器元件的触点。同一电器元件的常开、常闭辅助触点靠得很近，若分别接在不同相上，当触点不处于等电位的位置时，如果触点断开产生电弧，则可能在两个触点之间形成飞弧而引起电源短路，如图 2-3 所示。

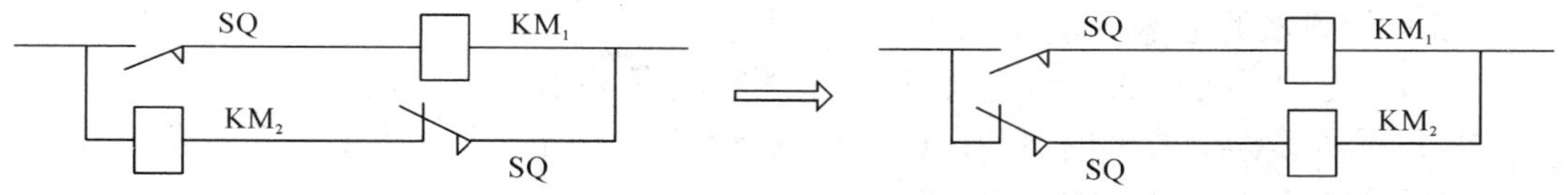


图 2-3　避免飞弧的控制电路

(2) 正确连接电器元件的线圈。在交流控制线路中不能串入两个电器元件的线圈，若两个电器元件需要同时动作，其线圈必须采用并联连接，如图 2-4 所示。

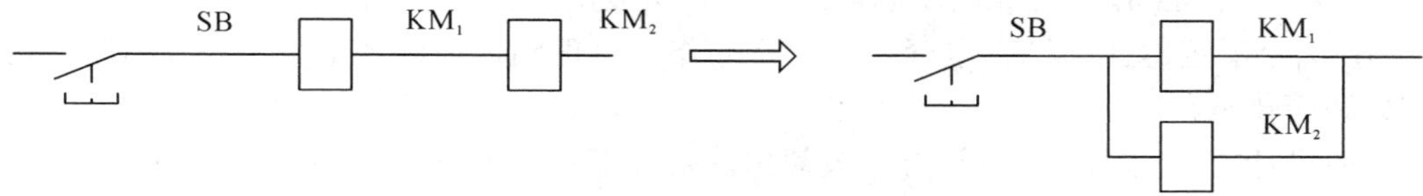


图 2-4　线圈并联连接的控制电路

这是因为每个线圈上分配到的电压与线圈的阻抗成正比。两个电器元件的动作总有先后顺序，不可能同时吸合。当两个线圈串接时，若 KM1 先吸合，由于 KM1 的磁路闭合，线圈电感增大，则在该线圈上的电压降也增大，从而使另一个接触器 KM2 的线圈电压达不到动作电压。

(3) 避免出现寄生电路。寄生电路是在控制线路动作中意外接通的电路，又称假回路，如图 2-5 所示的虚线路径即是寄生电路。

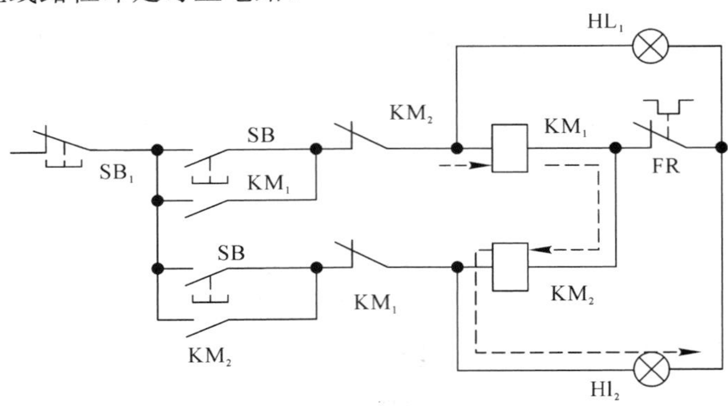


图 2-5 寄生电路

(4) 避免许多电器元件依次动作才能接通另一个电器元件的控制线路。

(5) 在频繁操作的可逆线路中，不仅要有必要的电器联锁，还要有机械联锁。

(6) 设计的线路应适应所在电网情况，根据电网容量的大小、电压、频率的波动范围以及允许的冲击电流数值等，决定电动机的启动方式，是直接启动还是间接启动。

(7) 在用小容量继电器触点控制大容量接触器时，要计算继电器断开接通容量是否足够，不够则需要加小容量接触器或中间继电器，否则工作不可靠。

4) 尽量使操作和维护方便

操作机构应能够迅速方便地从一种控制形式转换到另一种控制形式，如将自动切换到手动、多点控制切换到自动控制。操作机构应维护方便、使用安全，并有隔离电器，以免带电检修。

**2. 一般设计方法的基本步骤及其优缺点**

一般设计方法的基本步骤如下：

(1) 按工艺要求提出的启动、制动、反向和调速等要求设计主电路。

(2) 根据所设计出的主电路，设计控制电路的基本环节，即满足设计要求的启动、制动、反向和调速等的基本控制环节。

(3) 根据各部分运动要求的配合关系及联锁关系确定控制参量，并设计控制电路的特殊环节。

(4) 分析电路工作中可能出现的故障，加入必要的保护环节。

(5) 综合审查，仔细检查电气控制电路动作是否正确，关键环节可做必要试验，进一步完善和简化电路。

一般设计方法的优点是设计方法较简单，灵活性大。缺点是需要熟悉大量的控制线路，掌握多种典型线路的设计资料，要有丰富的设计经验，在设计中还要经过反复修改、试验，

逐步加工完善，使线路符合设计要求。最终设计出来的方案还不一定是最佳的。

## 2.2　电气控制线路的保护环节

电气控制线路应具有完善的保护环节，如过载、短路、过流、失压、过压、弱磁、超速、极限等，用以保护电网、电动机、控制电器以及电路元件，消除不正常工作时的有害影响，避免因误操作而发生事故。有时还应设有必要的指示信号。下面介绍几种常用的在电气控制线路中的保护环节。

### 2.2.1　短路保护

当电动机绕组和导线的绝缘损坏时，或控制电器及线路发生故障时，线路将会出现短路现象，产生很大的短路电流，引起电气设备绝缘损坏和产生强大的电动力，使电动机和电路中的各种电气设备产生机械性损坏。因此，当电路出现短路故障或电流接近于短路电流时，必须迅速、可靠地断开电源。

通常控制线路使用的短路保护电器是熔断器、(自动)空气开关或过电流继电器。

#### 1. 熔断器的保护

用熔断器进行短路保护时，熔断器的熔体与被保护电路串联。当电路正常工作时，熔断器中熔体流过正常的电流而不动作，相当于一根导线，其上面的压降很小，可以忽略不计；当发生短路时，熔体将流过很大的短路电流，使熔体立即熔断，从而切断电动机电源，使电动机停止运行。

对直流电动机和三相绕线型异步电动机来说，熔断器熔体的额定电流值可以按表 2-1 进行估算；对鼠笼型异步电动机(启动电流达 7 倍额定电压)，熔断器熔体的额定电流可以按表 2-2 进行估算。

表 2-1　熔断器熔体的估算额定电流值(直流电动机、三相绕线型异步电动机)

| 工作制 | 熔体额定电流/电动机额定电流 |
|---|---|
| 连续工作 | 1 |
| 重复短时工作(合匣率 = 25%) | 1.25 |

表 2-2　熔断器熔体的估算额定电流值(鼠笼型异步电动机)

| 工作制 | 熔体额定电流/电动机额定电流 |
|---|---|
| 连续工作(降压启动) | 2 |
| 连续工作(全压启动) | 2.75 |
| 重复短时(全压启动)工作(合匣率 = 25%) | 3.5 |

主电路采用三相四线制或变压器采用中点接地的三相三线制供电的电路，须采用短路保护。若主电动机容量较小，主电路中的熔断器可同时作为控制电路的短路保护；若主电动机容量较大，则控制电路一定要单独设置短路保护熔断器。

熔断器的短路保护控制线路如图 2-6(a)所示。

### 2. 空气开关的保护

也可用自动空气开关作为短路保护。由于自动空气开关具有多项保护作用，因此，还可以作为过载保护。自动空气开关的短路保护控制线路如图 2-6(b)所示。

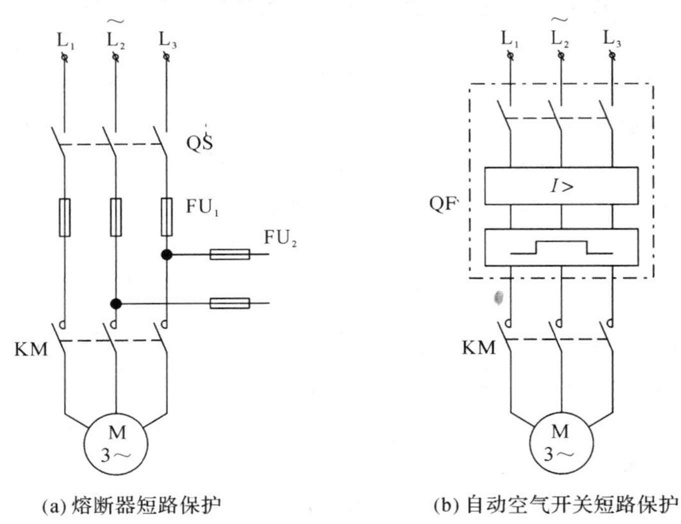


(a) 熔断器短路保护　　(b) 自动空气开关短路保护

图 2-6　短路保护控制线路图

## 2.2.2　过载保护

电动机长期超载运行，其绕组的温升将超过额定值而损坏，电路中多采用热继电器(两相结构、三相结构、三相结构带断相保护的)作为过载保护元件。由于热惯性的关系，热继电器不会受短路电流的冲击而瞬间动作。但当有 8～10 倍额定电流通过热继电器时，有可能使热继电器的发热元件烧坏，所以在使用热继电器作过载保护时，还必须装有熔断器或过电流继电器配合使用。三相结构热继电器的过载保护控制线路如图 2-7(a)所示，两相结构热继电器的过载保护控制线路，如图 2-7(b)所示。

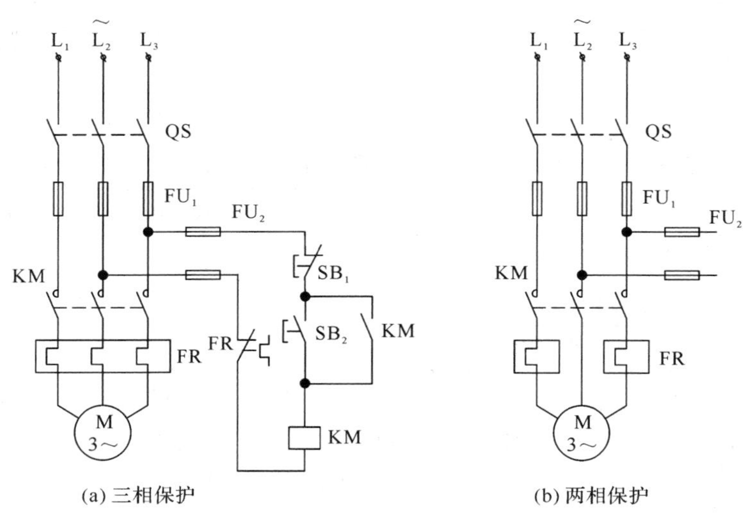


(a) 三相保护　　(b) 两相保护

图 2-7　热继电器实现的过载保护控制线路图

## 2.2.3　过流保护

不正确的启动和过大的冲击负载，常常会引起电动机出现很大的过电流。过大的电流不仅可能导致电动机损坏，也会引起过大的电动机转矩，使机械的转动部分受到损坏，因此要瞬间切断电源。采用过电流继电器进行过流保护，一般其动作值整定在 1.2 倍的电动机启动电流。图 2-8(a)是绕线式异步电动机过电流保护的控制线路，图 2-8(b)是鼠笼式异步电动机过电流保护的控制线路。

图 2-8(b)所示电路的保护过程如下：当电动机启动时，时间继电器 KT 的常闭触点闭合，常开触点尚未闭合，过电流继电器 KI 的线圈不接入电路。启动结束后，KT 的常闭触点断开，常开触点闭合，KI 线圈得电，开始其保护作用。在工作过程中因某种原因引起过电流时，KI 动作，其常闭触点断开，电动机停止运转。

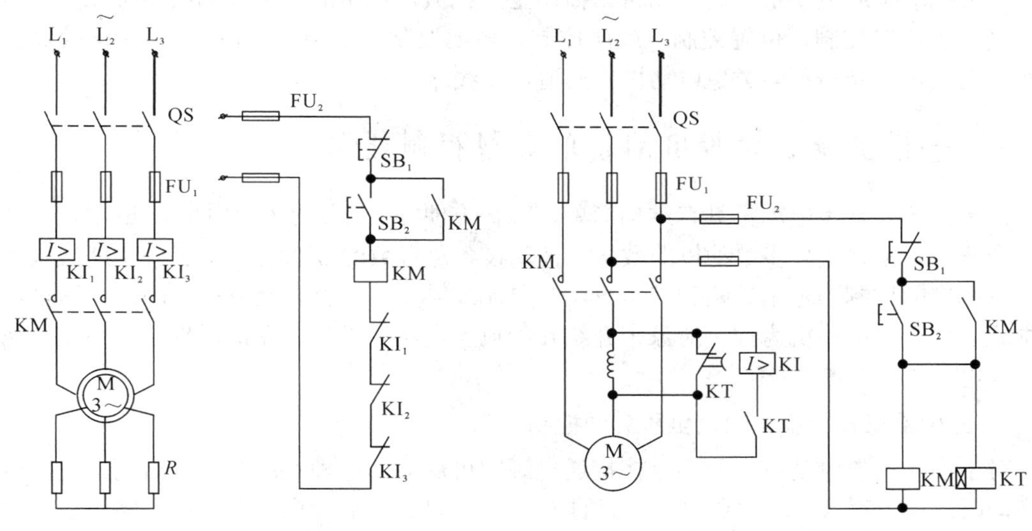


(a) 绕线式电动机启动过程的过电流保护　　(b) 鼠笼式电动机运行过程的过电流保护

图 2-8　异步电动机的过电流保护控制线路图

## 2.2.4　失压保护

电动机正常工作时，如果电源电压因某种原因消失而使电动机停转，那么当电源电压恢复时电机不应自行启动，否则可能会造成人身事故或设备事故。

防止电压恢复时电动机自启动的保护称为失压保护。通常采用接触器的自锁触点或零压继电器来实现。

如图 2-9 所示的自锁控制电路。按下 $SB_2$ 按钮，接触器线圈得电，其动合触点闭合。$SB_2$ 按钮松开后，接触器线圈由于动合触点的闭合仍然通电。当电源断开，接触器线圈失电，其动合触点断开，故当恢复通电时，接触器线圈便不可能得电。要使接触器工作，必须再次按下启动按钮 $SB_2$。

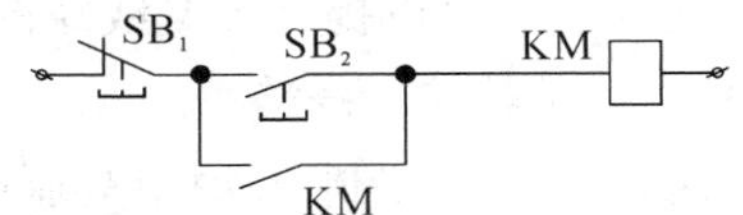


图 2-9　自锁触点实现的失压保护控制电路

### 2.2.5 欠压保护

当电动机正常运转时，由于电压过分降低，将会引起一些电器元件释放，造成控制线路工作失调，可能产生事故。因此，必须在电源电压降到一定值时切断电源，这就是欠压保护。

一般常用电磁式电压继电器实现欠压保护。当电源电压过低或消失时，电压继电器就释放，从而切断控制回路，当电压再恢复时，须重新启动才能工作。

## 2.3 常用的典型控制线路

电力拖动是用电动机作为原动机来拖动生产机械，常用的几种控制线路可以归结为点动控制、正反转控制、位置控制、顺序控制、多地控制、(降压)启动控制、调速控制、制动控制等。本节介绍不同类型电动机的典型控制线路。

### 2.3.1 三相鼠笼式异步电动机的典型控制线路

由于鼠笼式异步电动机具有结构简单、维护方便等优点，故得到了广泛应用，在许多工矿企业中，鼠笼式异步电动机的数量占拖动设备总台数的 85%左右。另外，绕线式异步电动机相应的控制的基本策略和基本方法与鼠笼式异步电动机是类似的。因此在这里，我们主要以鼠笼式电动机为控制对象来介绍几种典型电路。当然，在最后也会介绍几个绕线式异步电动机的控制线路。

**1. 三相鼠笼式异步电动机全压启动控制线路**

对于小功率的电动机，只要直接接通电源即可启动，这种方法为全压启动。电动机全压启动时的电流很大，可达到额定电流的 5～7 倍，过大的启动电流会引起线路上很大的压降，影响其他用电设备的正常工作，同时电动机频繁启动还会严重发热，加速绝缘老化，缩短电动机的寿命，故全压启动的电动机功率受到一定的限制。一般电动机的容量在 10 kW 以下的，可采用全压启动方式。

10 kW 以上的电动机，或无法确定是否采用全压启动时，可根据下面的经验公式来确定：

$$\frac{I_{st}}{I_N} \leqslant \frac{3}{4} + \frac{S}{4P_N} \tag{2.1}$$

式中：$I_{st}$：电动机启动电流；$I_N$：电动机额定电流；$S$：电源变压器的容量(KSA)；$P_N$：电动机额定规律(kW)。

若满足上述公式，则可以采用全压启动；否则，必须采用降压启动方式。

当然，在变压器容量允许的情况下，对于鼠笼式异步电动机，应尽可能采用全压直接启动，这样，既可以提高控制线路的可靠性，又可以减少电器的维修工作量。

1) 手动正转控制线路

利用铁壳开关控制电动机单向的启动和停止的电气控制线路，如图 2-10 所示。这种控制线路的特点是电器线路简单，但不安全、不方便，操作劳动强度大，不能进行自动控制。

适用于容量小，并且工作要求简单的电动机，如小型台钻、砂轮机、冷却泵的电动机等。

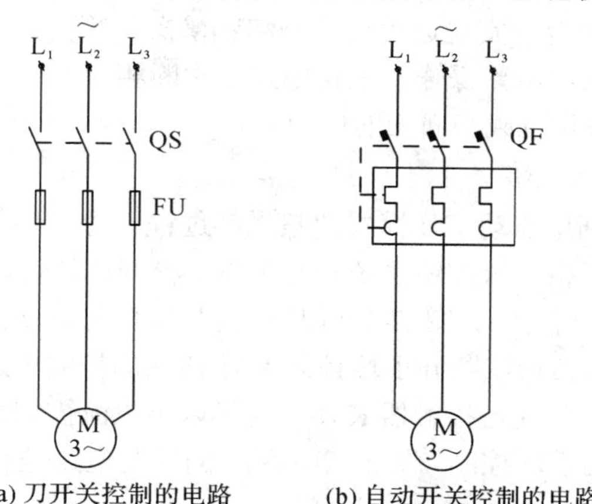


(a) 刀开关控制的电路　　(b) 自动开关控制的电路

图 2-10　电动机单向启/停控制线路

2) 单向全压启动控制线路

具有自锁的单向全压启动控制线路如图 2-11 所示，由主电路和控制电路两部分组成。主电路包括闸刀开关 QS、熔断器 FU、接触器 KM 的常开主触点、热继电器 FR 的热元件和三相鼠笼式异步电动机 M。控制电路包括启动按钮 $SB_2$、停止按钮 $SB_1$、接触器 KM 的吸引线圈和常开辅助触点、热继电器 FR 的常闭触点。

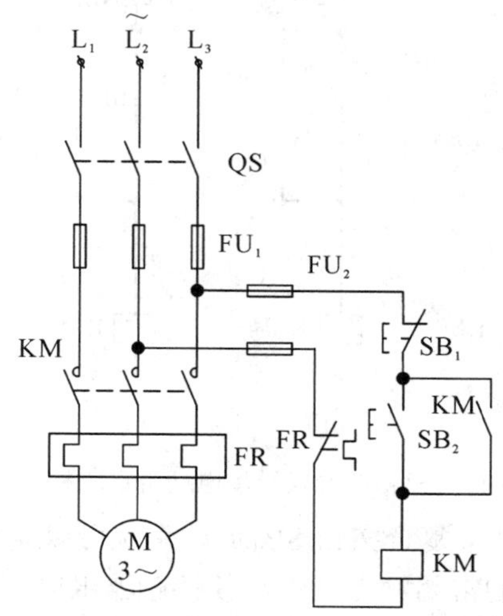


图 2-11　三相鼠笼式异步电动机启、停、自锁的电气控制线路

单向全压启动控制电路工作原理如下：闭合电源开关 QS，按下启动按钮 $SB_2$，接触器 KM 线圈通电，其常开主触点闭合，电动机接通电源全压启动，同时，与启动按钮并联的接触器 KM 常开辅助触点也闭合。松开启动按钮 $SB_2$，KM 线圈通过自身的常开辅助触点继续保持通电，从而保证电动机的连续运行。当要求电动机停转时，可按下停止按钮 $SB_1$，切断接触器 KM 线圈电路，KM 常开触点断开，切断主电路和控制电路，电动机停转。

接触器 KM 依靠自身辅助触点保持线圈通电的现象称为自锁，具有自锁作用的常开触点被称为自锁触点。图 2-11 不仅能够通过接触器 KM 的自锁触点使电动机连续运转，并且可以通过接触器电磁机构工作原理实现失压、欠压等的保护。此外，还可以通过停止按钮 $SB_1$ 和启动按钮 $SB_2$ 的配合，实现远距离控制和频繁操作等控制功能。由于电动机是连续运转的，若长期负载过大、频繁操作、三相电路发生断相等原因，可能会烧坏电动机，这时可利用热继电器(FR)进行过载和断相的保护。

3) 电动机的点动控制线路

工业控制常常需要利用点动工作模式调整生产过程、生产环节，这就需要控制线路接入具有点动功能的按钮，按下该按钮系统开始工作，松开该按钮，系统停止操作。

(1) 最简单的点动控制线路。图 2-12(a)所示为最简单的点动控制电路，当按下或松开控制电路 SB 按钮时，即接通或断开了接触器 KM 线圈的控制电路，进而控制主电路电动机的运行和停止。其特点是通过接触器 KM 实现了以小电流控制大电流的目的。

(2) 带手动开关 Q 的点动控制。图 2-12(b)所示的控制电路是利用开关 Q 实现点动控制与连续控制的切换。

(3) 带复合按钮的点动控制。图 2-12(c)所示的控制电路是利用复合按钮 $SB_3$ 实现点动控制与连续控制的切换。

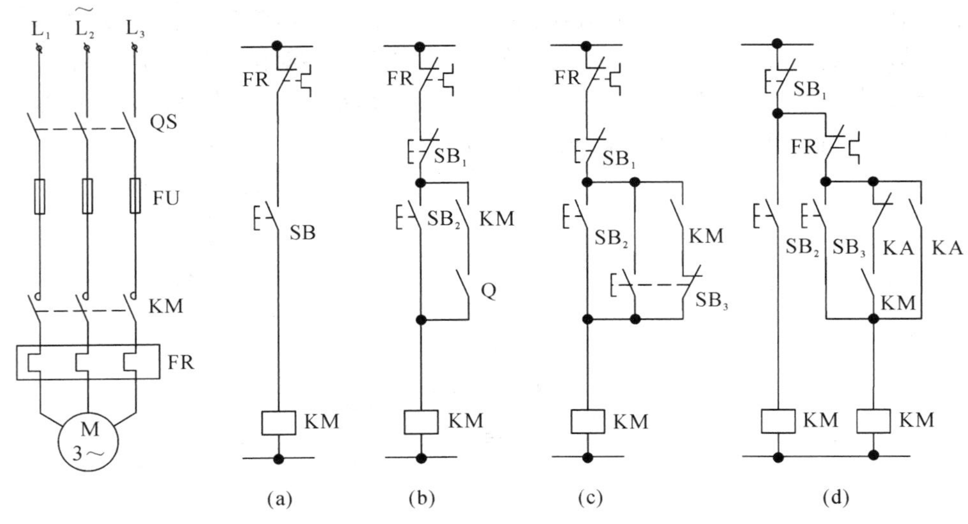


图 2-12　三相鼠笼式异步电动机点动控制线路

电路工作原理如下：未按下复合按钮 $SB_3$ 时，系统可以完成正常的启动、停止等操作。当按下复合按钮 $SB_3$ 后，它的常闭触点动作，使接触器 KM 的自锁触点电路断开，而它的常开触点闭合，使接触器 KM 的吸引线圈带电，继续带动电动机工作。松开复合按钮 $SB_3$ 后，其常开触点复位，使接触器 KM 的吸引线圈电路断电，进而使电动机停止运转，实现点动控制。

该控制电路存在触点竞争的现象，复合按钮 $SB_3$ 的常闭触点的恢复时间 $t_1$ 与接触器 KM 辅助触点的恢复时间 $t_2$ 之间存在一个配合的问题。若 $t_1 < t_2$，则松开 $SB_3$ 后，接触器 KM 的衔铁未释放，其常开触点仍闭合，而这时 $SB_3$ 的常闭触点已经恢复闭合的状态，接触器 KM 的线圈电路仍旧接通，不能达到点动的目的。所以，这一控制电路能够正常工作的前提是 $t_1 > t_2$。

(4) 带中间继电器的点动控制。为了避免出现如图 2-12(c)所示的触点竞争现象，可以利用中间继电器 KA 常开触点间接使接触器 KM 的吸引线圈电路接通和自锁，实现点动控制与连续控制之间的切换，控制电路如图 2-12(d)所示。

电路工作原理如下：按下点动按钮 $SB_2$，接通中间继电器 KA 的线圈电路，KA 常开触点闭合，接触器 KM 线圈电路通电，同时 KA 的常闭触点断开，切断 KM 自锁触点电路，同时 KM 主触点闭合，电动机启动。松开点动按钮 $SB_2$，KA 线圈电路断电，KA 的常开触点先恢复断开状态，KA 的常闭触点再恢复闭合状态，KM 线圈电路断电。KM 的主触点断开，电动机停转。实现电动机的点动控制。

KA 常开触点和常闭触点在 KA 线圈断电后的恢复初始状态的先后顺序，保证了 KM 自锁触点电路在整个点动工作过程中始终处于断开状态。当松开点动按钮 $SB_2$ 后，电动机能够可靠地停止运行。

通过启动按钮 $SB_2$ 和停止按钮 $SB_1$，工作过程如图 2-11 所示，实现基本启、停、自锁的控制。在此过程中，中间继电器 KA 线圈电路不通电，KA 不工作。

**2. 三相鼠笼式异步电动机正、反转控制线路**

生产机械常常要求控制对象能够上下、左右、前后等相反的运动方向动作。例如：机床工作台的往返运动，电梯的上行、下行等，这就要求被控对象“感应电动机”能够正、反向工作。根据电机学知识，只要改变异步电动机任意两相定子绕组的相序，即能实现正、反向运行。因此，可以借助接触器来实现这一功能。

1) 简单的电动机正、反转控制线路

图 2-13(a)所示的控制电路是一种实现三相鼠笼式异步电动机正、反转控制的简单方式。

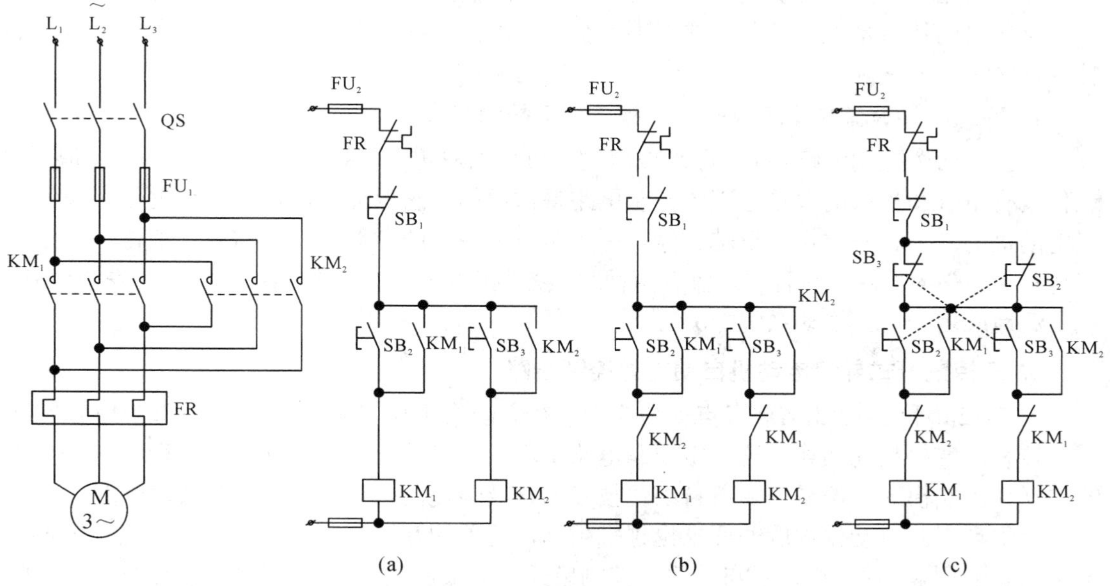


图 2-13　三相鼠笼式异步电动机正、反转控制线路

电路工作原理如下：只需要通过正向启动按钮 $SB_2$ 或反向启动按钮 $SB_3$ 即能分别启动电动机的正转和反转。通过停止按钮 $SB_1$ 切断接触器 $KM_1$ 和 $KM_2$ 吸引线圈所在的电路，

使接触器主触点断开，断开电动机主电路的电源，进而使电动机停止运行。

但是，当同时按下正转启动按钮 $SB_1$ 和反转启动按钮 $SB_2$ 时，接触器 $KM_1$ 和 $KM_2$ 的吸引线圈同时带电，则主电路中相应的主触点同时闭合，将造成 A 相、C 相两相电源短路故障。换句话说，在电动机正、反转运行的任何时候都只能允许一个接触器处于通电工作状态。具体到控制线路就是要使接触器 $KM_1$ 和 $KM_2$ 互锁。

2) 接触器互锁的电动机正、反转控制线路

将接触器 $KM_1$ 和 $KM_2$ 的常闭辅助触点分别串接入对方的线圈控制电路中，形成相互制约控制，如图 2-13(b)所示。这种利用接触器(或继电器)常开、常闭触点的电气连接实现在电路中互相制约的方法，称为“电气联锁”。

电路工作原理如下：当电动机处于正转运行时，按下反转启动按钮 $SB_2$，由于 $KM_1$ 常闭触点的存在，反转的控制电路断开，$KM_2$ 的吸引线圈断电，保证了在正转时电动机将无法反转。同理，当电动机处于反转运行时，由于 $KM_2$ 常闭触点的存在，也保证了在反转时电动机将无法正转。

该电路的特点是控制安全，不会因为触点的熔焊造成短路。但操作不方便，因其正、反转的切换须经过“停止”环节。它的操作过程是正转→停止→反转→停止→正转→……。

3) 按钮互锁的电动机正、反转控制线路

在图 2-13(a)的基础上，将接触器两个常闭的辅助触点分别用两个启动(复合)按钮($SB_2$、$SB_3$)的常闭触点来代替。这种利用按钮的常开、常闭触点的机械连接在电路中互相制约的方法，称为“机械联锁”。

该电路巧妙利用复合按钮“常闭触点先动作，常开触点后动作”的特点，既实现了正转和反转的相互制约，又实现了电动机正、反转的直接切换，无须经过停止按钮 SB。

该电路的特点是电路控制方便但不安全，若触点熔焊会造成短路。它的操作过程是正转→反转→正转→……。

4) 按钮与接触器双重互锁的电动机正、反转控制线路

将上述两个控制电路合并，即形成电气与机械的双重联锁控制电路，如图 2-13(c)所示。这种具有电气和机械的双重互锁的控制电路是常用的，它保证了电路的可靠工作，既可实现电动机的“正转→停止→反转→停止→正转→……”的控制，又可实现“正转→反转→正转→……”的控制，并且它还兼有两种联锁控制电路的优点，线路操作方便，安全可靠，被广泛地应用于电力拖动系统中。

### 3. 三相鼠笼式异步电动机自动往返控制线路

图 2-12(c)和 2-12(d)实现了点动和连续运行之间的相互切换，图 2-13(b)和 2-13(c)实现了正转和反转的相互切换。这两组控制电路实现的是对单一运动部件不同运行状态相互制约的互锁控制模式。但是，随着自动化技术的普及与提高，为了提高生产效率降低成本，对整个生产工艺自动化程度的要求也越来越高，简单的互锁控制已经不能满足这一要求。于是，提出了另一种生产过程自动化的控制模式——按控制过程物理量的变化进行的控制。自动往返运行控制就是利用这一规律实现的控制。

实现自动循环往返运行对电动机的基本要求是启动、停止及正反转运行。特殊的是，当运动部件运行到某一端时，系统能够自动改变电动机转动的方向，也就是要求控制装置

能根据控制过程的物理量的变化改变或终止控制对象的运动。因此，在实现方法上，是要让控制装置能够直接反映控制过程物理量的变化。实现这一功能的低压器件通常采用直接测量位置信号的元件——行程开关 SQ 或反映时间变化的元件——时间继电器 KT。

1) 按行程参量控制的自动往返控制线路

当往返的两点之间有固定位移时，可以用行程开关作为往返方向改变的判断依据。自动往返运行示意图如图 2-14 所示。在行程的两个终点位置分别放置一个行程开关，即：正向终点处放置一个行程开关 $SQ_2$、反向终点处放置一个行程开关 $SQ_1$，作为位置控制。通过停止按钮使系统最终停止下来。

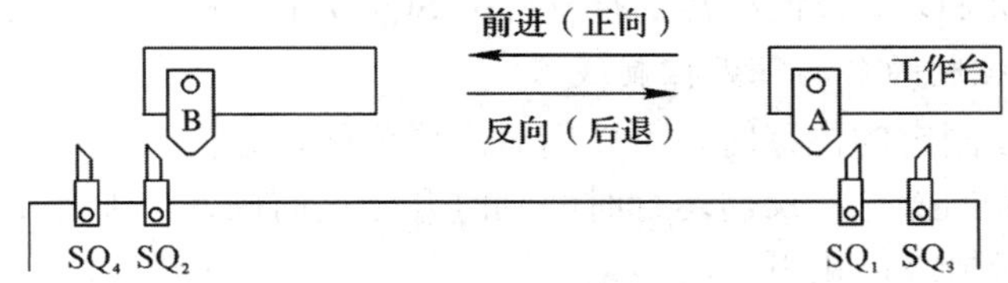


图 2-14　自动往返运行示意图

为了避免工作台超出限位位置而出现事故，可在行程开关 $SQ_1$、$SQ_2$ 的外面再分别放置一个行程开关 $SQ_3$、$SQ_4$ 作为限位保护。当行程开关 $SQ_1$、$SQ_2$ 失灵时，可以由限位保护的行程开关 $SQ_3$、$SQ_4$ 实现保护。

按行程参量控制的多行程自动往返控制线路如图 2-15 所示，在双重联锁正、反转控制线路的基础上，增加行程开关 $SQ_1$ 和 $SQ_2$ 的复合触点实现多行程往返，以及增加行程开关 $SQ_3$ 和 $SQ_4$ 的常闭触点实现限位保护。

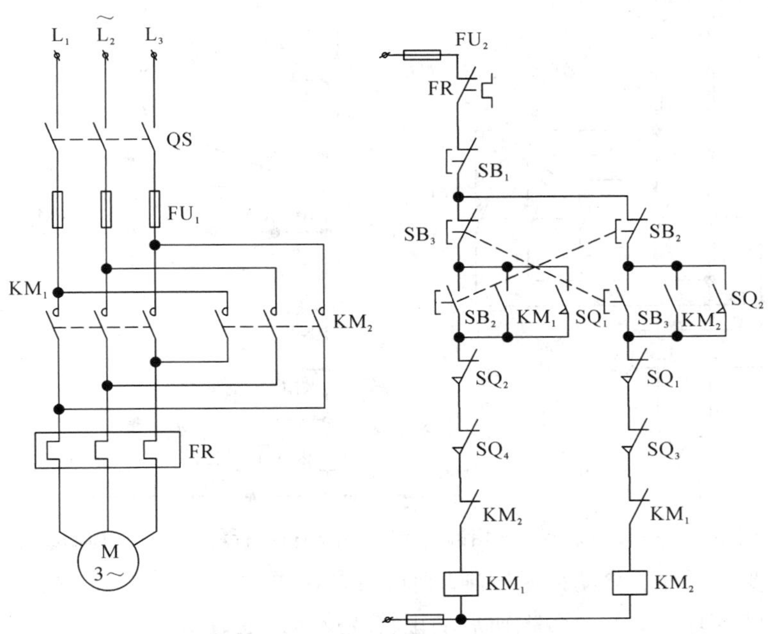


图 2-15　按行程原则的三相鼠笼式异步电动机多行程自动往返控制线路

电路工作原理如下：当正向运行遇到正向终点位置的行程开关 $SQ_2$ 时，其常闭触点先

动作，断开 $KM_1$ 线圈电路，停止正向运行，其常开触点再动作，接通 $KM_2$ 线圈电路，电动机反转，系统反向运行；当反向运行遇到反向终点位置的行程开关 $SQ_1$ 时，其常闭触点先动作，断开 $KM_2$ 线圈电路，停止反向运行，其常开触点再动作，接通 $KM_1$ 线圈电路，电动机正转，系统正向运行。如此不断的往返，直到按下停止按钮 $SB_1$，系统停止运行。

当工作台超出正常工作范围时，由 $SQ_3$ 或 $SQ_4$ 的常闭触点分别断开 $KM_1$ 或 $KM_2$ 的线圈电路，电动机停转，系统停止运行，达到限位保护的效果。

如果只需要单行程的自动往返控制，则将与 $KM_1$ 自锁触点并联的 $SQ_1$ 常开触点去除即可。通过 $SB_2$ 或 $SB_3$ 复合按钮启动正转或反转；通过 $SQ_2$ 常开触点实现正转到反转的自动衔接；通过停止按钮 $SB_1$ 或反向终点的行程开关 $SQ_1$ 使单行程的返回操作最终停止下来。

2) *按时间参量控制的自动往返控制线路*

当往返之间没有固定的位移时，可以用时间作为往返方向改变的判断依据，当正向运行时间到时，开始反向操作；反向运行时间到时开始正向操作，如此不断的往返。同样，通过停止按钮使系统最终停止下来。

按时间原则的三相鼠笼式异步电动机多行程自动往返控制线路如图 2-16 所示。由通电延时型时间继电器 $KT_1$ 计算正向运行所需的时间，由 $KT_2$ 计算反向运行所需的时间。$KT_1$ 和 $KT_2$ 的延时型复合触点在线路中的作用与图 2-15 的 $SQ_1$ 和 $SQ_2$ 复合触点在线路中的作用类似。

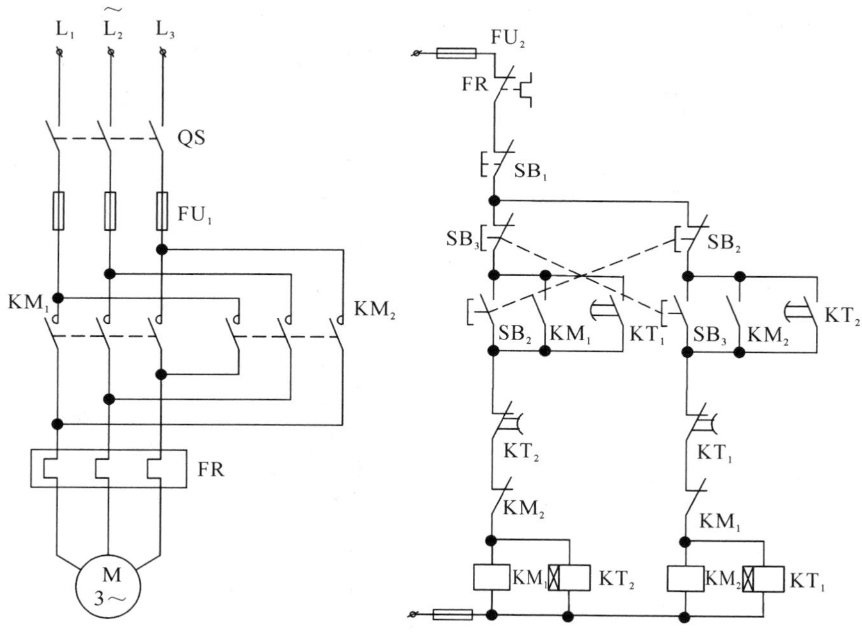


图 2-16　按时间原则的三相鼠笼式异步电动机多行程自动往返控制线路

如果只需要单行程的自动往返控制，则将与 $KM_1$ 自锁触点并联的 $KT_1$ 延时型常开触点去除即可。通过 $SB_2$ 或 $SB_3$ 复合按钮启动正转或反转；通过 $KT_2$ 的延时型常开触点实现正转到反转的自动衔接；通过停止按钮 $SB_1$ 或反向计时时间继电器 $KT_1$ 的延时型常闭触点，使单行程的返回操作最终停止下来。

### 4. 三相鼠笼式异步电动机顺序控制线路

顺序控制是针对多个运动部件的一种控制模式。在实际生产中，常常要求多个控制对象按一定的先后顺序工作。例如：车床主轴转动时，要求油泵先给齿轮箱供油润滑，即要求保证润滑泵电动机启动后，主拖动电动机才允许启动，这就对控制线路提出了按顺序工作的联锁控制要求。顺序启停控制线路可以有顺序启动、同时停止的控制线路，也可以有顺序启动、顺序停止的控制线路。

1) 顺序启动、同时停止的控制线路

两台三相鼠笼式异步电动机顺序启停控制线路，如图 2-17 所示。设异步电动机 $M_1$ 为润滑泵电动机，异步电动机 $M_2$ 为主轴电动机，图 2-17(b)实现的是先 $M_1$ 后 $M_2$ 启动，停止时 $M_1$ 和 $M_2$ 同时停止的控制电路。$KM_1$ 控制润滑泵电动机的启动，$KM_2$ 控制主轴电动机的启动。

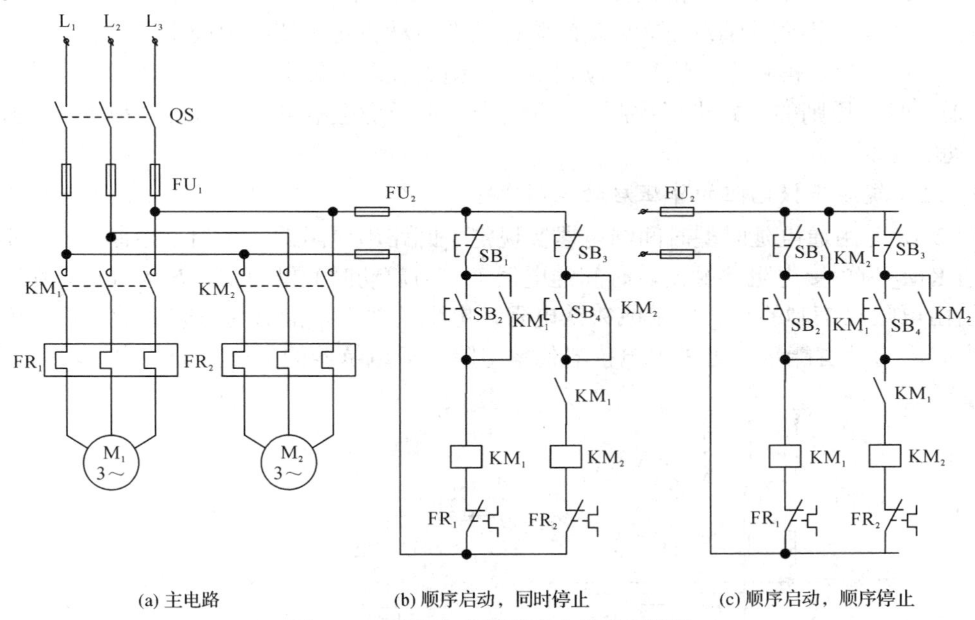


(a) 主电路　　(b) 顺序启动，同时停止　　(c) 顺序启动，顺序停止

图 2-17　两台电动机顺序启停控制线路

电路的工作原理如下：合上电源开关 QS，按下润滑泵电动机启动按钮 $SB_2$，接触器 $KM_1$ 通电并自锁，润滑泵电动机 $M_1$ 启动运行，同时串接在 $KM_2$ 线圈电路的 $KM_1$ 常开辅助触点闭合，为主轴电动机 $M_2$ 的启动做准备。按下主轴电动机启动按钮 $SB_4$，接触器 $KM_2$ 通电并自锁，主轴电动机启动运行。

由于 $KM_1$ 常开辅助触点串接在 $KM_2$ 线圈电路，如果先按下 $SB_4$，$KM_2$ 线圈电路也不会通电，主轴电动机无法先启动，达到了顺序启动的控制要求。

2) 顺序启动、顺序停止的控制线路

生产机械除了必须按顺序启动外，还要求按照一定的顺序停止。如皮带传送机，启动时先 $M_1$ 后 $M_2$，停止时先 $M_2$ 后 $M_1$，这样才不会造成物料在皮带上的堆积。顺序启动、顺序停止的控制线路如图 2-17(c)所示，在图 2-17(b)的基础上，将接触器 $KM_2$ 的常开辅助触点并联在停止按钮 $SB_1$ 两端。

电路的工作原理如下：启动时，先 $M_1$ 后 $M_2$ 的工作过程与图 2-17(b)相同，此处注重分析顺序停止的工作过程。当按下 $SB_1$ 时，由于 $KM_2$ 通电，其常开辅助触点闭合，使 $KM_1$ 线圈电路始终通电，电动机 $M_1$ 不会停止运行。只有按下停止按钮 $SB_3$，电动机 $M_2$ 停止运行，此时 $KM_2$ 断电，其触点均恢复初始状态，与 $SB_1$ 并联的 $KM_2$ 常开辅助触点断开，此时再按下 $SB_1$ 才有可能停止 $M_1$ 电动机，达到了先停 $M_2$ 后停 $M_1$ 的目的。

#### 5. 三相鼠笼式异步电动机降压启动控制线路

三相鼠笼式异步电动机功率在 10 kW 以上或不能满足经验公式 $\frac{I_{st}}{I_N} \leqslant \frac{3}{4} + \frac{S}{4P_N}$ 时，应采用降压启动的方法进行启动。

三相鼠笼式异步电动机降压启动的方法有：① 定子绕组电路中串电阻或电抗器启动；② Y－△换接启动；③ 串自耦变压器启动；④ 延边三角形启动。这些启动方法的实质都是在电源电压不变的情况下，启动时降低加在电动机定子绕组上的电压，以限制启动电流，而在启动后，再将电压恢复至额定值，电动机进入正常运行。从启动到运行的切换通常都采用时间原则的方式进行控制。这里仅介绍定子绕组串电阻降压启动和 Y－△换接降压启动的控制线路。

1) *定子绕组串接电阻的降压启动控制线路*

图 2-18 是用通电延时型时间继电器实现定子回路串电阻的降压启动控制线路。其中，接触器 $KM_2$ 为短接电阻接触器，时间继电器 KT 为启动时间继电器，*R* 为降压电阻。*R* 一般采用由电阻丝绕制的板式电阻或铸铁电阻，电阻功率大，能够通过较大的电流，当能量损耗大时，为节省能量，可采用电抗器代替电阻，但电抗器的价格较贵，成本较高。

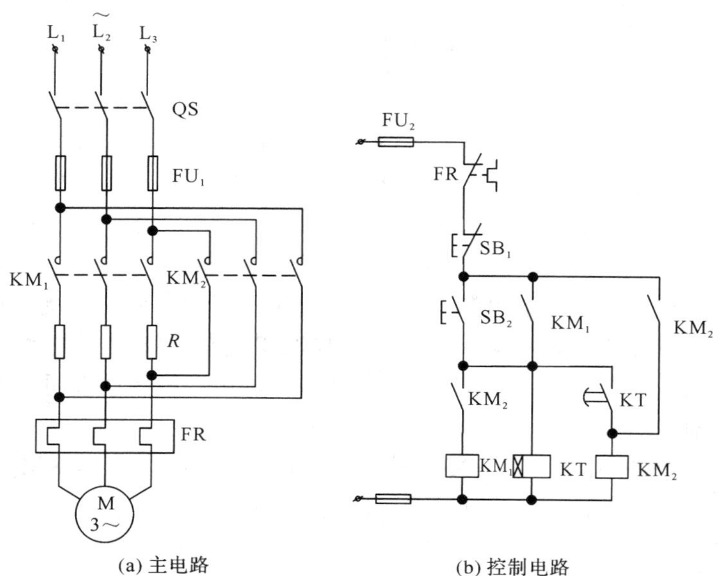

(a) 主电路　　(b) 控制电路

图 2-18　三相鼠笼式异步电动机定子串电阻降压启动控制线路

电路工作原理如下：合上电源开关 QS，按下启动按钮 $SB_2$，接触器 KM 通电并自锁，电动机串电阻降压启动。接触器 $KM_1$ 通电的同时，通电延时型时间继电器 KT 线圈得电，经过一段时间的延时，KT 常开延时触点闭合，接通接触器 $KM_2$ 线圈电路，$KM_2$ 主触点闭

合，短接位于主电路的电阻 $R$，降压启动过程结束，电动机全压运行。

通电延时型时间继电器 KT 延时时间的长短是根据电动机启动过程时间的长短来决定的，通过时间继电器 KT，按照时间的原则切除降压电阻 $R$，使降压启动过程的切换动作可靠。

串电阻降压启动控制可以提高功率因素，有利于电网质量，但启动转矩小，启动时电阻上的功耗大，频繁启动则绕组温升较高，通常用在中小容量的电动机，且不经常启、停的控制线路中。

2) Y-△降压启动控制线路

Y-△降压启动时定子绕组接线如图 2-19 所示。启动时定子绕组先接成 Y 形，这时的启动电压为 220 V。待转速上升到接近额定转速 $N_e$ 时，将定子绕组的接线由 Y 形换接成△形，这时的定子绕组两端的电压为 380 V，电动机进入全压的正常运行状态。

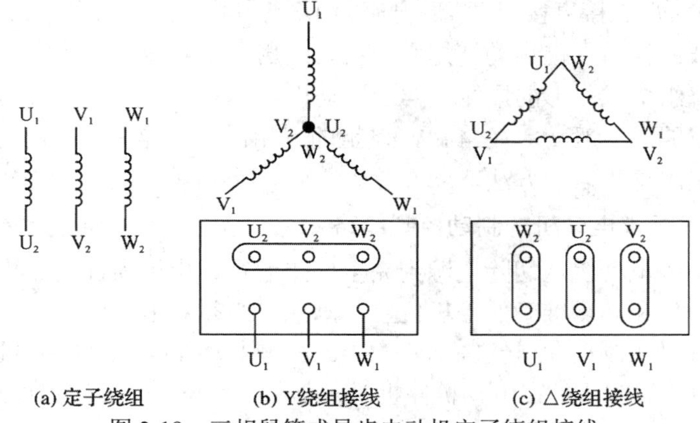


图 2-19　三相鼠笼式异步电动机定子绕组接线

三相鼠笼式异步电动机 Y-△降压启动控制线路如图 2-20 所示。

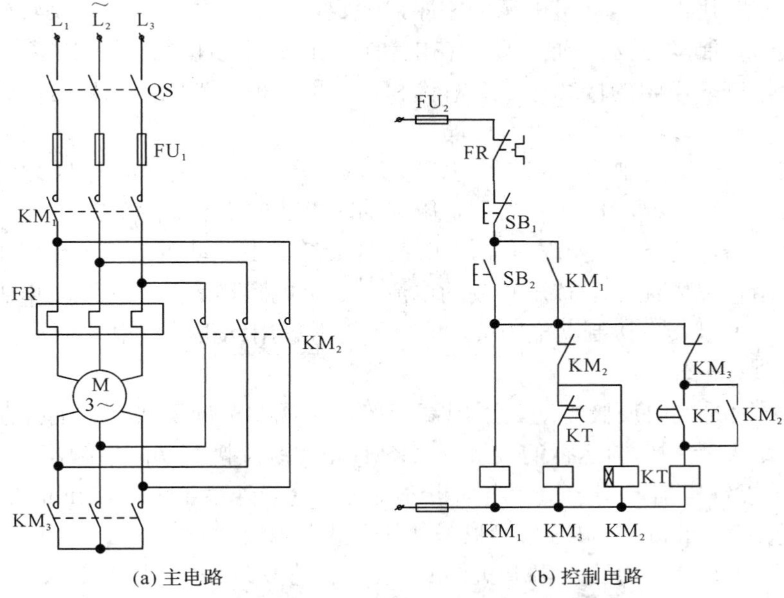


图 2-20　三相鼠笼式异步电动机 Y-△降压启动控制线路

电路工作原理如下：合上电源开关 QS，按下启动按钮 $SB_2$，接触器 $KM_1$ 通电并自锁，电动机接通电源，随即接触器 $KM_3$ 通电，电动机定子绕组接成 Y 形，实现降压启动；在接触器 $KM_3$ 通电的同时，通电延时型时间继电器 KT 通电，经一段时间延时后，KT 常闭延时触点先动作致 $KM_3$ 断电，KT 常开延时触点再动作，使接触器 $KM_2$ 通电并自锁，电动机电子绕组换接成△形，电动机转入全压运行。

当 $KM_2$ 通电后，$KM_2$ 的常闭触点断开使 KT 断电，避免了时间继电器长时间工作。$KM_2$ 和 $KM_3$ 的常闭触点也为互锁触点，防止电动机定子绕组同时进行 Y 形和△形连接，造成三相电源短路故障。

三相鼠笼式异步电动机采用 Y-△降压启动时，定子绕组在 Y 形连接状态下，启动电压为△形连接直接启动电压的 $1/\sqrt{3}$，启动转矩为△形连接直接启动转矩的 1/3($T_{st} \propto U_1^2$)，启动(线)电流也为△形连接直接启动(线)电流的 1/3。与其他降压启动相比，这种 Y-△形降压启动投资少，线路简单，但启动转矩小，主要适用于空载或轻载状态下的启动。正常运行时电动机定子绕组接成△形的鼠笼式异步电动机，可以采用 Y-△形降压启动的方法达到限制启动电流的目的。一般功率在 4 kW 以上的三相鼠笼式异步电动机的定子绕组均为△形接法，都可以采用这种启动方法。

### 6. 三相鼠笼式异步电动机的制动控制线路

三相鼠笼式异步电动机从切除电源到完全停止运行，由于惯性的作用，停机时间拖得较长，影响生产效率和获得准确的停机位置。因此，必须对拖动电动机采取有效的制动控制。制动的方法有机械制动和电气制动两大类。机械制动是电磁铁操纵机械，强迫电动机迅速停机；电气制动的实质是在电动机停机时，产生一个与原来旋转方向相反的制动转矩，迫使电动机迅速停机。常用的电气制动有反接制动和能耗制动。

1) *反接制动*

反接制动是利用改变电动机电源的相序，使定子绕组产生反方向的旋转磁场，因而产生制动转矩的一种制动方法。 通常要求在电动机主电路中串接反接制动电阻，以限制反接制动电流。反接制动电阻的接线方法有对称和不对称两种。当电动机转速接近于 0 时，计时切断反相序电源，以防止反向再次启动。

前面提到过，在反接制动时，转子与定子旋转磁场的相对转速接近于 2 倍的同步转速，所以定子绕组中的反接制动电流相当于全压启动时电流的 2 倍。为避免对电动机及机械传动系统的过大冲击，延长其使用寿命，一般在 10 kW 以上电动机的定子电路中串接对称电阻或不对称电阻，以限制制动转矩和制动电流。这个电阻称之为反接制动电阻。当电动机容量不太大时，可以不串接制动电阻 $R$。这时可以考虑用比正常使用大一号的接触器 KM，以适应较大的制动电流。

(1) 速度原则的单向反接制动。采用复合按钮实现的单向反接制动的控制线路，如图 2-21 所示。$KM_1$ 是控制单向运行的接触器，$KM_2$ 是控制反接制动的接触器，$R$ 为反接制动电阻，KS 是速度继电器，用于检测电动机速度变化。当速度 $v > 120$ r/min 时，KS 触点动作；当速度 $v < 100$ r/min 时，KS 触点回复原来状态。

电路工作原理如下：合上电源开关 QS，按下启动按钮 $SB_2$，接触器 $KM_1$ 通电并自锁，电动机运行。当电动机转速 $v > 120$ r/min 时，速度继电器 KS 动作，常开触点闭合为反接

制动做准备。制动时按下复合按钮 $SB_1$，接触器 $KM_1$ 断电，电动机定子绕组脱离三相电源；KS 的常开触点由于电动机在惯性作用下仍以很高的转速转动而保持闭合状态，使接触器 $KM_2$ 得以通电并自锁，电动机定子绕组串电阻反接制动。此时电动机为反相序连接。电动机进入反接制动后转速迅速下降，当电动机转速接近 100 r/min 时，KS 的常开触点恢复断开状态，$KM_2$ 线圈断电，反接制动结束。

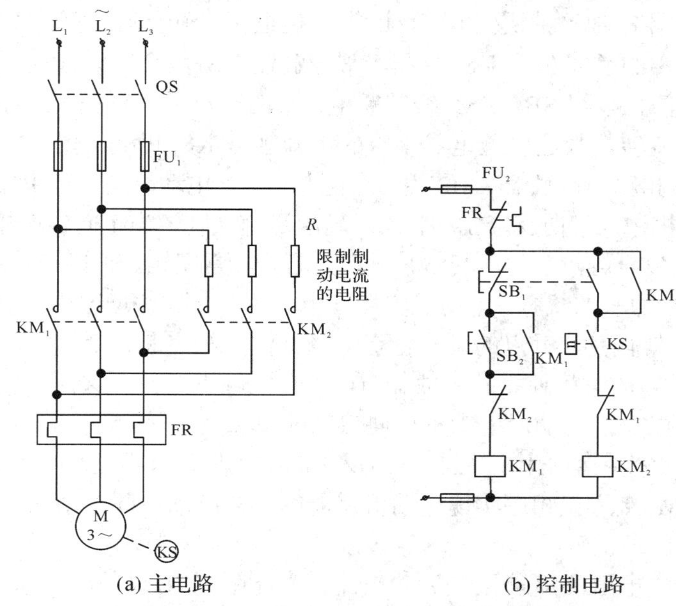


(a) 主电路　　(b) 控制电路

图 2-21　复合按钮实现的速度原则单向对接制动控制线路

(2) 可逆反接制动。无限流电阻的可逆反接制动控制线路如图 2-22 所示。

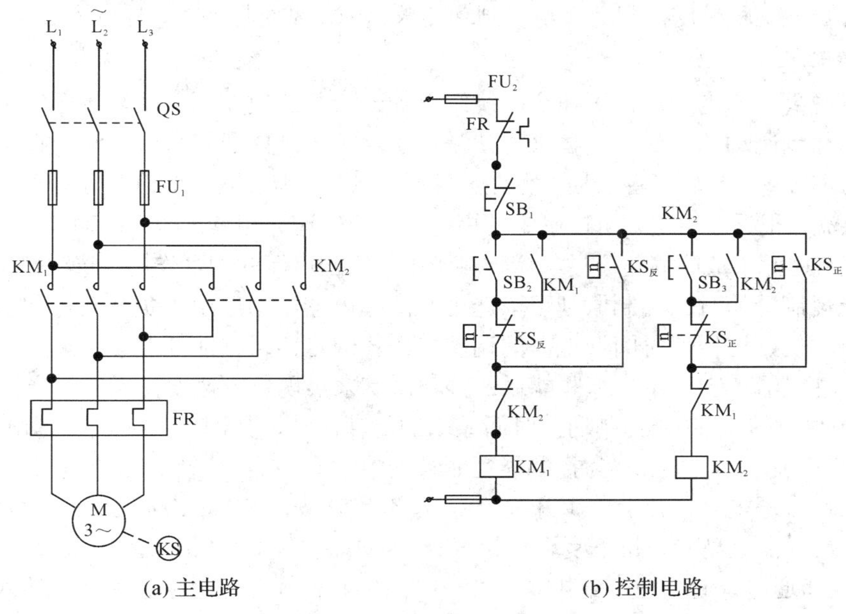


(a) 主电路　　(b) 控制电路

图 2-22　无限流电阻的可逆反接制动控制线路

在“电气联锁”正、反转控制线路的基础上，加入速度继电器 KS 的两组常开触点和常闭触点，分别检测电动机正转和反转时速度的变化，为分析方便，标识为 $KS_{正}$、$KS_{反}$。接触器 KM1 用于控制电动机定子绕组的正相序连接，接触器 $KM_2$ 用于控制电动机定子绕组的反相序连接。

正向反接制动过程的电路工作原理如下：合上电源开关 QS，按下正向启动按钮 $SB_2$，控制正相序的接触器 KM1 线圈通电并自锁，电动机正转。当电动机正转的转速 $v > 120$ r/min 时，速度继电器 KS 的常闭触点 $KS_{正}$断开，常开触点 $KS_{正}$闭合，为正向反接制动作准备。正向制动时，按下停止按钮 SB，$KM_1$ 线圈断电，电动机定子绕组脱离三相电源，由于惯性电动机转子仍高速旋转，故速度继电器 KS 的常开触点 $KS_{正}$仍处于闭合状态。松开停止停止按钮 SB，控制反相序的接触器 KM2 线圈通电并自锁，电动机定子绕组接上相序相反的三相交流电源，电动机进入正向反接制动状态，转速迅速下降。当正向转速接近 100 r/min 时，速度继电器 $KS_{正}$的复合触点复位，其常开触点先断开，常闭触点再闭合。KM2 线圈电路断电，相应的触点恢复原来的状态，电动机脱离三相电源，自然停机至零，正向反接制动结束。

由于 $KS_{正}$触点具有复合触点的工作特点，当其常开触点断开后，常闭触点不会立即闭合，所以 $KM_2$ 有足够的时间使铁芯释放、断电，自锁触点断开。这样保证了正向反接制动可靠停止，不会造成反接制动后电动机反向启动的现象。

同理，反向的反接制动工作过程与正向反接制动类似，只不过是由 $KM_2$ 接通反相序实现电动机反转，$KM_1$ 接通正相序实现电动机反向的反接制动，同时由 $KS_{反}$的一组复合触点检测反转时电动机转速的变化。

反接制动电路中电阻 $R$ 既能限制制动电流，又能限制启动电流。电路所用的电器元件较多，但制动力矩较大，制动迅速，效果好，运行可靠，操作方便。不足之处在于制动准确度差，制动中冲击较大，易损坏传动机件，且制动能量损耗较大。通常仅适用于 10 kW 以下的小容量电动机。反接制动适用于制动要求迅速，系统惯性大，制动不太频繁的场合。

2) 能耗制动

电动机脱离三相电源后，可在定子绕组上加一个直流电源，利用转子感应电流与静止磁场的作用达到制动的目的。具体来说就是定子两相绕组内通入直流电流，在定子内形成一个固定的定磁场，当转子由于惯性仍在旋转时，其导体切割磁场，在转子中产生感应电动势及转子电流。根据左手定则可以确定转矩的方向与转速 $n$ 相反，即为制动转矩。简单来说就是利用直流电流形成的固定磁场与旋转转子中的感应电流的相互作用，产生制动转矩。

根据能耗制动的时间控制原则可以选用时间继电器，一般用于负载转矩和负载转速较为稳定的电动机，这样使时间继电器的调整值比较固定。根据能耗制动的速度控制原则可以选用速度继电器，它适用于那些能通过传动系统来实现负载速度变换的生产机械中。

(1) 时间原则的单向能耗制动。时间原则的能耗制动，如图 2-23 所示，$KM_1$ 为控制电动机单向运行的接触器，$KM_2$ 为控制能耗制动的接触器，VC 为桥式整流电路。

电路工作原理如下：合上电源开关 QS，按下启动按钮 $SB_2$，$KM_1$ 通电并自锁，电动机单向运行。当需要制动时，按下复合按钮 $SB_1$，$KM_1$ 断电，电动机定子绕组脱离三相电源；接触器 $KM_2$ 和通电延时型时间继电器 KT 同时通电并自锁，将两相定子绕组接入直流电源进行能耗制动。电动机在能耗制动作用下转速迅速下降，当转速接近 0 时，时间继电器 KT 的延时时间到，其常闭延时触点动作，使 $KM_2$ 和 KT 相继断电，制动过程结束。

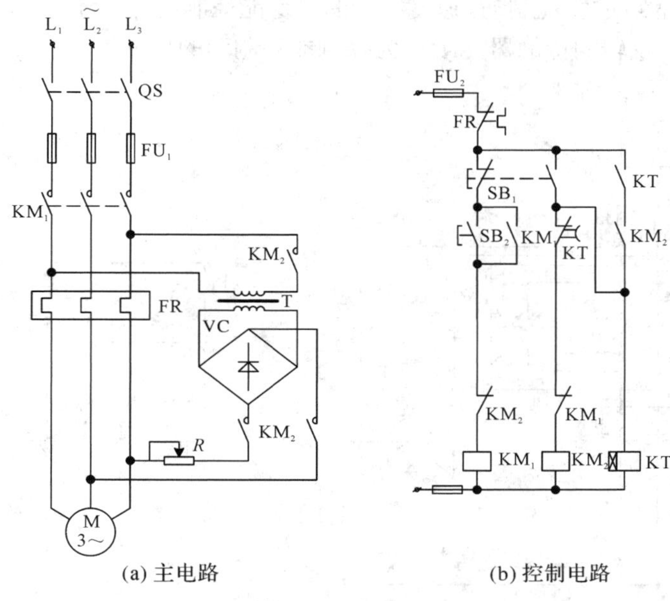


(a) 主电路　　　　　　(b) 控制电路

图 2-23　时间原则的单向能耗制动控制线路

该电路将时间继电器 KT 的常开瞬动触点与接触器 $KM_2$ 自锁触点串接，是考虑到如果时间继电器断线或机械卡住致使触点不能动作时，不至于使 $KM_2$ 长期通电，造成电动机定子绕组长期通入直流电。

(2) 无变压器的半波整流单向能耗。图 2-23 所示的单向能耗制动所需的直流电源是通过变压器桥式整流电路接入的，其制动效果较好，但是所需设备多，成本高。当电动机功率在 10 kW 以下且制动要求不高时，可以采用无变压器的半波整流实现能耗制动，如图 2-24 所示。二极管只允许电流单向通过，所以将其接入交流电路时，它能使电路中的电流只按单向流动，即所谓的“整流”。

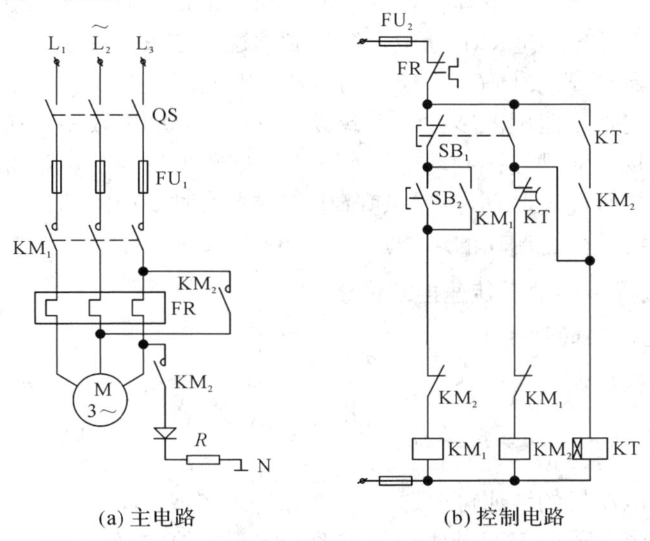


(a) 主电路　　　　　　(b) 控制电路

图 2-24　无变压器的半波整流单向能耗制动控制线路

(3) 速度原则的可逆能耗制动。速度原则的可逆能耗制动控制线路如图 2-25 所示，$KM_1$ 和 $KM_2$ 为控制正、反转的接触器，$KM_3$ 为控制能耗制动的接触器。

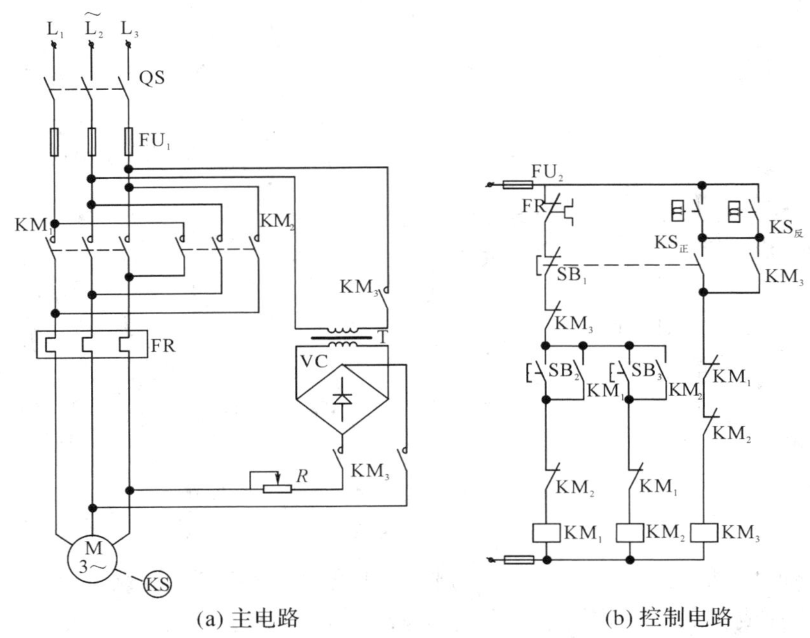


(a) 主电路　　(b) 控制电路

图 2-25　速度原则的可逆能耗制动控制线路

电路工作原理如下：合上电源开关 QS，按下正向或反向启动按钮 $SB_2$ 或 $SB_3$，相应的接触器 $KM_1$ 或 $KM_2$ 通电并自锁，电动机正向或反向运行。当转速 $v > 120$ r/min 时，速度继电器相应的常开触点 $KS_{正}$或 $KS_{反}$闭合，为能耗制动做好准备。制动时，按下停止按钮 $SB_1$，电动机定子绕组脱离三相电源，同时接触器 $KM_3$ 通电，电动机定子绕组接入直流电源进行能耗制动。电动机转速迅速下降，当转速 $v < 100$ r/min 时，速度继电器相应的常开触点 $KS_{正}$或 $KS_{反}$恢复断开状态，使 $KM_3$ 断电，能耗制动过程结束。

能耗制动的优点是制动准确、平稳，利用转子的储能进行的，能量损耗小，对电网无冲击。缺点是需要附加直流电源装置，设备费用较高；制动力较弱，在低速时制动力矩较小，制动速度也较反接制动慢；制动电流小。在一些重型机床中，常常将能耗制动与电磁抱闸配合使用，先进行能耗制动，当转速降至某一数值时令抱闸动作，可以有效实现准确快速停车。适用于要求平稳制动的场合。

### 7. 三相鼠笼式异步电动机转速控制线路

1) 三相异步电动机的调速方法

三相异步电动机转速公式：

$$n = n_0 + \Delta n = \frac{60 f_1 (1-s)}{p} = \frac{60 f_1}{p} - \frac{60 f_1}{p} s$$

于是改变异步电动机的转速可以通过 3 种方法来实现：① 改变电源频率 $f_1$；② 改变转差率 $s$；③ 改变极对数 $p$。目前主要依靠改变定子绕组的极对数和改变转子电路的电阻来实现。

电网频率固定后，电动机转速与其极对数成反比。电动机绕组的接线方式将使其在不同的极对数情况下运行，其同步转速会随之改变。绕线式异步电动机的定子绕组极对数改变后，其转子绕组必须相应的重新组合，这一点就现场来说往往是难以实现的。而鼠笼式异步电动机转子绕组的极对数能随定子绕组的极对数的变化而变化，即鼠笼式异步电动机的转子绕组本身没有固定的极对数，所以，改变极对数的调速方法一般仅适用于鼠笼式异步电动机。

2) 鼠笼式异步电动机变极对数的调速方法

鼠笼式异步电动机一般采用下列两种方法来改变绕组的极对数：① 改变定子绕组的接线，或者说改变定子绕组每相电流方向；② 在定子绕组上设置具有具有不同极对数的两套互相独立的绕组。

以△-YY 变换为例，4-极双速电动机三相定子绕组接线如图 2-26(a)所示。

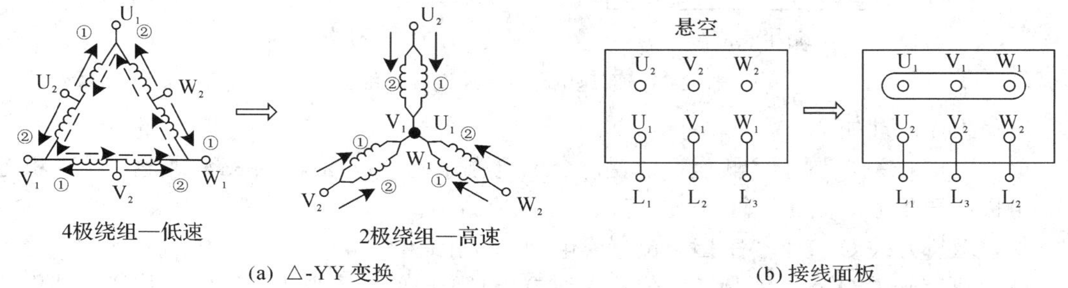

(a) △-YY 变换　　(b) 接线面板

图 2-26　4-极双速电动机三相定子绕组接线示意图

低速运行时，将电动机定子绕组的 $U_1$、$V_1$、$W_1$ 三个接线端接三相交流电源，而将 $U_2$、$V_2$、$W_2$ 三个接线端悬空，三相定子绕组接成三角形，此时磁极为 4，电动机同步转速为 1500 r/min。此时，每相绕组中①、②线圈串联，电流方向如图中的虚线所示，电动机以 4 极运行为低速。

高速运行时，将绕组的 $U_2$、$V_2$、$W_2$ 三个接线端接三相交流电源，而将 $U_1$、$V_1$、$W_1$ 三个接线端连在一起，此时磁极为 2，同步转速为 3000 r/min。则原来三相定子绕组的接法立即变为双星形(YY)接线，此时每相绕组中的①、②线圈并联，电流方向如图中实线所示。于是电动机以 2 极高速启动运行。

对于三相定子绕组，变极时每相绕组的接线方式都相同。但是，当改变电动机定子绕组接线时，必须同时倒换电源的相序，以保证调速前后对电动机转向不变。

通过改变极对数，使电动机转速先低速启动后高速运行，这样可以达到限制启动电流的目的。双速电动机变极调速的优点是可以适应不同负载性质的要求，需要恒功率调速时可以采用△-YY 电机；需要恒转矩调速时可采用 Y-YY 电动机，线路简单，维修方便。缺点是有极调速价格较昂贵。多速电动机调速有一定的使用价值，通常使用时与机械变速配合使用，以扩大调速范围。

3) 双速电动机调速控制线路

定子绕组△-YY 变换的双速电动机调速控制线路如图 2-27 所示，由交流接触器连接出线端改变电动机转速。通过单刀双掷开关 Q 实现低速运行和双速控制的切换。而双速控制中低速启动到高速运行又是按照时间原则，通过时间继电器 KT 来调节。

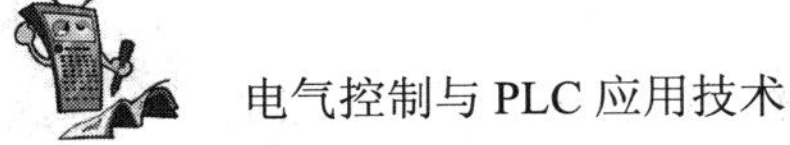


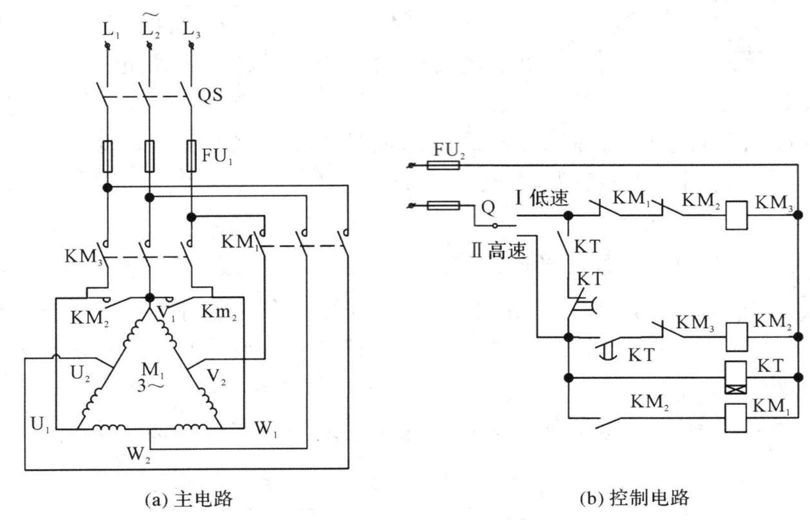


(a) 主电路　　　　(b) 控制电路

图 2-27　双速电动机调速控制线路

电路工作原理如下：

单刀双掷开关 Q 置于“低速”位置，合上电源开关 QS，接触器 $KM_3$ 通电，电动机定子绕组接成三角形，低速运行。

单刀双掷开关 Q 置于“空挡”位置，电动机停止运行。

单刀双掷开关 Q 置于“高速”位置，通电延时型时间继电器 KT 通电，其瞬时动作的常开触点闭合，接触器 $KM_3$ 通电，电动机定子绕组接成三角形，低速启动。经过一段时间的延时，KT 常开延时触点闭合，常闭延时触点断开，使接触器 $KM_3$ 断电，同时 $KM_2$ 和 $KM_2$ 相继通电，电动机定子绕组接线自动换接成 YY 形，电动机高速运行。

## 2.3.2　三相绕线式异步电动机启动控制线路

三相绕线型异步电动机转子中绕有三相绕组，通过滑环可以串接外加电阻，以达到减小启动电流和提高启动转矩的目的。在要求启动转矩较高及需要调速的场合，三相绕线型异步电动机得到了广泛的应用。按绕线型异步电动机启动过程中转子串接装置的不同，有串电阻启动和串频敏电阻启动两种控制线路。

串接在转子回路的启动电阻一般接成 Y 形。启动时，启动电阻全部接入，启动过程中，启动电阻逐级被短接。短接的方式有三相电阻平衡短接法和三相电阻不平衡短接法。凡是使用接触器控制被短接电阻的，宜采用平衡短接法。所谓平衡短接，是指每相启动电阻同时被短接。

按照绕线式异步电动机启动过程中转子电流变化及所需启动时间，有电流原则控制和时间原则控制两种控制线路。

### 1. 电流原则的控制线路

电流原则的转子串电阻降压启动控制线路如图 2-28 所示。该电路利用电流继电器检测电动机启动时转子电流大小的变化，从而控制转子串接电阻的切除。其中，$KM_2$—$KM_4$ 为短接转子电阻的接触器，$R_1$—$R_3$ 为转子外接电阻，KA 为中间继电器，$KI_1$—$KI_3$ 为电流继

电器，其线圈串联在主电路的电动机转子回路中，三个电流继电器的吸合值相同，释放值不同，$KI_1$ 最大，$KI_2$ 次之，$KI_3$ 最小。

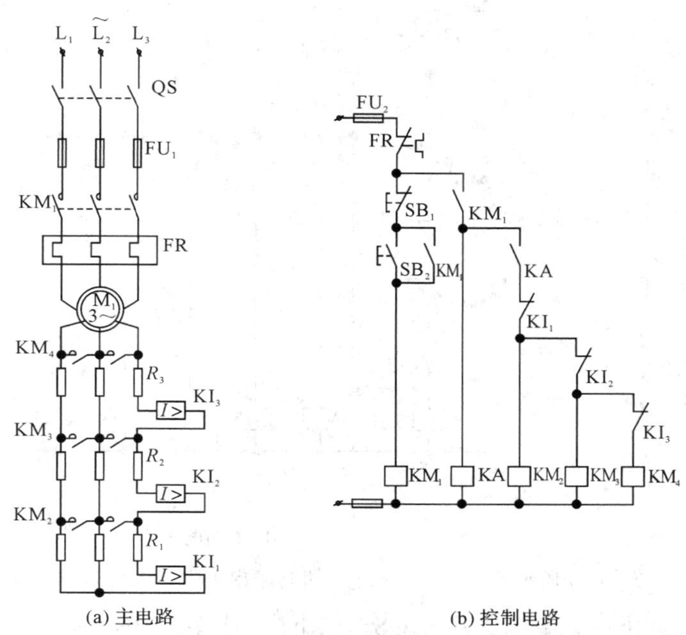


图 2-28　电流原则的绕线式异步电动机转子串电阻降压启动控制线路

电路工作原理如下：合上电源开关 QS，按下启动按钮 $SB_2$，接触器 $KM_1$ 通电并自锁，中间继电器 KA 通电。此时启动电流很大，电流继电器 $KI_1$—$KI_3$ 线圈吸合，串入控制电路的电流继电器的常闭触点均断开，接触器 $KM_2$—$KM_4$ 线圈不动作，接于主电路转子回路的常开触点均断开，电阻 $R_1$—$R_3$ 全部接入，以达到限制启动电流和提高转矩的目的。

当转速升高后转子电流逐渐下降，当转子电流等于 $KI_1$ 的释放电流值时，$KI_1$ 线圈断电，其控制电路中常闭触点恢复闭合状态，使接触器 $KM_2$ 通电，短接第一级转子外接电阻 $R_1$，转子电流上升。随着转速的升高，转子电流再次下降，当转子电流等于 $KI_2$ 的释放电流值时，$KI_2$ 线圈断电，控制电路中 $KI_2$ 的常闭触点恢复闭合状态，接触器 $KM_3$ 线圈通电，短接第二级转子外接电阻 $R_2$。如此继续，直到转子外接电阻全部被短接，电动机启动结束。

为保证电动机转子串入全部的电阻才能启动，设置了中间继电器 KA。若无 KA，则当转子电流由零上升尚未达到吸合电流时，电流继电器 $KI_1$—$KI_3$ 未吸合动作，接触器 $KM_2$—$KM_4$ 的线圈同时通电，将使转子电阻全部被短接，电动机直接全压启动。设置中间继电器 KA 后，在 $KM_1$ 的线圈通电的动作后才使 KA 的线圈通电，之后 KA 常开触点闭合，在这段时间之前启动电流已达到 $KI_1$—$KI_3$ 的吸合值，接于控制电路的电流继电器的常闭触点全部断开，接触器 $KM_2$—$KM_4$ 线圈电路断电，确保转子串入所有的外接电阻，避免了电动机直接启动。

### 2. 时间原则的控制线路

时间原则的转子串电阻降压启动控制线路如图 2-29 所示。该电路利用时间继电器 $KT_1$—$KT_3$ 的依次动作，自动短接转子外接电阻。

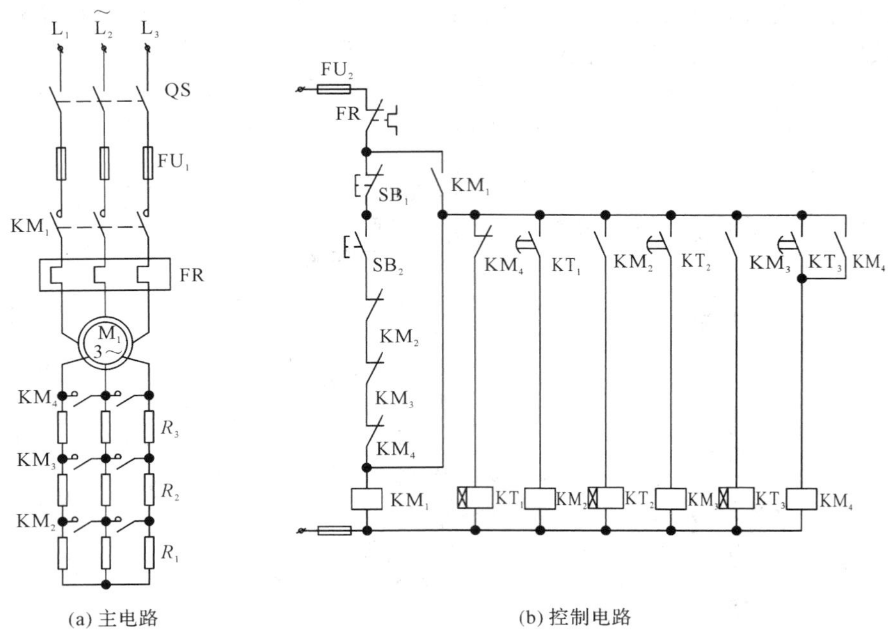


(a) 主电路　　　　(b) 控制电路

图 2-29　时间原则的绕线式异步电动机转子串电阻降压启动控制线路

电路工作原理如下：合上电源开关 QS，按下启动按钮 $SB_2$，接触器 $KM_1$ 通电自锁，电动机转子接入全部电阻，降压启动，同时时间继电器 $KT_1$ 通电。延时一段时间，$KT_1$ 的常开延时触点闭合，使接触器 $KM_2$ 通电，其主触点短接第一级转子外接电阻 $R_1$，其常开辅助触点闭合使时间继电器 $KT_2$ 通电。延时一段时间，$KT_2$ 的常开延时触点闭合，使接触器 $KM_3$ 通电，其主触点短接第二级转子外接电阻 $R_2$，其常开辅助触点闭合使时间继电器 $KT_3$ 通电。如此继续，直到转子外接电阻全部被短接，电动机启动结束。

当 $KM_4$ 通电后，其常闭辅助触点断开，切断时间继电器 $KT_1$ 线圈电路，使 $KT_1$、$KM_2$、$KT_2$、$KM_3$、$KT_3$ 依次断电。当电动机全压运行时，线路中只有 $KM_1$ 与 $KM_4$ 是长期通电的。于是，时间继电器 $KT_1$、$KT_2$、$KT_3$ 和接触器 $KM_2$、$KM_3$ 这 5 只电压电器线圈通电时间均被压缩到最低限度。一方面可以节省电能，更重要的是可以延长器件的使用寿命。

## 2.3.3　直流电动机控制线路

直流电动机具有良好的启动、制动和调速性能，容易实现各种运行状态的自动控制。直流电动机励磁方式有串励、并励、复励和他励四种，其控制线路基本相同。这里仅仅讨论他励或并励直流电动机的启动、反转和制动的自动控制的线路。

### 1. 单向运行启动控制线路

直流电动机启动控制的要求与交流电动机类似，即保证在足够大的启动转矩下，尽可能减少启动电流。直流电动机启动特点之一是启动冲击电流大，可达到额定电流的 10～20 倍，如此大的电流可能导致电动机换向器和电枢绕组的损坏。因此，一般在电枢回路中串电阻启动，以减小启动电流。另一特点是他励和并励直流电动机在弱磁或零磁时会产生“飞车”现象，因而在施加电枢电源前，应先接入或至少同时施加额定励磁电压，这样一方面

可以减少启动电流，另一方面也可以防止"飞车"事故。为了防止在弱磁或零磁时产生"飞车"现象，励磁回路中设有欠磁保护环节。

图 2-30 为直流电动机电枢回路串电阻启动控制电路。电枢串二级电阻，按照时间原则启动。图中，$KI_1$ 为过电流继电器，$KM_1$ 为启动接触器，$KM_2$、$KM_3$ 为短接启动电阻的接触器，$KT_1$、$KT_2$ 为时间继电器，$KI_2$ 为欠电流继电器，$R_3$ 为放电电阻。

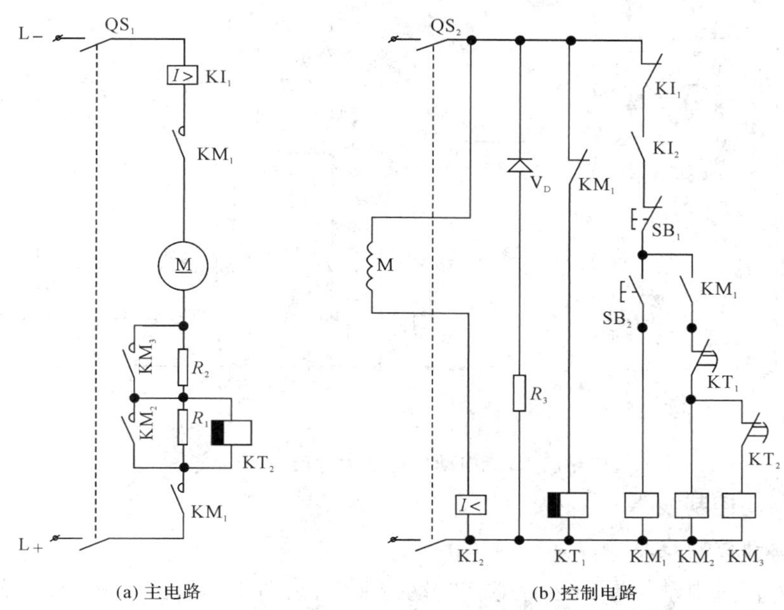


(a) 主电路　　(b) 控制电路

图 2-30　直流电动机串电阻启动控制线路

电路工作原理如下：合上电源 $QS_1$ 和控制开关 $QS_2$，励磁回路通电，$KI_2$ 通电，其常开触点闭合，为启动做好准备；同时，$KT_1$ 通电，其常闭触点断开，切断 $KM_2$、$KM_3$ 电路，保证串入电阻 $R_1$、$R_2$ 启动。

按下启动按钮 $SB_2$，$KM_1$ 通电并自锁，主触点闭合，接通电动机电枢回路，电枢串入二级电阻启动，同时 $KT_1$ 线圈断电，为 $KM_2$、$KM_3$ 通电短接电枢回路电阻作准备。在电动机启动的同时，并接在 $R_1$ 两端的时间继电器 $KT_2$ 通电，其常闭触点打开，使 $KM_3$ 不能通电，确保 $R_2$ 电阻串入启动。经过一段延时时间后，$KT_1$ 延时闭合触点闭合，$KM_2$ 线圈通电，短接电阻 $R_1$，$KT_2$ 线圈断电。经过一段时间的延时，$KT_2$ 常闭触点闭合，$KM_3$ 线圈通电，短接电阻 $R_2$，电动机加速进入全压运行，启动过程结束。

当电动机发生过载和短路时，主电路过电流继电器 $KI_1$ 动作，$KM_1$、$KM_2$、$KM_3$ 线圈均断电，使电动机脱离电源。当励磁线圈断路时，欠电流继电器 $KI_2$ 动作，起失磁保护作用。电阻 $R_3$ 与二极管 $V_D$ 均构成励磁绕组的放电回路，其作用是在停机时防止由于过大的自感电动势引起励磁绕组的绝缘击穿和其他电器元件的损坏。

### 2. 可逆运行启动控制线路

直流电动机在许多场合要求频繁，正、反方向启动和运行，常采用改变电枢电流方向来实现，其控制线路如图 2-31 所示。图中，$KM_1$ 和 $KM_2$ 为正、反转继电器，$KM_3$ 和 $KM_4$ 为短接电枢电阻接触器，$KT_1$ 和 $KT_2$ 为时间继电器，其工作原理与图 2-30 单向运行启动控制线路类似。

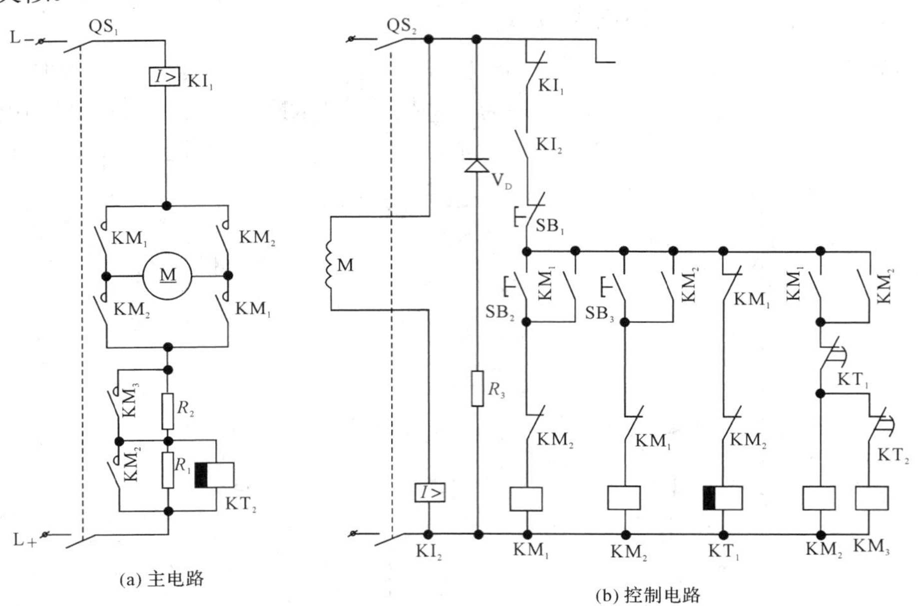


图 2-31 直流电动机可逆运行启动控制线路

### 3. 电气制动控制线路

1) 能耗制动控制线路

图 2-32 为直流电动机单向运行能耗制动控制线路。图中，$KM_1$ 为电源接触器，$KM_2$、$KM_3$ 为启动接触器，$KM_4$ 为制动接触器，$KI_1$ 为过电流继电器，$KI_2$ 为欠电流继电器，KU 为电压继电器，$KT_1$、$KT_2$ 为时间继电器。

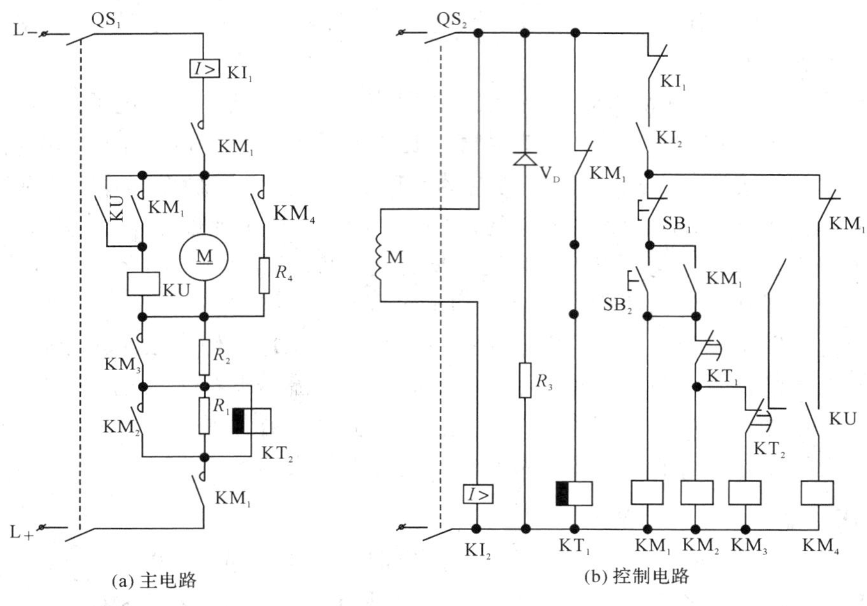


图 2-32 直流电动机能耗制动控制线路

电路工作原理如下：电动机启动时，电路工作情况同单向运转启动控制。电动机正常运行时，并联在电动机电枢回路两端的电压继电器 KU 通电，其常闭触点闭合，为制动做好准备。制动时，按下停止按钮 $SB_1$，$KM_1$ 线圈断电，切断电枢直流电源。此时，电动机因惯性仍以较高的速度旋转，电枢两端仍有一定电压，KU 仍保持通电，使 $KM_4$ 线圈通电，电阻 $R_4$ 并联于电枢两端，电动机实现能耗制动，转速急剧下降。当电枢电势降低到一定值时，KU 释放，$KM_4$ 断电，电动机能耗制动结束。

2) *反接制动控制线路*

图 2-33 为并励直流电动机可逆运行和反接制动控制线路。图中 $R_1$、$R_2$ 为启动电阻，$R_3$ 为制动电阻，$R_0$ 为电动机停车时励磁绕组的放电电阻，时间继电器 $KT_2$ 的延时时间大于 $KT_1$ 的延时时间，KU 为电压继电器。

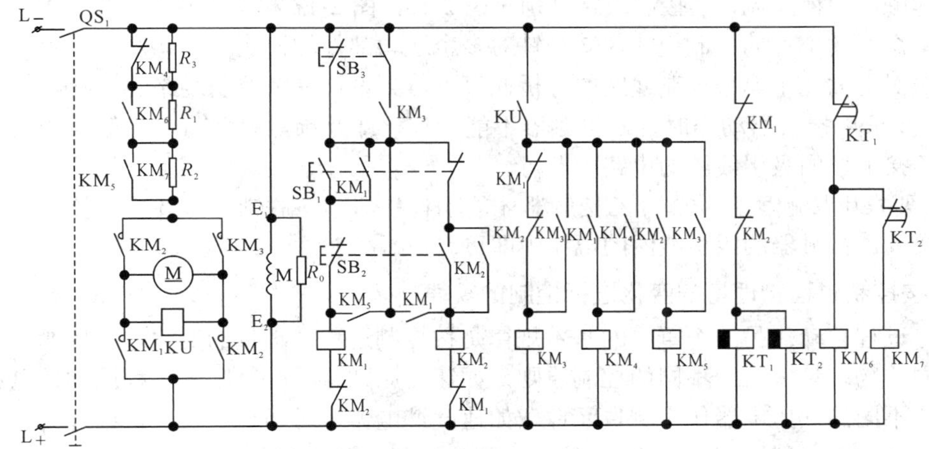


图 2-33　并励直流电动机可逆运行和反接制动控制线路

电路工作原理如下：

(1) 合上电源开关 QS，励磁绕组通电开始励磁，时间继电器 $KT_1$、$KT_2$ 线圈通电动作，它们的延时闭合动断触点瞬时打开，接触器 $KM_6$、$KM_7$ 处于断电状态，此时电路处于准备工作状态。

(2) 按下正转启动按钮 $SB_1$，接触器 $KM_1$ 线圈通电并自锁，其主触点闭合，直流电动机电枢回路串电阻 $R_1$、$R_2$ 进行两级启动；同时 $KM_1$ 辅助常闭触点使 $KT_1$、$KT_2$ 断电。经过一段时间的延时，$KT_1$ 延时闭合的动断触点首先闭合，$KM_6$ 得电，切除 $R_1$；然后 $KT_2$ 延时闭合的动断触点闭合，$KM_7$ 线圈通电，切除 $R_2$，直流电动机进入正常运行。正常运行时，电压继电器 KU 通电，其常开触点闭合，接触器 $KM_4$ 通电吸合并自锁，使 $KM_4$ 常开触点闭合，为反接制动做好准备。

(3) 正向制动时，按下停止按钮 $SB_3$，则正转接触器 $KM_1$ 断电释放。此时电动机由于惯性仍高速转动，反电动势仍较高，电压继电器 KU 仍保持通电，使 $KM_3$ 通电自锁。$KM_3$ 的另一个常开触点闭合，使反转接触器 $KM_2$ 通电，其触点闭合，电枢通以反向电流，并串电阻 $R_3$ 进行反接制动。待速度降低到 KU 释放电压时，KU 释放，使 $KM_3$、$KM_4$ 和 $KM_2$ 均断电，反接制动结束，并为下一次启动做好准备。

反向启动运行和反向制动情况与正转类似。特别指出的是，制动时按下 $SB_3$，直到制动结束才能将手松开，否则电动机将会自由停车。

## 2.4 组成电气控制线路的基本规律

综上所述，组成电气控制线路的基本规律有两个：一是按联锁控制的规律；二是按控制过程中变化参量的规律。

### 1. 按联锁控制的规律

按联锁控制的规律包括三类联锁控制线路：① 正反向接触器间的联锁控制。② 按顺序工作的联锁控制。③ 正常工作与点动的联锁控制。如正反转控制、点动与连续运行切换的控制和顺序启停控制，其控制线路分别见图 2-13、图 2-12 和图 2-17。其中，①和③主要是针对单个运动部件的控制模式，②是针对多个运动部件的控制模式。

通过对上面几个典型控制线路的分析，可以得到设计联锁控制线路的普遍规律：

(1) 要求甲接触器动作时，乙接触器不能动作，即互锁，只要将甲接触器的常闭触点串接入乙接触器的吸引线圈的电路中即可。

(2) 要求甲接触器先动作，乙接触器才能动作，即顺序联锁，只要将甲接触器的常开触点串接入乙接触器的吸引线圈的电路中即可。

### 2. 按控制过程物理量的变化进行控制的规律

生产过程自动化另一个重要的基本规律是按控制过程物理量的变化进行控制的规律，涉及不同的物理量，对应不同的控制原则，如速度原则、时间原则、行程原则、电流原则等，采用不同的低压电器作为测量元件，如速度继电器、时间继电器、行程开关、电流继电器等。具体的典型控制如图 2-22 的反接制动控制、图 2-18 的串电阻降压启动控制、图 2-16 的多行程自动往返控制和图 2-29 的绕线式异步电动机转子串电阻降压启动控制等。

这一规律可以归纳为：将物理量作为线路的控制信号，采用相应的低压电器元件作为测量元件，再将这个物理量变化反馈回来的信息作用于控制装置，完成预期的控制目的，如图 2-34 所示。

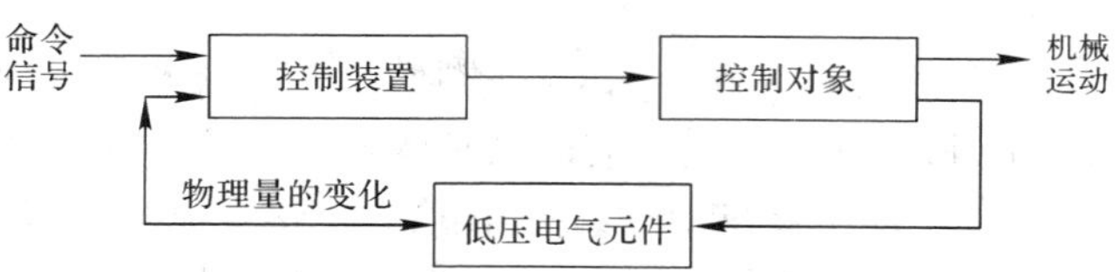


图 2-34 按控制过程物理量变化进行控制的示意图

因此，按控制过程物理量的变化进行控制的规律是组成电气控制线路的一个基本方法，具有普遍性。只要根据生产工艺对控制系统提出的不同要求，正确选择，如实反映控制过程中物理量的变化，就能实现预期的各种要求。

## 习 题

2-1 什么是失压保护、欠压保护？采用接触器控制电动机时，控制电路为什么能实现

失压保护和欠压保护？

2-2　电动机主电路中安装了熔断器，为什么还要安装热继电器？它们各自的作用是什么？

2-3　常用的电动机保护有哪些？说明实现各种保护所需的电器元件。

2-4　在如图 2-35 所示的控制线路中选择其控制功能：① 点动；② 连续运行；③ 启动后无法关断；④ 按下按钮接触器就抖动；⑤ 按下按钮电源短路；⑥ 线圈无法接通电源。

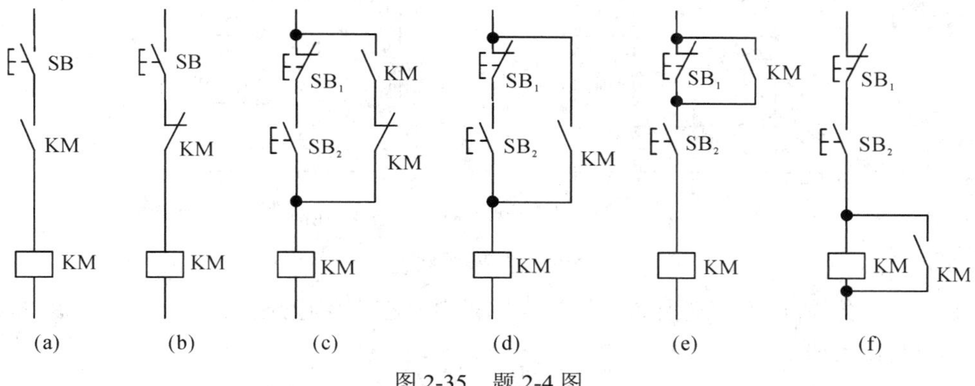


图 2-35　题 2-4 图

2-5　什么是自锁？什么是互锁？

2-6　画出鼠笼式三相异步电动机 Y-△降压启动控制线路，要求采用断路延时型时间继电器。

2-7　电动机在什么情况下应该采用降压启动控制？如果一台鼠笼型异步电动机定子绕组为 Y 形接法，能否采用 Y-△降压启动控制，为什么？

2-8　画出两台三相交流异步电动机的顺序控制线路。要求：其中一台电动机 $M_1$ 启动 5 s 后，另一台电动机 $M_2$ 可自行启动；如果 $M_1$ 停止，$M_2$ 一定停止。

2-9　设计一个控制线路。要求：按下启动按钮后 $KM_1$ 通电，经 5 s 后 $KM_2$ 通电；再经 8 s 后 $KM_2$ 断电，同时 $KM_3$ 通电；再经 3 s 后 $KM_1$ 和 $KM_3$ 均断电。

2-10　设计一个控制线路。要求：第一台电动机启动 3 s 后，第二台电动机才能自行启动；运行 8 s 后，第一台电动机停转，同时使第三台电动机自行启动；第三台电动机启动 5 s 后，电动机全部停止运行。

2-11　设计一个小车运行的控制线路。要求：① 小车从原位开始前进，到终端后自动停止运行；② 小车在终端停留 2 min 后自行返回原位，停止；③ 能在前进或后退的任何一个位置，都可以停止或启动。

2-12　设计一个三相鼠笼式异步电动机控制线路。要求：① 既能点动又能连续运行；② 停止时采用反接制动；③ 能在两个不同的地点进行启动和停车控制。

2-13　设计一个三相鼠笼式异步电动机控制线路。要求：① 能正、反转运行；② 停止运行时采用能耗制动；③ 有过载、短路、失压和欠压保护。

2-14　某机床有两台异步电动机，要求：① 两台电动机互不影响独立启动、停止；② 能同时控制两台电动机的启动和停止；③ 当第一台电动机过载，只能让自己停转，当第二台电动机过载，两台电动机一起停转。试设计控制线路。

2-15　一台双速电动机，按下列要求设计其控制线路：① 能低速或高速运行；② 高速运行时，先低速后高速；③ 能低速点动控制；④ 具有必要的保护环节。

2-16　试分析在如图 2-36 所示的控制电路工作时，是否存在“竞争”？

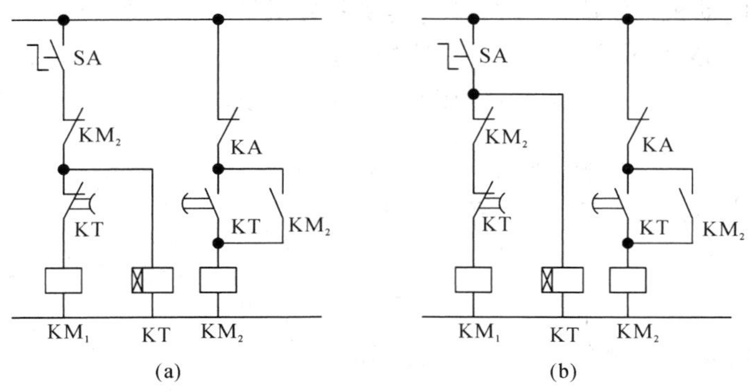


图 2-36　题 2-16 图

2-17　试分析如图 2-37 所示的控制电路是否存在寄生电路，请画出寄生电路的路径，并说明其可能产生的后果。

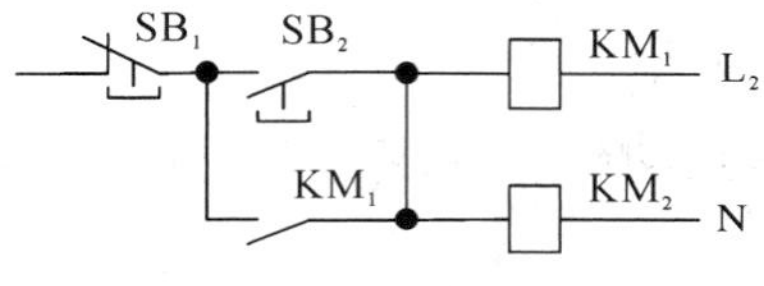


图 2-37　题 2-17 图

2-18　一台他励直流电动机，试设计控制线路。要求：① 采用电枢回路串电阻降压启动；② 采用时间原则控制限流电阻分两段切除；③ 励磁绕组两端并联放电回路；④ 具有过电流和欠励磁保护装置。

# 第 3 章　PLC 概述

本章主要简述 PLC 的产生和定义，PLC 的分类、主要性能指标、应用和发展，介绍 PLC 的系统结构和编程语言，并详细分析 PLC 的工作原理，最后介绍三菱 PLC 的开发软件 GX Developer。

## 3.1　PLC 的产生与定义

作为取代传统“继电器-接触器控制系统”而设计的专用工业控制计算机，可编程控制器是以微处理器为基础，综合了计算机技术、自动控制技术和通信技术发展起来的一种新型工业控制装置。它将传统的继电器控制技术和现代计算机信息处理的优点相结合，功能强大、控制灵活，并且编程简单易学，成为工业自动化领域中应用最多的主流控制设备，已跃居工业生产三大支柱(可编程控制器、机器人、计算机辅助设计与制造 CAD/CAM)的首位，被广泛应用于各种生产机械和生产过程的自动控制系统中。

### 3.1.1　PLC 的产生

自 18 世纪 30 年代发明电磁继电器以来，工业控制中顺序控制大部分采用继电器逻辑控制系统。这种以硬连接方式构成的控制系统，如果控制要求发生变化，控制柜中的元器件和接线都必须做相应的改变。对于复杂的控制来说，不但设计制造困难，而且可靠性不高，查找和排除故障往往十分困难，缺乏灵活性。

此外，老式的继电器控制系统难以适应小批量、多品种、高质量的控制需要，难以适应现代控制要求，迫使人们去寻求一种新的控制装置来取代老式的继电器控制装置。20 世纪 60 年代初小型计算机的出现，国外曾试图利用它来代替较复杂的继电器控制系统，但由于小型计算机成本高、接口电路和编程技术复杂等原因，一直难以推广使用。

1968 年，美国通用汽车公司(GM)为了适应汽车型号的不断翻新而寻求新的设计方法，希望尽可能减少重新设计控制系统的次数，即可达到接线简单、更改容易、缩短设计周期的要求，设想把计算机的功能完善、灵活通用等特点与继电器控制系统的简单易懂、操作方便、价格便宜等特点结合起来开发通用的控制装置，并把计算机的编程方法和程序输入方式加以简化，用面向控制过程、面向问题的“自然语言”编程，使不熟悉计算机的人也能方便地使用。这样，使用人员不必在编程上花费大量的精力，而是集中力量去考虑如何发挥该装置的功能和作用。

1969 年，美国数字设备公司(DEC)根据上述要求，研制出了世界上第一台可编程控制器，型号为 PDP-14，用它代替传统的继电器控制系统，并在美国通用汽车公司(GM)的生产线上首次应用成功。

此后，这项新技术就迅速发展起来。1971 年，日本从美国引进了这项新技术，很快就研制成了日本第一台可编程控制器，型号为 DSC-8。1973—1974 年，联邦德国和法国也开始研制出了自己的可编程控制器。我国从 1974 年也开始研制，当时是仿制美国的第一台产品，水平不高。直到 1977 年底，美国 Motorola 公司研制成一位微处理器 MC14500 芯片以后，国内以一位微处理器 MC14500 为核心的可编程控制器才得以发展，并开始工业应用。

### 3.1.2 PLC 的定义

早期的可编程控制器在功能上只能进行逻辑控制，因此被称为“可编程逻辑控制器”(Programmable Logic Controller，PLC)。随着科学技术的发展，国外一些厂家开始采用微处理器(Microprocessor，MPU)作为可编程控制器的中央处理单元(Central Processing Unit，CPU)，从而扩大了控制器的功能，它不仅可以进行逻辑控制，而且还可以对模拟量进行控制，因此美国电气制造协会(简称 NEMA)于 1980 年将它正式命名为可编程控制器(Programmable Controller，PC)。

美国电气制造协会于 1980 年给 PC 做了最初的定义。国际电工协会(IEC)在 1987 年 2 月颁布的《可编程控制器标准草案》第三稿对可编程控制器下了新的定义：“可编程控制器是一种数字运算操作的电子系统，专为工业环境下应用而设计。它采用可编程序的存储器，用来在其内部存储执行逻辑运算、顺序控制、计时、计数和算术运算等操作的指令，并通过数字式、模拟式的输入和输出，控制各种机械或生产过程。可编程控制器及其有关设备，都应按易于与工业控制器系统联成一个整体、易于扩充其功能的原则设计。”该定义强调可编程控制器应直接应用于工业环境，因此 PLC 必须具有很强的抗干扰能力、广泛的适应能力和应用范围。近年来，PLC 技术发展很快，其功能已超出上述定义范围。

虽然可编程控制器简称为 PC，但它与近年来人们熟知的个人计算机(Personal Comruter，PC)是完全不同的概念。国内外很多杂志以及在工业现场的工程技术人员，仍然把可编程控制器称为 PLC。为了照顾到这种习惯，在本书中，我们称可编程控制器为 PLC。

## 3.2 PLC 的基本结构

PLC 实质上是一种工业控制用的专用计算机，是以微处理器为核心的电子系统。PLC 系统的实际组成与微型计算机(简称微机)基本相同，也是由硬件系统和软件系统两大部分组成的。

### 3.2.1 硬件系统

PLC 的硬件系统是指构成 PLC 的物理实际体或称物理装置，也就是它的各个结构部件。图 3-1 是 PLC 的硬件系统结构图。

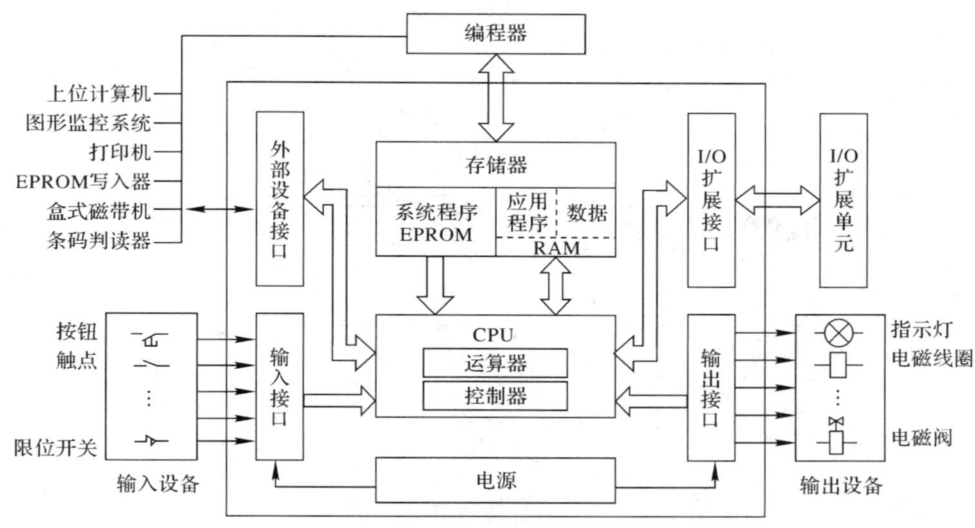


图 3-1　PLC 硬件系统结构图

由图 3-1 可以看出，PLC 是采用了典型的计算机结构。它的硬件系统由主机、I/O 扩展机及外部设备组成。主机和扩展机采用微机的结构形式，其内部由运算器、控制器、存储器、输入单元、输出单元以及接口等部分组成。运算器和控制器集成在一起，构成了微处理器(或称微处理机、中央处理机)，简称 CPU。主机内各部分之间均通过总线连接，总线分电源总线、控制总线、地址总线和数据总线。

PLC 的结构可以分为五个部分：中央处理器(CPU)、存储器(Memory)、输入部件(Input)、输出部件(Output)和电源部件(Supply)。其中，CPU 是 PLC 的核心，存储器是存放程序与数据的地方，I/O 部件是连接现场设备与 CPU 之间的接口电路，而电源部件是为 PLC 内部电路提供电力的。

## 3.2.2　常用的 I/O 接口

PLC 的外部功能主要是通过各种具有驱动能力的 I/O 接口模块来实现的。PLC I/O 的接口主要类型有开关量(数字量)输入、开关量(数字量)输出、模拟量输入和模拟量输出。除此之外，为适应快速、复杂、大型系统的控制和管理要求，各大厂家都相继推出了各自专用的高级智能 I/O 接口模块，如 RTD(温度控制)、热电偶、高速计数、定位控制、中断、示教模块及各种 LINK 模块。

PLC 以开关量顺序控制为特长，任何一个输出设备或过程的控制与管理，几乎都是按步骤顺序进行的，在工业控制中绝大部分的工作均可由 PLC 按开关量来控制完成。实现对开关量的控制是 PLC 的基本功能，因此，开关量 I/O 接口模块是 PLC 的通用模块。

**1. 开关量输入接口**

开关量输入接口用于接收现场的开关信号，并将输入的高电平信号转换成 PLC 内部的低电平信号。每一个输入点的输入电路可以等效成一个输入继电器。

按照使用的电源不同，输入接口可分为三种类型：直流输入接口、交流输入接口和交/直流输入接口，其基本原理电路图如图 3-2 所示。

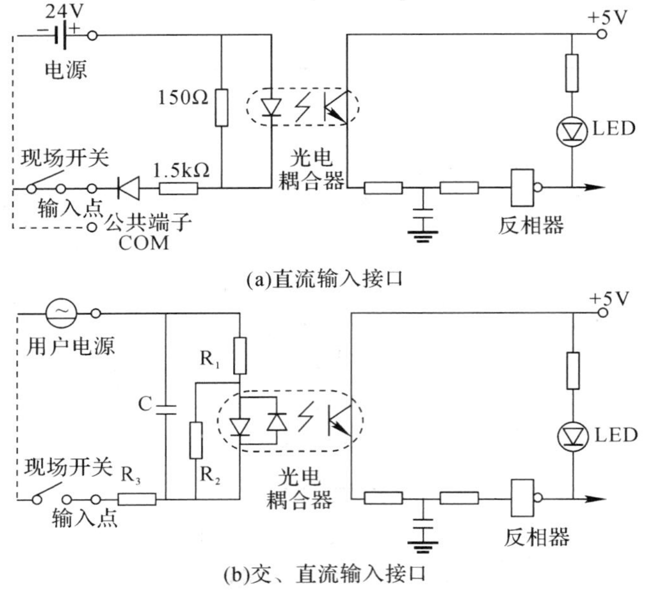


(a)直流输入接口

(b)交、直流输入接口

图 3-2　输入接口的基本原理电路图

## 2. 开关量输出接口

开关量输出接口是将 PLC 的输出信号传给外部负载(即用户输出设备)，并将 PLC 内部的低电平信号转换为外部所需电平的输出信号。每个输出点的输出电路可以等效成一个输出继电器。

按照负载使用的电源(即用户电源)不同，输出接口可分为直流输出接口、交流输出接口和交、直流输出接口；按照输出开关器件的种类不同，输出接口可分为晶体管输出方式、可控硅输出方式和继电器输出方式，其工作原理电路图如图 3-3 所示。

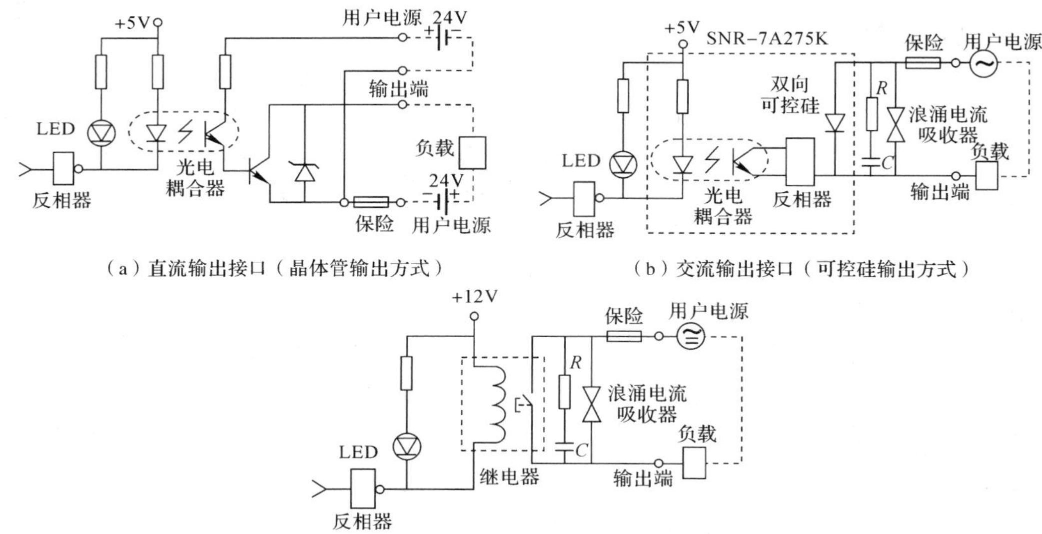


（a）直流输出接口（晶体管输出方式）

（b）交流输出接口（可控硅输出方式）

（c）交、直流输出接口（继电器输出方式）

图 3-3　输出接口的基本原理电路图

晶体管输出接口只能驱动直流负载属于直流输出模块；可控硅输出方式的模块只能带交流负载，属于交流输出模块。它们都是无触点输出方式，开关动作快、寿命长，可用于接通或断开开关频率较高的负载回路。而继电器输出接口可驱动交流或直流负载，属于交、直流输出模块，是有触点输出方式，响应时间长，用于接通或断开开关频率较低的负载。

### 3.2.3　软件系统

PLC 的软件系统指 PLC 所使用程序的集合，包括系统程序(又称系统软件)和用户程序(又称应用程序或应用软件)。

#### 1. 系统程序

系统程序包括监控程序、编译程序及诊断程序等。系统程序由 PLC 厂家提供，并固化在 EPROM 中，不能由用户直接存取，即不需要用户干预。

#### 2. 用户程序

用户程序是用户根据现场控制的需要，用 PLC 的程序语言编写的应用程序，可以实现各种控制要求。用户程序按模块结构编写，由各自独立的程序段组成，每个分段用来解决一个确定的技术功能。这种程序分段的设计，还使得程序的调试、修改和查错都变得较容易。

### 3.2.4　用户环境

用户环境是由监控程序生成的，包括用户数据结构、用户元件区分配、用户程序存储区、用户参数、文件存储区等。

#### 1. 用户数据结构

用户数据结构主要分为以下三类：

1) 位数据

位数据是一类逻辑量，其值为“1”或“0”，表示触点的通、断或线圈的通、断，以及标志的 ON、OFF 状态等。

2) 字数据

字数据的数制、位长等都有很多形式。在三菱 FX 系列 PLC 中，一般单字节为 4 位二进制码，双字节为 8 位二进制码，也可以是十进制、十六进制，甚至还可以选择八进制、十六进制、ASCII 码等形式。

注：三菱系列 PLC 内部的常数都是以原码二进制形式存储的，所有四则运算(+、−、×、÷)和加 1/减 1 指令等在 PLC 中全部按二进制运算。

3) 字与位的混合

字与位的混合是指同一个元件既有位元件又有字元件。例如 T(定时器)和 C(计数器)，它们的触点为位，而设定值寄存器和当前值寄存器又为字。

#### 2. 元件

用户使用的每一个输入/输出端子及内部的每一个存储单元都称为元件。各种元件有其不同的功能和固定的地址。元件的数量是由监控程序规定的，其多少决定了可编程控制器整个系统的规模及数据处理能力。每种可编程控制器的元件数是有限的。

# 3.3 PLC 的工作原理

## 3.3.1 PLC 的等效电路

对使用者来说，在编写程序时可以不考虑微处理器及存储器内部的复杂结构，也不必使用各种计算机语言，而只要把 PLC 看作是内部由许多“软继电器”组成的控制器即可，以便于使用者按设计继电器控制线路的形式进行编程。而从功能上来讲，又可以把 PLC 的控制部分看成是由许多“软继电器”组成的等效电路，如图 3-4 所示。这些继电器线圈一般用—⬭—表示，继电器常开触点一般用⊣⊢表示，继电器常闭触点一般用⊣/⊢表示。

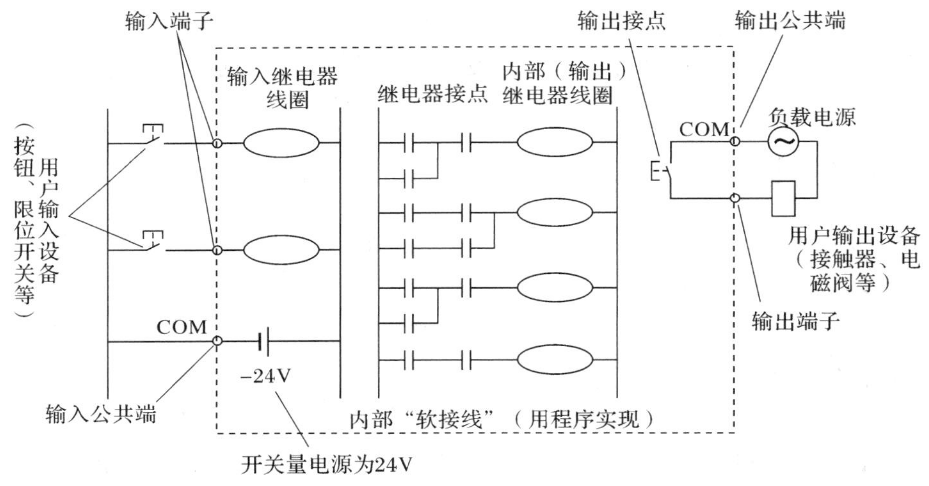


图 3-4　PLC 等效电路

## 3.3.2 PLC 的工作方式

PLC 虽然以微处理器为核心，具有微机的许多特点，但其工作方式却与微机有很大的区别，PLC 是采用“顺序扫描，不断循环”的方式进行工作的。

### 1. 扫描

当 PLC 运行时，用户程序中有众多的操作需要去执行，但 CPU 是不能同时去执行多个操作的，它只能按分时操作原理每一时刻执行一个操作。由于 CPU 的运算处理速度很高，使得外部出现的结果从宏观上来看几乎是同时完成的，这种分时操作的过程称为 CPU 对程序的扫描。

这种扫描的方式是按照“顺序扫描”的规则进行的，它是以“块(逻辑网络)”为单位，按从上到下、从左往右的顺序进行的，如图 3-5 所示。

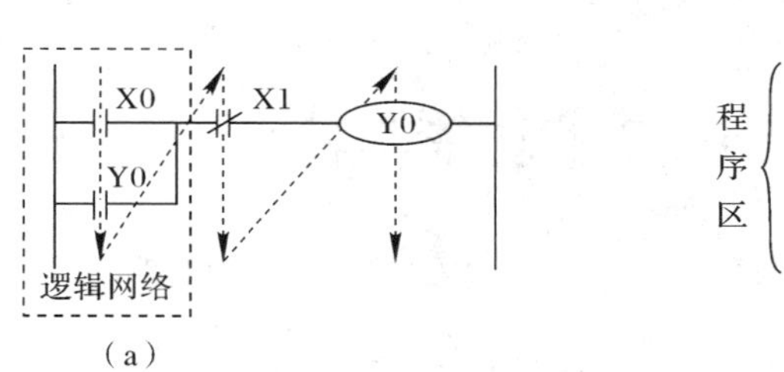


（a）

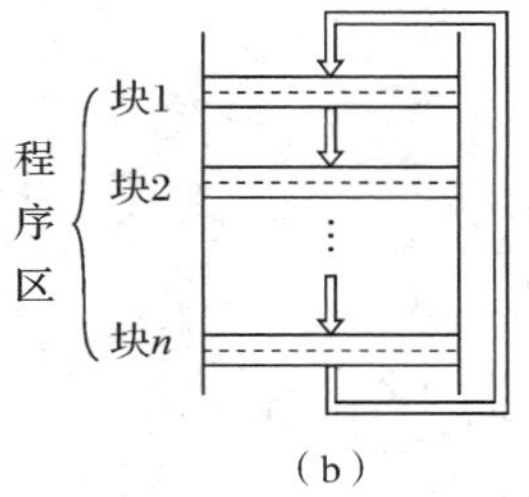


（b）

图 3-5　PLC 按顺序扫描示意图

## 2. 程序执行过程

PLC 的工作过程大体可以分为输入采样(或输入处理)、程序执行(或程序处理)和输出刷新(或输出处理)三个阶段，并进行周期性循环，如图 3-6 所示。

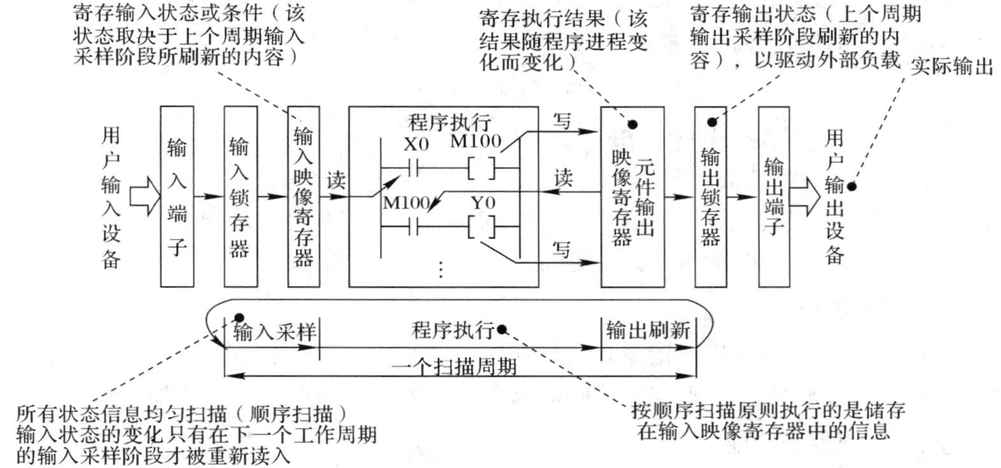


图 3-6　PLC 的工作过程

### 1) 输入采样阶段

在输入采样阶段，PLC 以扫描方式按顺序将所有输入端的输入信号状态读入到输入映像寄存器集中存储起来，称为对输入信号的采样。随后关闭输入端口，转入程序执行阶段。在程序执行期间，即使输入状态发生变化，输入映像寄存器的内容也不会改变。输入状态只能在下一个工作周期的输入采样阶段才会被重新读入。

### 2) 程序执行阶段

在程序执行阶段，PLC 对程序按顺序进行扫描。每扫描到一条指令时，所需要的输入状态或其他元件的状态分别由输入映像寄存器和元件映像寄存器读出，再将执行结果写入到元件映像寄存器中。这就是说，对于每一个元件来说，元件映像寄存器中寄存的内容，会随程序执行的进程而变化。

### 3) 输出刷新阶段

当程序执行完后进入输出刷新阶段。此时，元件映像寄存器中所有输出继电器的状态转存到输出锁存电路驱动用户输出设备(负载)中，这就是 PLC 的实际输出。

PLC 重复执行上述三个阶段，每重复一次的时间就是一个工作周期(或扫描周期)。工作周期的长短与程序的长短(即组成程序的语句多少)有关。

# 3.4 PLC的功能与特点

## 3.4.1 PLC的功能

PLC既可用于单台机电设备的控制，也可以用于生产流水线的控制。使用者可以根据生产过程和工艺要求设计控制程序，然后将程序通过编程器送入PLC。程序投入运行后，PLC在现场输入信号(按钮、行程开关、光电开关或其他传感器)的作用下，按照预先送入的程序控制现场的执行机构(电机、电磁阀等)按一定规律动作。

PLC把自动化技术、计算机技术和通信技术融为一体，可以完成以下功能：

### 1. 条件控制功能(逻辑控制)

条件控制(或称逻辑控制或开关控制)功能是指采用PLC的与、或、非等逻辑指令取代继电器触点串联、并联及其他各种逻辑连接，进行开关控制。

### 2. 定时/计数控制功能

定时/计数控制功能是采用PLC提供的定时器、计数器指令实现对某种操作的定时或计数控制，以取代时间继电器和计数继电器。

### 3. 步进控制功能

步进控制功能是采用步进指令来实现在有多道加工工序的控制中，只有前一道工序完成后，才能进行下一道工序操作的控制，以取代有硬件构成的步进控制器。

### 4. 数据处理控制功能

数据处理功能是指PLC能进行数据传送、比较、移位、数制转换、算术运算与逻辑运算以及编码和译码等操作。

### 5. A/D与D/A转换功能

A/D与D/A转换功能是通过A/D、D/A模块完成对模拟量和数字量之间的转换和调节。

### 6. 运动控制功能

运动控制功能是通过高速计数模块和位置控制模块等进行单轴转动或多轴联动控制。

### 7. 过程控制功能

过程控制功能是指通过PLC的PID控制模块实现对温度、压力、速度、流量等物理参数进行闭环控制。

### 8. 扩展功能

扩展功能是指通过连接输入/输出扩展单元(即I/O扩展单元)模块来增加输入/输出点数，也可以通过附加各种智能单元及特殊功能单元来提高PLC的控制能力。

### 9. 远程I/O功能

远程I/O功能是指通过远程I/O单元将分散在远距离的各种输入、输出设备与PLC主机相连接，进行远程控制，接收输入信号、传出输出信号。

### 10. 通信联网功能

通信联网功能是指通过 PLC 之间的联网、PLC 与上位计算机的连接等，构成分层式控制系统，实现远程 I/O 控制或数据交换，以完成系统规模较大的复杂控制。

PLC 在通信系统中，一般采用 RS-232 接口，也可以采用 RS-422 接口和光通信。PLC 的通信和联网技术还在发展之中。

### 11. 监控功能

监控功能是指 PLC 能监视系统各部分运行状态和进程，对系统中出现的异常情况进行报警和记录，甚至自动终止运行；也可在线调整、修改控制程序中定时器、计数器等设定值和强制 I/O 状态；PLC 还可以连接显示器或打印机等外部设备，对程序和数据进行硬拷贝等操作。

## 3.4.2　PLC 的特点

### 1. 可靠性高、抗干扰能力强

为了保证 PLC 能在工业环境下可靠工作，设计和生产过程中采取了一系列硬件和软件的抗干扰措施，主要有以下几个方面：

(1) 隔离，这是抗干扰的主要措施之一。PLC 的输入、输出接口电路一般采用光电耦合来传递信号，这种光电隔离措施，使外部电路与内部电路之间避免了电的联系，可有效地抑制外部干扰源对 PLC 的影响，同时防止外部高电压串入，减少故障和误动作。

(2) 滤波，这是抗干扰的另一种主要措施。在 PLC 的电源电路和输入、输出电路中设置了多种滤波电路，用以对高频干扰信号进行有效抑制。

(3) 对 PLC 的内部电源采取了屏蔽、稳压、保护等措施，以减少外界干扰，保证供电质量。另外，可使输入/输出接口电路的电源独立，以避免电源之间的干扰。

(4) 内部设置联锁、环境检测与诊断、Watchdog(看门狗)电路，一旦发现故障和程序循环执行时间超出了警戒时钟 WDT 规定时间(预示程序进入了死循环)，即会立即报警，以保证 CPU 的可靠工作。

(5) 利用系统软件定期进行系统状态、用户程序、工作环境和故障检测，并采取信息保护和恢复措施。

(6) 对用户程序及动态工作数据进行电池后备措施，以保障停电后有关状态或信息不会丢失。

(7) 采用密封、防尘、抗震的外壳封装结构，以适应工作现场的恶劣环境。

另外，PLC 是以集成电路为基本元件的电子设备，内部处理过程不依赖于机械触点，也是保障工作可靠性高的重要原因，而采用循环扫描的工作方式，也提高了抗干扰能力。

通过以上措施，保证了 PLC 能在恶劣环境中可靠地工作，使平均故障间隔时间(MTBF)提高，故障修复时间缩短。

### 2. 功能完善、扩充方便、组合灵活、实用性强

现代 PLC 所具有的功能及其各种扩展单元、智能单元和特殊功能模块，可以方便、灵活地组合成各种不同规模和要求的控制系统，以适应各种工业控制的需要。

(1) 功能完善。PLC 产品已系列化、模块化，不仅具有逻辑运算、定时计数、顺序控制等功能，还具有 A/D 与 D/A 转换、数学运算和数据处理等功能。PLC 能根据对象需要，方便灵活地组成大小相异、功能不一的控制系统。它既可控制一台单机、一条生产线，又可以利用通信功能组成一个复杂系统来实现群控；既可实行现场控制，又可实行远程控制。

(2) 扩充方便、组合灵活、实用性强。PLC 的核心是微处理器，所有控制要求是通过软件来实现的。同一台 PLC 可用于不同的控制对象，当控制要求发生变化时，只要修改软件即可。另外，PLC 产品的接口模块功能强、品种多，可适应各种不同要求的工业控制，并可以灵活组合成各种不同大小、不同功能实用的、紧凑的应用控制系统。

#### 3. 编程简单、使用方便、控制程序可变、具有很好的柔性

PLC 继承传统继电器控制电路清晰直观的特点，采用面向控制过程和操作者的“自然语言”——梯形图为编程语言，易于编写和调试，而且还可进行在线编写、修改。当生产工艺流程改变或生产线设备更新时，不必改变 PLC 硬设备，只需改变程序即可，灵活方便，有很好的柔性。

#### 4. 接线简单

PLC 控制系统采用软件编程来实现控制功能，其外围只需将信号输入设备(按钮、开关等)和接收输出信号、执行控制任务的输出设备(如接触器、电磁阀等执行元件)与 PLC 的输入、输出端子相连接即可，安装简单，工作量少。

#### 5. 体积小、重量轻、功耗低

PLC 是专为工业制造而设计的，它采用集成电路，其结构紧凑、坚固、体积小巧，易于装入机械设备内部，是实现机电一体化的理想控制设备。

## 3.5 PLC 的分类和性能指标

### 3.5.1 PLC 的分类

PLC 的品种、型号、规格与功能各不相同，这里介绍一些较为通用的分类方法。

#### 1. 按 I/O 点数分类

按 I/O 点数多少可将 PLC 分为超小型机、小型机、中型机、大型机、超大型机等五类。

(1) 超小型机：I/O 点数为 64 点以内，内存容量为 256～1000 B。

(2) 小型机：I/O 点数为 64 点以上，256 点以下(包括 256 点)，内存容量为 1～3.6 KB。

(3) 中型机：I/O 点数为 256 点以上，2048 点以下，内存容量为 3.6～13 KB。

(4) 大型机：I/O 点数为 2048 点以上，内存容量在 13 KB 以上。

(5) 超大型机：I/O 点数超过 8192 点。

#### 2. 按功能强弱分类

按功能强弱可将 PLC 分为低档机、中档机和高档机三类，见表 3-1。

表 3-1　PLC 按功能分类

| 分　类 | 主 要 功 能 | 应 用 场 合 |
| --- | --- | --- |
| 低档机 | 具有逻辑运算、定时、计数、移位及自诊断、监控等基本功能。有些还有少量模拟量 I/O(即 A/D、D/A 转换)、算术运算、数据传输、远程 I/O 和通信等功能 | 常用于开关量控制、定时/计数控制、顺序控制及少量模拟量控制等场合 |
| 中档机 | 除具有低档机的功能外，还有较强的模拟量 I/O、算术运算、数据传输与比较、数制转换、子程序、远程 I/O 以及通信联网等功能，有些还具有中断控制、PID 回路控制等功能 | 适用于既有开关量又有模拟量的较为复杂的控制系统，如过程控制、位置控制等 |
| 高档机 | 除具有一般中档机的功能外，还具有较强的数据处理、模拟调节、特殊功能函数运算、监视、记录、打印等功能，以及更强的通信联网、中断控制、智能控制、过程控制等功能 | 可用于更大规模的过程控制，构成分布式控制系统，形成整个工厂的自动化网络 |

#### 3. 按结构形式分类

按结构形式可将 PLC 分为整体式、模块式和叠装式三类。

1) 整体式(单元式)

整体式是把 PLC 的各组成部分(如 CPU、存储器及 I/O 等基本单元)安装在一块或少数几块印刷电路板上，并连同电源一起装在机壳内形成一个单一的整体，称之为主机或基本单元。

2) 模块式

模块式又称为积木式 PLC，它是把 PLC 的各基本组成部分做成独立的模块，然后以搭积木的方式将它们组装在一个具有标准尺寸并带有若干个插槽的机架内。

3) 叠装式

叠装式结构是整体式和模块式相结合的产物。把某系列 PLC 工作单元的外形都做成外观尺寸一致，CPU、I/O 接口及电源也做成独立的，采用电缆连接各个单元，在控制设备中安装时可以一层层地叠装，这就是叠装式 PLC。

总的来说，整体式 PLC 一般规模较小，输入/输出点数固定，较少用于有扩展的场合；模块式 PLC 一般用于规模较大，输入/输出点数较多，输入/输出点数的比例可以灵活调整的场合；叠装式 PLC 兼具以上两者的优点，且整体式和模块式有结合为叠装式的趋势。

### 3.5.2　PLC 的性能指标

各厂家的 PLC 产品技术指标基本相同，但各有特色，这里只列举一些基本的、用户比较关心的技术指标。

#### 1. 输入/输出点数

输入/输出点数是指 PLC 向外输入/输出的最大端子路数，表示 PLC 组成系统时可能的最大规模。这是一项最重要的技术指标。

#### 2. 扫描速度

扫描速度一般以执行 1000 步基本指令所需时间(扫描 1K 字用户程序所需的时间)作为一

个单位，记为 ms/Kstep(毫秒/千步)，有时也以执行一步的时间来计算，记为 μs/step(微妙/步)。

### 3. 内存容量(用户程序存储容量)

内存容量是 PLC 能存放多少用户程序的一项指标，通常以字(或步)或 K 字为单位。约定 16 位二进制数为 1 个字(即两个 8 位的字节)，每 1024 个字为 1K 字。

### 4. 编程语言

常用的编程语言有梯形图、指令表和顺序功能图三种编程语言。不同的 PLC 采用不同的编程语言。如果一台 PLC 能同时使用的编程方法很多，则容易为更多的人使用。

### 5. 内部寄存器配置及容量

PLC 的内部有大量一般的和特殊的寄存器，分别用于存放变量状态、中间结果、定时计数、链接、索引等数据，这些关系到编程是否方便灵活。

### 6. 指令种类及数量

指令种类及数量是衡量 PLC 软件功能强弱的主要指标。PLC 具有的指令种类及数量越多，则其软件功能越强，具体编程就越灵活、越方便。

### 7. 智能模块

各种智能模块的多少、功能的强弱也是说明 PLC 技术水平高低的一个重要标志。智能模块越多、功能越强，则系统配置越高，软件开发就越灵活、越方便。

# 3.6 PLC 的应用和发展

## 3.6.1 PLC 的应用

随着微电子技术的快速发展，PLC 的制造成本不断下降，而其功能却在不断增强。目前在先进工业国家中 PLC 已成为工业控制的标准设备，应用面覆盖了所有的工业企业，诸如钢铁、冶金、采矿、水泥、石油、化工、轻工、电力、机械制造、汽车、装卸、造纸、纺织、环保、交通、建筑、食品、娱乐等各行各业，跃居现代工业自动化三大支柱之首。

根据 PLC 的应用性质，大致可将其应用分为如下几个方面：

### 1. 开关量的逻辑控制

开关量的逻辑控制是 PLC 最基本、最广泛的应用。可以用 PLC 来代替传统继电器控制系统和顺序控制系统，实现单机控制、多机控制及生产自动线控制。PLC 在工业生产控制中主要就是完成这种直接数字控制的功能，因此 PLC 是现代工业控制中进行直接数字控制最理想的控制装置。

### 2. 过程的闭环控制

过程的闭环控制方面的应用是指包括了模拟量输入/输出的控制，它是对温度、压力、液位、流量、速度等连续变化的模拟量进行单回路或多回路闭环控制，使这些物理参数保持在设定值上。在各种加热炉、锅炉等的控制以及化工、轻工、食品、制药、建材等许多领域的生产过程中有着广泛的应用。

#### 3. 运动控制

通过配用 PLC 生产厂家提供的单轴或多轴位置控制模块、高速计数模块等来控制步进电机或伺服电机，从而使运动部件能以适当的速度或加速度实现平滑的直线运动或圆周运动。PLC 的运动控制功能广泛用于各种运动机械设备，如精密金属切削机床、成型机械、装配机械、机械手、机器人、电梯等设备的控制。

#### 4. 数据的分析处理

PLC 具有数学运算、数据传送、数据转换、数据排序和查表等功能，可以完成数据的采集、分析和处理并建库，也可以将通信传送到其他智能装置，或将它们制表打印。通常一般用于大、中型控制系统，如数控机床、柔性制造系统、过程控制系统、机器人控制系统等。

#### 5. 多级控制(通信联网)

PLC 的通信联网包括 PLC 之间的通信以及 PLC 与上位机和其他智能装置之间的通信(连接)，以达到上位计算机与 PLC 之间及 PLC 与 PLC 之间的指令下达、数据交换和数据共享，实现不同系统之间的信息交换，构成“集中管理，分散控制”的集散型、分层式控制系统。

并非所有厂家各系列的 PLC 都具有上述所有应用功能，有些小型、简易的 PLC 只有部分应用功能，当然价格相对也较低。

### 3.6.2 PLC 的发展

伴随着微电子技术、控制技术和信息技术的不断发展，PLC 也得到了迅猛的发展，总的发展趋势是系列化、通用化和高性能化，主要体现在以下几个方面：

#### 1. 在系统构成规模上向大、小两个方向发展

一方面发展小型(超小型)化、专用化、模块化、低成本化的 PLC，用以真正替代最小的继电器系统；而另一方面发展大容量、高速度、多功能、高性能价格比的 PLC，以满足现代化企业中那些大规模、复杂系统自动化的需要。

#### 2. 速度更快、功能不断增强

随着微电子技术、控制技术和信息技术的不断发展，电子电路的集成程度越来越高，PLC 的外形尺寸却在不断缩小。在 PLC 体积缩小的同时，芯片的运算速度越来越高，并通过循环扫描的方式工作，大大增强了 PLC 控制的实时性。

#### 3. 各种应用模块不断推出

多种功能模块的开发，使各种规模的自动化系统功能更强、更可靠，PLC 的组成和维护更加灵活方便，应用范围更加扩大。

#### 4. 产品更加规范化、标准化

PLC 厂家在使硬件及编程工具换代频繁、丰富多样、功能提高的同时，日益向 MAP(制造自动化协会)靠拢，采用工业标准总线，并使 PLC 基本部件，如输入/输出模块、接线端子、通信协议、编程语言和工具等方面的技术规格规范化、标准化，使不同产品间能相互兼容、易于组网，以方便用户真正利用 PLC 来实现工厂生产的自动化及资源共享的目标。

### 5. 工业控制技术的集成

现代工业的发展要求为其生产控制与生产管理提供一种统一的解决方案，因此各大 PLC 厂家均努力提高全面解决问题的能力，提出了“全集成自动化”(Totally Integrated Automation )的概念。为此，必须以 PLC 为核心，向下延伸到远程 I/O、现场设备、步进/伺服系统等方面，向上扩展到人机界面、上位机、图形监控软件、通信等方面，同级、向上、向下的联系则通过网络来解决。

### 6. 开发功能更强的组态软件

为实现无硬件设备调试，进一步改善开发环境，缩短安装调试工期，各大厂家均推出了自己的模拟/虚拟 PLC 软件，以替代实际 PLC 运行软件，程序运行情况的监控方式与真实硬件 PLC 的监控方式完全相同。

### 7. 实现远程服务

以 Intranet/Internet 为平台，可通过电话线或无线网络实现全球化的远程服务。

# 3.7 PLC 的编程语言

由于 PLC 的编程语言面向用户、面向对象，因此必须要简单易学、操作方便，最常用的是梯形图语言 LAD(Ladder Diagram)、指令助记符语言(或指令表)STL(Statement List)，此外，还有顺序功能图语言 SFC(Sequential Function Chart)、控制系统流程图语言 CSF(Control System Flowchart)、布尔代数语言(或逻辑方程式)等。为增强数据运算和通信联网功能，满足熟悉计算机知识、使用过高级编程语言的用户的需要，一些高档 PLC 还可以用各种高级语言进行编程。应该指出，由于 PLC 的设计和生产尚无统一的国际标准，因而各厂家产品使用的编程语言及编程语言中采用的符号也不尽相同。目前，各厂家所开发的编程语言形式有所差别，各具特色，一般是不能相互兼容的。

下面着重介绍 PLC 的梯形图语言、指令助记符语言和顺序功能图语言。

## 3.7.1 梯形图语言

梯形图语言是在继电器控制原理图的基础上演变而来的一种图形语言，形式上类似于继电器控制线路。它将 PLC 内部的各种编程元件和命令用特定的图形符号和标注加以描述，并赋以一定的意义。它融逻辑操作、控制于一体，是一种面向对象的、实时的、图形化的编程语言，具有清晰直观、可读性强的特点，很适合电气工程技术人员使用，是目前使用最多的一种编程方式。这种语言可以完成 PLC 的全部控制功能。

### 1. 梯形图中的符号

梯形图符号—| |—和—|/|—分别表示 PLC 各种编程元件(或称软元件)的常开和常闭触点，—[ ]—(或—( )—)则表示其线圈。梯形图中的线圈是广义的，除了表示输出继电器线圈和辅助继电器线圈外，还包括定时器、计数器以及各种算术运算结果。

### 2. 梯形图编程的格式和特点

梯形图的结构表示了信号的流向，与继电器控制线路在电路结构形式、元件符号以及

逻辑控制功能等方面是相同的，但它们又有许多不同之处。

(1) 在编程时，首先应对所使用的编程元件进行编号。PLC 是按编号来区别操作元件的，编号的使用一定要明确。不同机型的 PLC 编号方法是不一样的。

(2) 每个梯形图按自上而下、从左到右的顺序排列。每个继电器线圈为一个逻辑行，每个逻辑行起始于左母线，经过触点的各种连接，最后通过一个继电器线圈终止于右母线，线圈右边不允许再有接触点。

(3) 梯形图中同一继电器的线圈(输出点)和其触点要使用同一编号。触点可以任意串联或并联，而输出可以并联但不能串联。串、并联触点的数量从原则上说是没有限制的。

(4) 输入继电器仅受外部输入信号控制，不能通过各种内部触点驱动，因此，在梯形图中只能出现输入继电器的触点，而不能出现输入继电器的线圈。

(5) 输出继电器供 PLC 作输出控制用，通过开关量输出模块(继电器、晶闸管、晶体管)对应的输出开关去驱动外部负载。

(6) PLC 的内部辅助继电器、定时器、计数器等的线圈不能用于输出控制，其触点只能供 PLC 内部使用。

## 3.7.2　指令助记符语言

指令助记符语言也称指令语句表，是一种类似于计算机汇编语言的编程方式，它以简洁易记的文字符号“指令助记符”为基本结构，来表达 PLC 的各种控制命令。各种操作都由相应的指令来管理，能完成全部的控制、运算功能。不同的 PLC，指令表使用的助记符不相同。这种编程语言形式适合于具有计算机专业知识的技术人员使用。

### 1. 格式

PLC 的指令表达形式与微机的指令表达形式类似，是由操作码和操作数两部分组成的，如图 3-7 所示。其格式如下：

操作码　　　　操作数[，操作数]
(指令)　　　　(数据)

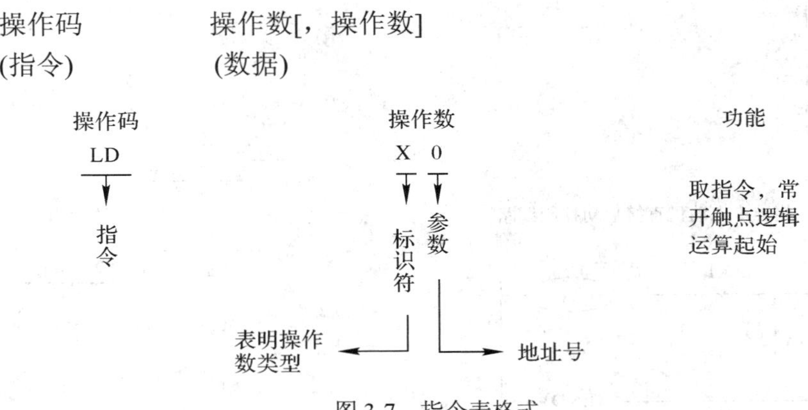


图 3-7　指令表格式

### 2. 操作码

操作码用助记符来表示，它表明 CPU 要完成的某种操作功能(如：逻辑运算的“与”、“或”、“非”，算术运算的“+”、“−”、“×”、“÷”等功能)，又称编程指令或编程命令。

PLC 全部编程指令的集合称为指令系统。

**3. 操作数**

操作数包括为执行某种操作所必需的信息，它告诉 CPU 用什么东西来执行此种操作。操作数一般由标识符和参数组成，但也可能空着。标识符表示操作数的类别，参数用来指明操作数的地址或表示某一个常数。

应用指令助记符语言设计出的应用程序，其逻辑关系并不明显，比较难于阅读，对于较大的控制系统，控制关系较为复杂，则更难以理解。

需要说明的是，由于各种 PLC 功能不同，其编程指令的数目、操作码的助记符和操作数的表示方法也不同，甚至会出现同种功能指令的含义不相同的情形。

## 3.7.3 顺序功能图

顺序功能图常用来编写顺序控制类程序，它包括步、动作和转换三个要素。顺序控制设计方法可将一个复杂的控制过程分解为一些小的工作状态，对这些小的工作状态分别处理后再将这些小状态依一定的顺序控制要求连接组合成整体的控制程序。具体使用方法将在第 6 章详细介绍。

## 3.7.4 PLC 编程示例

这里以最常用的“三相异步电动机直接启停”继电器控制线路(如图 3-8(a)所示)为例，用 PLC 编程实现该控制要求。

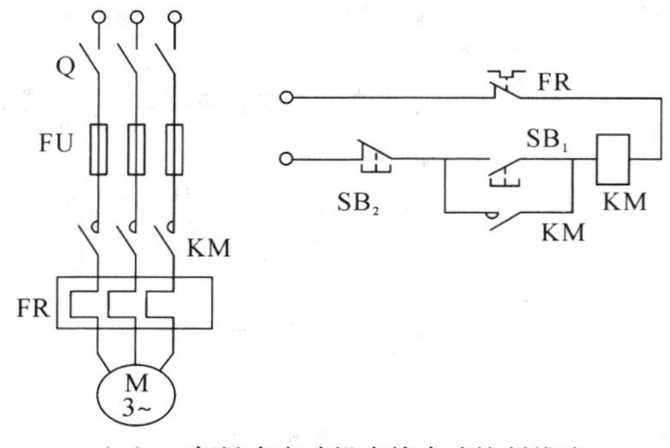


（a）三相异步电动机直接启动控制线路

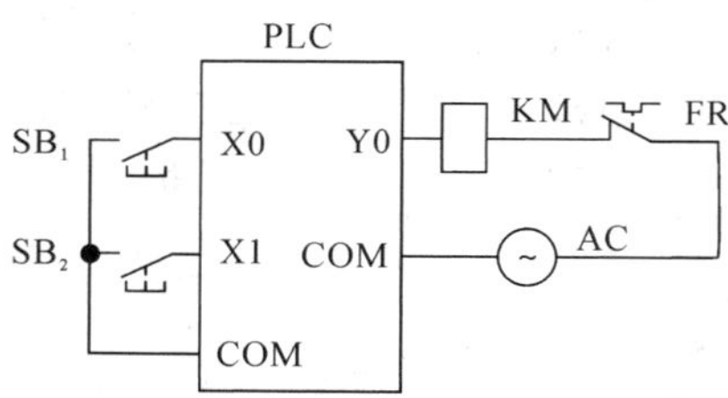


（b）PLC用于直接启动控制的外围接线

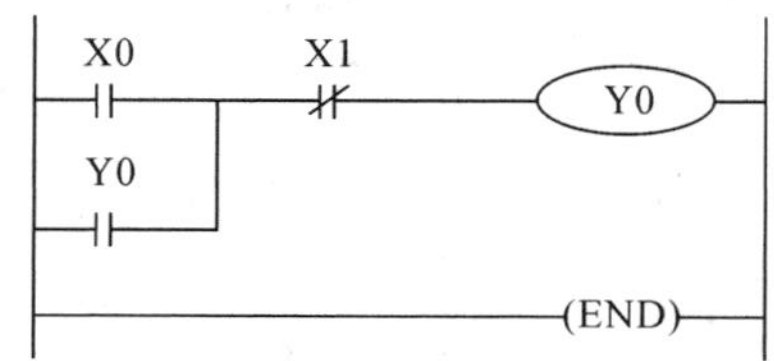


（c）梯形图语言表示

| 地址 | 指令 | |
|---|---|---|
| 0 | LD | X0 |
| 1 | OR | Y0 |
| 2 | ANI | X1 |
| 3 | OUT | Y0 |
| 4 | END | |

（d）指令助记符语言表示

图 3-8　PLC 编程示例

**1. 确定输入量、输出量**

首先应确定原继电器控制线路中，哪些量是输入量，哪些量是输出量，以便分配 PLC

的输入、输出端子与之对应(即进行 I/O 分配)。从图 3-8(a)中可以看到，$SB_1$、$SB_2$ 分别是启动按钮和停止按钮，用于施加控制命令使接触器 KM 接通或断开，从而驱动或停止电动机的运行。因此，$SB_1$、$SB_2$ 为输入量，KM 为输出量。

### 2. PLC 控制的外围接线

图 3-8(b)是用 PLC 实现直接启动控制的外围接线示意图。启动按钮 $SB_1$ 和停止按钮 $SB_2$ 作为输入设备分别与 PLC 的输入端 X0、X1 连接，接触器 KM 的线圈作为输出设备与 PLC 的输出端 Y0 相连。

### 3. PLC 编程语言控制

图 3-8(c)和图 3-8(d)为采用不同形式的 PLC 编程语言来表达上述直接启动控制逻辑的程序。其中，图 3-8(c)为梯形图程序，图 3-8(d)为指令助记符程序。

# 3.8　PLC 的软件开发

正如前面所述，PLC 适用于工业自动化生产领域，但是是否能够发挥出 PLC 的优势，还取决于是否能编写好控制程序。编写 PLC 程序就得使用 PLC 开发软件，目前市场上存在着不同公司开发的不同系列的众多 PLC 产品，不同公司针对自己的产品系列开发了不同的软件，这些软件往往是不可替换使用的。因为本书主要是利用三菱 $FX_{2N}$ 系列 PLC 进行控制，所以编程采用三菱公司自己的 PLC 开发软件，即 GX Developer，版本号是 8.103H，软件可以在三菱公司的官网上免费申请下载。该软件具有程序编写、调试、下载等功能。下面对该软件进行简要介绍，包括建立工程、程序界面设置、仿真测试方法等。

## 3.8.1　工程建立

### 1. 界面的组成

用鼠标双击桌面上的 GX Developer 程序的快捷方式图标，如图 3-9 所示，即可打开应用程序。

GX Developer 应用程序是典型的 Windows 应用程序，它由标题栏、菜单栏、工具栏、注释显示栏、工程数据列表、状态栏及功能键栏和程序显示区所组成，如图 3-10 所示。

图 3-9　GX Developer 软件图标

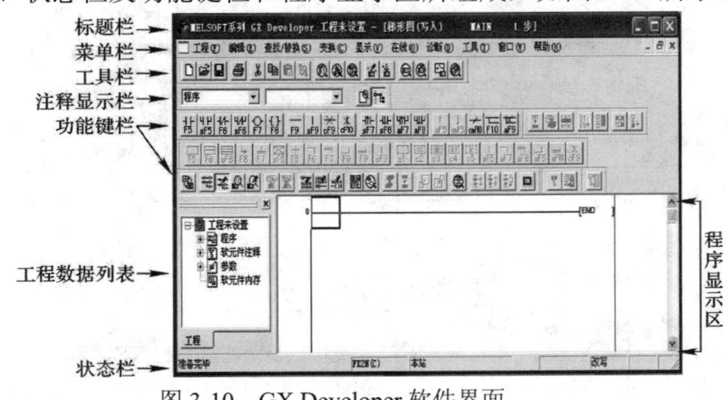


图 3-10　GX Developer 软件界面

- 标题栏：显示当前正在编辑的编辑文件。
- 菜单栏：集中了该软件的全部命令。
- 工具栏：收集了文件操作及编译、查找等常用的命令。
- 梯形图编程窗口：用梯形图来编写程序。用梯形图来编写程序极为方便。
- 指令表编程窗口：可用基本指令来编写程序，也可用功能键来编程。
- 状态栏：显示当前所使用功能的编程方式、程序步、编辑状态、使用的 PLC 类型等。

### 2. 新建工程

在工具栏中点击新建工程按钮，或者在菜单栏中的命令菜单“工程”中选择“创建新工程”，弹出“创建新工程”对话框，如图 3-11 所示。在“PLC 系列”的下拉列表中选择“FXCPU”；在“PLC 类型”的下拉列表中选择“FX2N(C)”；PLC 可以以不同的方式进行编程，即有不同的“程序类型”，如“梯形图”、“SFC”等，此处选择“梯形图”。如果勾选了“设置工程名”选项，则需要设置工程的“驱动器/路径”与“工程名”。然后点击“确定”按钮进入编程界面，如图 3-12 所示。此时，即可在程序编辑区内进行编程。

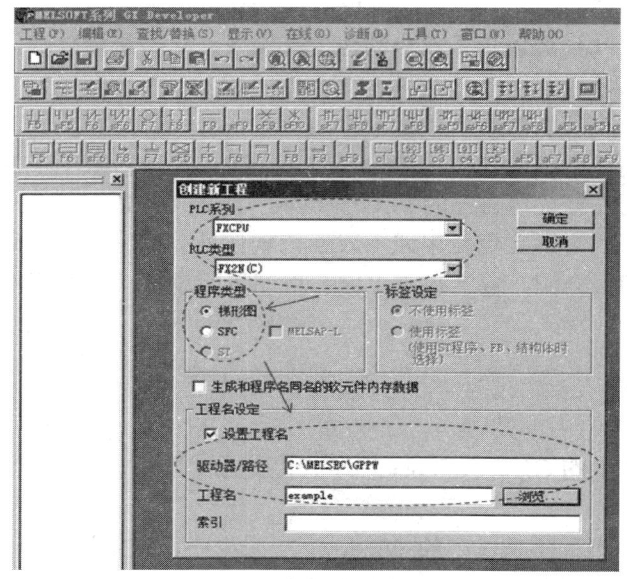


图 3-11 “创建新工程”对话框

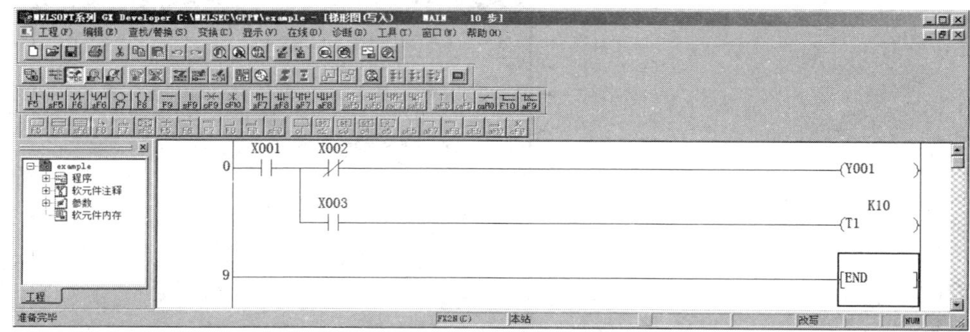


图 3-12 “梯形图”编程界面

### 3. 程序变换

应该注意的是，因为程序最终是以指令表形式执行的，所以当程序更改之后，要使之生效，则需要进行程序变换，即将软件界面上的修改反映到指令语句上，才能进行存盘、查找、替换、监控等操作。操作方法是按下快捷键“F4”，或者在“变换”菜单中单击“变换”选项，如图 3-13 所示。

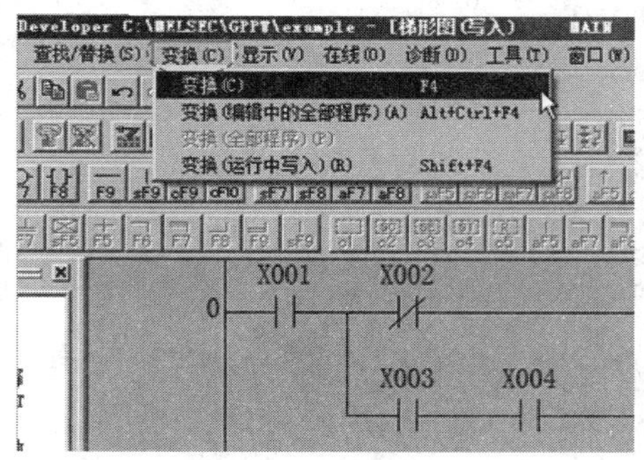


图 3-13　“变换程序”界面

## 3.8.2　程序编辑

### 1. 工具条的设置

为了便于编程，可以设置工具栏显示的状态。设置方法是在“显示”菜单中单击“工具条”选项，如图 3-14 所示。在弹出的对话框中选择要显示的工具条，如图 3-15 所示。显示的工具条前面是实心圆，而没显示的工具条前面则是空心圆。若要改变工具条的显示状态，则只需单击圆圈即可。

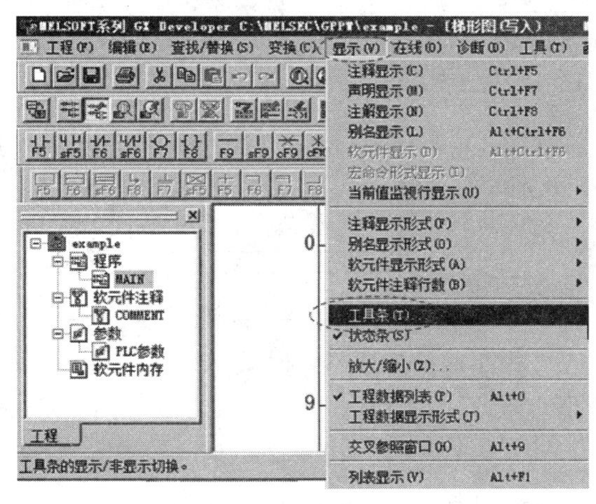


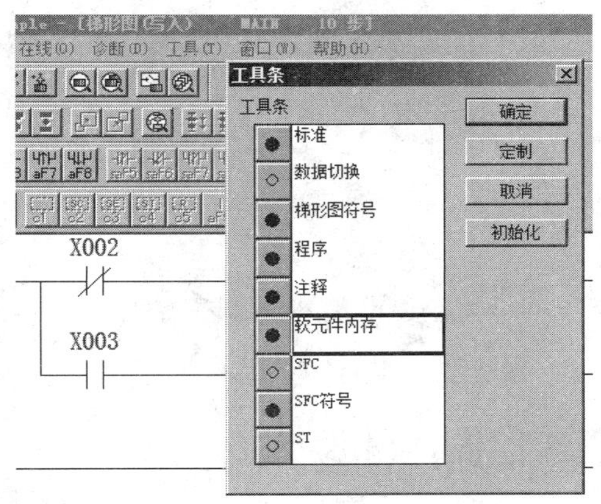


图 3-14　设置工具栏

图 3-15　设置在工具栏内显示的工具条

### 2. 编辑区的设置

为了方便，也可以对程序编辑区的大小进行设置。操作方法是在“显示”菜单中单击“放大/缩小”选项，如图 3-16 所示。再在弹出的对话框中选择不同的缩放比即可，如图 3-17 所示。

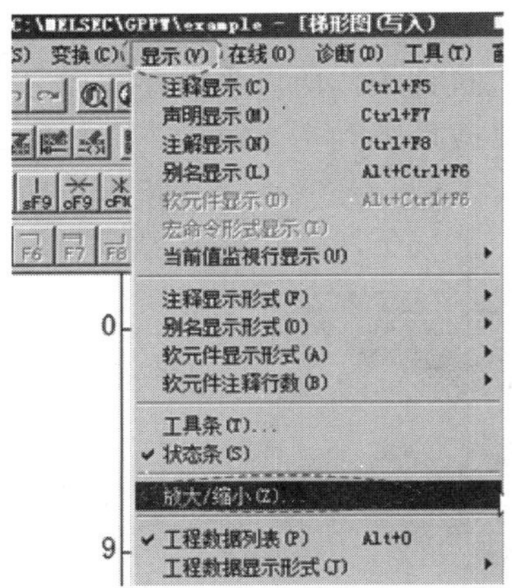


图 3-16 程序编辑区大小设置

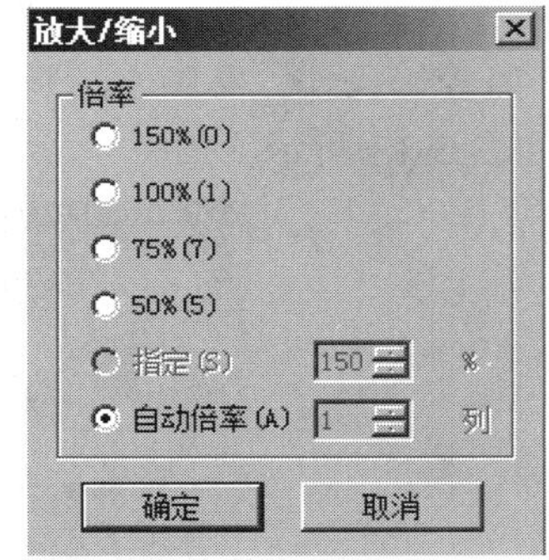


图 3-17 程序编辑区大小调节

### 3. 显示方式的切换

不同类型的程序最终都要被转换成指令语句才能进行编译、执行。可以在“显示”菜单中单击“列表显示”选项，如图 3-18 所示，这样就可以看到图 3-12 对应的指令语句，如图 3-19 所示，即可在此编辑区内采用指令语句进行编程。如果想返回梯形图编程界面，只需在“显示”菜单中单击“梯形图显示”即可。

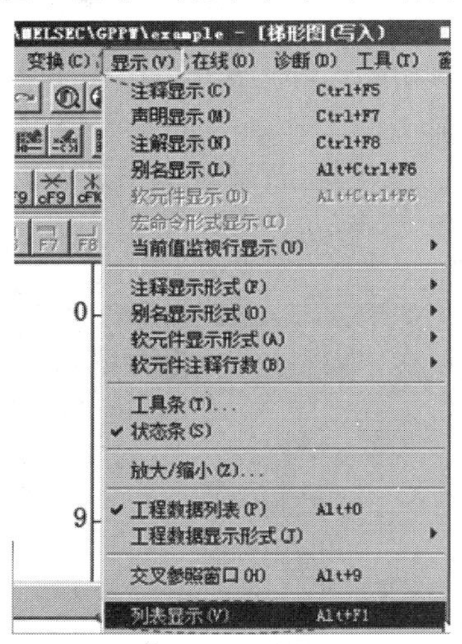


图 3-18 程序显示方式选择

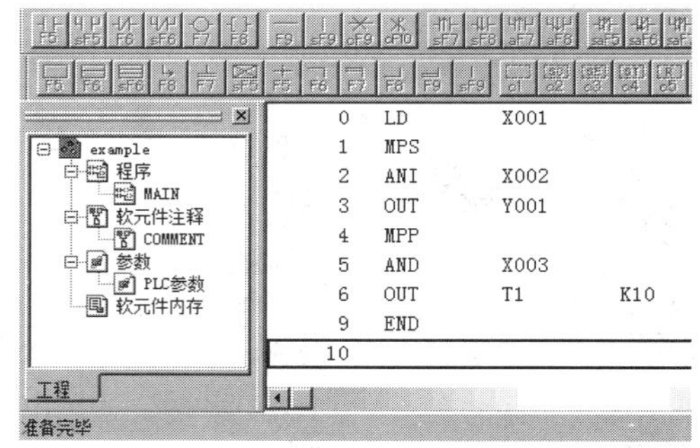


图 3-19 指令语句列表显示

## 3.8.3 仿真测试

若程序未写入 PLC 设备，则可以直接在 GPPW 编程软件中进行仿真测试，即“梯形图逻辑测试”，以验证程序的准确性。GX Developer 软件提供了程序的逻辑测试功能。

### 1. 梯形图逻辑测试起动

单击工具条“程序”中的逻辑测试按钮 ▣，或者在“工具”菜单中单击“梯形图逻辑测试起动”，如图 3-20 所示，将弹出“梯形图逻辑测试工具”(LADDER LOGIC TEST

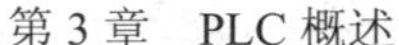

TOOL)窗口，如图 3-21 所示。在软件完成必要的测试初始化工作之后，即可在该窗口中设置测试的模式，即连续运行(RUN)、单步(STEP RUN)、停止(STOP)等。与此同时，编辑区域的光标位置会显示蓝色，处于接通状态的输入触点、输出线圈也会显示蓝色，定时器 T、计数器 C、数据寄存器 D 等软元件均显示当前运算数值，如图 3-22 所示。

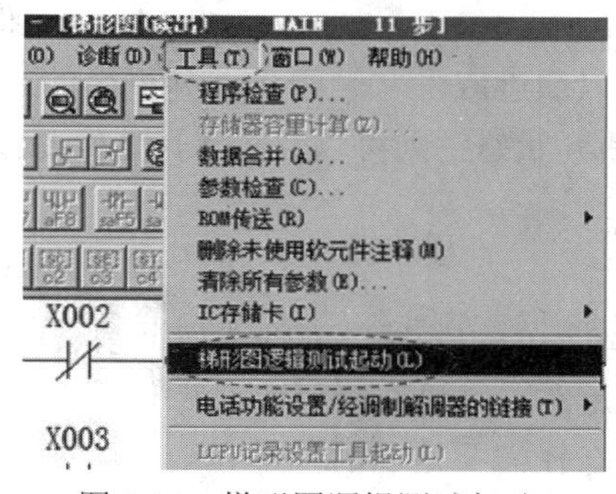


图 3-20　梯形图逻辑测试起动

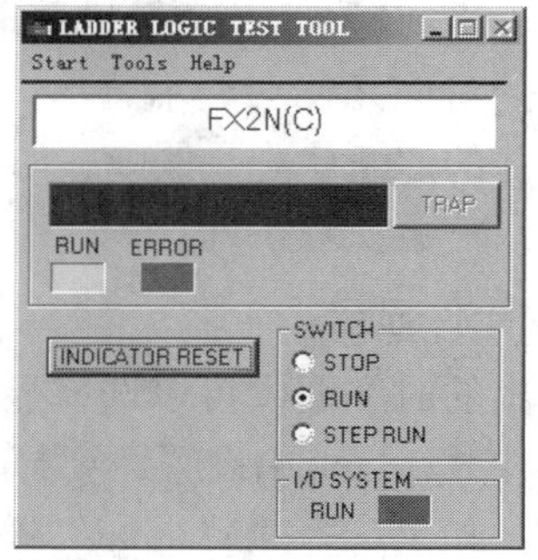


图 3-21　梯形图逻辑测试工具

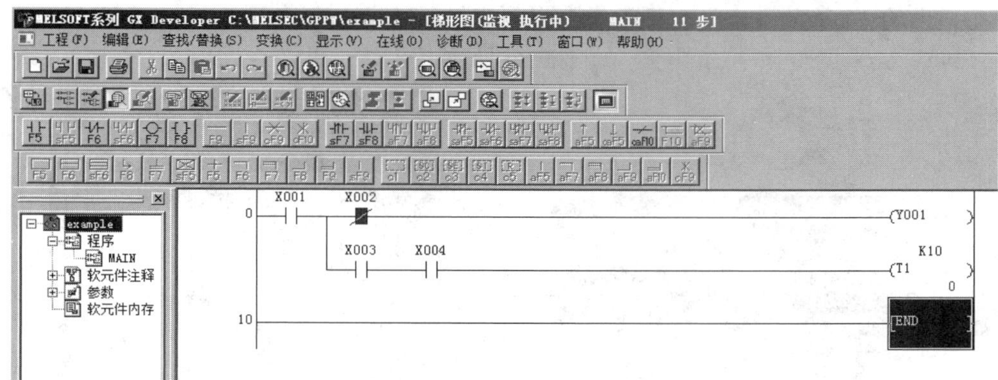


图 3-22　逻辑测试时的编辑界面

## 2. 时序图显示

为了方便分析，可以选择性显示程序中各个变量、元件的时序图。操作方法是在逻辑测试工具“Start”菜单中选择“Monitor Function”项，然后单击“Timing Chart Display”，如图 3-23 所示。随之出现时序图显示窗口，如图 3-24 所示。

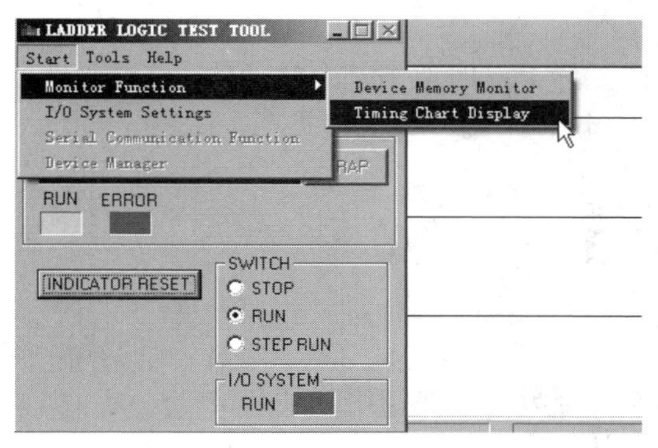


图 3-23　时序图显示选项卡

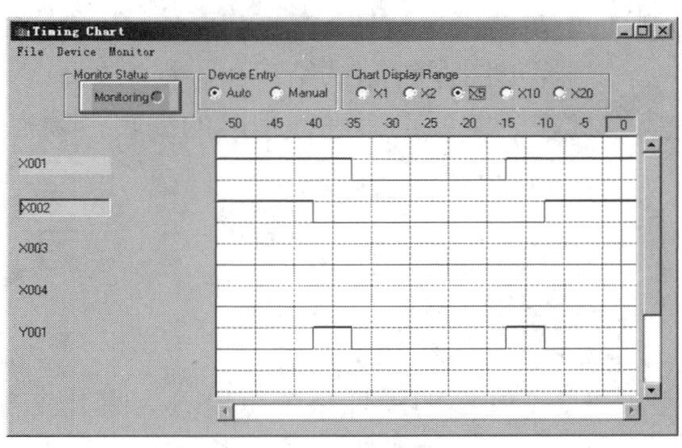


图 3-24　时序图

在时序图窗口中，单击“Monitor Status”中的“Monitoring”，则切换至“正在进行监控”，同时窗口的左边将出现程序中所有软元件的列表，在右边的时序图中将有此时各软元件的时序。粗线表示元件处于接通状态，细线则表示断开。时序图中的横坐标表示相对于当前时刻的时间，以扫描周期为单位。“0”表示当前时刻即为红线所处位置，“-10”表示相对于当前时刻 10 个扫描周期前的时刻。如果软元件当前处于接通状态，则左侧的元件列里面的对应元件会显示黄色。对于元件可以通过双击左侧的元件列里面的对应元件来改变该元件的通断状态。例如：如果 X1 处于断开状态，则可以双击 X1 使其接通；若想要断开，则只需再次双击即可。

### 3. 软元件显示

在弹出的时序图中可以选择显示的内容。“Device Entry”可以选择是以自动模式(Auto)还是手动模式(Manual)设置需要显示时序图的元件。如果选择“Auto”，则显示所有元件的时序图；如果选择“Manual”模式，则可以选择需要显示的元件。

选择待显示元件的方法是在“Device”菜单中选择“List Device”项，如图 3-25 所示，然后在弹出的“Device List”对话框中选择不想显示的元件并按下“Delete”键；也可以通过“Move”键来调整显示的顺序，如图 3-26 所示。

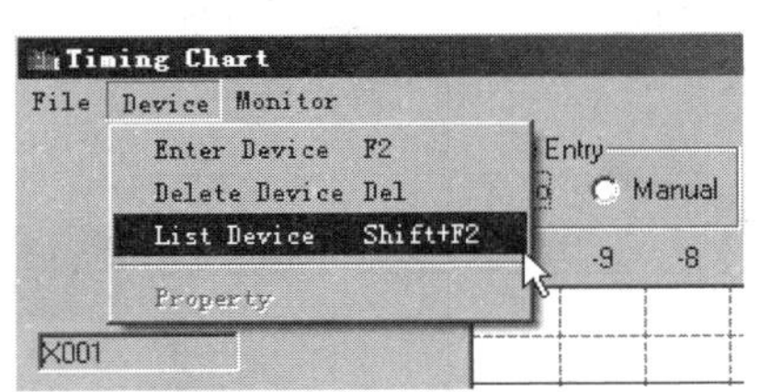


图 3-25　软元件显示列表调用

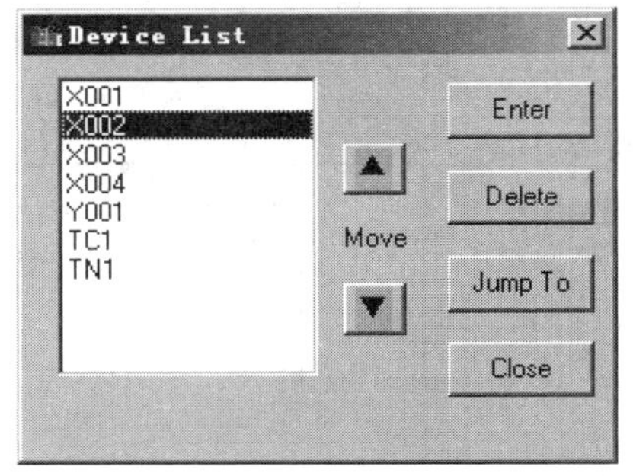


图 3-26　软元件显示列表调整

通过图 3-24 的“Chart Display Range”可以选择时间轴的显示尺度。X1～X20 分别表示一个时间间隔里面(即图中两条相邻竖线所包含的区域)对应着 1～20 个扫描周期。

### 4. 梯形图逻辑测试结束

单击“工具”菜单中的“梯形图逻辑测试结束”，或单击功能键栏中的“梯形图逻辑测试起动/结束”按钮，结束仿真。

当梯形图逻辑测试结束后，程序处于“读出模式”。此时双击某个软元件，将进入“查找”状态。若要重新进行程序的编辑，须点击功能键栏中的“写入模式”按钮。

## 习　题

3-1　什么是 PLC?

3-2　PLC 的硬件系统可以分为哪几个部分？各部分的主要作用是什么？

3-3　PLC 的软件系统包括哪些？主要作用是什么？

3-4　开关量输入模块的作用是什么？按照使用的电源不同有哪些类型？各自的特点是什么？

3-5　开关量输出模块的作用是什么？有哪些类型？各自特点是什么？

3-6　开关量输出模块按照外部接线的不同，有哪几种接线方式？各自的特点是什么？

3-7　PLC 的用户数据结构有哪些？各有什么特点？

3-8　PLC 的扫描工作方式和继电器工作方式有什么不同？

3-9　什么是程序的扫描？

3-10　扫描周期如何定义？其长短与什么有关？

3-11　PLC 的工作过程分为哪几个阶段？每个阶段的作用是什么？

3-12　在一个扫描周期中，如果在程序执行期间输入状态发生变化，输入映像寄存器的状态和输出映像寄存器的状态是否也随之变化？为什么？

3-13　为什么说元件映像寄存器的状态会跟随程序执行的进程而变化？

3-14　PLC 有什么主要功能？为什么 PLC 具有高可靠性？

3-15　PLC 是怎么分类的？其主要性能指标有哪些？

3-16　PLC 有哪几种结构形式？各自的特点是什么？

3-17　PLC 的主要应用有哪些？发展趋势是什么？

3-18　PLC 有哪几种编程语言？使用较多的是什么？它们之间是否可以互换？

# 第4章 三菱 PLC 的系统配置

本章主要介绍三菱 FX 系列的主要产品规格类型、技术性能、外部接线、内部寄存器性能及其 I/O 配置等方面内容，这对后面指令系统的学习非常重要。

## 4.1 三菱 FX 系列 PLC 产品及技术性能

### 4.1.1 FX 系列 PLC 的产品类型和硬件配置

三菱的 PLC 产品有 Q 系列、QnA 系列、AnS 系列、A 系列和 FX 系列。FX 系列 PLC 是由三菱公司近年推出的高性能小型可编程控制器，它逐步替代了三菱公司原 F、F1、F2 系列 PLC 产品。其中，$FX_2$ 是 1991 年推出的产品，$FX_0$ 是在 $FX_2$ 之后推出的超小型 PLC，近几年来又连续推出了将众多功能凝集在超小型机壳内的 $FX_{0S}$、$FX_{1S}$、$FX_{0N}$、$FX_{1N}$、$FX_{2N}$、$FX_{2NC}$ 等系列 PLC，以及新近推出的升级版机型 $FX_{3G}$ 和 $FX_{3U}$。与过去的产品相比较，FX 系列 PLC 具有较高的性价比，可满足不同用户的需要，应用较广泛。它们采用整体式和模块式相结合的叠装式结构。

由于 FX 系列 PLC 有众多的子系列，现以 $FX_{0S}$、$FX_{0N}$、$FX_{2N}$、$FX_{3G}$、$FX_{3U}$ 几个子系列为例加以介绍。

#### 1. FX 系列 PLC 的基本单元

1) $FX_{0S}$ 系列 PLC 的基本单元

$FX_{0S}$ 系列 PLC 的功能简单，价格便宜，适用于小型开关量控制系统，它只有基本单元，没有扩展单元。其基本单元如表 4-1 所示。

表 4-1 $FX_{0S}$ 系列 PLC 的基本单元

| 型号 | | | | 输入点数 | 输出点数 |
|---|---|---|---|---|---|
| AC 电源，24 V 直流输入 | | DC 电源，24 V 直流输入 | | | |
| 继电器输出 | 晶体管输出 | 继电器输出 | 晶体管输出 | | |
| $FX_{0S}$-10MR-001 | $FX_{0S}$-10MT | $FX_{0S}$-10MR-D | $FX_{0S}$-10MT-D | 6 | 4 |
| $FX_{0S}$-14MR-001 | $FX_{0S}$-14MT | $FX_{0S}$-14MR-D | $FX_{0S}$-14MT-D | 8 | 6 |
| $FX_{0S}$-20MR-001 | $FX_{0S}$-20MT | $FX_{0S}$-20MR-D | $FX_{0S}$-20MT-D | 12 | 8 |
| $FX_{0S}$-30MR-001 | $FX_{0S}$-30MT | $FX_{0S}$-30MR-D | $FX_{0S}$-30MT-D | 16 | 14 |
| | | $FX_{0S}$-14MR-D12 | | 8 | 6 |

$FX_{0S}$ 系列 PLC 的容量为 800 步，有 20 条基本指令，2 条步进指令，35 种 50 条功能指令。$FX_{0S}$ 编程元件包括 500 多点辅助继电器，64 点状态寄存器，56 点定时器和 1 个模拟定时器，有 16 个 16 位的计数器及 4 点 1 相 7 kHz 或 1 点 2 相 32 位高速加/减计数器，61 点 16 位数据寄存器，还有 64 点转移用跳步指针及 4 点中断指针。

2) $FX_{0N}$ 系列 PLC 的基本单元

$FX_{0N}$ 系列 PLC 的基本单元共有 12 种，最大的 I/O 点数为 60，它可带 3 种扩展单元，7 种扩展模块，可组成 24～128 个 I/O 点的系统。其基本单元如表 4-2 所示。

**表 4-2　$FX_{0N}$ 系列 PLC 的基本单元**

| 型　　号 | | | | 输入点数 | 输出点数 | 扩展模块可用点数 |
|---|---|---|---|---|---|---|
| AC 电源，24 V 直流输入 | | DC 电源，24 V 直流输入 | | | | |
| 继电器输出 | 晶体管输出 | 继电器输出 | 晶体管输出 | | | |
| $FX_{0N}$-24MR-001 | $FX_{0N}$-24MT | $FX_{0N}$-24MR-D | $FX_{0N}$-24MT-D | 14 | 10 | 32 |
| $FX_{0N}$-40MR-001 | $FX_{0N}$-40MT | $FX_{0N}$-40MR-D | $FX_{0N}$-40MT-D | 24 | 16 | 32 |
| $FX_{0N}$-60MR-001 | $FX_{0N}$-600MT | $FX_{0N}$-60MR-D | $FX_{0N}$-60MT-D | 36 | 24 | 32 |

$FX_{0N}$ 系列 PLC 的 EEPROM 用户存储器容量为 2000 步，基本指令有 20 条，步进指令 2 条，应用指令 36 种 51 条。$FX_{0N}$ 有 500 多点的辅助继电器，128 点状态寄存器，95 个定时器和 45 个计数器(其中高速计数器 13 个)，还有大量的数据寄存器，76 点指针用于跳转、中断和嵌套。$FX_{0N}$ 有较强的通信功能，可与内置 RS-232C 通信接口的设备通信，如使用 $FX_{0N}$-485 APP 模块，可与计算机实现 1∶N(最多 8 台)的通信。$FX_{0N}$ 系列 PLC 还备有 8 位模拟量输入/输出模块(2 路输入，1 路输出)用以实现模拟量的控制。由于 $FX_{0N}$ 系列 PLC 体积小，功能强，使用灵活，特别适用于由于安装尺寸的限制而难以采用其他 PLC 的机械设备上。

3) $FX_{2N}$ 系列 PLC 的基本单元

$FX_{2N}$ 系列 PLC 是 FX 家族中最先进的 PLC 系列。

$FX_{2N}$ 系列 PLC 基本单元有 16/32/48/65/80/128 点，6 个基本 $FX_{2N}$ 单元中的每一个单元都可以通过 I/O 扩展单元扩充为 256 I/O 点，其基本单元如表 4-3 所示。

**表 4-3　$FX_{2N}$ 系列 PLC 的基本单元**

| 型　　号 | | | 输入点数 | 输出点数 | 扩展模块可用点数 |
|---|---|---|---|---|---|
| 继电器输出 | 可控硅输出 | 晶体管输出 | | | |
| $FX_{2N}$-16MR-001 | $FX_{2N}$-16MS | $FX_{2N}$-16MT | 8 | 8 | 24～32 |
| $FX_{2N}$-32MR-001 | $FX_{2N}$-32MS | $FX_{2N}$-32MT | 16 | 16 | 24～32 |
| $FX_{2N}$-48MR-001 | $FX_{2N}$-48MS | $FX_{2N}$-48MT | 24 | 24 | 48～64 |
| $FX_{2N}$-64MR-001 | $FX_{2N}$-64MS | $FX_{2N}$-64MT | 32 | 32 | 48～64 |
| $FX_{2N}$-80MR-001 | $FX_{2N}$-80MS | $FX_{2N}$-80MT | 40 | 40 | 48～64 |
| $FX_{2N}$-128MR-001 | | $FX_{2N}$-128MT | 64 | 64 | 48～64 |

$FX_{2N}$ 系列 PLC 具有丰富的元件资源，有 3072 点辅助继电器，提供了多种特殊功能模块，可实现过程控制位置控制。有多种 RS-232C/RS-422/RS-485 串行通信模块或功能扩展板支持网络通信。$FX_{2N}$ 系列 PLC 具有较强的数学指令集，使用 32 位处理浮点数，具有方根和三角几何指令满足数学功能要求很高的数据处理功能。

4) $FX_{3G}$ 系列 PLC 的基本单元

$FX_{3G}$ 系列 PLC 是三菱 $FX_{1N}$ 的升级机型，它继承了原有 $FX_{1N}$ 系列 PLC 的优点，并结合第 3 代 $FX_3$ 系列 PLC 的创新技术，为用户提供了高可靠性、高灵活性、高性能的新选择。它有 12 种基本单元，如表 4-4 所示。

表 4-4　$FX_{3G}$ 系列 PLC 的基本单元

| 型　号 | | | 输入点数 | 输出点数 |
|---|---|---|---|---|
| AC 电源，24 V 直流输入 | | DC 电源，24 V 直流输入 | | |
| 继电器输出 | 晶体管(漏型)输出 | 晶体管(源型)输出 | | |
| $FX_{3G}$-14MR/ES-A | $FX_{3G}$-14MT/ES-A | $FX_{3G}$-14MT/ESS | 8 | 6 |
| $FX_{3G}$-24MR/ES-A | $FX_{3G}$-24MT/ES-A | $FX_{3G}$-24MT/ESS | 14 | 10 |
| $FX_{3G}$-40MR/ES-A | $FX_{3G}$-40MT/ES-A | $FX_{3G}$-40MT/ESS | 24 | 16 |
| $FX_{3G}$-60MR/ES-A | $FX_{3G}$-60MT/ES-A | $FX_{3G}$-60MT/ESS | 36 | 24 |

与 $FX_{1N}$ 系列 PLC 相比具有以下特点：

(1) $FX_{3G}$ 系列 PLC 内置大容量程序存储器，最高 32 KB，标准模式时基本指令处理速度可达 0.21 μs 1 条，加之大幅扩充的软元件数量，可以更加自由地编辑程序并进行数据处理。另外，浮点数运算和中断处理方面，$FX_{3G}$ 同样表现超群。

(2) $FX_{3G}$ 系列 PLC 基本单元自带 2 路高速通信接口(RS-422 和 USB)可同步使用，通信配置选择更加灵活。晶体管输出型的基本单元内置最高 3 轴 100 kHz 独立脉冲输出，可使用软件编辑指令简便进行定位设置。

(3) 在程序保护方面，$FX_{3G}$ 系列 PLC 有本质的突破，它可设置 2 级密码，区分设备制造商和最终用户的访问权限，密码程序保护功能可锁定 PLC，直到新的程序载入。

(4) 第 3 代 $FX_3$ 系列 PLC 产品更加完善，独具双总线扩展方式，使用左侧总线可扩展链接模拟量、通信适配器(最多 4 台)，数据传输效率更高，并简化了程序编制工作；右侧总线则充分考虑到与原有系统的兼容性，可连接 FX 系列传统 I/O 扩展和特殊功能模块。在基本单元上还可以安装 2 个扩展板，完全可根据客户的需要搭配出最贴心的控制系统。

5) $FX_{3U}$ 系列 PLC 的基本单元

$FX_{3U}$ 系列 PLC 为第 3 代微型 PLC，其基本单元有继电器输出型和晶体管输出型 2 种，输入/输出点数有 16 点、32 点、48 点、64 点、80 点和 128 点 6 种规格。它内置高速处理 CPU，提供了多达 209 种应用指令，基本功能兼容了 $FX_{2N}$ 系列 PLC 的全部功能，它有 33 种基本单元，如表 4-5 所示。

表 4-5　$FX_{3U}$ 系列 PLC 的基本单元

| 型　号 | | | 输入点数 | 输出点数 |
|---|---|---|---|---|
| DC(AC)电源 | DC(AC)电源 | DC(AC)电源 | | |
| 继电器输出 | 晶体管(漏型)输出 | 晶体管(源型)输出 | | |
| $FX_{3U}$-16MR/DS(ES-A) | $FX_{3U}$-16MT/DS(ES-A) | $FX_{3U}$-16MT/DSS(ESS) | 8 | 8 |
| $FX_{3U}$-32MR/DS(ES-A) | $FX_{3U}$-32MT/DS(ES-A) | $FX_{3U}$-32MT/DSS(ESS) | 16 | 16 |
| $FX_{3U}$-48MR/DS(ES-A) | $FX_{3U}$-48MT/DS(ES-A) | $FX_{3U}$-48MT/DSS(ESS) | 24 | 24 |
| $FX_{3U}$-64MR/DS(ES-A) | $FX_{3U}$-64MT/DS(ES-A) | $FX_{3U}$-64MT/DSS(ESS) | 32 | 32 |
| $FX_{3U}$-80MR/DS(ES-A) | $FX_{3U}$-80MT/DS(ES-A) | $FX_{3U}$-80MT/DSS(ESS) | 40 | 40 |
| $FX_{3U}$-128MR/DS(ES-A) | $FX_{3U}$-128MT/DS(ES-A) | $FX_{3U}$-128MT/DSS(ESS) | 64 | 64 |

$FX_{3U}$ 系列 PLC 与 $FX_{2N}$ 系列 PLC 相比具有以下特点：

(1) 运行速度提高。$FX_{3U}$ 系列 PLC 基本逻辑指令的执行时间提高到 0.065 μs/条，应用指令的执行时间提高到 0.642 μs/条。

(2) I/O 点数增加。$FX_{3U}$ 系列 PLC 与 $FX_{2N}$ 系列 PLC 一样，采用了基本单元加扩展的结构形式，完全兼容 $FX_{2N}$ 的扩展模块，主机控制的 I/O 点数为 256 点。此外，通过远程 I/O 连接扩展到 384 点。

(3) 存储器容量扩大。$FX_{3U}$ 系列 PLC 的用户存储器(RAM)容量可达 64KB，并采用“闪存卡”(Flash ROM)。

(4) 指令系统增强。$FX_{3U}$ 系列 PLC 兼容了 $FX_{2N}$ 系列 PLC 的全部指令，应用指令多达 209 条，除了浮点数、字符串处理指令以外，还具备了定坐标指令等丰富的指令。

(5) 通信系统增强。在 $FX_{2N}$ 系列 PLC 基础上增加了 RS-422 标准接口、USB 接口和网络链接的通信模块，且其内置的编程接口可达 115.2 kb/s 的高速通信，最多可以同时使用 3 个通信接口(包括编程接口在内)。

(6) 定位控制功能加强。晶体管输出型的基本单元内置 3 轴、最高 100 kHz 的定位控制功能，并增加了新的定位指令(带 DOG 搜索的原点回归指令 DSZR、中断单速定位指令 DVIT 和表格设定定位指令 TBL)，从而使定位控制功能更加强大，使用更为方便。

(7) 扩展性增强。$FX_{3U}$ 系列 PLC 新增了高速输入/输出适配器、模拟量输入/输出适配器和温度输入适配器。其中，通过使用高速输入适配器可以实现最多 8 路、最高 200 kHz 的高速计数；通过使用高速输出适配器可以实现最多 4 轴、最高 200 kHz 的定位控制，继电器输出型的基本单元上也可以通过连接该适配器进行定位。通过 CC-Link 网络的扩展可实现多达 384 点(包括远程 I/O 在内)的控制。可以选装高性能的显示模块($FX_{3U}$-7DM)，可以显示用户自定义的英文、中文、数字和汉字信息，最多能显示：半角 16 个字符(0 全角 8 个字符) × 4 行。在该模块上可进行软元件的监控、测试和时钟的设定，存储器卡盒与内置 RAM 间程序的传送、比较等操作。

### 2. FX 系列 PLC 的 I/O 扩展单元和扩展模块

FX 系列 PLC 具有较为灵活的 I/O 扩展功能，可利用扩展单元及扩展模块实现 I/O 扩展。

1) $FX_{0N}$ 系列 PLC 的 I/O 扩展

$FX_{0N}$ 系列 PLC 共有三种扩展单元，如表 4-6 所示，$FX_{0N}$ 系列 PLC 的扩展模块如表 4-7 所示。

表 4-6 $FX_{0N}$ 系列 PLC 的扩展单元

| 型 号 | 总 I/O 数目 | 输 入 | | | 输 出 | |
|---|---|---|---|---|---|---|
| | | 数目 | 电压 | 类型 | 数目 | 类型 |
| $FX_{0N}$-40ER | 40 | 24 | 24 V 直流 | 漏型 | 16 | 继电器 |
| $FX_{0N}$-40ET | 40 | 24 | 24 V 直流 | 漏型 | 16 | 晶体管 |
| $FX_{0N}$-40ER-D | 40 | 24 | 24 V 直流 | 漏型 | 16 | 继电器(直流) |

表 4-7 $FX_{0N}$ 系列 PLC 的扩展模块

| 型 号 | 总 I/O 数目 | 输 入 | | | 输 出 | |
|---|---|---|---|---|---|---|
| | | 数目 | 电压 | 类型 | 数目 | 类型 |
| $FX_{0N}$-8ER | 8 | 4 | 24 V 直流 | 漏型 | 4 | 继电器 |
| $FX_{0N}$-8EX | 8 | 8 | 24 V 直流 | 漏型 | | |
| $FX_{0N}$-16EX | 16 | 16 | 24 V 直流 | 漏型 | | |
| $FX_{0N}$-8EYR | 8 | | | | 8 | 继电器 |
| $FX_{0N}$-8EYT | 8 | | | | 8 | 晶体管 |
| $FX_{0N}$-16EYR | 16 | | | | 16 | 继电器 |
| $FX_{0N}$-16EYT | 16 | | | | 16 | 晶体管 |

注：$FX_{0N}$ 系列 PLC 的扩展模块也可在 $FX_{2N}$ 等子系列上应用。

2) $FX_{2N}$ 系列 PLC 的 I/O 扩展

$FX_{2N}$ 系列 PLC 的扩展单元如表 4-8 所示，$FX_{2N}$ 系列 PLC 的扩展模块如表 4-9 所示。

表 4-8 $FX_{2N}$ 子系列 PLC 扩展单元

| 型 号 | 总 I/O 数目 | 输 入 | | | 输 出 | |
|---|---|---|---|---|---|---|
| | | 数目 | 电压 | 类型 | 数目 | 类型 |
| $FX_{2N}$-32ER | 32 | 16 | 24 V 直流 | 漏型 | 16 | 继电器 |
| $FX_{2N}$-32ET | 32 | 16 | 24 V 直流 | 漏型 | 16 | 晶体管 |
| $FX_{2N}$-48ER | 48 | 24 | 24 V 直流 | 漏型 | 24 | 继电器 |
| $FX_{2N}$-48ET | 48 | 24 | 24 V 直流 | 漏型 | 24 | 晶体管 |
| $FX_{2N}$-48ER-D | 48 | 24 | 24 V 直流 | 漏型 | 24 | 继电器(直流) |
| $FX_{2N}$-48ET-D | 48 | 24 | 24 V 直流 | 漏型 | 24 | 继电器(直流) |

表 4-9　$FX_{2N}$子系列 PLC 的扩展模块

| 型　号 | 总 I/O 数目 | 输　入 | | | 输　出 | |
|---|---|---|---|---|---|---|
| | | 数目 | 电压 | 类型 | 数目 | 类型 |
| $FX_{2N}$-16EX | 16 | 16 | 24 V 直流 | 漏型 | | |
| $FX_{2N}$-16EYT | 16 | | | | 16 | 晶体管 |
| $FX_{2N}$-16EYR | 16 | | | | 16 | 继电器 |

此外，FX 系列 PLC 还可将一块功能扩展板安装在基本单元内，无需外部的安装空间。例如：$FX_{1N}$-4EX-BD 是可用来扩展 4 个输入点的扩展板。

## 4.1.2　FX 系列 PLC 的性能指标

### 1. FX 系列 PLC 性能比较

FX 系列 PLC 中的 $FX_{0S}$、$FX_{1S}$、$FX_{1N}$、$FX_{2N}$、$FX_{3G}$、$FX_{3U}$ 等在外形尺寸上相差不多，但在性能上却有较大的差别。FX 系列 PLC 主要产品的性能比较如表 4-10 所示。

表 4-10　FX 系列 PLC 性能比较

| 型 号 | I/O 点数 | 基本指令执行时间 | 功能指令 | 模拟模块量 | 通 信 |
|---|---|---|---|---|---|
| $FX_{0S}$ | 10～30 | 1.6～3.6 μs | 50 | 无 | 无 |
| $FX_{0N}$ | 24～128 | 1.6～3.6 μs | 55 | 有 | 较强 |
| $FX_{1N}$ | 14～128 | 0.55～0.7 μs | 89 | 有 | 较强 |
| $FX_{2N}$ | 16～256 | 0.08 μs | 128 | 有 | 强 |
| $FX_{3U}$ | 16～384 | 0.065 μs | 209 | 有 | 强 |

### 2. FX 系列 PLC 的环境指标

FX 系列 PLC 的环境指标要求如表 4-11 所示。

表 4-11　FX 系列 PLC 的环境指标

| | |
|---|---|
| 环境温度 | 使用温度 0～550℃，储存温度 -20～700℃ |
| 环境湿度 | 使用时 35%～85% RH(无凝露) |
| 防震性能 | JISC0911 标准，10～55 Hz，0.5 mm(最大 2G)，3 轴方向各 2 次(但用 DIN 导轨安装时为 0.5G) |
| 抗冲击性能 | JISC0912 标准，10 G，3 轴方向各 3 次 |
| 抗噪声能力 | 用噪声模拟器产生电压为 1000 V(峰-峰值)、脉宽 1 ms、30～100 Hz 的噪声 |
| 绝缘耐压 | AC 1500 V，1 min(接地端与其他端子间) |
| 绝缘电阻 | 5 MΩ 以上(500 V DC 兆欧表测量，接地端与其他端子间) |
| 接地电阻 | 第三中接地，如接地有困难，可以不接 |
| 使用环境 | 无腐蚀性气体，无尘埃 |

### 3. FX 系列 PLC 的输入技术指标

FX 系列 PLC 对输入信号的技术要求如表 4-12 所示。

表 4-12　FX 系列 PLC 的输入技术指标

| 输入端项目 | X0～X3 ($FX_{0S}$) | X4～X17($FX_{0S}$) X4～X7($FX_{0S、1S、1N、2N、3G、3U}$) | X10～X17 ($FX_{0S、1S、1N、2N、3G、3U}$) | X0～X3 ($FX_{0S}$) | X4～X17 ($FX_{0S}$) |
|---|---|---|---|---|---|
| 输入电压 | DC 24 V ± 10% | | | DC 12 V ± 10% | |
| 输入电流 | 8.5 mA | 7 mA | 5 mA | 9 mA | 10 mA |
| 输入阻抗 | 2.7 kΩ | 3.3 kΩ | 4.3 kΩ | 1 kΩ | 1.2 kΩ |
| 输入 ON 电流 | 4.5 mA 以上 | 4.5 mA 以上 | 3.5 mA 以上 | 4.5 mA 以上 | 4.5 mA 以上 |
| 输入 OFF 电流 | 1.5 mA 以下 | 1.5 mA 以下 | 1.5 mA 以下 | 1.5 mA 以下 | 1.5 mA 以下 |
| 输入响应时间 | 一般约为 10 ms | | | | |
| 可调节的输入响应时间 | $FX_{2N}$ 的 X0～X17 为 0～60 ms，其他系列的为 0～15 ms | | | | |
| 输入信号形式 | 无电压触电，或 NPN 集电极开路晶体管 | | | | |
| 电路隔离 | 光电耦合器隔离 | | | | |
| 输入状态显示 | 输入 ON 时 LED 灯亮 | | | | |

### 4. FX 系列 PLC 的输出技术指标

FX 系列 PLC 对输出信号的技术要求如表 4-13 所示。

表 4-13　FX 系列 PLC 的输出技术指标

| 项　目 | 继电器输入 | 晶闸管输出 | 晶体管输出 |
|---|---|---|---|
| 外部电源 | AC 250 V 或 DC 30 V 以下 | AC 85～240 V | DC 5 V～30 V |
| 最大电阻负载 | 2 A/1 点、8 A/4 点、8 A/8 点 | 0.3 A/点、0.8 A/4 点 (1 A/1 点、2 A/4 点) | 0.5 A1 点、0.8 A/4 点 (0.1 A/1 点、0.4 A/4 点) (1 A/1 点、2 A/4 点) (0.3 A/1 点、1.6 A/16 点) |
| 最大感性负载 | 80 VA | 15 VA/AC 100 V、30 VA/AC 200 V | 12 W/DC 24 V |
| 最大灯负载 | 100 W | 30 W | 1.5 W/DC 24 V |
| 开路漏电流 | — | 1 mA/AC 100 V 2 mA/AC 200 V | 0.1 mA 以下 |
| 响应时间 | 约 10 ms | ON：1 ms；OFF：10 ms | ON：< 0.2 ms；OFF：< 0.2 ms 大电流 OFF 为 0.4 ms 以下 |
| 电路隔离 | 继电器隔离 | 光电晶闸管隔离 | 光电耦合器隔离 |
| 输出动作显示 | 输出 ON 时 LED 亮 | | |

## 4.1.3　FX 系列 PLC 型号的说明

FX 系列 PLC 型号的含义如下：

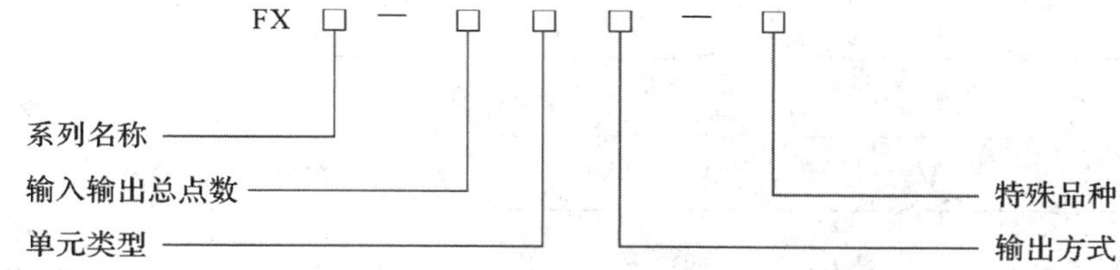


系列名称：如 0、2、0S、1S、0N、1N、2N、2NC 等。

单元类型：M——基本单元；E——输入/输出混合扩展单元；EX——扩展输入模块；EY——扩展输出模块。

输出方式：R——继电器输出；S——晶闸管输出；T——晶体管输出。

特殊品种：D——DC 电源，DC 输出；A1——AC 电源，AC(AC 100～120 V)输入或 AC 输出模块；H——大电流输出扩展模块；V——立式端子排的扩展模块；C——接插口输入/输出方式；F——输入滤波时间常数为 1 ms 的扩展模块。

如果特殊品种一项无符号，则为 AC 电源、DC 输入、横式端子排、标准输出。例如：$FX_{2N}$-32MT-D 表示 $FX_{2N}$ 系列，32 个 I/O 点基本单元，晶体管输出，使用直流电源，24 V 直流输出型的 PLC。

## 4.2　FX 系列 PLC 内部软元件及其 I/O 配置

### 4.2.1　PLC 软元件的数值类型

PLC 内部依据各种不同的控制目的，共使用 5 种数值类型执行运算，各种数值的任务及功能说明如下。

#### 1. 二进制(Binary Number，BIN)

PLC 内部的数值运算或存储均采用二进制，二进制数值及相关术语如表 4-14 所示。

**表 4-14　二进制数值及相关术语**

| 二进制数值 | 术 语 说 明 |
| --- | --- |
| 位(Bit) | 二进制数值的最基本单位，其状态非“1”即“0” |
| 位数(Nibble) | 由连续的 4 个位组成(如 b3～b0)，可用以表示一个位数的十进制数字“0～9”或十六进制的“0～F” |
| 字节(Byte) | 由连续的 2 个位数组成(即 8 个位，b7～b0)，可表示十六进制的“0～FF” |
| 字(Word) | 由连续的 2 个字节组成(即 16 个位，b15～b0)，可表示十六进制的 4 个位数值“0000～FFFF” |
| 双字(Double Word) | 由连续的 2 个字符组成(即 32 个位，b31～b0)，可表示十六进制的 8 个位数值“00000000～FFFFFFFF” |

二进制系统中，位、位数、字节、字及双字的关系如图 4-1 所示：

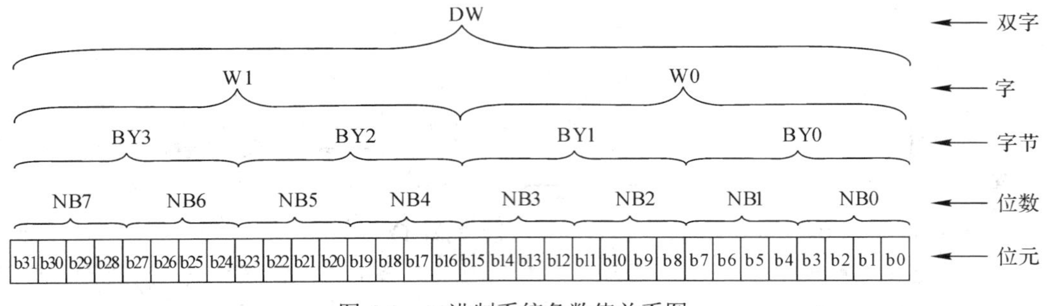


图 4-1　二进制系统各数值关系图

**2. 八进制(Octal Number，OCT)**

PLC 的外部输入及输出继电器的端子编号均采用八进制编码，如：

(1) 外部输入继电器：X0～X7，X10～X17…(软元件编号)。

(2) 外部输出继电器：Y0～Y7，Y10～Y17…(软元件编号)。

注：除了输入继电器和输出继电器的编号为八进制外，其余软元件的编号均为十进制。

**3. 十进制(Decimal Number，DEC)**

十进制在 PLC 系统的应用，如：

(1) 作为定时器 T、计数器 C 等的设定值，例如：T0 K50。(K：十进制常量。)

(2) S、M、T、C、D、E、F、P、I 等软元件的编号，例如：M10、T30。(软元件序号。)

(3) 在应用指令中作为操作数使用，例如：MOV K123 D0。(K：十进制常量。)

**4. BCD(Binary Code Decimal，BCD)**

以 1 个位或 4 个位来表示一个十进制的数据，故连续的 16 个位可以表示 4 位数的十进制数值数据。主要用于读取数字拨码开关的输入数值或将数值输出至七段显示器显示。

**5. 十六进制(Hexadecimal Number，HEX)**

十六进制在 PLC 系统的应用，如在应用指令中可作为操作数使用。例如 MOV H1A2B D0。PLC 中常量的表示形式及其示例如下：

| | | |
|---|---|---|
| 常量 K | 十进制数值在 PLC 系统中，通常会在数值前面冠以一个字母“K”来表示 | 例：K100，表示为十进制，其数值大小为 100 |
| 常量 H | 十六进制数值在 PLC 系统中，通常在其数值前面冠以一个字母“H”来表示 | 例：H100，表示为十六进制，数值大小为 100 |

## 4.2.2　FX 系列 PLC 软元件的分类及编号

用户使用的每个输入/输出端子及内部的每个存储器单元都称为元件(或称“元素”)，各元件有其不同的功能并有其固定的地址。元件的数量是由监控程序规定的，它的多少决定了可编程序控制器整个系统的规模及数据处理能力。每一种可编程序控制器的元件都是有限的。

FX 系列中几种常用型号 PLC 的编程元件及编号如表 4-15 所示。编程元件的编号分为两个部分，第一部分为字母，代表软元件的功能，如字母“X”代表输入继电器；第二部分为数字，代表该类软元件的编号，即计算机存储单元的地址。每一种可编程控制器的元件都是有限的，从软元件的最大编号可以了解该可编程控制器可能具有的某类元器件的最大数量。例如，表 4-15 中输入继电器的编号范围为 X0～X377(八进制编码)，则可以计算出 FX 系列 PLC 可能接入的最大输入信号数为 256 点。

**表 4-15　FX 系列 PLC 常用软元件一览表**

| 编程元件种类 | PLC 型号 | $FX_{0S}$ | $FX_{1S}$ | $FX_{0N}$ | $FX_{1N}$ | $FX_{2N}$ ($FX_{2NC}$) |
|---|---|---|---|---|---|---|
| 输入继电器 X (按八进制编号) | | X0～X17 (不可扩展) | X0～X17 (不可扩展) | X0～X43 (可扩展) | X0～X43 (可扩展) | X0～X77 (可扩展) |
| 输出继电器 Y (按八进制编号) | | Y0～Y15 (不可扩展) | Y0～Y15 (不可扩展) | Y0～Y27 (可扩展) | Y0～Y27 (可扩展) | Y0～Y77 (可扩展) |
| 辅助继电器 M | 普通用 | M0～M495 | M0～M383 | M0～M383 | M0～M383 | M0～M499 |
| | 保持用 | M496～M511 | M384～M511 | M384～M511 | M384～M1535 | M500～M3071 |
| | 特殊用 | M8000～M8255(具体见使用手册) | | | | |
| 状态寄存器 S | 初始状态用 | S0～S9 | S0～S9 | S0～S9 | S0～S9 | S0～S9 |
| | 返回原点用 | — | — | — | — | S10～S19 |
| | 普通用 | S10～S63 | S10～S127 | S10～S127 | S10～S999 | S20～S499 |
| | 保持用 | — | S0～S127 | S0～S127 | S0～S999 | S500～S899 |
| | 信号报警用 | — | — | — | — | S900～S999 |
| 定时器 T | 100 ms | T0～T49 | T0～T62 | T0～T62 | T0～T199 | T0～T199 |
| | 10 ms | T24～T49 | T32～T62 | T32～T62 | T200～T245 | T200～T245 |
| | 1 ms | — | — | T63 | — | — |
| | 1 ms 累积 | — | T63 | — | T246～T249 | T246～T249 |
| | 100 ms 累积 | — | — | — | T250～T255 | T250～T255 |
| 计数器 C | 16 位增计数(普通) | C0～C13 | C0～C15 | C0～C15 | C0～C15 | C0～C99 |
| | 16 位增计数(保持) | C14、C15 | C16～C31 | C16～C31 | C16～C199 | C100～C199 |
| | 32 位可逆计数(普通) | — | — | — | C200～C219 | C200～C219 |
| | 32 位可逆计数(保持) | — | — | — | C220～C234 | C220～C234 |
| | 高速计数器 | C235～C255(具体见使用手册) | | | | |
| 数据寄存器 D | 16 位普通用 | D0～D29 | D0～D127 | D0～D127 | D0～D127 | D0～D199 |
| | 16 位保持用 | D30、D31 | D128～D255 | D128～D255 | D128～D7999 | D200～D7999 |
| | 16 位特殊用 | D8000～D8069 | D8000～D8255 | D8000～D8255 | D8000～D8255 | D8000～D8195 |
| | 16 位变址用 | V Z | V0～V7 Z0～Z7 | V Z | V0～V7 Z0～Z7 | V0～V7 Z0～Z7 |

续表

| 编程元件种类 \ PLC 型号 | | FX$_{0S}$ | FX$_{1S}$ | FX$_{0N}$ | FX$_{1N}$ | FX$_{2N}$ (FX$_{2NC}$) |
|---|---|---|---|---|---|---|
| 指针 N、P、I | 嵌套用 | N0～N7 | N0～N7 | N0～N7 | N0～N7 | N0～N7 |
| | 跳转用 | P0～P63 | P0～P63 | P0～P63 | P0～P127 | P0～P127 |
| | 输入中断用 | I00*～I30* | I00*～I50* | I00*～I30* | I00*～I50* | I00*～I50* |
| | 定时器中断 | — | — | — | — | I6**～I8** |
| | 计数器中断 | — | — | — | — | I010～I060 |
| 常数 K、H | 16 位 | K：-32 768～32 767 | | | H：0000～FFFFH | |
| | 32 位 | K：-2 147 483 648～2 147 483 647 | | | H：00000000～FFFFFFFF | |

为了全面了解 FX 系列 PLC 的内部软继电器，下面着重介绍 FX$_{2N}$ 子系列 PLC 部分软元件的功能。

## 4.2.3　位元件型软元件

### 1. 输入/输出继电器的功能及编号(X、Y)

1) 输入继电器(X0～X7，X10～X17，…，X370～X377)[256 点]

PLC 的输入端子是 PLC 与外部用户输入设备连接的接口单元，用以接收用户输入设备发来的输入信号。输入继电器的常开、常闭触点接到 PLC 的输入端子上，使用次数不限，在 PLC 中可自由使用。

FX$_{2N}$ 系列 PLC 的输入继电器最多可达 256 点，但不能使用程序驱动。

2) 输出继电器(Y0～Y7，Y10～Y17，…，Y370～Y377)[256 点]

PLC 的输出端子是 PLC 与外部输出设备连接的接口单元，用以将输出信号传递给负载(即用户输出设备)。输出继电器的常开、常闭触点接到 PLC 的输出端子上，使用次数不限，在 PLC 中可自由使用。

FX$_{2N}$ 系列 PLC 的输出继电器最多可达 256 点。

3) 输入/输出软元件的编号

对主机而言，输入及输出继电器的编号固定从 X0 及 Y0 开始，按照八进制连续编号。输入/输出扩展单元和扩展模块的元件编号是接续其紧靠的基本单元开始，也采用八进制的编号，总点数不超过 256 点。例如：基本单元 FX$_{2N}$-64M 的输入继电器编号为 X000～X037(32 点)，如果接有扩展单元或扩展模块，则扩展的输入继电器从 X040 开始编号。

### 2. 辅助继电器的功能及编号(M)

PLC 内部的继电器称为辅助继电器。PLC 内部有很多辅助继电器。辅助继电器的线圈与输出继电器一样，是由 PLC 内各软元件的触点驱动。辅助继电器的常开和常闭触点使用次数不限，在 PLC 内部可以自由使用。

辅助继电器按照其性质可以分成四类，如表 4-16 所示。

表 4-16　辅助继电器的功能及编号

| 功　能 | 编 号 范 围 | 点　数 |
|---|---|---|
| 一般用 | M10～M499，500 点。可使用参数设置变更成停电保持区域 | 合计<br>3328 点 |
| 停电保持用 | M500～M1023，524 点。可使用参数设置变更成非停电保持区域 | |
| 停电保持专用 | M1024～M3071，2048 点。其停电保持特性不可改变 | |
| 特殊用 | M8000～M8255，256 点。部分为停电保持 | |

停电保持用辅助继电器和一般用辅助继电器的区别：停电保持用辅助继电器在即使 PLC 电源断电时也能存储其在停电前一时刻的状态。

辅助继电器中的特殊辅助继电器具有各种特殊功能，如定时时钟、进/错位标志、启动/停止、单步运算、通信状态、出错标志等。这类元件数量的多少，在某种程度上反映了可编程序控制器功能的强弱，能对编程提供许多方便。每一个特殊辅助继电器均有其特定的功用，可以分成以下两大类：

(1) 只能利用其触点的特殊辅助继电器(只读)，线圈由 PLC 系统驱动，用户只可以利用其触点。例如：

M8000　运行监视常开触点(PLC 运行时接通)

M8002　初始正向脉冲(仅在运行开始瞬间接通)

M8012　100 ms 时钟脉冲，50 ms ON / 50 ms OFF

(2) 可驱动线圈型特殊辅助继电器(读/写)，用户驱动线圈后，PLC 作特定动作。例如：

M8033　PLC 停止时输出保持

M8034　禁止全部输出

M8039　固定时间扫描模式

注：

① 辅助继电器是一种程序用的继电器，不能直接驱动外部负载。

② 未定义的特殊辅助继电器不可在用户程序中使用。

### 3. 步进继电器的功能及编号(S)

步进继电器是一种用步进梯形图和顺序功能图表达步进点用的继电器，是步进顺序控制设计方法中重要的软元件，它与后叙的步进顺控指令 STL 组合使用。不用步进顺控指令时，状态元件(S)可作为通用辅助继电器(M)使用。

步进继电器各状态的常开和常闭触点在 PLC 内可自由使用，使用次数不限。

步进继电器按照其性质可以分成五类，如表 4-17 所示。

表 4-17　步进继电器的功能及编号

| 功　能 | 编 号 范 围 | 点　数 |
|---|---|---|
| 初始用 | S0～S9，10 点。可使用参数设置变更成停电保持区域 | 合计<br>1024 点 |
| 原点回归用 | S10～S19，10 点(搭配 IST 指令使用)。可变更成停电保持区域 | |
| 一般用 | S20～S499，480 点。可使用参数设置变更成停电保持区域 | |
| 停电保持用 | S500～S899，400 点。可使用参数设置变更成非停电保持区域 | |
| 报警用 | S900～S1023，124 点。固定为停电保持区域 | |

【例 4-1】 顺序步进型控制举例。

**解** 说明：顺序步进控制流程图如图 4-2 所示。

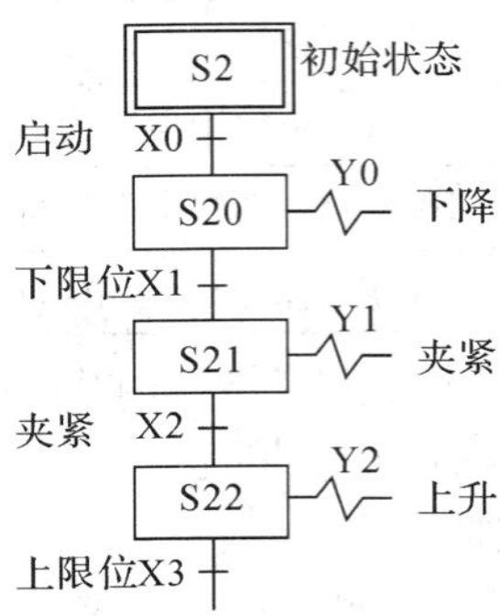


图 4-2 顺序步进型控制示例

启动信号 X0 接通→S20 置位(ON)，同时，下降电磁阀 Y0 动作→下限限位开关 X1 变成 ON→状态 S21 置位(ON)→夹紧电磁阀 Y1 动作→夹紧确认限位开关 X2 变为 ON→状态 S22 置位(ON)。

随着状态动作的转移，原来的状态自动复位(OFF)。

## 4.2.4 字数据型软元件

### 1. 定时器的功能及编号(T)

定时器在 PLC 中的作用相当于继电器电路中的时间继电器，它有一个设定值寄存器(字)、一个当前值寄存器(字)以及无数个触点(位)。对于每一个定时器，这三个量使用同一名称，但使用场合不同，其所指也不一样。

PLC 内定时器是根据时钟脉冲累积计时的，时钟脉冲的时基有 1 ms、10 ms、100 ms，当所计时间大于设定值时，其输出触点动作。

定时器可以用用户程序存储器内的常数 *K* 作为设定值，也可将后述的数据寄存器(D)中的内容用作设定值。在后一种情况下，一般使用有停电保持的数据寄存器。即便如此，必须注意若锂电池电压降低，定时器、计数器均可能发生动作。

**注：**定时器的实际设置时间 = 时基 × 设定值。

按照定时器性质可以将定时器分成一般型和积算型两类，它们的功能和编号如表 4-18 所示。

**表 4-18 定时器的功能及编号**

| 功能 | | 编号范围 | 点数 |
|---|---|---|---|
| 一般型 | 100 ms | T0～T199，200 点。可使用参数设定变更成停电保持区域<br>(T192～T199 为子程序用定时器) | 合计<br>256 点 |
| | 10 ms | T200～T245，46 点。可使用参数设定变更成停电保持区域 | |
| 积算型 | 1 ms | T246～T249，4 点。固定为停电保持区域 | |
| | 100 ms | T250～T255，6 点。固定为停电保持区域 | |

1) 一般型定时器(T0～T245)

一般定型时器为：

| 100 ms 定时器 T0～T199(200 点)<br>设定值 0.1～3276.7 s | 10 ms 定时器 T200～T245(46 点)<br>设定值 0.01～327.67 s |
|---|---|

【例 4-2】 一般型定时器应用示例，如图 4-3 所示。

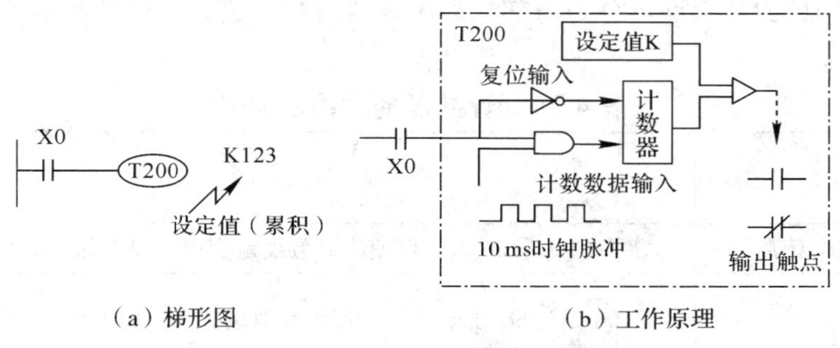


图 4-3　一般型定时器(T0～T245)应用示例

**解**　说明：

① 定时器线圈 T200 的驱动输入 X0 接通时，T200 的当前值计数器对 10 ms 时基的时钟脉冲进行累积计数。当该值与设定值 K123 相等时，定时器的输出触点接通，即输出触点是在驱动线圈后的 1.23 s 时动作。

② 当驱动输入 X0 断开或发生停电时，计数器复位，输出触点也复位。

2) 积算型定时器(T246～T255)

积算型定时器是一种累积定时器，其当前值为累积值，所以当定时器线圈的驱动输入为 OFF 时(即定时器线圈断电时)，当前值被保持，作为累积操作使用。

| 1 ms 积算定时器 T246～T249(4 点)<br>设定值 0.001～32.767 s 中断动作 | 100 ms 积算定时器 T250～T255(6 点)<br>设定值 0.1～3276.7 s |
|---|---|

【例 4-3】 积算型定时器应用示例，如图 4-4 所示。

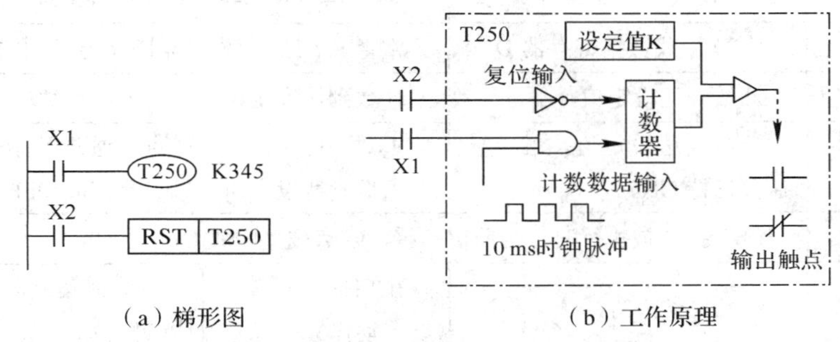


图 4-4　积算型定时器(T246～T255)应用示例

**解**　说明：

① 当定时器线圈 T250 的驱动输入 X1 接通时，T250 的当前值计数器开始累积 100 ms 时基时钟脉冲的个数；当当前值与设定值 K100 相等时，定时器的输出触点接通。

② 计数中途即使输入 X1 断开或发生停电，当前值仍可保持。当输入 X1 再接通或复电时，计数继续进行；当其累积时间为 45.6 s 时，触点动作。

③ 当复位输入 X2 接通时，计数器复位，输出触点也复位。

### 2. 计数器的功能及编号(C)

计数器根据目的和用途可分为内部计数用计数器和高速计数用计数器，其功能及编号如表 4-19 所示。

**表 4-19　计数器的功能及编号**

<table>
<tr><th colspan="2">功　能</th><th colspan="2">编 号 范 围</th><th>点数</th></tr>
<tr><td rowspan="4">内部计数用</td><td>16 位增计数</td><td colspan="2">C0～C99，100 点。可使用参数设定变更成停电保持区域</td><td rowspan="8">合计256点</td></tr>
<tr><td>16 位增计数(停电保持)</td><td colspan="2">C100～C199，100 点。可使用参数设定变更成非停电保持区域</td></tr>
<tr><td>32 位双向计数</td><td colspan="2">C200～C219，20 点。可使用参数设定变更成停电保持区域</td></tr>
<tr><td>32 位双向计数(停电保持)</td><td colspan="2">C220～C234，15 点。可使用参数设定变更成非停电保持区域</td></tr>
<tr><td rowspan="4">高速计数用</td><td>1 相无启动/复位端</td><td>C235～C240，6 点</td><td rowspan="4">可参数设定变更成非停电保持区域</td></tr>
<tr><td>1 相带启动/复位端</td><td>C1241～C245，5 点</td></tr>
<tr><td>2 相双向</td><td>C246～C250，5 点</td></tr>
<tr><td>2 相 A—B 相型</td><td>C251～C255，5 点</td></tr>
</table>

计数器的动作特点如表 4-20 所示。

**表 4-20　计数器的动作特点**

<table>
<tr><th>项　目</th><th>16 位计数器</th><th colspan="2">32 位计数器</th></tr>
<tr><td>类型</td><td>一般型</td><td>一般型</td><td>高速型</td></tr>
<tr><td>计数方向</td><td>增计数</td><td colspan="2">双向计数</td></tr>
<tr><td>设定值</td><td>0～32 767</td><td colspan="2">−2 147 483 648～+2 147 483 647</td></tr>
<tr><td>设定值的指定</td><td>常量 K 或数据寄存器 D</td><td colspan="2">常量 K 或数据寄存器 D(指定常用的 2 个)</td></tr>
<tr><td>当前值的变化</td><td>计数到达设定值，不再计数</td><td colspan="2">计数到达设定值后，仍继续计数</td></tr>
<tr><td>输出触点</td><td>计数到达设定值，触点导通并保持 ON</td><td colspan="2">上数到达设定值，触点导通并保持 ON<br>下数到达设定值，触点复归成 OFF</td></tr>
<tr><td>复归动作</td><td colspan="3">RST 指令被执行时，当前值归零，触点被复归成 OFF</td></tr>
<tr><td>触点动作</td><td>在扫描结束时，统一动作</td><td>在扫描结束时，统一动作</td><td>计数到达立即动作，与扫描周期无关</td></tr>
</table>

#### 1) 内部信号计数器

内部信号计数器是在执行扫描操作时对内部元件(如 X、Y、M、S、T 和 C)的信号进行

计数的计数器。因此，其接通(ON)时间和断开(OFF)时间应比扫描周期稍长，通常输入信号频率大约为几个扫描周期/秒。

(1) 16 位增计数器(设定值：1～32 767)。有两种类型的 16 位二进制增计数器：

① 通用计数器：C0～C99(100 点)。

② 停电保持用计数器：C100～C199(100 点)。

其设定值为：K1～K32 767。

使用计数器 C100～C199 时，即使停电，当前值和输出触点的置位/复位状态也能保持。通用/停电保持型计数器数目分配可以通过参数设置加以改变。

**【例 4-4】** 16 位增计数器应用示例，如图 4-5 所示。用 X11 作为计数输入，驱动 C0 线圈进行增计数。

**解**　计数过程如下：每次当 X11 接通时，计数器当前值增 1。当计数器的当前值为 1 时(即计数输入达到第 10 次时)，计数器 C0 的输出触点接通，之后即使输入 X11 再接通，计数器的当前值都保持不变。

当复位输入 X10 接通(ON)时，执行 RST 指令，计数器当前值复位为 0，输出触点也断开(OFF)。

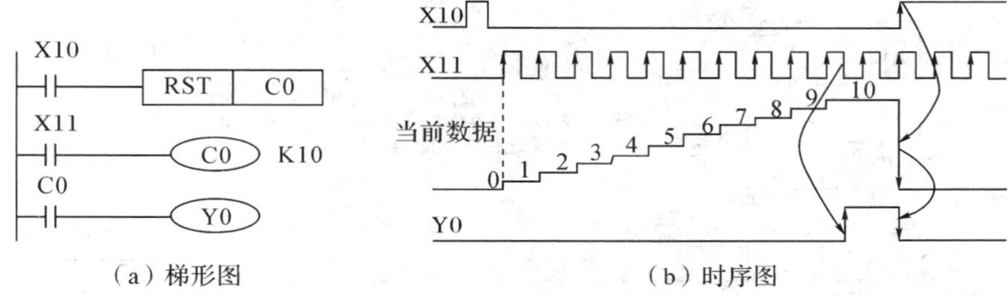


图 4-5　16 位增计数器应用示例

计数器的设定值，除了可由常数 K 设定外，还可间接通过指定数据寄存器 D 的元件号来设定，如指定 D10，若 D10 的内容为 123，则与设定 K123 等效。

注：

① 设定值 K0 与 K1 含义相同，即在第一次计数时，其输出触点动作。

② 当设定值使用常量 K 时，仅可为正数；当设定值使用数据寄存器 D 时，可为正负数。当使用 D 设置为负数时，计数当前值到达设定值，当前值由 32 767 再向上累计变为 −32 767。

③ 若使用 MOV 指令、WPLSoft 或程序书写器 HPP 将一个大于设定值的数值传送到任意一个内部信号计数器当前值寄存器时，在下次计数输入点 X 由 OFF→ON 时，该计数器触点即变成 ON，同时当前值内容变成与设定值相同。

(2) 32 位双向计数器(设定值：−2 147 483 648～+2 147 482 647)。有两种 32 位的增/减计数器：

① 通用计数器：C200～C219(20 点)。

② 保持计数器：C220～C234(15 点)。

其设定值为：−2 147 483 648～+2 147 482 647，计数的方向(增计数或减计数)由特殊辅助继电器 M8200～M8234 设定。

注：

① 32 位计数器设定值的设置和 16 位计数器类似，可以使用常量 *K* 或数据寄存器。所不同的是，当使用数据寄存器时，需要占用两个连续编号的数据寄存器，即数据寄存器对。

② 特殊辅助继电器 M8200～M8234 在设定计数方向时，M1△△△的后三位地址号“△△△”与计数器的地址号相对应。当 M8△△△=OFF 时，计数器 C△△△为增计数；当 M1△△△=ON 时，计数器 C△△△为减计数。

③ 当计数器的当前值增加到设定值时，计数器的触点接通；当计数器的当前值减少到设定值时，计数器的触点断开。

④ 当计数器当前值由 2 147 483 647 再往上累计时，变为 −2 147 483 648。同理，计数器当前值由 −2 147 483 648 再往下递减使用时，变为 2 147 483 647。这种动作称为循环计数。

⑤ 若使用 DMOV 指令、WPLSoft 或程序书写器 HPP，将一个大于设定值的数值传送到任意一个内部信号计数器当前值寄存器时，当下次计数输入点 X 由 OFF→ON 时，该计数器触点即变成 ON。同时，当前值内容变成与设定值内容相同。

**【例 4-5】** 32 位双向计数器应用示例，如图 4-6 所示。用 X14 作为计数输入，驱动 C200 线圈进行增计数或减计数。

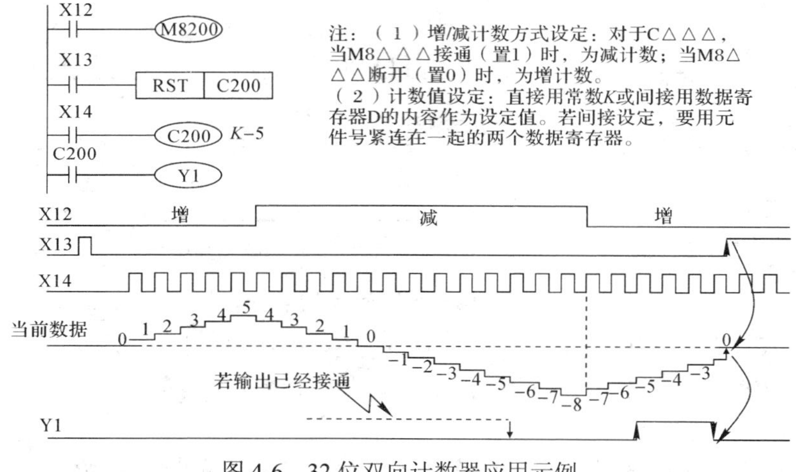


图 4-6　32 位双向计数器应用示例

**解**　说明：

① 图中若“K 5”，则计数器由“0”开始增计数到“5”，或由“5”减计数到“0”，这时“5→6”或“6→5”都会使输出 Y1 跳变。本例中为“K−5”，所以计数器由“0”开始增计数到“−5”或由“−5”减计数到“0”，这时“−5→−6”或“−6→−5”都会使输出 Y1 跳变。

② 因此，对于本例题计数过程为，当计数器的当前值由 −6→−5(增加)时，其触点接通(置 1)；由 −5→−6(减少)时，其触点断开(置 0)。

③ 当复位输入 X13 接通(ON)，计数器的当前值为 0，输出触点也复位。

④ 图中输出 Y1 的波形，在计数器的当前值由 −5→−6(减少)时，Y1 = “0”，体现在波形中，Y1 没有跳变，这是由于一开始就认为 Y1 是处于原始状态，即 Y1 = OFF(为波形图中的实线)的缘故；若一开始认为 Y1 已经接通，即 Y1 = ON(为波形图中的虚线)，则当

计数器的当前值由 –5→–6(减少)时，Y1 = “0”，于是在图中的这一时刻，Y1 有一个跳变，即由“1” → “0”(图中虚线的箭头指向)。

2) 高速计数器

虽然 C235 至 C255(共 21 点)都是高速计数器，但它们共享同一个 PLC 上的 6 个高速计数器计数输入端(X0～X5)。即如果输入已被某个计数器占用，它就不能再用于另一个高速计数器(或其他用途)。也就是说，由于只有 6 个高速计数的输入，因此，最多同时可使用 6 个高速计数器。另外，还可用于比较和直接输出等高速应用功能。

高速计数器的选择不是任意的，它取决于所需计数器的类型及高速输入的端子。计数器类型如下：

(1) 1 相无启动/复位端子：C235～C240。

(2) 1 相带启动/复位端子：C241～C245。

(3) 2 相双向：C246～C250。

(4) 2 相 A—B 相型：C251～C255。

上列所有的计数器均为 32bit 增/减计数器。各种计数器对应输入端子的名称见表 4-21。

**表 4-21　高速计数器(X0，X2，X3：最高 10KHz；X1，X4，X5：最高 7Hz)**

| 输入 | 1 相无驱动/复位 (1 相 1 输入) | | | | | | 1 相带驱动/复位 (1 相 1 输入) | | | | | 2 相双向 (1 相 2 输入) | | | | | 2 相 A—B 相型 (2 相 2 输入) | | | | |
|---|---|---|---|---|---|---|---|---|---|---|---|---|---|---|---|---|---|---|---|---|---|
| | C235 | C236 | C237 | C238 | C239 | C240 | C241 | C242 | C243 | C244 | C245 | C246 | C247 | C248 | C249 | C250 | C251 | C252 | C253 | C254 | C255 |
| X0 | U/D | | | | | | U/D | | | U/D | | U | U | | U | | A | A | | A | |
| X1 | | U/D | | | | | R | | | R | | D | D | | D | | B | B | | B | |
| X2 | | | U/D | | | | | U/D | | | U/D | | R | | R | | | R | | R | |
| X3 | | | | U/D | | | | R | | | R | | | U | | U | | | A | | A |
| X4 | | | | | U/D | | | | U/D | | | | | D | | D | | | B | | B |
| X5 | | | | | | U/D | | | R | | | | | R | | R | | | R | | R |
| X6 | | | | | | | | | | S | | | | | S | | | | | S | |
| X7 | | | | | | | | | | | S | | | | | S | | | | | S |

注：U—增计数；D—减计数；A—A 相输入；B—B 相输入；R—复位输入；S—启动输入。

X6 和 X7 也是高速输入，但只能用作启动信号的信号输入端，而不能用于高速计数的计数输入端。不同类型的计数器可同时使用，但它们的输入端子不能共同使用。

**注：**

① 32 位高速计数器共享同一个 PLC 上的 6 个高速计数器计数输入端(X0～X5)。如果输入已被某个计数器占用，它就不能再用于另一个高速计数器(或其他用途)。X6、X7 也是高速输入，但只能用作启动或复位的信号输入端，而不能用于高速计数的计数输入端。

② 输入端 X0 ~ X7 不能同时用于多个计数器，例如：如果使用了 C251，下列计数器和指令就不能再使用：C235、C241、C244、C246、C247、C249、C252、C254、I0**、I1**

及 SPD(FNC 56)指令的有关输入。因为 C251 使用了 X0 和 X1 两个计数输入端。

③ 高速计数器是按中断原则运行的，因而它独立于扫描周期，选定计数器的线圈以连续方式驱动，表示该计数器及其有关输入连续有效。

④ 32 位高速计数器均为加、减计数器，计数设定值的设置可以使用常量 K 或数据寄存器对。

⑤ 1 相 1 输入型高速计数器的计数方向由特殊辅助继电器 M8235～M8244 的 ON/OFF 来决定。例：M8235 = OFF 时，决定 C235 为增计数；M8235 = ON 时，决定 C235 为减计数。其余类推。

⑥ 1 相 2 输入和 2 相 2 输入型高速计数器可由特殊辅助继电器 M8246～M8254 的 ON/OFF 来监控其计数方向。例：当 M1246 = OFF 时，表示 C246 为增计数；当 M1246 = ON 时，表示 C246 为减计数。其余类推。

⑦ 若使用 DMOV 指令、WPLSoft 或程序书写器 HPP 将一个大于设定值的数值传送到任一高速计数器当前值寄存器时，在下次计数输入点 X 由 OFF→ON 时，该计数器触点不变化，并以当前值做加减计数。

高速计数器是按中断原则运行的，因而它独立于扫描周期，选定计数器的线圈应以连续方式驱动，以表示该计数器及其有关输入连续有效，其他高速处理不能再使用此输入端子。

**【例 4-6】** 高速计数器输入端子应用示例，如图 4-7 所示。

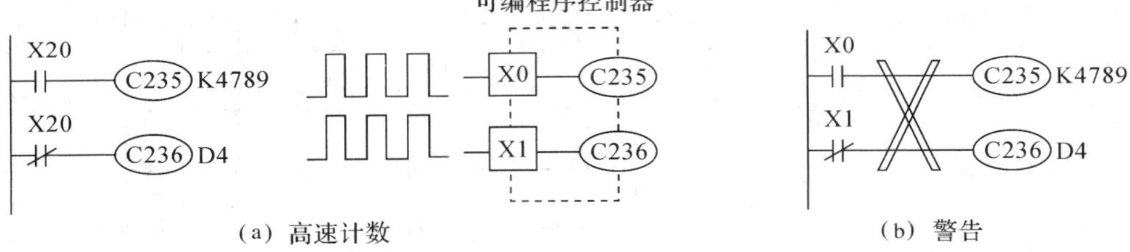


图 4-7　高速计数器输入端子应用示例

**解**　说明：

① 图 4-7(a)的动作过程：当 X20 接通时，选中高速计数器 C235。根据表 4-19，C235 对应计数器输入端 X0，因此计数输入脉冲应从 X0 输入，而不是从 X20 输入。当 X20 断开时，线圈 C235 断开；同时，C236 接通。因此，选中计数器 C236，其计数输入端为 X1。

② 警告：不要采用计数输入端作为计数器线圈的驱动触点。如图 4-7(b)所示。

3) 应用举例

(1) 1 相 1 输入高速计数器。1 相 1 输入型高速计数器有如下两组：

| C235～C240 | 无启动/复位端 | 设定值范围 |
|---|---|---|
| C241～C245 | 有启动/复位端 | –2 147 483 648～+2 147 483 641 |

上列两组计数器的计数方式及触点动作与前面讲述的普通 32bit 计数器相同。作增计数器时，当计数值达到设定值时，触点动作并保持；作减计数器时，到达计数值则复位。

1 相计数器的计数方向取决于其对应标志 M8△△△,△△△为对应的计数器号(235～245)。

**【例 4-7】** 1 相 1 输入高速计数器应用示例。

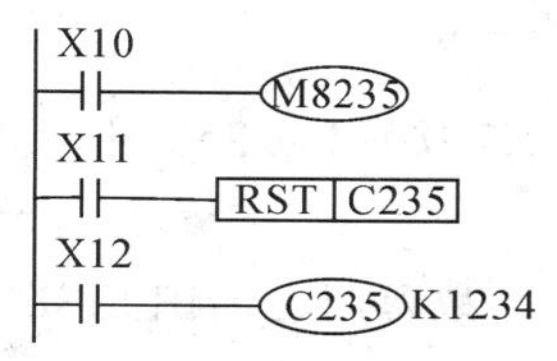


（a）无启动/复位（C235~C240）

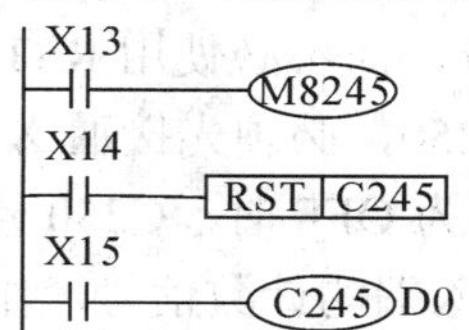


（b）有启动/复位（C241~C245）

图 4-8　1 相 1 输入高速计数器(C235～C244)应用示例

**解**　① 图 4-8(a)为 1 相无启动/复位(C235～C240)高速计数器，每个计数器只使用一个计数输入端。动作过程如下：

- 当方向标志 M8235 为 ON 时，计数器 C235 减计数，其当前值达到设定值，C235 触点断开；当方向标志 M1235 为 OFF 时，C235 增计数，其当前值达到设定值，C235 触点接通。
- 当 X11 接通，C235 当前值归零，C235 触点复位为 OFF。
- 当 X12 接通，C235 选中，从表 4-19 中可知，对应计数器 C235 的输入端为 X0，C235 对 X0 输入的 OFF→ON 信号计数。

② 图 4-8(b)为 1 相带启动/复位(C241～C244)高速计数器。这些计数器各有一个计数输入端、一个复位输入端和一个启动输入端。动作过程如下：

- 当方向标志 M8245 为 ON 时，计数器 C2454 减计数；M8245 为 OFF 时，计数器 C245 增计数。
- 当 X14 接通，C245 像普通 32 bit 计数器一样复位。从表 4-19 可知，C245 还能由外部输入 X3 复位。
- 计数器 C245 还有外部启动输入端 X7。当 X7 接通时，C245 开始计数；当 X7 断开时，C245 停止计数。
- X15 选通 C245，对 X2 输入端的“OFF→ON”计数。当 C245 计数达到数据寄存器的设定值时，C245 触点导通。若 X2 仍有计数脉冲输入，计数动作持续。

注：

① 图 4-18 (b)C245 的设定值用 D0，实际上是设置数据寄存器对“D0、D1”，因为计数器是 32 bit。

② 外部控制启动(X7)和复位(X3)是以中断的方式立即响应，不受程序扫描周期的影响。

(2) 1 相 2 输入硬件高速计数器。这种计数器具有一个输入端用于增计数，另一个输入端用于减计数。某些计数器还具有复位和驱动输入功能。

**【例 4-8】** 如图 4-9 所示，1 相 2 输入硬件高速计数器应用示例。

**解**　① 图 4-9(a)为 32 bit 双向高速计数器，动作过程如下：

- 当 X10 接通时，C246 以普通 32 bit 增/减计数器一样的方式复位。
- 从表 4-19 可知，C246 计数器用 X0 作为增计数端，X1 作为减计数端，X11 必须接通，选通 C246，以使 X0、X1 输入有效。

X0“OFF→ON”，C246 增 1　　　　X1“OFF→ON”，C246 减 1

② 图 4-9(b)为具有复位和驱动输入的 32 bit 双向高速计数器，动作过程如下：

- 从表 4-19 中可知，双向计数器 C250 将 X5 作为复位输入，X7 作为驱动输入，因此，可由外部复位，而不必使用 RST　C250 指令。

• 要选通 C250，必须先接通 X13。但启动输入 X7 接通，C250 开始对输入端的脉冲进行计数；当 X7 为 OFF 时，C250 停止计数。

C250 接受输入端的计数信号，作加、减计数，其计数方向无需由 M8△△△决定(△△△为计数器号)。

增计数输入：X3　　　　减计数输入：X4

计数方向的获知，可由监视相应的状态寄存器 M8△△△得到。

ON：减计数　　　　　　OFF：增计数

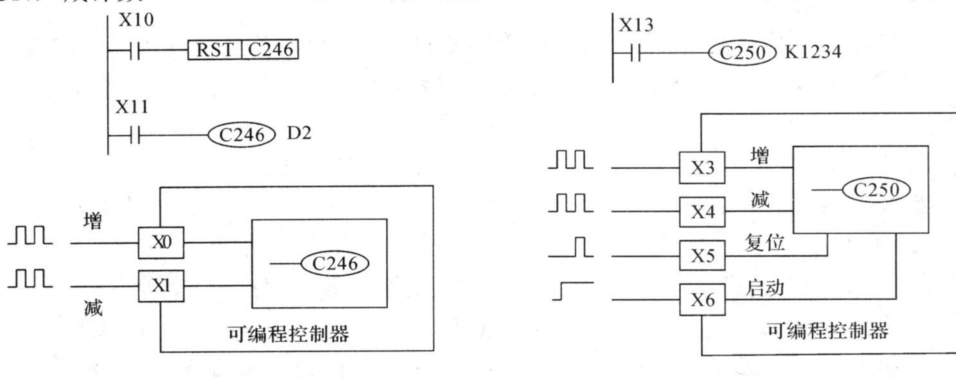


图 4-9　1 相 2 输入硬件高速计数器应用示例

(3) 2 相 AB 输入硬件高速计数器。2 相 2 输入(设定值：−2 147 483 648～+2 147 483 647，1 个或 2 个，电池后备)最多可有两个 2 相 32 bit 二进制增/减计数器，其对于计数数据的动作过程与前面介绍的 32 bit 计数器相同。对这些计数器只有表 4-19 中所示的输入端可用于计数。它采用中断方式计数，与扫描周期无关。这些计数器还有一些独立于逻辑操作的应用指令，选定计数器元件号后，对应的启动、复位及输入信号即能使用。

A 相和 B 相信号的相位关系，决定了 2 相 AB 输入型计数器是增计数还是减计数，如图 4-10 所示。

图 4-10　A 相和 B 相信号的相应关系

**【例 4-9】** 2 相 AB 输入硬件高速计数器应用示例，如图 4-11 所示。

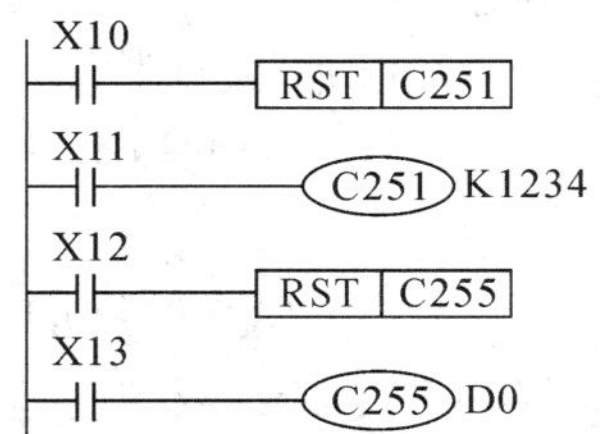


图 4-11　2 相 AB 输入硬件高速计数器应用示例

**解**　说明：

① X11 接通时，C251 对输入 X0(A 相)、X1(B 相)的“ON/OFF”时间计数。X10 接通时，C251 复位。

② 从表 4-19 中可知，C255 具有复位和驱动输入端。选通信号 X13 接通时，一旦 X7(S 启动输入)接通，C255 立即开始计数，其中计数输入端为 X3(A 相)和 X4(B 相)；X5(R 复位输入)接通时，C255 复位。X12 接通时也能使 C255 复位。

③ 2 相 A—B 相计数器与 2 相双向计数器操作方法类似：计数器的增、减操作不是由 M8△△△决定的，但可以通过查询 M8△△△的状态来获知此时计数器的计数方向。

### 3. 数据寄存器的功能及编号(D)

当 PLC 用于模拟量控制、位置控制、数据 I/O 时，需要许多数据寄存器存储参数及工作数据。这些寄存器数量随机型的不同而不同，较简单的只能进行逻辑控制的机器没有此类寄存器，而高档机中可达数千个。

每一个数据寄存器都是 16 bit(最高位为符号位)，可以用两个数据寄存器合并起来存放 32bit 数据(最高位为符号位)，称为数据寄存器对，如图 4-12 所示。

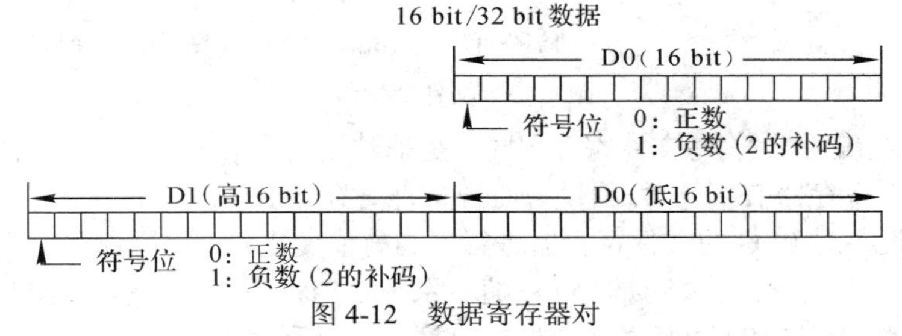


图 4-12　数据寄存器对

按照其性质可以分成五类，如表 4-22 所示。

**表 4-22　数据寄存器的功能及编号**

| 功　能 | 编 号 范 围 | 点　数 |
|---|---|---|
| 通用型 | D0～D199，200 点。可通过参数设定变更成停电保持区域 | 合计 8256 点 |
| 停电保持用 | D200～D511，321 点。可使用参数设定变更成非停电保持区域 | |
| 停电保持专用 | D512～D7999，7488 点 | |
| 特殊用 | D8000～D8255，256 点 | |
| 文件寄存器 | D1000～D7999，主机 7000 点 | 7000 点 |

通用型数据寄存器只要不写入其他数据，已写入的数据就不会发生变化。但是，当 PLC 状态由运行(RUN)→停止(STOP)时，全部数据均清零。

停电保持数据寄存器与通用型数据寄存器的区别在于不论电源接通与否，PLC 运行与否，其内容均不变化。

**注：**清除停电保持数据寄存器的内容，可使用 RST 或 ZRST 指令。

每个特殊用途的数据寄存器均有其特殊定义及用途，主要作为存放系统状态、错误信息、监视状态之用。其内容在电源接通(ON)时，写入初始化值(全部先清零，然后由系统 ROM 安排写入初始值)。

注：未定义的特殊数据寄存器请用户不要使用。

文件寄存器是一类专用数据寄存器，用于存储大量重要数据，例如采集数据、统计计算数据、控制参数、配方等。$FX_{2N}$ PLC 的数据寄存器区域，从 D1000 开始，以 500 点为一个子文件，最多可设置 14 个子文件，即 5000 × 14 = 7000 点作为文件寄存器。D1000～D7999 中不作为文件寄存器的部分，仍可作为一般使用的停电保持型数据寄存器。

需注意，$FX_{2N}$ PLC 的文件寄存器同时存储在机内两个不同的地方。存在程序存储器中(RAM、EEPROM)的称为 [A] 部，存在系统 RAM 中的称为[B] 部，如图 4-13 所示。[A] 与 [B] 的地址相同。

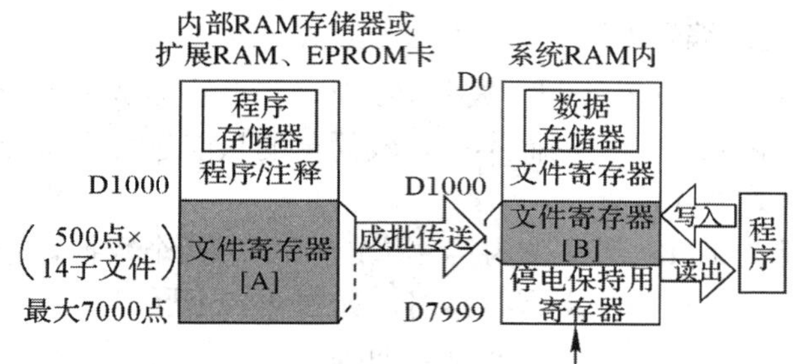


图 4-13　文件批量传送

用外围设备(编程器等)写文件寄存器时，是把数据写入 [A] 部，然后系统自动将 [A] 的内容复制到文件寄存器 [B]。从外围设备监视文件寄存器时，读出的是文件寄存器 [B] 的内容，而从外围设备对 PLC 的文件寄存器进行“当前值变更”、“强制复位”、“PLC 存储器全清零”操作时，操作对象则是 [A]，随后系统自动将 [A] 的内容复制到 [B]。程序运行期间文件寄存器 [A] 与 [B] 相互之间数据的交换，可以利用 FNC 15(BMOV)指令来实现。数据传送方向则由方向标志“M8024”指定，即

M8024(OFF)→ 读出 ： “[A]→[B]”

M8024(ON) → 写入 ： “[B]→[A]”

注：

① 利用 FNC 15 BMOV 指令实现 [A] 和 [B] 之间的数据传送时，应使源目标地址相同。

② 若读取文件寄存器超过范围的地址，则读取的值皆为 0。

### 4. 变址寄存器的功能及编号(V、Z)

变址寄存器 V 与 Z 都是 16 bit 数据寄存器，可以像其他的数据寄存器一样进行数据读写。进行 32 bit 操作时，将 V、Z 合并使用，指定 Z 为低位。三菱 $FX_{2N}$ PLC 共有 V0～V7、Z0～Z7 8 对变址寄存器对。变址寄存器应用示例如图 4-14 所示。

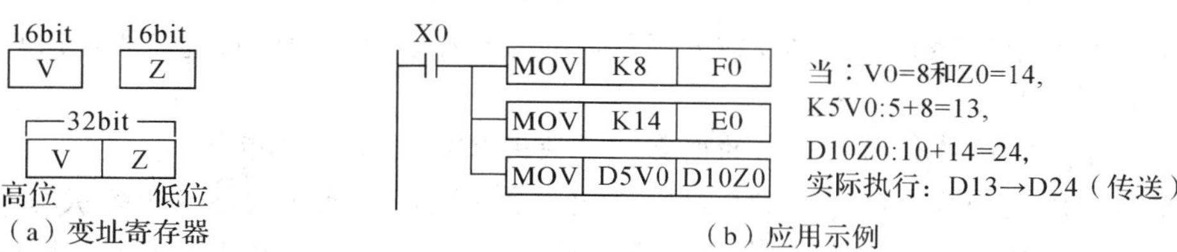


图 4-14　变址寄存器应用示例

变址寄存器通常用于修改软元件的编号，可用于字元件(KnX，KnY，KnM，KnS，T，C，D)及位元件(X，Y，M，S)。

**建议**：若使用 DMOVP　K0　V 指令，在开机时应就将 V(含 Z)的内容清除为 0。

**注**：

① 当使用 WPLSoft 之指令模式输入常量(K，H)间接指定功能时，须利用 @ 符号，如“MOV K10@E0 D0F0”。

② 使用变址寄存器 E、F 来修饰操作数时，修饰范围请勿横跨特殊寄存器(D1000～D7999)及特殊辅助继电器(M8000～M8255)的区域，以免发生错误。

## 4.2.5　指针型软元件

### 1. 指针的功能及编号(N、P、I)

指针分为主控回路用、分支指令用和中断指令用三类，其功能及编号如表 4-23 所示。

**表 4-23　指针的功能及编号**

<table>
<tr><th>功 能</th><th colspan="3">编 号 范 围</th><th>点数</th></tr>
<tr><td>主控回路用</td><td colspan="3">N0～N7，8 点。主控回路控制点</td><td rowspan="5">合计<br>287 点</td></tr>
<tr><td>分支指令用</td><td colspan="3">P0～P127，128 点。CJ、CALL 指令的位置指针</td></tr>
<tr><td rowspan="3">中断指令用</td><td>外部中断</td><td>I00□(X0)，I10□(X1)，I20□(X2)，<br>I30□(X3)，I40□(X4)，I50□(X5)，<br>6 点(□ = 1，上升沿触发，□ = 0 下降沿触发)</td><td rowspan="3">中断子程序的<br>位置指针，15 点</td></tr>
<tr><td>定时中断</td><td>I6□□，I7□□，I8□□，3 点(□□ = 10～99，<br>时基 1 ms)</td></tr>
<tr><td>高速计数<br>中断</td><td>I010、I020、I030、I040、I050、I060，6 点</td></tr>
</table>

注：① 指针 N，需配合主控指令 MC、MCR 使用；② 指针 P，需配合跳转指令 CJ、CALL、SRET 使用；③ 指针 I，需配合中断指令 EI、DI、IRET 使用；④ 当 X0～X5 作为高速计数器的输入点后，将不再作为外部输入中断的位置指针使用。

### 2. 分支指令用指针 P0～P127(128 点)

分支指令用指针用于指定 CJ 条件跳转或 CALL 程序调入的地址。CJ、CALL 等分支指令是为了指定跳转目标，用指针 P0～P127 作为标号。

**【例 4-10】** 分支指令应用示例，如图 4-15 所示。

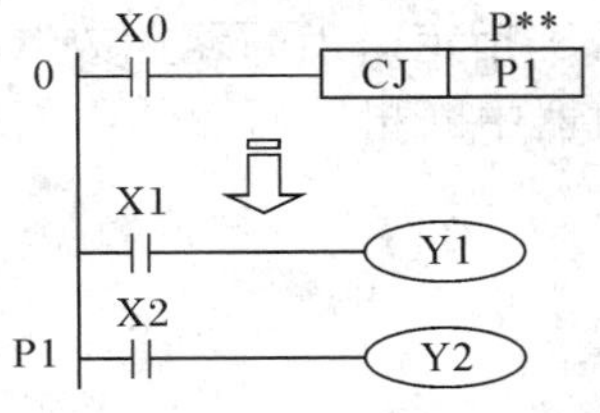


图 4-15　分支指令应用示例

**解** 动作过程如下：

① 当 X0 = ON 时，程序自动从地址 0 跳转到指针 P1 所指向的程序地址，继续执行，中间地址的程序跳过不执行。

② 当 X0 = OFF 时，程序如同一般程序，由地址 0 开始继续逐条往下执行，此时 CJ 指令不被执行。

**注意**：编程时，标号不能重复使用。

**3. 中断指令用指针**

中断指令用指针用于指定外部输入中断、定时中断、高速计数中断等的中断程序的入口位置。执行中断指令后若遇到 IRET(中断返回)指令，则返回主程序。

1) 外部输入中断指针(6 点)

外部输入中断用指针的编号格式如图 4-16(a)所示，用于指示由特定输入端的输入信号而产生中断的中断服务程序的入口位置，这类中断不受 PLC 扫描周期的影响，可以及时处理外界信息。

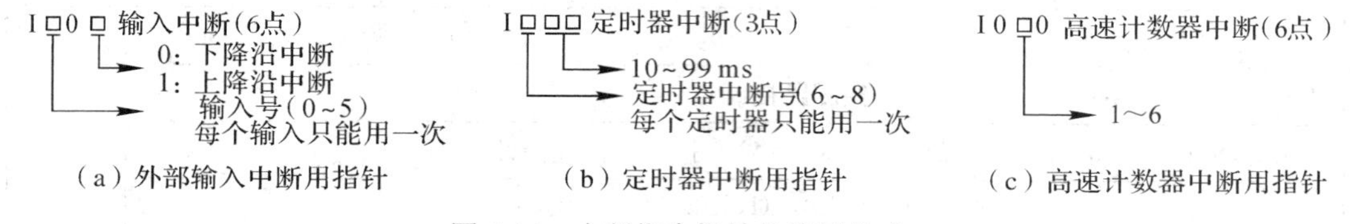

(a) 外部输入中断用指针　(b) 定时器中断用指针　(c) 高速计数器中断用指针

图 4-16　中断指令指针的编号格式

例如：I001 为输入 X0 从 OFF→ON 变化时，执行由该指针作为标号后面的中断程序，并根据 IRET 指令返回。

2) 定时器中断指针(3 点)

定时器中断用指针的编号格式如图 4-16(b)所示，用于指示周期定时中断的中断服务程序的入口位置。这类中断的作用是 PLC 以指定的周期定时执行中断服务程序，定时循环处理某些任务。处理的时间也不受 PLC 扫描周期的限制。“□□”表示定时范围，可在 10～99 ms 中选取。

例如：I610 即为每隔 10 ms 就执行标号 I610 后面的中断程序，并根据 IRET 指令返回。

3) 高速计数器中断指针(6 点)

高速计数器中断用指针的编号格式如图 4-16(c)所示，用于 PLC 内置的高速计数器。根据高速计数器的计数当前值与计数设定值之关系确定是否执行中断服务程序。它常用于利用高速计数器优先处理计数结果的场合。

高速计数器比较指令 DHSCS 指定，当高速计数器的当前值达到设定值时，中断当前执行的程序，跳转到高速计数器中断指针后面的中断程序，并根据 IRET 指令返回主程序。

## 4.2.6　常数型软元件

PLC 常用的常数型软元件有两类，如表 4-24 所示。

**表 4-24　常数型软元件的功能及编号**

| 功　能 | | 编 号 范 围 |
|---|---|---|
| K | 十进制 | K－32 768～K32 767 (16 位运算)<br>K－2 147 483 648～K2 147 483 647 (32 位运算) |
| H | 十六进制 | H0～HFFFF (16 位运算)<br>H0～HFFFFFFFF (32 位运算) |

十进制数值在 PLC 中，通常在数值前面冠以字母“K”表示，主要用来指定定时器或计数器的设定值及应用功能，指令操作数中的数值。例如：K100，表示为十进制，其数值大小为 100。

例外的情况：当使用 K 再搭配位装置 X、Y、M、S 可组合成为位数、字节、字或双字形式的数据。

例如：K2Y10、K4M100 为位元件的组合形式。在此，K1～K4 分别代表 4、8、12 及 16 个位元件的组合形式数据，则 K2Y10 表示从 Y10 开始的连续 8 个输出继电器构成的数据长度。

十六进制数值在 PLC 中，通常在数值前面冠以字母“H”表示，主要用来表示应用功能指令的操作数值。例如：H100，表示为十六进制，数值大小为 100。

## 习　题

4-1　三菱 $FX_{2N}$ 系列 PLC 有哪几种数值类型？有哪几种数据结构？

4-2　一个 PLC 的输入继电器有多少个可以用于 PLC 内部编程的常开触点和常闭触点？它的线圈能否出现在梯形图中？为什么？

4-3　一般辅助继电器和停电保持型辅助继电器有什么不同？

4-4　特殊辅助继电器有哪两类？如何应用？

4-5　一般定时器和积算型定时器有什么不同？

4-6　高速计数器有哪几类？如何应用？

4-7　双向计数器的计数方向和什么有关？线圈如何动作？

4-8　三菱 $FX_{2N}$ 系列 PLC 的计数行为模式有哪些？各如何应用？

4-9　变址寄存器如何改变软元件的编号？

# 第 5 章 三菱 FX 系列 PLC 的基本逻辑指令及其应用

本章以三菱 $FX_{2N}$ 系列 PLC 的基本逻辑指令为例，说明指令的含义、梯形图的编写方法以及对应的指令表程序。最后，再通过几个实例介绍经验设计方法的设计过程和编程技巧。

## 5.1 基本逻辑指令系统

PLC 最为用户推崇的优点之一就是编程简单。PLC 生产厂家很多，但所有 PLC 的编程都使用以继电器逻辑控制为基础的梯形图。而基本逻辑指令是 PLC 中最基础的编程语言，掌握了基本逻辑指令也就初步掌握了 PLC 的使用方法。

各厂家 PLC 的梯形图形式大同小异，指令系统的内容也大致相同，只是在形式上稍有不同。三菱 $FX_{2N}$ 系列的 PLC 共有 27 条基本逻辑指令，分为用于触点的指令、用于线圈的指令和独立的指令。除独立的指令外，其它指令均伴有目标元件。

表 5-1 为三菱 $FX_{2N}$ 系列 PLC 的基本逻辑指令一览表。

**表 5-1 三菱 $FX_{2N}$ 系列 PLC 基本逻辑指令一览表**

| 符号名称 | 功　能 | 电路表示和目标元件 | 符号名称 | 功　能 | 电路表示和目标元件 |
|---|---|---|---|---|---|
| [LD]<br>取 | 运算开始<br>a 接点 | XYMSTC | [OUT]<br>输出 | 线圈驱动<br>指令 | YMSTC |
| [LDI]<br>取反 | 运算开始<br>b 接点 | XYMSTC | [SET]<br>位置 | 动作保持<br>线圈指令 | SET YMS |
| [LDP]<br>取脉冲 | 上升沿检测运<br>算开始 | XYMSTC | [RST]<br>复位 | 动作保持解除<br>线圈指令 | RST YMSTCD |
| [LDF]<br>取脉冲 | 下降沿检测运<br>算开始 | XYMSTC | [PLS]<br>脉冲 | 上升沿检测<br>线圈指令 | PLS YM |
| [AND]<br>与 | 串联连接<br>a 接点 | XYMSTC | [PLF]<br>脉冲(F) | 下降沿检测<br>线圈指令 | PLF YM |
| [ANI]<br>与非 | 串联连接<br>b 接点 | XYMSTC | [MC]<br>主控 | 主控电路<br>模块起点 | MC N YM |

续表

| 符号名称 | 功　能 | 电路表示和目标元件 | 符号名称 | 功　能 | 电路表示和目标元件 |
|---|---|---|---|---|---|
| [ANDP] 与脉冲 | 上升沿检测串联连接 | XYMSTC | [MCR] 主控复位 | 主控电路模块终点 | MCR N |
| [ANDF] 与脉冲 (F) | 下升沿检测串联连接 | XYMSTC | [MPS] 进栈 | 进栈 | MPS |
| [OR] 或 | 并联连接 a 接点 | XYMSTC | [MRD] 读栈 | 读栈 | |
| [ORI] 或非 | 并联连接 b 接点 | XYMSTC | [MPP] 出栈 | 出栈 | |
| [ORP] 或脉冲 | 上升沿检测并联连接 | XYMSTC | [INV] 取反 | 运算结果取反 | INV |
| [ORF] 或脉冲 (F) | 下降沿检测并联连接 | XYMSTC | [NOP] 空操作 | 空操作 | 程序清除或空格用 |
| [ANB] 电路块与 | 块串联连接 | | [END] 结果 | 程序结束 | 程序结束，返回 0 步 |
| [ORB] 电路块或 | 块并联连接 | | | | |

## 5.1.1　$FX_{2N}$ 系列 PLC 基本逻辑指令

### 1. 逻辑取及输出线圈指令(LD、LDI、OUT)

逻辑取及输出线圈指令如表 5-2 所示，其应用如图 5-1 所示。

表 5-2　逻辑取及输出线圈指令

| 助 记 符 | 功　　能 | 程序表示与目标元件 | 程 序 步 |
|---|---|---|---|
| LD(取) | 常开触点逻辑运算开始 | XYMSTC | 1 |
| LDI(取反) | 常闭触点逻辑运算开始 | XYMSTC | 1 |
| OUT(输出) | 驱动线圈 | YMSTC | Y、M、S：1<br>特 M：2<br>T：3，C：3～5 |

【例 5-1】 LD/LDI/OUT 指令应用示例，如图 5-1 所示。

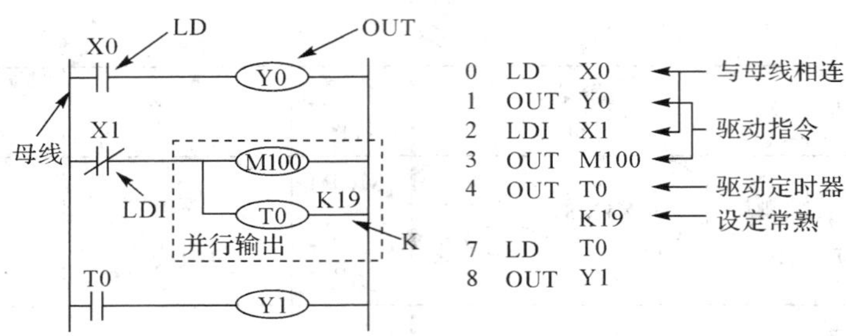


图 5-1 LD/LDI/OUT 指令应用示例

**解** 说明：

① LD 指令，用于左母线开始的常开触点，或与后述的 ANB、ORB 指令配合，用在分支回路开始的常开触点。

② LDI 指令，用于左母线开始的常闭触点，或与后述的 ANB、ORB 指令配合，用在分支回路开始的常闭触点。

③ OUT 指令，用于对输出继电器、辅助继电器、状态元件等的线圈驱动指令，但不能用于输入继电器。

④ 并行输出指令可多次使用，相当于线圈的并联(如图 5-1 中的“OUT M100”和“OUT T0”)。

### 2. 定时器、计数器的程序

对定时器的定时线圈或计数器的计数线圈，在 OUT 指令后必须设定常数 K，如图 5-1 所示。表 5-3 给出常数 K 的设定范围，定时器的实际设定值，以及以 T、C 为驱动对象的 OUT 指令占用的步数(含设定值)。

**表 5-3 K 的设定范围、定时器实际设定值和 OUT 指令占用步数**

| 定时器、计数器 | K 的设定值 | 实际的设定值 | 步 数 |
|---|---|---|---|
| 1 ms 定时器 | 1～32 767 | 0.001～32.767 s | 3 |
| 10 ms 定时器 | | 0.01～327.67 s | 3 |
| 100 ms 定时器 | | 0.1～3276.7 s | 3 |
| 16 bit 定时器 | 1～32 767 | 1～32 767 s | 3 |
| 32 bit 定时器 | −2 147 483 648～+2 147 483 648 | −2 147 483 648～+2 147 483 648 | 3 |

### 3. 触点串联指令(AND、ANI)

触点串联指令如表 5-4 所示，其应用如图 5-2 所示。

**表 5-4 触点串联指令**

| 助 记 符 | 功 能 | 程序表示与目标元件 | 程 序 步 |
|---|---|---|---|
| AND(与) | 常开触点的串联连接 | XYMSTC | 1 |
| ANI(与非) | 常闭触点的串联连接 | XYMSTC | 1 |

【例 5-2】 AND/ANI 指令应用示例，如图 5-2 所示。

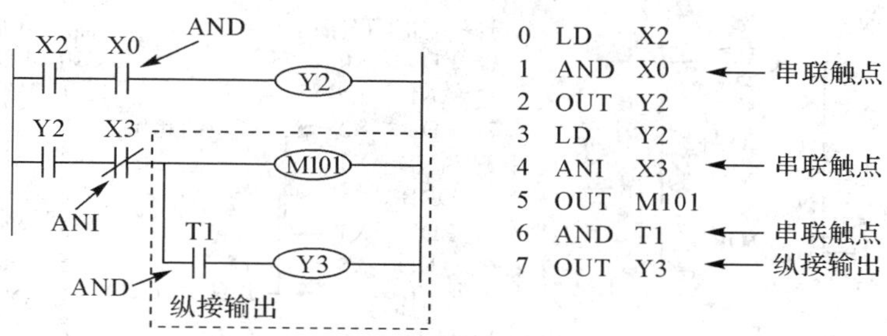


图 5-2　AND/ANI 指令应用示例

**解**　说明：

① AND、ANI 指令，可进行单个触点与前面程序的串联连接。串联次数没有限制，该指令可以多次重复使用。

② 在 OUT 指令之后，通过触点对其他线圈再使用 OUT 指令的结构，称为纵接输出(如图 5-2 的 M101 和 Y3)。这种纵接输出，如果顺序不错，可以多次使用。

### 4. 触点并联指令(OR、ORI)

触点并联指令如表 5-5 所示，其应用如图 5-3 所示。

**表 5-5　触点并联指令**

| 助 记 符 | 功　　能 | 程序表示与目标元件 | 程 序 步 |
|---|---|---|---|
| OR(或) | 常开触点的串联连接 | XYMSTC | 1 |
| ORI(或非) | 常闭触点的串联连接 | XYMSTC | 1 |

【例 5-3】 OR/ORI 指令应用示例，如图 5-3 所示。

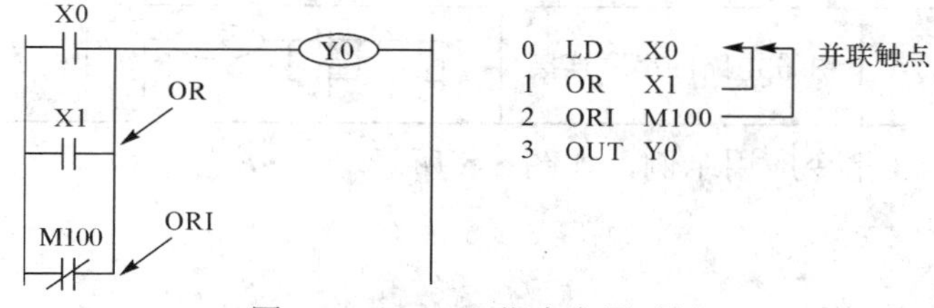


图 5-3　OR/ORI 指令应用示例

**解**　说明：OR、ORI 指令，可进行单个触点与前面程序的并联连接。并联次数没有限制，该指令可以多次重复使用。

### 5. 串联电路块的并联指令(ORB)

串联电路块的并联指令如表 5-6 所示，其应用如图 5-4 所示。

**表 5-6　串联电路块的并联指令**

| 助 记 符 | 功　　能 | 程序表示与目标元件 | 程 序 步 |
|---|---|---|---|
| ORB(电路块的或) | 串联电路的并联连接 |  | 1 |

【例 5-4】 ORB 指令应用示例，如图 5-4 所示。

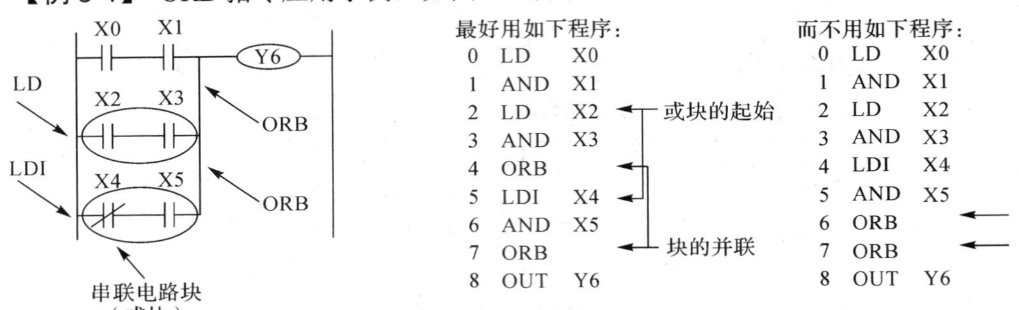


图 5-4 ORB 指令应用示例

**解** 说明：

① 两个以上触点串联连接的电路称为串联电路块。当串联电路块并联连接时，分支的开始使用 LD、LDI 指令，分支的结束使用 ORB 指令。

② ORB 指令与后面介绍的 ANB 指令等均为无操作元件号的指令，即为独立指令，无目标元件。

注：

① 对每一电路块使用 ORB 指令(如图 5-4 中编得好的程序)，则并联电路块数是无限制的。

② ORB 指令有可连续使用的(如图 5-4 中编得不好的程序)，但这样用时，重复使用 LD、LDI 指令的次数限制在 8 次以内。

### 6. 并联电路块的串联指令(ANB)

并联电路块的串联指令如表 5-7 所示，其应用如图 5-5 所示。

**表 5-7 并联电路块的串联指令**

| 助 记 符 | 功 能 | 程序表示与目标元件 | 程 序 步 |
| --- | --- | --- | --- |
| ANB(电路块的与) | 并联电路的串联连接 | | 1 |

【例 5-5】 ANB 指令应用示例，如图 5-5 所示。

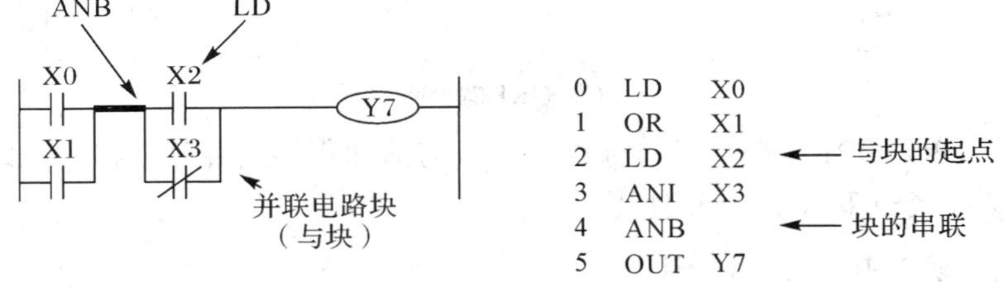


图 5-5 ANB 指令应用示例

**解** 说明：

① 两个以上触点并联连接的电路，称为并联电路块。并联电路块并联连接时，分支的开始使用 LD、LDI 指令，分支的结束使用 ANB 指令。

② ANB 指令原则上可以连续使用，但与 ORB 指令一样，受到 LD、LDI 指令只能连

续使用 8 次的限制，ANB 或 ORB 指令使用次数也应限制在 8 次。

### 7. 多重输出电路指令(MPS、MRD、MPP)

1) 多重输出电路指令表

多重输出电路指令如表 5-8 所示。

**表 5-8　多重输出电路指令**

| 助 记 符 | 功　能 | 程序表示与目标元件 | 程 序 步 |
|---|---|---|---|
| MPS(进栈) | 存入堆栈 | 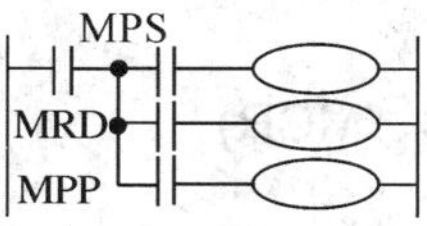 MPS / MRD / MPP | 1 |
| MRD(读栈) | 读出堆栈(指针不动) | | 1 |
| MPP(出栈) | 读出堆栈 | | 1 |

这组指令分别为进栈指令(MPS)、读栈指令(MRD)、出栈指令(MPP)，用于多重输出电路。可将连续的触点先存储，然后再用于连接后面的电路，如图 5-6 所示。

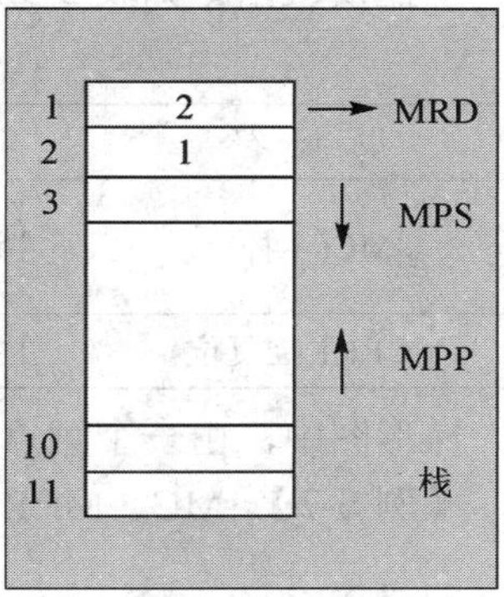

图 5-6　多重输出指令动作特点

2) 指令功能

(1) MPS。使用一次 MPS 指令，当前累加器的内容压入栈的第一层。再使用 MPS 指令时，当前累加器的内容再次压入栈的第一层，先压入的数据依次向栈的下一段移动。(堆栈指针每次加一。)

(2) MRD。MRD 是最上层所存最新数据读出到累加器的专用指令，栈内数据不发生下压或上托。(堆栈指针不动。)

(3) MPP。使用 MPP 指令，各数据依次向上层托移，存入累加器。最上层的数据在读出后就从栈内消失。(堆栈指针每次减一。)

以上这些指令都是没有操作元件号的指令。

**【例 5-6】** MPS、MRD、MPP 简单电路应用示例(1 层栈)，如图 5-7 所示。

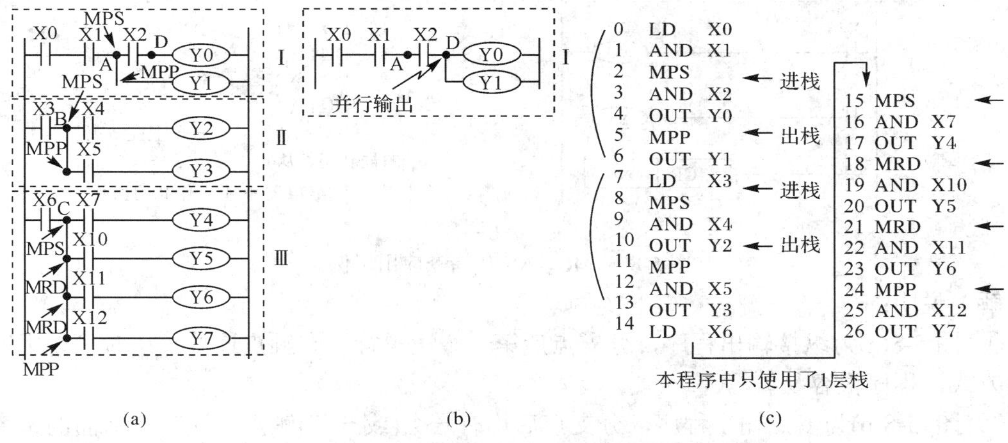


图 5-7　MPS、MRD、MPP 简单电路(1 层栈)应用示例

**解**　如图 5-7 所示，该例给出了多重输出电路的Ⅰ、Ⅱ、Ⅲ三种电路结构形式，下面以Ⅰ为例进行说明：

“OUT Y1”取的是A点的状态，但若按扫描顺序，则是“先X2、Y0，再Y1”，那么当程序执行到“OUT Y0”后取的是D点的状态，A点的状态已经消失，于是，这时“OUT Y1”取的状态将是D点的，即变为并行输出的结构，如图5-6(b)所示。

所以要使程序运行到“OUT Y0”后，能保证“OUT Y1”仍取的是A点的状态，则须先在A点处把状态保存起来，待需要使用(即扫描到Y1)时，再将A点状态取出，这就须用到“进栈”和“出栈”的概念。

注：无论何时，MPS指令和MPP指令连续使用必须少于11次，并且MPS指令与MPP指令必须配对使用。

**8. 主控模块指令(MC、MCR)**

1) 主控模块指令及其应用

主控模块指令如表5-9所示，其应用如图5-8所示。

**表5-9 触点串联指令**

| 助 记 符 | 功 能 | 程序表示与目标元件 | 程 序 步 |
|---|---|---|---|
| MC(主控) | 主控电路块的起点 | MC N YM；Y、M | 3 |
| MCR(主控复位) | 主控电路块的终点 | MCR N | 3 |

梯形图中，由一个触点或触点组控制多条逻辑行的结构叫主控。

**【例5-7】** MC、MCR指令应用示例，如图5-7所示。

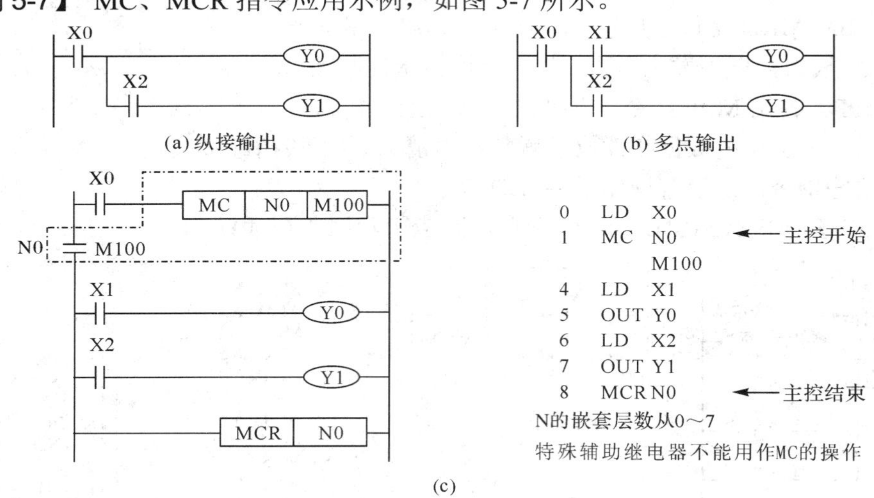


图5-8 MC、MCR指令应用示例

**解** 说明：

① 图5-8(a)为纵接输出程序，分支点后第一个逻辑行没有触点连接，这时可采用连续输出方式，程序很容易编写。

② 图5-8(b)为多点输出程序，分支点后均有一个(或一些)触点，这时用前面的指令不容易编写程序，采用MC/MCR指令即可方便解决，如图5-8(c)所示。

③ MC主控点后的程序由LD/LDI指令开始，母线(LD、LDI点)移到MC触点后面，返回原来母线的指令是MCR。

2) 主控模块指令的嵌套级

MC、MCR 主控程序指令支持嵌套式程序结构，最多可嵌套 8 层。在 MC 指令内再使用 MC 指令时，嵌套级 N 的编号就顺次增大(按程序顺序由小到大，即 N0→N1→N2→N3→N4→N5→N6→N7)；返回时使用 MCR 指令，就从大的嵌套级开始解除(按程序顺序由大到小)，如图 5-9 所示。

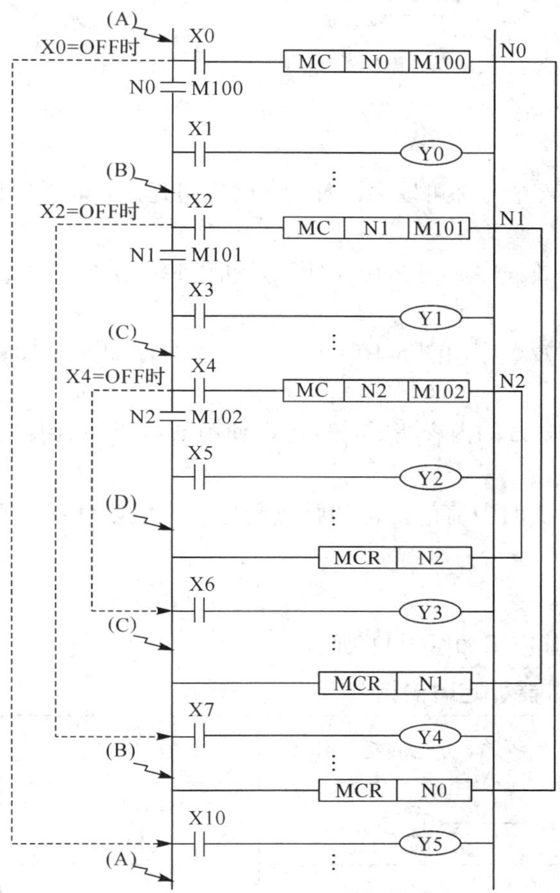


图 5-9　嵌套级应用示例

### 9. 自保持与解除指令(SET、RST)

自保持与解除指令如表 5-10 所示，其应用如图 5-10 所示。

**表 5-10　自保持与解除指令**

| 助 记 符 | 功　能 | 程序表示与目标元件 | 程 序 步 |
|---|---|---|---|
| SET(置位) | 令元件自保持 ON | SET YMS | Y、M：1<br>S、特 M：3 |
| RST(复位) | 令元件自保持 OFF<br>清除数据寄存器 | RST YMSDVZ | Y、M：1<br>D、V、Z、特、M：3 |

**【例 5-8】** SET、RST 指令应用示例，如图 5-10 所示。

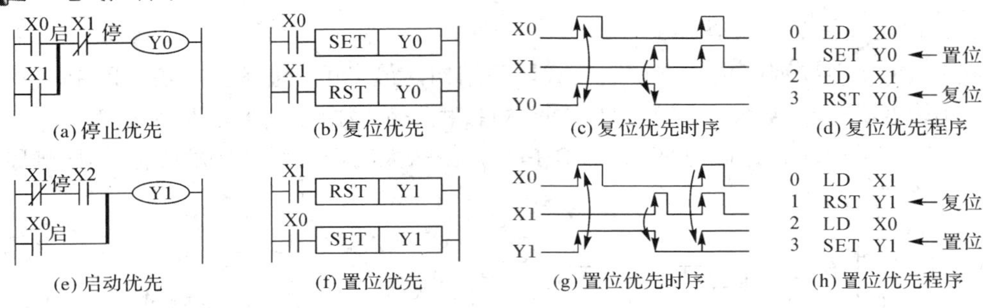


图 5-10　SET/RST 指令应用示例

**解**　说明：

① SET/RST 指令为上升沿有效，对同一个元件可以多次使用，顺序可任意，但最后执行 SET 或 RST 指令才有效。

② 图 5-10(b)为复位优先的程序，其等效程序如图 5-10(a)所示，动作时序如图 5-10 (c)所示。

③ 图 5-10(f)为置位优先的程序，其等效程序如图 5-10(e)所示，动作时序如图 5-10(g)所示。

④ 要使数据寄存器 D 和变址寄存器 V、Z 的内容清零，也可以使用 RST 指令(用常数为 K0 的传送指令也可以得到同样的结果)。

⑤ 积算定时器 T246～T255、计数器 C 的当前值复位和触点复位，也可以使用 RST 指令。

#### 10. 计数器、定时器指令(OUT、RST)

计数器、定时器指令如表 5-11 所示，其应用如图 5-11 所示。

**表 5-11　计数器、定时器指令**

| 助 记 符 | 功　　能 | 程序表示与目标元件 | 程 序 步 |
|---|---|---|---|
| OUT(输出) | 驱动定时器线圈<br>驱动计数器线圈 | ─┤├──(T、C)─┤ K△△ | 32 bit 计数器：5<br>其他：3 |
| RST(复位) | 复位输出触点<br>当前数据清零 | ─┤├─[RST T、C]─┤ | 2 |

**【例 5-9】** OUT/RST 指令应用示例，如图 5-11 所示。

**解**　说明：

① 一般定时器(10 ms、100 ms 定时器)[T0～T245]：输入 X0 接通，T5 接收 100 ms 时基的脉冲并计数，其当前值到达 100 时 Y0 动作。

② 积算定时器(1 ms、100 ms 定时器)[T246～T255]：

- 输入 X2 接通，T246 接收 1 ms 时基的脉冲并计数，其当前值到达 200 时 Y1 就动作。
- 输入 X1 接通，输出触点 T246 就复位，定时器 T246 的当前值也成为 0。

③ 内部计数器：

- 16 位计数器 C20 对 X4 触点 OFF→ON 的次数进行增计数，其当前值到达设定值 300 时，Y2 动作。

• 32 位内部计数器 C200 根据 M8200 的 ON/OFF 状态改变计数方向(减计数、增计数)，它对 X7 触点 OFF→ON 的次数进行计数。输出触点 C200 的置位或复位取决于计数方向及达到的设定值。

输入 X4 断开或 X6 接通，分别对应输出触点 C20 或 C200 复位，计数器 C20 或 C200 当前值清零。

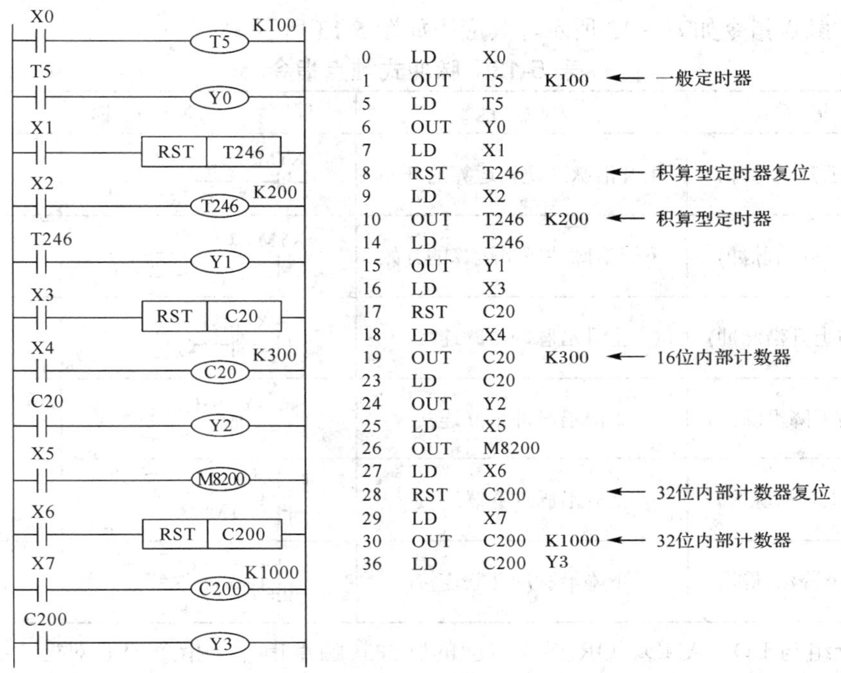


图 5-11　OUT/RST 指令应用示例

### 11. 脉冲输出指令(PLS、PLF)

脉冲输出指令如表 5-12 所示，其应用如图 5-12 所示。

**表 5-12　脉冲输出指令**

| 助记符 | 功　能 | 程序表示与目标元件 | 程 序 步 |
|---|---|---|---|
| PLS(上升沿脉冲) | 上升沿微分输出 | PLS YM | 2 |
| PLF(下降沿脉冲) | 下降沿微分输出 | PLF YM | 2 |

**【例 5-10】** PLS、PLF 指令应用示例，如图 5-11 所示。

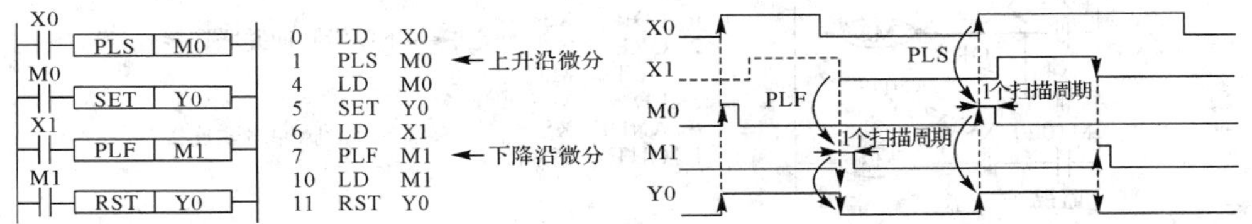


图 5-12　PLS、PLF 指令应用示例

**解**　说明：

① PLS 指令，上升沿有效的脉冲微分指令，用于产生脉冲微分信号，使元件 Y、M 触

点仅在输入接通后，产生一个扫描周期宽度的脉冲(置 1)。

② PLF 指令，下降沿有效的脉冲微分指令，用于产生脉冲微分信号，使元件 Y、M 触点仅在输入断开后，产生一个扫描周期宽度的脉冲(置“1”)。

注：特殊辅助继电器不能用作 PLS 或 PLF 指令的操作元件。

### 12. 脉冲式触点指令(LDP、LDF、ANDP、ANDF、ORP、ORF)

脉冲式触点指令如表 5-13 所示，其应用如图 5-13 所示。

**表 5-13　脉冲式触点指令**

| 助 记 符 | 功　　能 | 程序表示与目标元件 | 程 序 步 |
|---|---|---|---|
| LDP(取上升沿脉冲) | 上升沿脉冲逻辑运算的开始 | XYMSTC | 2 |
| LDF(取下降沿脉冲) | 下降沿脉冲逻辑运算的开始 | XYMSTC | 2 |
| ANDP(与上升沿脉冲) | 上升沿脉冲串联连接 | XYMSTC | 2 |
| ANDP(与下降沿脉冲) | 下降沿脉冲串联连接 | XYMSTC | 2 |
| ORP(或上升沿脉冲) | 上升沿脉冲并联连接 | XYMSTC | 2 |
| ORF(或下降沿脉冲) | 下降沿脉冲并联连接 | XYMSTC | 2 |

这是一组与 LD、AND、OR 指令对应的脉冲式触点指令。指令中 P 对应上升沿脉冲，F 对应下降沿脉冲。指令中的触点仅在操作元件有上升沿/下降沿时导通一个扫描周期。

**【例 5-11】** LDP、LDF、ANDP、ANDF、ORP、ORF 指令应用示例。

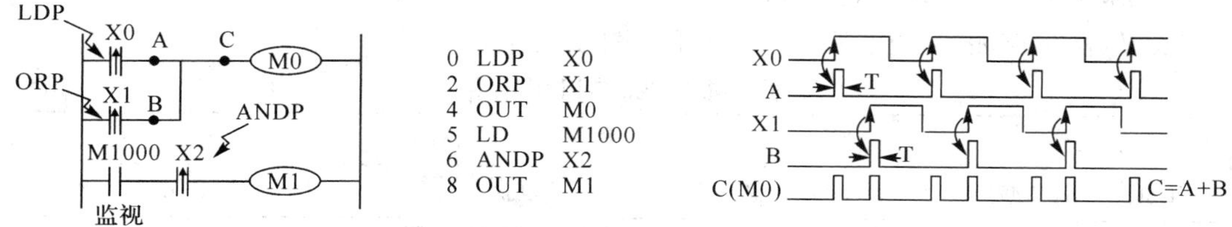


(a) LDP、ANDP、ORP 指令应用

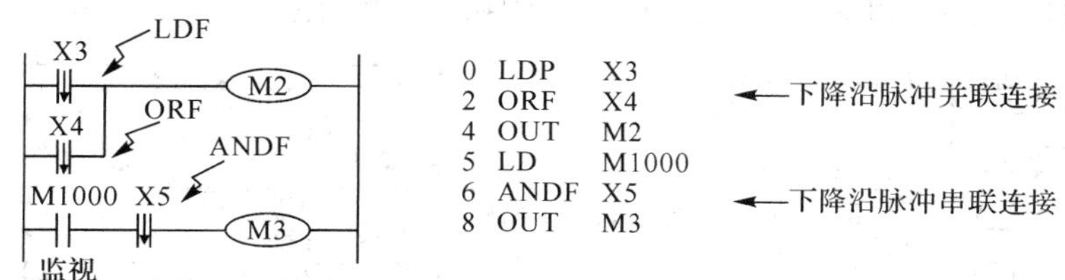


(a) LDF、ANDF、ORF 指令应用

图 5-13　LDP、LDF、ANDP、ANDF、ORP、ORF 指令应用示例

**解**　说明：

X0～X2 由 OFF→ON 或由 ON→OFF 变化时，M0 或 M1 接通一个扫描周期。这组指令只在某些场合为编程者提供方便。如图 5-14 所示的电路是其用脉冲执行形式的等效编程方法。

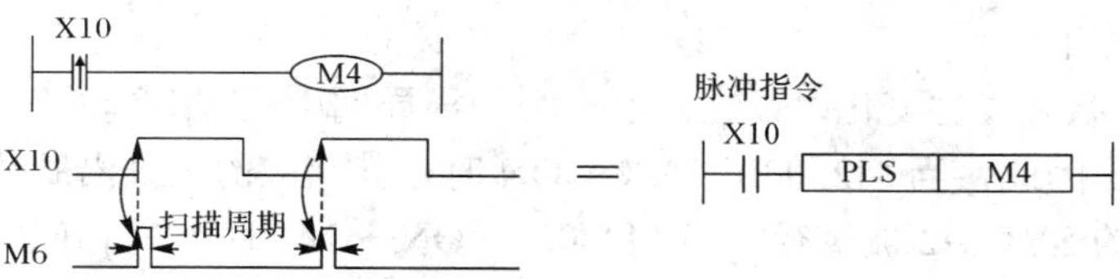


(a) 结果都是在X10由OFF→ON变化时，M4接通一个扫描周期

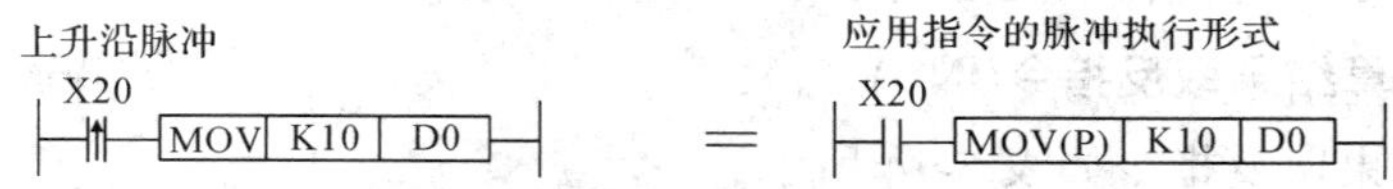


(b) 结果都是在X20由OFF→ON变化时，只执行一次MOV指令

图 5-14　脉冲执行形式的等效编程方法

LDP、LDF 指令与 PLS、PLF 指令的区别：LDP、LDF 指令是针对单个触点的一系列指令，而 PLS、PLF 指令前面的驱动电路可以是单个触点，也可以是由触点组成的电路块，只要这个电路块的逻辑值是从“OFF”→“ON”(上升沿)或从“ON”→“OFF”(下降沿)，就能驱动“PLS”或“PLF”指令。

当这组指令以辅助继电器 M 作为操作元件时，M 的序号会影响程序的执行情况。

**【例 5-12】** 如图 5-14 所示，辅助继电器 M0～M2799 作为脉冲式触点指令的操作元件应用示例。

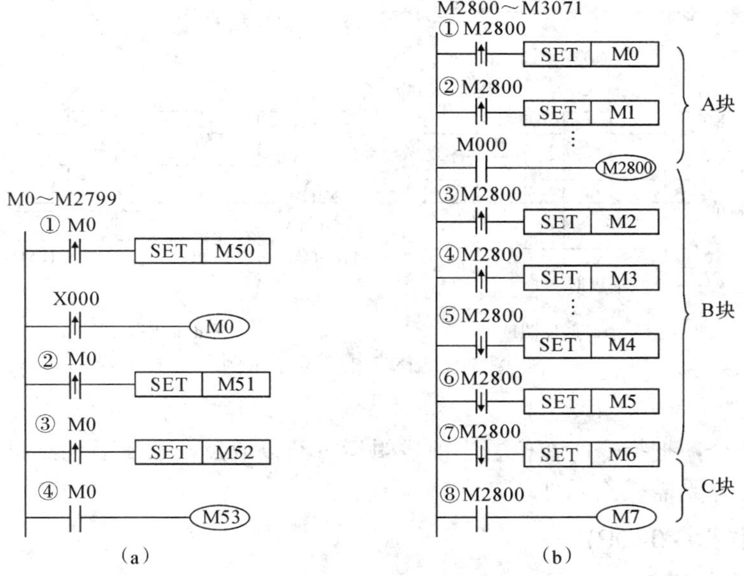


图 5-15　辅助继电器 M 作为脉冲式触点指令的操作元件应用示例

**解**　说明：

① M0～M2799 作为脉冲式触点指令的操作元件，如图 5-15(a)所示，其工作过程如下：当 X0＝ON 后，M0 线圈接通，逻辑行①～③的 M0 脉冲式触点 接通一个扫描周期，

而逻辑行④的 M0 常开触点是 LD 指令驱动。所以，①～④各逻辑行的程序都执行，M50～M53 都为 ON。

② M2800～M3071 作为脉冲式触点指令的操作元件，如图 5-14(b)所示。以 M280 为例，其工作过程如下：

当 M2800 的状态发生变化时，在其后一个扫描周期内只有遇到的第一个 M2800 的脉冲式触点起作用。因此，当 M2800 由 OFF→ON 时，其相应的上升沿脉冲式触点都动作，但只有逻辑行③的 SET M2 被执行；当 M2800 由 ON→OFF 时，其相应的下降沿脉冲式触点都动作，但只有逻辑行⑤的 SET M4 被执行。逻辑行⑧的 M7，其驱动用的是 LD 指令，不受上述影响。这一特性在顺控步进指令中有重要用途。

### 13. 逻辑运算结果取反指令(INV)

逻辑运算结果取反指令如表 5-14 所示。

**表 5-14　逻辑运算结果取反指令**

| 助 记 符 | 功　　能 | 程序表示与目标元件 | 程 序 步 |
|---|---|---|---|
| INV(取反) | 逻辑运算结果取反 | INV | 1 |

**【例 5-13】** INV 指令应用示例，如图 5-16 所示。

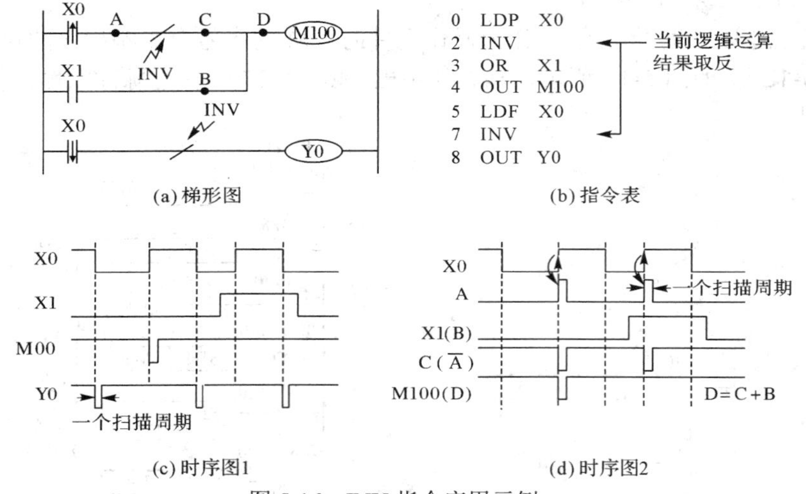


图 5-16　INV 指令应用示例

**解**　说明：

① INV 指令，把指令所在位置当前逻辑运算结果取反，取反后的结果仍可继续运算。

② INV 指令无需操作元件。

### 14. 空操作指令(NOP)

空操作指令如表 5-15 所示。

**表 5-15　空操作指令**

| 助 记 符 | 功　　能 | 程序表示与目标元件 | 程 序 步 |
|---|---|---|---|
| NOP(空操作) | 无动作 | NOP | 1 |

### 15. 程序结束指令(END)

程序结束指令如表 5-16 所示。

表 5-16　程序结束指令

| 助 记 符 | 功　　能 | 程序表示与目标元件 | 程 序 步 |
|---|---|---|---|
| END(结束) | 输入/输出处理，程序回到第 0 步 | ├─[END]─┤ | 1 |

说明：

① PLC 反复进行输入处理、程序运算、输出处理。若在程序最后写入 END 指令，则 END 以后的程序步将不再执行，而直接进行输出处理。

② 当程序没有 END 指令时，将处理到最终的程序步。

③ 在程序调试过程中，若按段插入 END 指令将程序划分为若干段，则可以实现对各程序段动作的检查。在确认处于前面程序段的动作正确无误之后，再依次删去中间的 END 指令。

**注**：执行 END 指令时，会刷新警戒时钟(Watchdog Timer)，即“刷新监视定时器”(检查扫描周期是否过长的定时器)。

## 5.1.2　梯形图编程注意事项

### 1. 程序应按自上而下、从左往右的方式编写

梯形图的结构以左母线为起点、右母线为终点(可省略)，从左向右分行绘制。每一个逻辑行的开始是触点群组成的“逻辑关系”，最右边是线圈表示“逻辑运算的结果”。

一个逻辑行写完，自上而下依次编写下一个逻辑行。

### 2. 线圈位置的处理

线圈不能串联，但可以并联，如图 5-17 所示。

主控指令 MC 执行完毕后程序指针移到副母线，所以，在 MC 线圈下面并联其他线圈将不被执行。

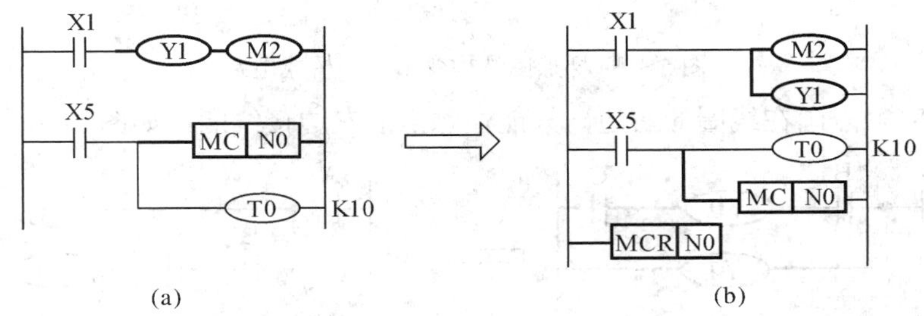


图 5-17　线圈位置的处理

### 3. 适当的编程顺序可以减少程序步数

(1) 每一个逻辑行中，串联触点多的应放在上面，如图 5-18(a)所示。

(2) 每一个逻辑行中，并联触点多的应放在左边，如图 5-18(b)所示。

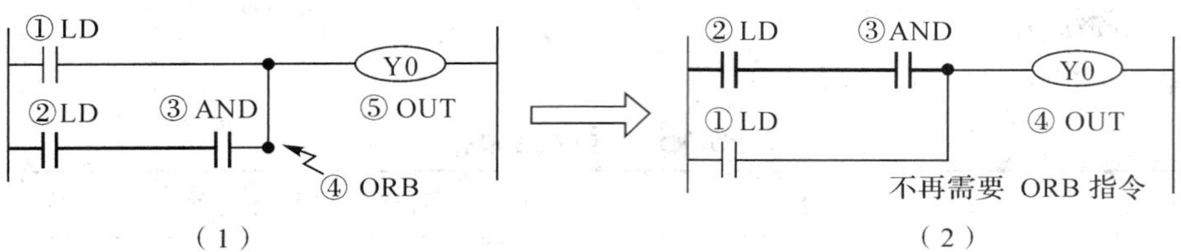


(a) 串联触点多的电路应尽量放在上面
（串联电路梯形图结构变换）

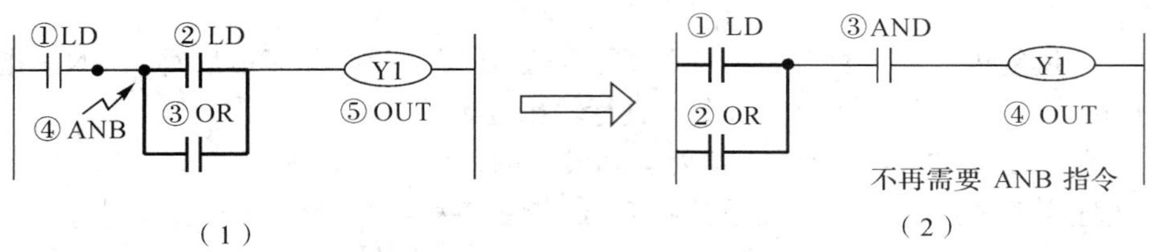


(b) 并联触点多的电路应尽量靠近母线
（并联电路梯形图结构变换）

图 5-18 梯形图结构变换——串并联触点位置调整

## 4. 重新安排不能编程的程序

(1) 不允许有双向电流流过，即不允许有“桥式电路”，如图 5-19 所示。

消除桥式电路的方法：将“双向电流流过”的触点 X4 下端右侧(或左侧)的分支断开，画出触点上端的触点组；再将 X4 上端右侧(或左侧)的分支断开，画出触点下端的触点组。这样，在梯形图中便可以表示为图 5-19(b)所示的梯形图。

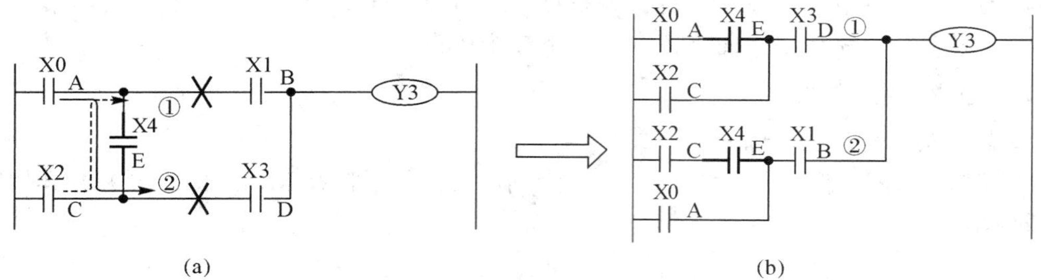


图 5-19 梯形图结构变换——桥式电路

(2) 不能将触点画在线圈的右边，只能在触点的左边接线圈，如图 5-20 所示。

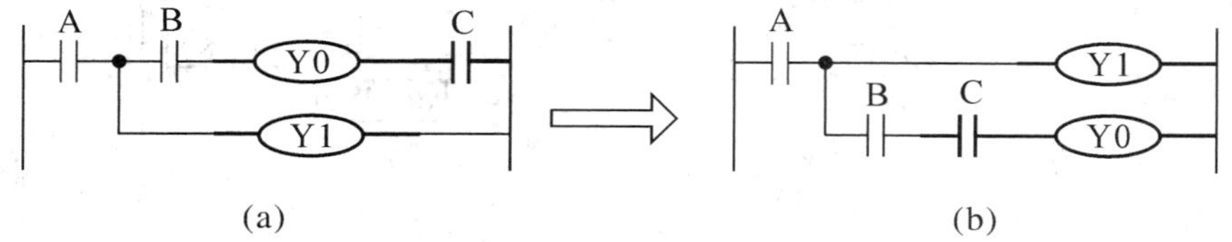


图 5-20 线圈与触点位置梯形图

另外，建议在不改变逻辑关系的情况下，可将线圈 Y1 分支放在线圈 Y0 分支的上面一行，这样，在编程时为“纵接输出”，可顺序编程，从而减少 MPS、MRD、MPP 指令的使用。

# 5.2　基本指令系统的编程技巧与工程实例

## 5.2.1　基本指令系统的编程技巧

基本指令系统编程所使用的方法是“经验设计法”。由于 PLC 使用的梯形图语言沿用了传统继电器-接触器控制系统的电气术语和图形符号，并在编程元件数量、使用功能上得到加强，所以在使用基本指令系统编写 PLC 程序时，可以直接借鉴许多经典的继电器-接触器控制系统的设计原则和设计方法，根据常用基本程序设计范例，经过适当改造而形成 PLC 程序，即习惯上称之为的“经验设计法”。

### 1. 经验设计法的特点

“经验设计法”顾名思义是根据设计者的经验进行设计的方法，它具有以下几个特点：

(1) 编程的关键是找出符合控制要求的系统各个输出的工作条件，这些条件又常常以各种逻辑关系出现。

(2) 编程的基本模式是“启-停-保”电路，每个“启-停-保”电路一般只针对一个输出，这个输出可以是系统的实际输出 Y，也可以是中间变量，如 M、T、C 等。

(3) 编程具有模块化结构特征，在一些基本环节编程的基础上，以叠加的形式完成复杂程序的设计。

经验设计法对于一些比较简单的程序设计很有效，可以达到快速、简单的效果。但是由于这种方法主要依靠设计人员的经验进行设计，所以对于设计人员的专业要求比较高，特别是要求设计者具有一定的实践经验，对工业控制系统和工业上常用的各种典型环节比较熟悉。经验设计方法无一定的章法可循，它是在一些典型程序的基础上，根据被控对象对控制系统的具体要求，不断地修改和完善，有时甚至需要多次反复调试、修改和完善，增加很多辅助触点和中间编程元件，才能得到较为满意的结果。所以，经验设计方法的试探性、随意性很强，设计的结果往往因人而异。

### 2. 经验设计法编程步骤

经验设计法编程的基本步骤归纳如下：

(1) 在准确了解控制要求后，合理地为控制系统中的事件分配输入、输出地址，并适当选用必要的内部软元件，如辅助继电器 M、定时器 T、计数器 C 等。

(2) 对于一些控制要求较简单的输出，可直接写出它们的工作条件，依据“启-停-保”电路模式设计相关的梯形图支路，工作条件稍微复杂的可借助辅助继电器。

(3) 对于较为复杂的控制要求，为了能用“启-停-保”电路模式绘制各输出端的梯形图，需正确分析控制要求，明确组成控制要求的逻辑关系。

(4) 可以使用常见的基本环节，如振荡环节、分频环节、计时环节等，进行模块化设计，针对系统的最终输出完成设计。

(5) 在此基础上，补充遗漏的功能，更正错误，进行最后的完善。

### 3. 经验设计法存在的问题

用经验设计法来设计复杂系统，存在以下问题：

(1) 设计繁琐，设计周期长。经验设计法一般适用于一些简单的梯形图程序或复杂系统的某一局部设计。当用于设计复杂系统的梯形图时，需要大量的中间编程元件完成记忆、互锁等功能(如本章后面图 5-36 两处卸料小车控制系统)。由于需要考虑的因素很多，它们往往又交织在一起，分析起来非常困难，而且很容易遗漏一些问题，因此在修改某一局部程序时，很可能会对系统其他部分的程序产生意想不到的影响。这样，可能花了很长时间，还得不到一个满意的结果。

(2) 梯形图的可读性差，系统维护困难。用经验设计法设计的梯形图通常是按照设计者的经验和习惯的思路来设计，因此，要分析这些程序也比较困难。这给 PLC 系统的维护和改进带来诸多不便。

## 5.2.2 常用基本环节编程

本节介绍的几个基本环节常作为梯形图的基本单元出现在复杂的程序中。

### 1. 优先权控制

PLC 对多个输入信号的响应有时有顺序要求，例如：当有多个信号输入时，优先响应级别高的，或者当有多个输入信号时，优先响应最先输入的信号。

**【例 5-14】** 优先权控制示例，如图 5-21 所示。

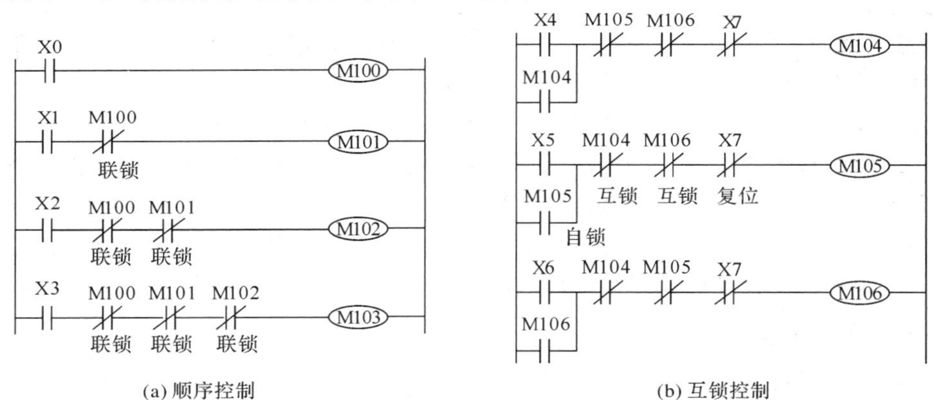


(a) 顺序控制　　(b) 互锁控制

图 5-21　优先权控制示例

**解**　说明：

① 图 5-21(a)实现 4 个输入信号 X0～X3 按照优先级的先后顺次接通 M100～M103，其中 X0 的优先级别最高。

② 图 5-21(b)实现 3 个输入信号 X4～X6 之间的互锁。这段程序可以用于判断哪个输入信号最先出现，也可以用于 M104、M105、M106 的输出互锁控制。

### 2. 二进制分频器

在某些场合需要对控制信号进行分频，即将频率为“$f$”的信号分为 $\frac{1}{2}f$ 、$\frac{1}{4}f$ 、$\frac{1}{8}f$ ⋯等频率的信号，分别称为二分频、四分频、八分频⋯⋯。利用 PLC 可以实现任意的分频。

下面以“二分频”为例，来说明实现分频的一般编程方法。

**【例 5-15】** 二分频程序示例，如图 5-22 所示。

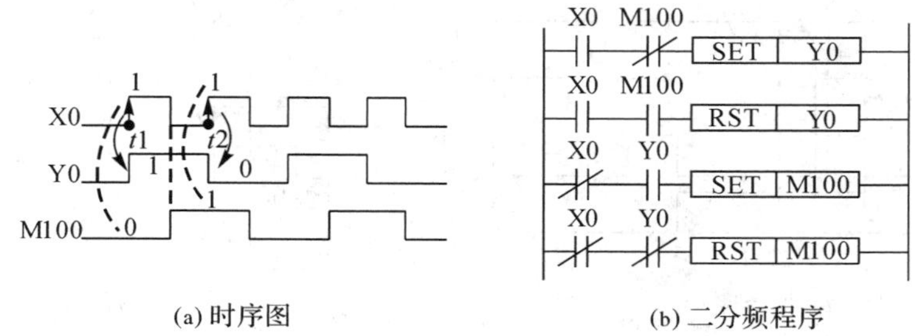


图 5-22　二分频程序示例

**解**　说明：时序图如图 5-22(a)所示，X0 表示输入脉冲，Y0 表示分频后的输出脉冲。

① SET、RST 指令是上升沿有效指令，并且用 SET 和 RST 指令强制置位或复位后，即使其前面的驱动电路发生变化，也不会影响置位和复位的结果。所以，可以很方便地使用 SET 和 RST 指令来实现。

② 对于输出脉冲 Y0 来说，Y0 由 OFF→ON($t_1$ 时刻)或 ON→OFF($t_2$ 时刻)的跳变都是在 X0 的上升沿时刻发生的。在这里只有一个输入信号 X0，所以仅仅根据 X0 的变化是不可能直接决定 Y0 的输出的。因此需引入一个中间变量 M100，通过 M100 在 $t_1$ 和 $t_2$ 时刻不同的状态，并且结合 X0 来共同决定该时刻 Y0 的跳变。

③ 由于只有一个输入信号和一个输出信号，M100 是在程序运行过程中产生的一个中间变量，所以 M100 的状态变化还需由 X0 和(或)Y0 来决定。在这里由于 M100 的变化类似于 Y0，所以可以用 Y0 和 X0 的状态共同决定 M100。M100 和 Y0 的初始状态都是“0”。

**【例 5-16】** 其他分频器程序示例，如图 5-23 所示。

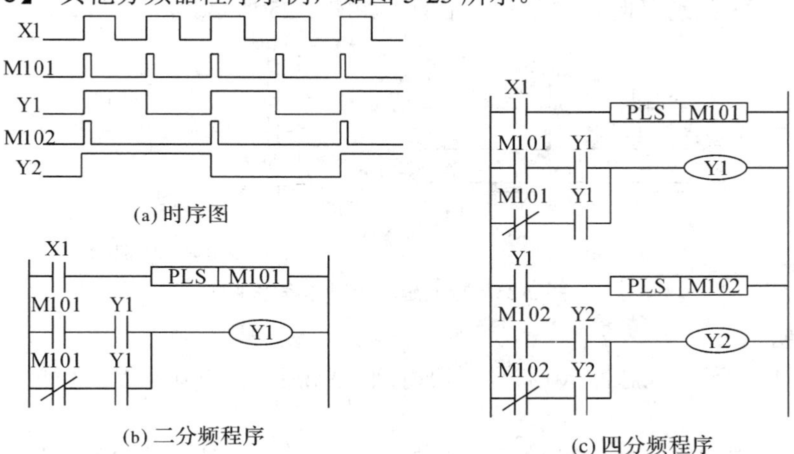


图 5-23　其他分频器程序示例

**解**　说明：图 5-23(b)所示的是实现二分频的另一段程序，待分频的脉冲信号加在 X1 端。图 5-22(c)所示程序可实现四分频。

请自行分析其运行过程。

### 3. 方波发生器——可调脉宽的多谐振荡器

设计方波发生器的脉宽为 1 s。梯形图如图 5-24(b)所示。

【例 5-17】 方波发生器程序示例，如图 5-24 所示。

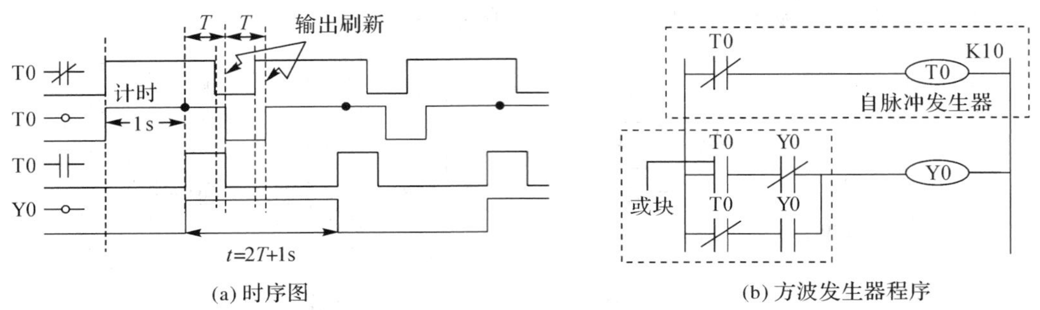


图 5-24 方波发生器程序示例

**解** 说明：

① 由于定时器 T0 常闭触点的存在，故定时器 T0 接通 1 s + 1*T*(*T* 为一个扫描周期时间)后随即断开，形成自脉冲发生器。

② 程序一开始运行，T0 的常闭触点即会闭合，T0 的线圈接通并计时，当 1 s 时间到时，T0 的常开触点闭合，常闭触点断开。

③ 由于 PLC 是串行扫描工作，这时程序已经运行到 T0 线圈处。于是对于第一个逻辑行中 T0 的常闭触点来说，在一个扫描周期的程序执行阶段，T0 的这个触点是闭合的，只有在输出刷新阶段，该触点的状态才是断开的。如图 5-23(a)所示。

实际上，Y0 线圈接通的时间是 1 s + 2*T*，由于 *T* 是扫描周期，时间相对很短，所以可以近似认为 Y0 线圈接通的时间是 1 s。

### 4. 接通延时定时器——通电延时型时间继电器

【例 5-18】 接通延时定时器程序示例，如图 5-25 所示。

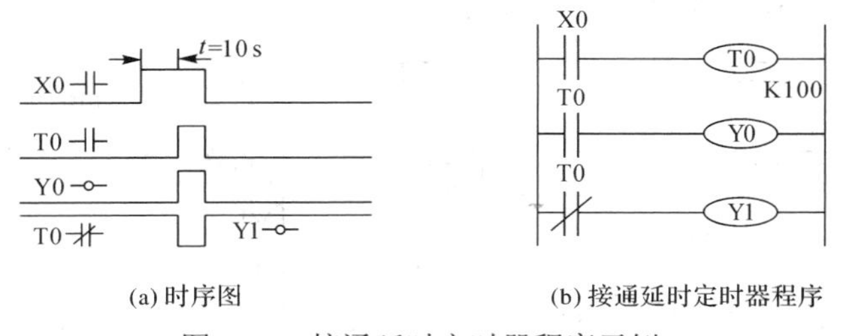


图 5-25 接通延时定时器程序示例

**解** 说明：

① 该程序实现输入脉冲 X0 接通一段时间(10 s)后，输出脉冲 Y0 才能接通的通电延时型效果。

② 当启动定时信号 X0 接通，定时器 T0 开始定时。当计时 *t* = 10 s 到，T0 常开触点闭合，输出 Y0 线圈 ON。

③ 当启动定时信号 X0 复位，T0 线圈 OFF，其常开触点断开、常闭触点闭合，Y0 线圈 OFF。

### 5. 延时断定时器——断电延时型时间继电器

【例 5-19】 延时断定时器程序示例，如图 5-26 所示。

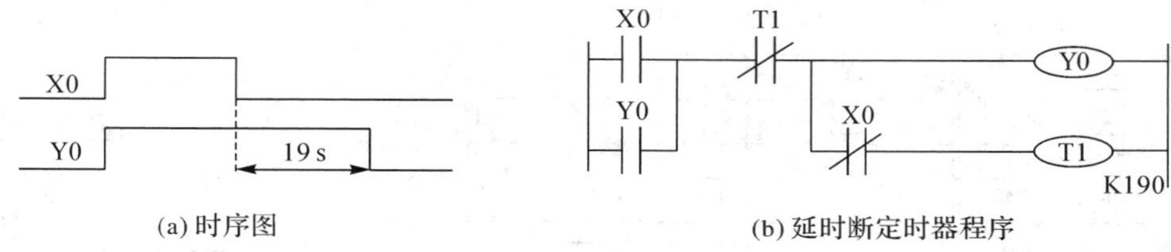


(a) 时序图　　(b) 延时断定时器程序

图 5-26　延时断定时器程序示例

**解**　说明：

① 该程序实现 Y0 在 X0 断开后再延时 19s 关断的断电延时效果。

② 在输入触点断开后，输出触点延时开断的定时器被认为是一个延时断定时器，即断电延时型定时器。

**注：由于 PLC 的定时器都是通电延时型，所以要实现断电后的延时就需要编程设计来实现。**

### 6. 振荡器——不同占空比的多谐振荡器

**【例 5-20】** 振荡器程序示例，如图 5-27 所示。

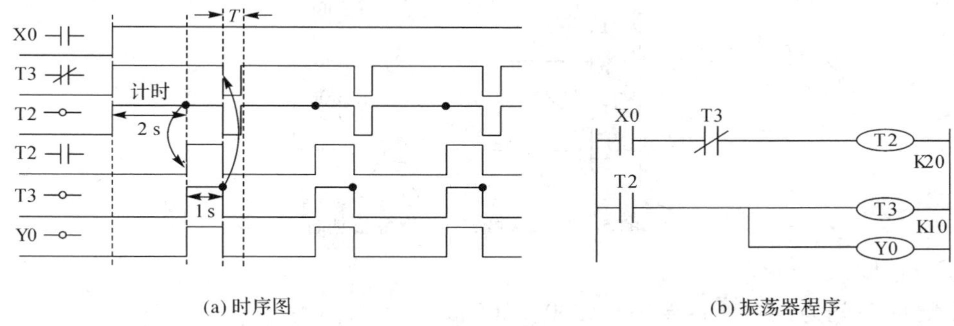


(a) 时序图　　(b) 振荡器程序

图 5-27　振荡器程序示例

**解**　说明：

① 这是一段闪烁控制程序，其功能是输出继电器 Y0 周期性接通和断开。

② 当 X0 闭合后，输出继电器 Y0 闪烁，ON 和 OFF 交替进行，接通时间 1 s 由 T3 决定，断开时间 2 s 由 T2 决定。

### 7. 长延时控制

在许多场合要用到长延时控制，但一个定时器的定时时间是有限的，所以将定时器和计数器结合起来，或将多个定时器串联，即能实现长延时控制要求。

1) 定时器与计数器结合

**【例 5-21】** 长延时控制程序示例一，如图 5-28 所示。

**解**　说明：

① 定时器 T0 延时时间为 3276.7 s，计数器 C0 的设定值为 3。

② 每经过 3276.7 s，T0 闭合 1 次，计数器 C0 的当前值加 1。T0 闭合 3 次后，C0 的触点动作，输出继电器 Y0 的线圈 ON。

③ 长延时时间为：$T \times C = 3276.7 \times 3 = 9830.1$ s。

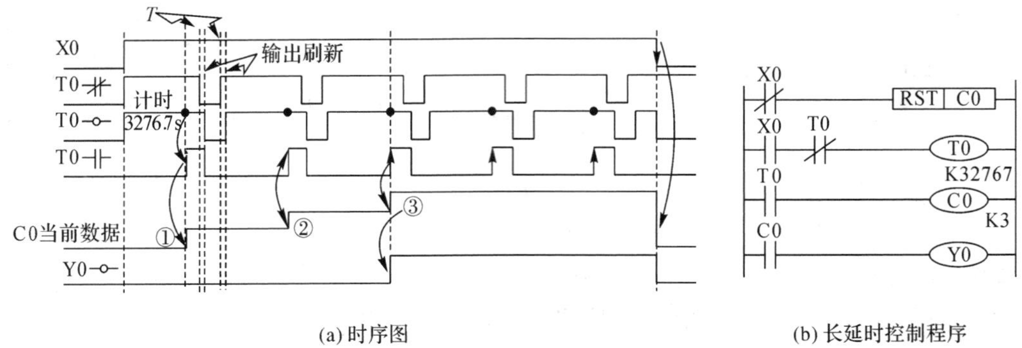


(a) 时序图　　(b) 长延时控制程序

图 5-28　定时器与计时器结合实现长延时

2) 多个定时器串联

【例 5-22】 长延时控制程序示例二，如图 5-29 所示。

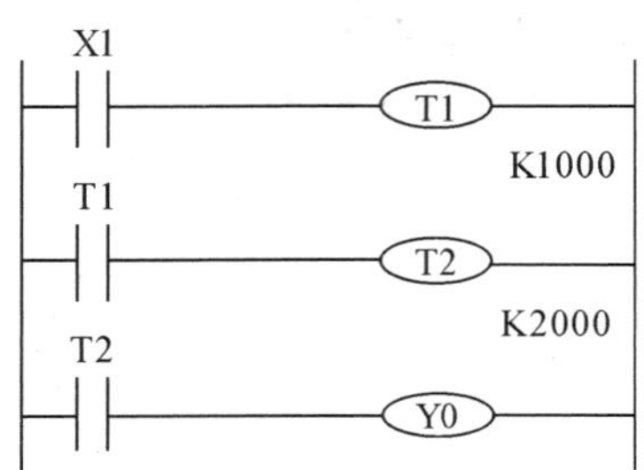


图 5-29　定时器接力获得长延时

**解**　说明：

长延时时间为：$T_1 + T_2 = 100 + 200 = 300$ s。

## 8. 大容量计数器

【例 5-23】 程序示例，如图 5-30 所示。

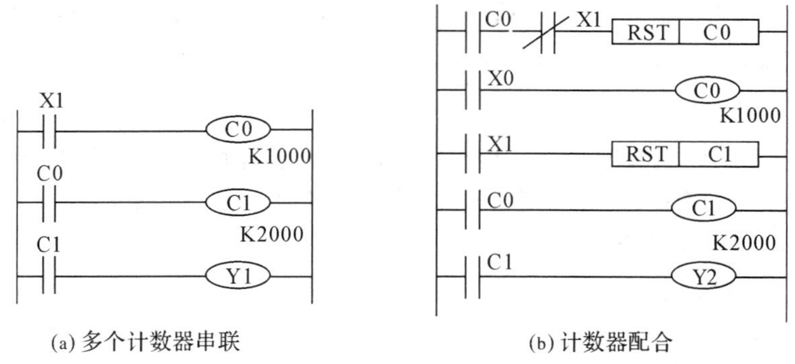


(a) 多个计数器串联　　(b) 计数器配合

图 5-30　计数器接力获得大容量计数器

**解**　说明：

① 图 5-30(a)所示的程序是通过多个计数器串联的形式，来实现大容量的计数。总的

计数长度为

$$C_0 + C_1 = 1000 + 2000$$

② 图 5-30(b)所示的程序是通过两个计数器配合的方式，来实现大容量的计数。总的计数长度为

$$C_0 \times C_1 = 1000 \times 2000$$

## 5.2.3　编程实例

### 1. 十字路口交通信号灯

1) 控制要求

十字路口的东西方向和南北方向均设有红、绿、黄三盏信号灯。当按下启动按钮后，十字路口信号灯发生如图 5-31 所示顺序变化。

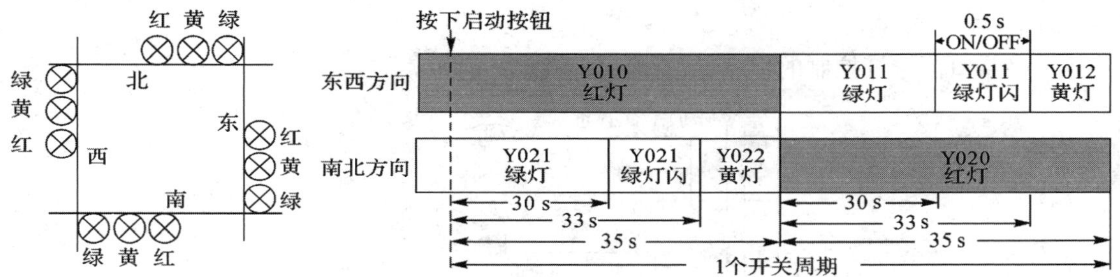


图 5-31　十字路口信号灯及其控制要求

2) 本例目的

利用定时器和特殊辅助继电器，设计一个主控结构的时序控制程序。

3) 绘制时序图

十字路口信号灯的控制时序图，如图 5-32 所示。

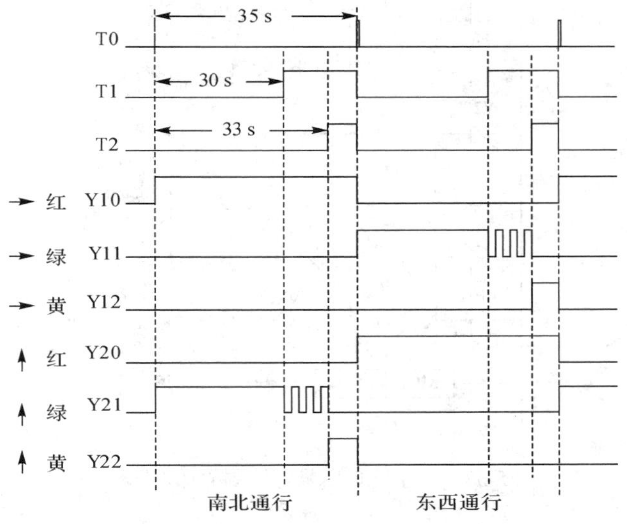


图 5-32　十字路口信号灯的控制时序图

4) I/O 地址分配

十字路口信号灯控制的 I/O 地址分配，如表 5-17 所示。

表 5-17　十字路口信号灯控制系统的 I/O 地址分配表

| 输入信号 | | | 输出信号 | | |
|---|---|---|---|---|---|
| 输入设备 | 功　能 | 输入继地址 | 输出设备 | 功　能 | 输出继地址 |
| SB1 | 启动按钮 | X0 | HL1 | 东西方向红灯 | Y10 |
| SB2 | 停止按钮 | X1 | HL2 | 东西方向绿灯 | Y11 |
| | | | HL3 | 东西方向黄灯 | Y12 |
| | | | HL4 | 南北方向红灯 | Y20 |
| | | | HL5 | 南北方向绿灯 | Y21 |
| | | | HL6 | 南北方向黄灯 | Y22 |

5) 编写程序

十字路口信号灯控制的程序梯形图，如图 5-33 所示。

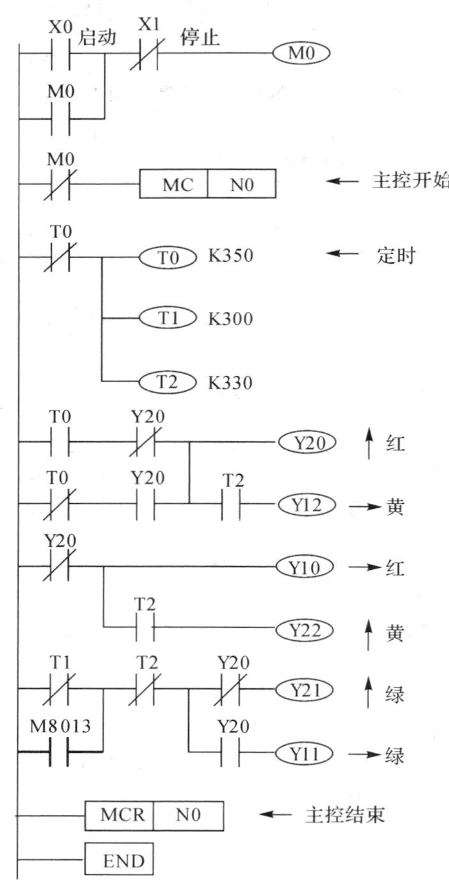


图 5-33　十字路口信号灯控制的梯形图程序

6) 说明

(1) 十字路口信号灯的控制可以分为 6 个时间段，东西方向和南北方向各 3 个，如图

5-31 所示。由于东西方向和南北方向的通行时间一样，所以用 3 个定时器 T0、T1、T2，分别设置为 35 s、30 s 和 33 s。

(2) 程序采用主控结构，按下启动按钮 SB1 后辅助继电器 M0 自锁，进入主控模块；按下停止按钮 SB2 后停止程序。

(3) 程序的第三个逻辑行是由 T0 的常闭触点和定时器构成的“自脉冲发生器”。按下启动按钮 SB1 后，定时器 T0 以 35 s 的间隔计时。当 35 s 时间到，T0 常闭触点动作的同时刷新定时器，在下一个扫描周期的开始重新启动计时。其动作时序图如图 5-31 所示。

(4) 闪烁控制程序通过特殊辅助继电器 M8013 来实现。M8013 是产生 1 s 频率振荡的时钟。

### 2. 送料小车自动循环

1) 控制要求

送料小车的运行路线如图 5-34 所示。

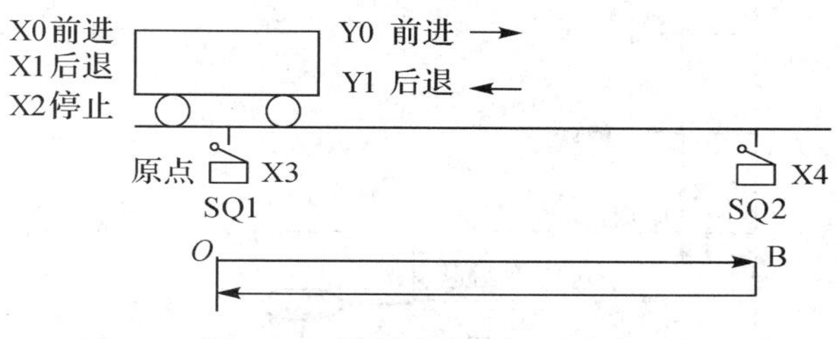


图 5-34　送料小车的运行路线

小车在原点(*O* 点)装料，10 s 后装料结束，按照运行路线行驶至 *B* 点；在 *B* 点卸料，15 s 后返回原点，并自动反复执行上述过程，直至按下停止按钮。

在行驶过程中按下停止按钮，小车立即停止；按下前进按钮，小车前进；按下后退按钮，小车退回原点停止运行。

2) 本例目的

以带自锁、互锁的基本启停电路为基础，设计时间延时的正反向控制程序。

3) I/O 地址分配

两个位置(原点和 *B* 点)的判断采用接近开关 SQ1、SQ2。送料小车控制系统的 I/O 地址分配如表 5-18 所示。

**表 5-18　送料小车控制系统的 I/O 地址分配表**

| 输入信号 | | | 输出信号 | | |
|---|---|---|---|---|---|
| 输入设备 | 功能 | 输入继地址 | 输出设备 | 功能 | 输出继地址 |
| SB1 | 前进按钮 | X0 | KM1 | 前进的接触器 | Y0 |
| SB2 | 后退按钮 | X1 | KM2 | 后退的接触器 | Y1 |
| SB3 | 停止按钮 | X2 | YV1 | 装料电磁阀 | Y2 |
| SQ1 | 原点位置判断 | X3 | YV2 | 卸料电磁阀 | Y3 |
| SQ2 | *B* 点位置判断 | X4 | | | |

4) 编写程序

送料小车控制的梯形图如图 5-35 所示。

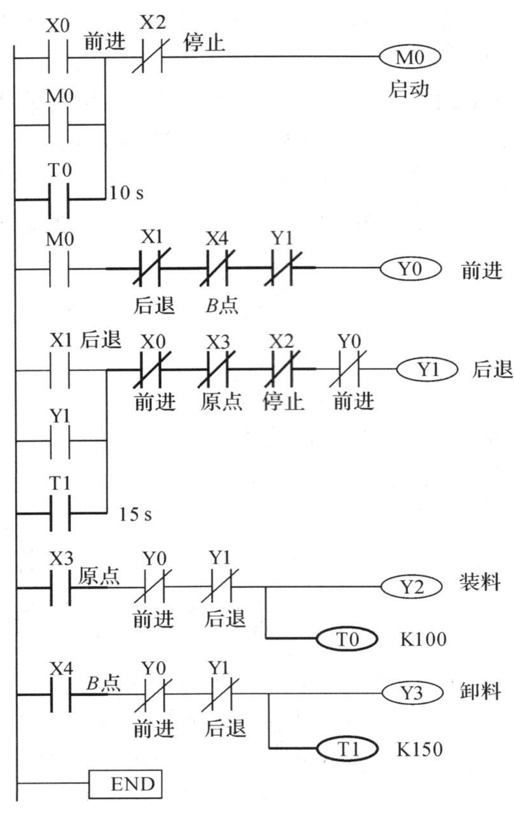


图 5-35　送料小车控制的梯形图

5) 说明

(1) 程序分为两大部分，前三个逻辑行是带自锁、互锁的基本正反向启停控制；后两个逻辑行是时间延时的设置。

(2) 前进方向的软件互锁是通过第二个逻辑行的 X1、X4 和 Y1 的常闭触点来实现；后退方向的软件互锁是通过第三个逻辑行的 X0、X3 和 Y2 的常闭触点来实现。

(3) 装料和卸料时间的设置分别通过定时器 T0 和 T1 实现，如图 5-34 的第四、第五逻辑行所示。其中，Y0 和 Y1 的常闭触点保证了小车只有处于停止状态时才能进行装料和卸料的操作。

(4) 为了实现往复的前进、后退，在第一个逻辑行 M0 的常开自锁触点和第三个逻辑行 Y1 的常开自锁触点处，分别并联 T0 和 T1 的常开触点。而定时器 T0、T1 的启动，则分别通过第四、第五逻辑行的 X3 和 X4 的常开触点来实现。如图 5-35 所示。

### 3. 两处卸料的小车自动循环

1) 控制要求

两处卸料小车的运行路线如图 5-36 所示。

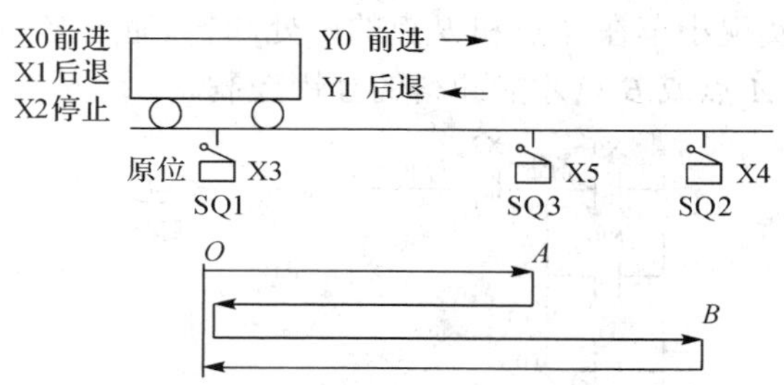


图 5-36　两处卸料小车控制的运行路线

小车在原点(*O* 点)装料，10 s 后装料结束，按照运行路线行驶。由原点第一次行驶到 *A* 点时，停止卸料 15 s 后返回原点；在原点重新装料 10 s 后再次前进，第二次行驶到 *A* 点时不停止；继续前进到 *B* 点再次卸料，15 s 后返回原点。自动反复执行上述过程。

在行驶过程中按下停止按钮，小车立即停止；按下前进按钮，小车前进；按下后退按钮，小车退回原点停止。

2) 本例目的

在前例设计的基础上，增加记忆功能的编程环节。

3) I/O 地址分配

三个位置(原点、*A* 点和 *B* 点)的判断采用接近开关 SQ1～SQ3。两处卸料小车控制系统的 I/O 地址分配，如表 5-19 所示。

**表 5-19　两处卸料小车控制系统的 I/O 地址分配表**

| 输 入 信 号 | | | 输 出 信 号 | | |
|---|---|---|---|---|---|
| 输入设备 | 功能 | 输入继地址 | 输出设备 | 功能 | 输出继地址 |
| SB1 | 前进按钮 | X0 | KM1 | 前进的接触器 | Y0 |
| SB2 | 后退按钮 | X1 | KM2 | 后退的接触器 | Y1 |
| SB3 | 停止按钮 | X2 | YV1 | 装料电磁阀 | Y2 |
| SQ1 | 原点位置判断 | X3 | YV2 | 卸料电磁阀 | Y3 |
| SQ2 | *B* 点位置判断 | X4 | | | |
| SQ3 | *A* 点位置判断 | X5 | | | |

4) 编写程序

两处卸料小车控制的梯形图，如图 5-37 所示。

5) 说明

(1) 根据新的控制要求，在前例程序结构的基础上，增加了一个记忆环节，如图 5-36 的第二、第三个逻辑行所示。

(2) 小车第一次前进经过 *A* 点时，由于第二个逻辑行 X5 的常闭触点，使得小车能够在 *A* 点停留。同时，通过第三个逻辑行 X5 的常开触点和 M1 的自锁常开触点，M1 线圈 ON 并自保持，实现了对“第一次经过 *A* 点”的记忆。

(3) 由于 M1 线圈的自保持，使得第二个逻辑行 M1 的常开触点闭合。于是当小车第二次前进经过 *A* 点时，能顺利前行至 *B* 点。

(4) 第六个逻辑行实现小车在 $A$ 点和 $B$ 点的两处卸料。通过 Y0 和 Y1 的两个常闭触点，实现了小车只有停留在 $A$ 点或 $B$ 点才能卸料的互锁控制。

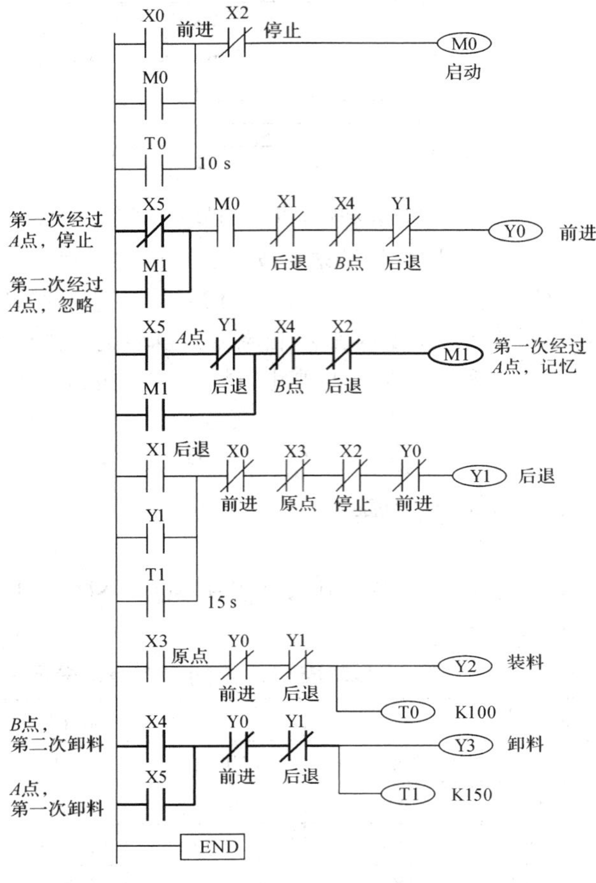


图 5-37　两处卸料小车控制的梯形图

## 5.2.4　低压电器控制系统设计

低压电器控制系统是指用低压电器控制电动机基本运行的系统，它包括简单的启停控制、双向控制、Y-△降压启动控制等。

### 1. 简单的启停控制程序

在 PLC 的程序设计中，简单的启停控制是最基本的程序，现结合低压电器控制线路进行介绍。

图 5-38(a)是用低压电器实现的带有自锁功能的三相异步电动机直接启停控制线路的原理图，实现电动机的单向长动运行。当按下启动按钮 SB1 时，电动机启动，接触器 KM 常开辅助触点(自锁触点)闭合，电动机启动并连续运行；当按下停止按钮 SB2 时，电动机停止运行。通常采用热继电器 FR 作为电动机的过载保护。

根据带有自锁功能的三相异步电动机直接启停控制线路的特点，PLC 控制的外围接线图可以有如图 5-38(b)、(d)、(f)等所示的三种接法。

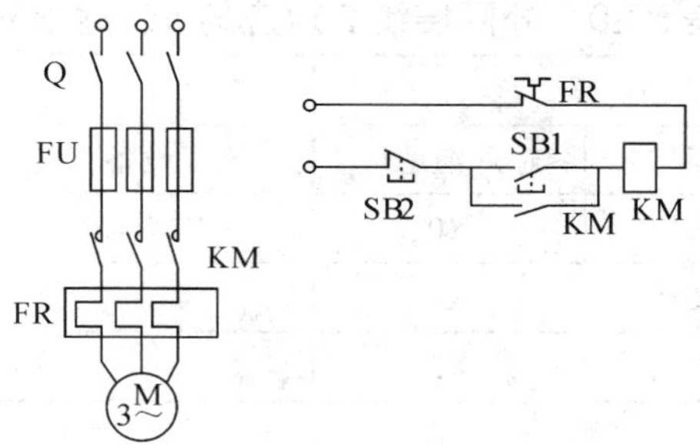


(a) 低压电器控制原理图

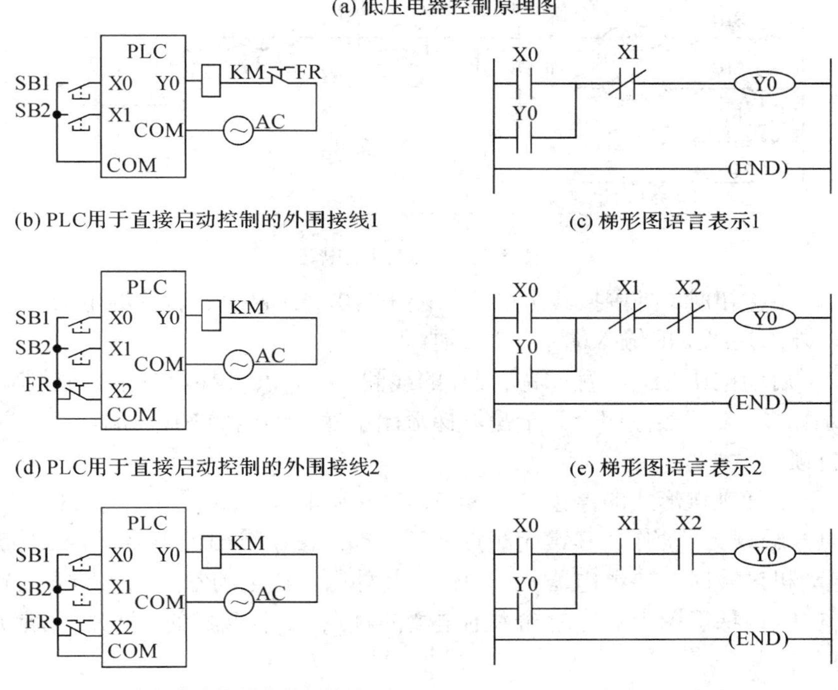


(b) PLC用于直接启动控制的外围接线1　(c) 梯形图语言表示1

(d) PLC用于直接启动控制的外围接线2　(e) 梯形图语言表示2

(f) PLC用于直接启动控制的外围接线3　(g) 梯形图语言表示3

图 5-38　三相异步电动机直接启停控制

1) PLC 外围接线

图 5-38(b)所示的外围接线 1，热继电器 FR 作为输出回路中的控制信号，当 FR 的敏感元件检测到主电路中出现过电流时，其常闭触点断开，切断控制回路，使电机停止运行。停止按钮 SB2 采用常开形式的按钮。对应的 PLC 程序如图 5-38(c)所示。

图 5-38(d)所示的外围接线 2 与图 5-38(b)的区别在于，热继电器 FR 作为输入设备，在 PLC 程序中有一个 FR 的软触点 X2。对应的 PLC 程序如图 5-38(e)所示。

图 5-38(f)所示的外围接线 3，输入设备停止按钮 SB2 采用常闭形式的按钮。对应的 PLC 程序如图 5-38(g)所示。

2) 工作过程分析

以图 5-38(d)所示的外围接线图 2 和程序 5-38(e)为例，分析工作过程。相应的 I/O 地址分配表如表 5-20 所示，PLC 的等效电路图如图 5-39 所示。

表 5-20　外围接线 2 对应的 I/O 地址分配表

| 输入信号 | | | 输出信号 | | |
|---|---|---|---|---|---|
| 输入设备 | 功能 | 输入继地址 | 输出设备 | 功能 | 输出继地址 |
| SB1 | 启动按钮 | X0 | KM | 接触器 | Y0 |
| SB2 | 停止按钮 | X1 | | | |
| FR | 热继电器 | X2 | | | |

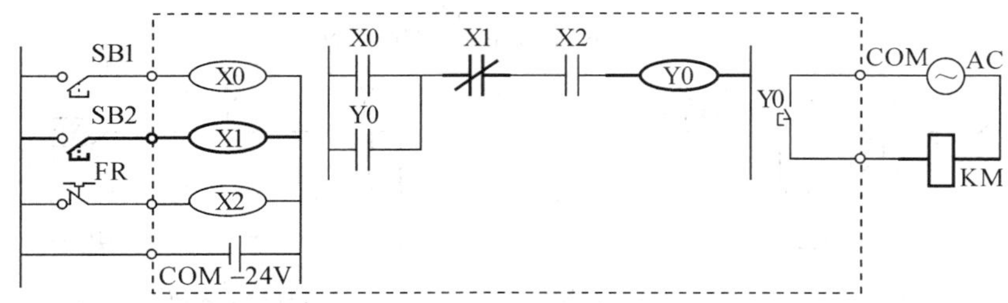


图 5-39　PLC 等效电路图

(1) 未按下按钮时，外围接线上的输入端子 X0、X1 断开。若热继电器正常，则其常闭触点闭合，外围接线上的输入端子 X2 接通。

(2) 按下启动按钮 SB1，输入端子 X0 的线圈接通，PLC 梯形图中对应的输入继电器的触点 X0 动作，其常开触点闭合。于是，梯形图中输出继电器 Y0 线圈接通，并通过 Y0 的常开触点自锁。

(3) 按下常开触点形式的停止按钮 SB2，输入端子 X1 的线圈接通，PLC 梯形图中对应的输入继电器触点 X1 动作，其常闭触点断开，梯形图中输出继电器 Y0 线圈断电。

(3) 电动机过载时，热继电器 FR 动作，其外围接线上的常闭触点断开，输入端子 X2 的线圈断电。PLC 梯形图中对应的输入继电器的触点 X2 恢复状态，即 X2 的常开触点断开，Y0 线圈随之断电。

### 2. 单按钮启停控制程序

用一个按钮控制电动机的启停，启动时按下按钮 SB，电动机启动运行，停止时，再次按下按钮 SB，电动机停止运行。能实现这一功能的程序有很多，现介绍其中的一种。

相应的 I/O 地址分配表如表 5-21 所示，PLC 程序如图 5-40 所示。

表 5-21 单按钮启停控制的 I/O 地址分配表

| 输入信号 | | | 输出信号 | | |
|---|---|---|---|---|---|
| 输入设备 | 功能 | 输入继地址 | 输出设备 | 功能 | 输出继地址 |
| SB | 控制按钮 | X0 | KM | 接触器 | Y1 |

当 X0 第一次闭合之后，M0 产生一个扫描周期的单脉冲，如图 5-39(c)所示。在第一个扫描周期内，“分支 1”M0 的常开触点和 Y1 的常闭触点都接通，则 Y0 线圈 ON；在第二个扫描周期内，M0 的常开触点断开、常闭触点闭合，由于在第一个扫描周期内 Y0 的线圈 ON，所以此时“分支 2”的 Y1 的常开触点闭合，于是线圈 Y1 继续 ON。

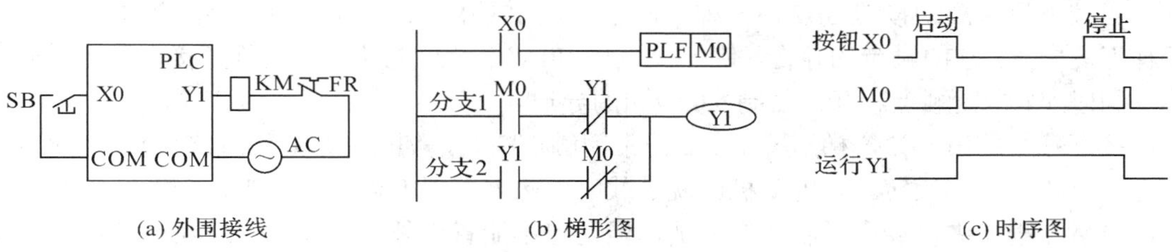


(a) 外围接线　　(b) 梯形图　　(c) 时序图

图 5-40　单按钮启停控制

当 X0 第二次闭合之后，M0 产生一个扫描周期的单脉冲。在第一个扫描周期内，“分支 2”M0 的常闭触点断开，Y0 线圈 OFF；在第二个扫描周期内，M0 的常开触点断开、常闭触点闭合，由于在第一个扫描周期内 Y0 的线圈 OFF，所以此时“分支 2”的 Y1 的常开触点断开，于是线圈 Y1 继续 OFF。

实际上，当 X0 为方波时，这个程序也可以用于二分频控制。

### 3. 双重联锁的双向控制程序

电动机的双向控制主要用于生产机械的正、反转控制和行程往复运行控制。利用按钮和接触器的常闭辅助触点实现的双重联锁，用于提高控制的可靠性。

图 5-41 为双重联锁双向控制的外围接线和 PLC 梯形图。

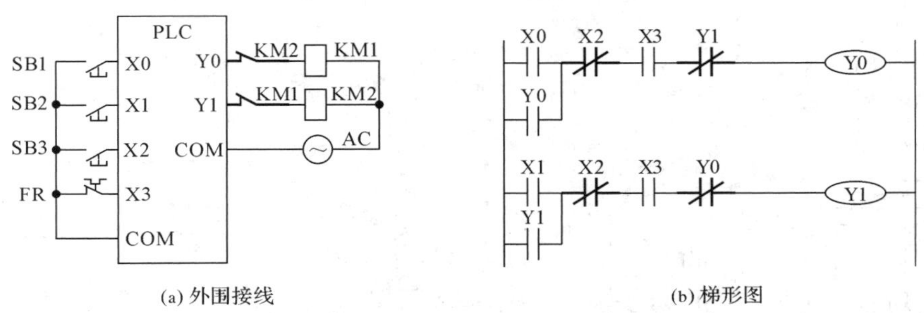


(a) 外围接线　　(b) 梯形图

图 5-41　双向控制的外围接线和梯形图

相应的 I/O 地址分配表如表 5-22 所示。

**表 5-22　双向控制的 I/O 地址分配表**

| 输入信号 | | | 输出信号 | | |
|---|---|---|---|---|---|
| 输入设备 | 功　能 | 输入继地址 | 输出设备 | 功　能 | 输出继地址 |
| SB1 | 正转启动按钮 | X0 | KM1 | 正转接触器 | Y0 |
| SB2 | 反转启动按钮 | X1 | KM2 | 反转接触器 | Y1 |
| SB3 | 停止按钮 | X2 | | | |
| FR | 热继电器 | X3 | | | |

在梯形图中，X0 和 X1 的常闭触点、Y0 和 Y1 的常闭触点构成软件上的双重联锁。外围接线中的 KM1 和 KM2 的常闭触点构成硬件上的电气互锁。

当按下正转启动按钮 SB1 时，梯形图中 X0 的常开触点闭合，Y0 线圈 ON 并自锁，电动机正向启动运行。同时 Y0 常闭触点断开，限制 Y1 线圈的导通。

当按下反转启动按钮 SB2 时，梯形图中 X1 的常开触点闭合，Y1 线圈 ON 并自锁。由于梯形图中 X1 常闭触点的存在，使 Y0 线圈 OFF，电动机能从正向运行直接切换到反向运行。同时 Y1 常闭触点断开，限制 Y0 线圈的导通。

按下停止按钮 SB3，梯形图中 X2 的常闭触点断开，Y0 线圈或 Y1 线圈 OFF，随时停止电动机的正转或反转。当电动机出现过载时，热继电器 FR 动作，电动机停止运行。

虽然在程序中已经有了联锁的保护，但是也不能省略外围接线的硬件互锁触点 KM1、KM2。这是为了避免软硬件响应时间的快慢不一致，造成硬件电路中 KM1 和 KM2 主触点不能及时切换，从而引起主电路的电源短路；同时也为了避免因接触器 KM1 或 KM2 的主触点熔焊引起电动机主电路短路的故障。另外，接触器主触点在切换过程中还能消除电弧的作用，而这些是程序中的互锁触点所不具备的功能。

### 4. 电动机 Y—△降压启动控制程序

在三相异步电动机的降压启动控制电路中，Y—△降压启动控制是使用较多的一种。电动机启动时，定子绕组接成 Y 形进行降压启动；电动机运行时，再将绕组接成△形，使电动机全压运行。

图 5-42 为 Y—△降压启动控制的主电路、外围接线和 PLC 梯形图。

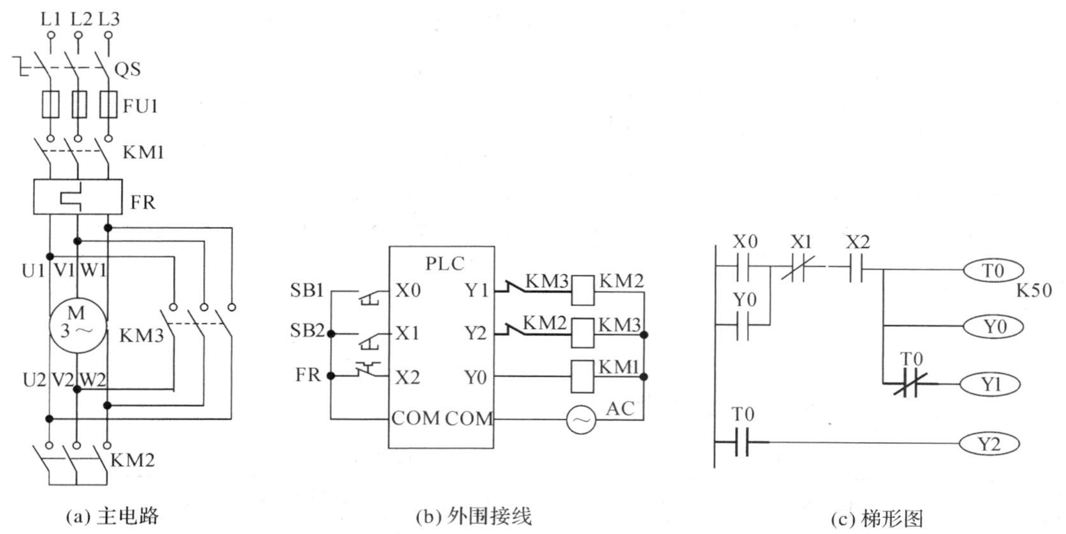


(a) 主电路　　(b) 外围接线　　(c) 梯形图

图 5-42　Y—△降压启动控制的外围接线和梯形图

相应的 I/O 地址分配表如表 5-23 所示。

**表 5-23　Y—△降压启动控制的 I/O 地址分配表**

| 输入信号 | | | 输出信号 | | |
|---|---|---|---|---|---|
| 输入设备 | 功能 | 输入继地址 | 输出设备 | 功能 | 输出继地址 |
| SB1 | 启动按钮 | X0 | KM1 | 接通电源的接触器 | Y0 |
| SB2 | 停止按钮 | X1 | KM2 | 定子绕组 Y 形接法 | Y1 |
| FR | 热继电器 | X2 | KM3 | 定子绕组△形接法 | Y2 |

当按下电动机启动按钮 SB1 时，梯形图中 X0 的常开触点闭合，Y0 线圈 ON 并自锁，电动机主电路接通电源；Y1 线圈 ON，电动机绕组 Y 形连接，实现 Y 形降压启动。同时，定时器 T0 通电，开始计时 5 s。

定时器 T0 计时时间到，其常闭触点断开，Y1 线圈 OFF；常开触点闭合，Y2 线圈 ON，电动机绕组△形连接，实现全压运行。

当电动机出现过载时，热继电器 FR 动作，电动机停止运行。

图 5-42(c)所示的梯形图中，电动机 Y 形启动和△形运行两种状态的互锁，是通过 T0 的常开触点和常闭触点来实现的。

## 习　题

5-1　绘制出与表 5-24～表 5-27 指令表对应的梯形图。

表 5-24　指令表(a)

| | | | |
|---|---|---|---|
| LD　X0 | OR　M100 | OR　M101 | OUT　Y5 |
| OR　X1 | LD　X3 | ANB | END |
| ANI　X2 | AND　X4 | ORI　M102 | |

表 5-25　指令表(b)

| | | | |
|---|---|---|---|
| LD　X1 | LD　X3 | OUT　Y3 | LD　X5 |
| OR　M100 | TMR　T100　K50 | LD　X4 | CNT　C100　K5 |
| ANI　X2 | OUT　Y2 | PLS　M200 | LD　X5 |
| OUT Y1 | LD　T100 | LD　M200 | OUT　Y4 |
| OUT M100 | TMR　T101　K20 | RST　C100 | END |

表 5-26　指令表(c)

| | | | |
|---|---|---|---|
| LD　X0 | LD　X4 | ANB | OUT　Y2 |
| AND　X1 | AND　X5 | LD　M0 | END |
| LD　X2 | LD　X6 | AND　M1 | |
| ANI　X3 | AND　X7 | ORB | |
| ORB | ORB | AND　M3 | |

表 5-27　指令表(d)

| | | | |
|---|---|---|---|
| LD　X0 | OUT　M101 | OUT　Y1 | MCR　N0 |
| AND　X1 | MC　N0 | LD　X6 | LD　X10 |
| OUT　M100 | LD　X4 | OUT　Y3 | OUT　Y4 |
| LD　X2 | OUT　Y0 | LD　X7 | END |
| OR　X3 | LD　X5 | OUT　Y3 | |

5-2　写出如图 5-43 所示梯形图的指令表。

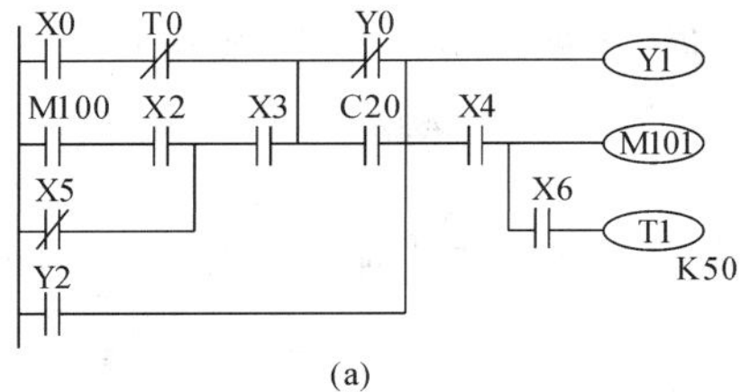


(a)

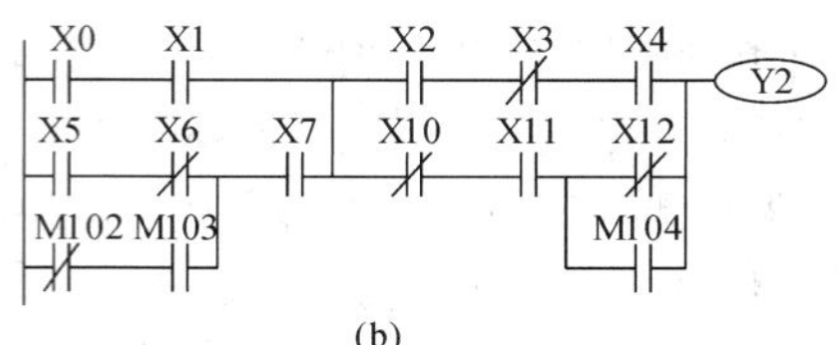


(b)

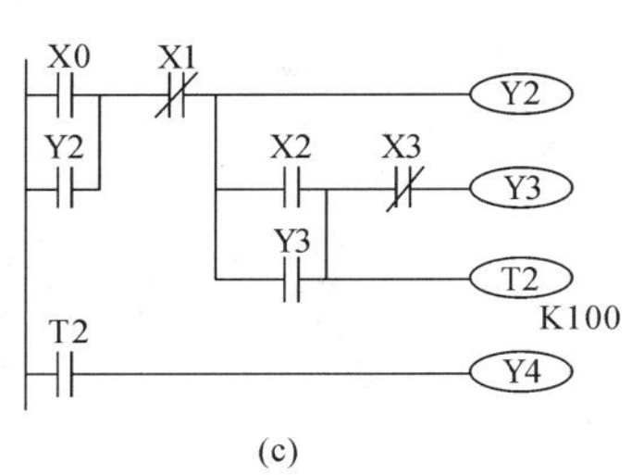


(c)

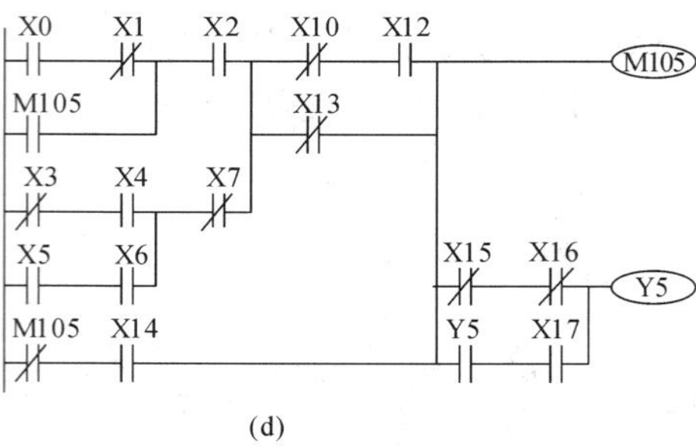


(d)

图 5-43　题 5-2 图

5-3　将图 5-44 梯形图转换成主控结构。

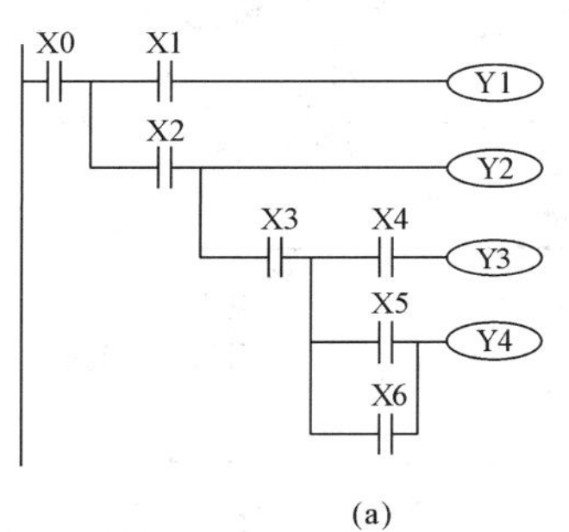


(a)

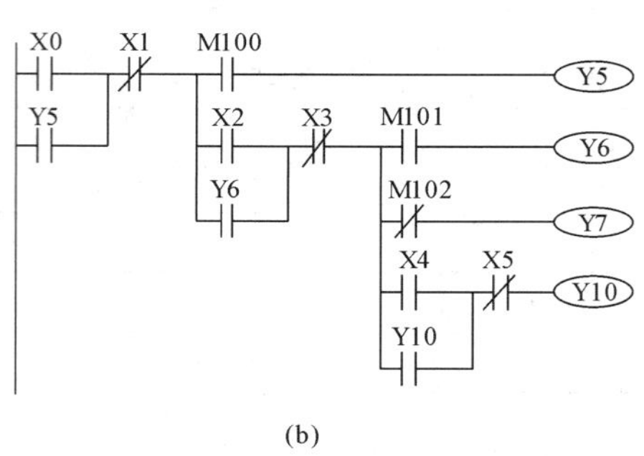


(b)

图 5-44　题 5-3 图

5-4　图 5-45 梯形图是否可以直接编程？绘制出改进后的等效梯形图。

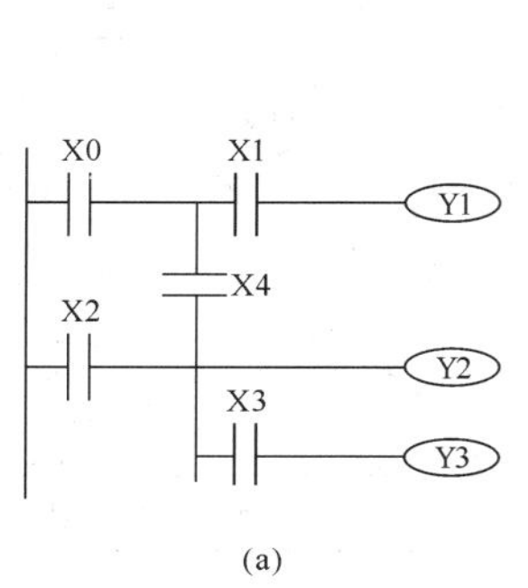


(a)

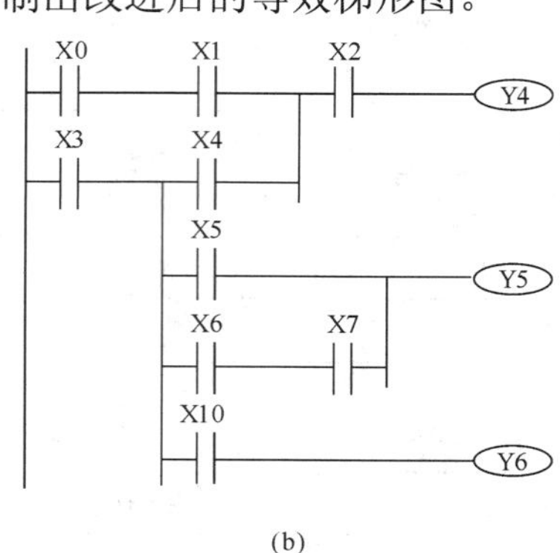


(b)

图 5-45　题 5-4 图

5-5　设计三分频、四分频的程序，绘制梯形图。

5-6　在 X0 接通 4000 s 后，Y0 才通电；在 X0 断开 500 s 后，Y0 才断开。试根据控制要求，绘制梯形图程序。

5-7　当传送带上 20 s 内无产品通过时，报警器闪烁报警，接通时间 1 s，断开时间 2 s。报警器闪烁 5 次后，传送带停止运行。试根据控制要求，绘制梯形图程序。

5-8　用定时器实现频率为 5Hz 的方波，并用计数器计数，1 小时后计数停止，并驱动 Y0 输出。试绘制梯形图程序。

5-9　单按钮控制电动机的反接制动，要求按一次按钮电动机启动，并保持运行，再按一次按钮，电动机反接制动快速停止。试根据控制要求，绘制系统主电路、PLC 的外围接线图和梯形图程序。

5-10　两台三相鼠笼式异步电动机 M1 和 M2 顺序控制。要求启动时先 M1 后 M2，停止时先 M2 后 M1。试根据控制要求，绘制系统主电路、PLC 的外围接线图和梯形图程序。

5-11　三相鼠笼式异步电动机串电阻降压启动控制。试根据控制要求，绘制系统主电路、PLC 的外围接线图和梯形图程序。

5-12　三相鼠笼式异步电动机能耗制动控制。试根据控制要求，绘制系统主电路、PLC 的外围接线图和梯形图程序。

5-13　三相鼠笼式异步电动机低速向高速切换的控制。试根据控制要求，绘制系统主电路、PLC 的外围接线图和梯形图程序。

5-14　设 4 个设备分别由 4 台电动机控制，其动作时序如图 5-46 所示。试根据时序图，绘制梯形图程序。

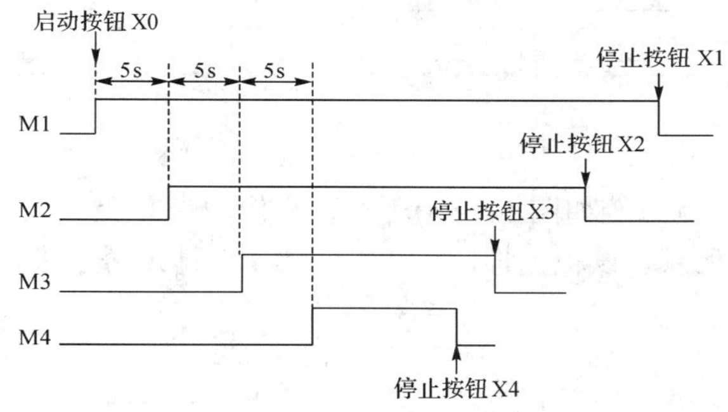


图 5-46　题 5-14 图

5-15　设小车在初始位置 *A* 点时，原点指示灯 HL 亮。按下启动按钮 SB1，按照图 5-47 所示的路线重复往返运行，按下停止按钮 SB4，小车返回初始位置 *A* 点，停止运行。在行驶过程中，按下前进按钮 SB2 或按下后退按钮 SB3，小车分别能前进或后退。试根据控制要求，绘制 PLC 的外围接线图和梯形图程序。

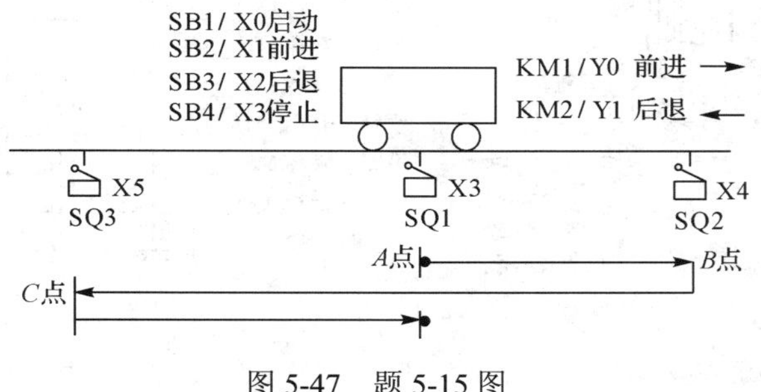


图 5-47　题 5-15 图

5-16　某组合机床动力头在初始位置时按下启动按钮 SB1，动力头的进给运动如图 5-47(a)所示。一个工作循环后，返回并停止在初始位置。控制各电磁阀 YV1～YV4 在各个工步的状态如图 5-48(b)所示，其中，“1”、“0”分别表示“接通”和“断开”。试根据控制要求，绘制 PLC 的外围接线图和梯形图程序。

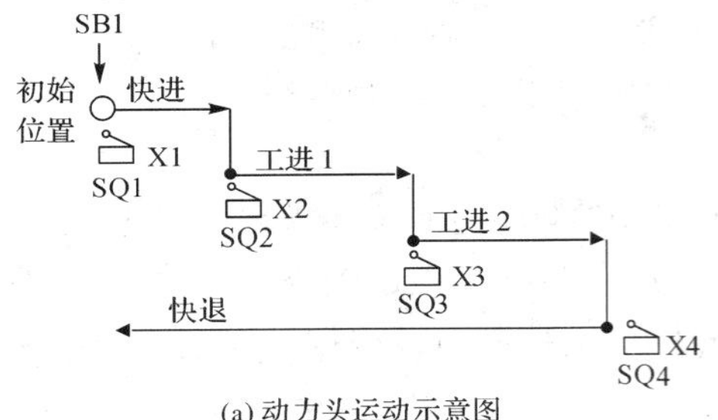


(a) 动力头运动示意图

| 工步 | YV1 | YV2 | YV3 | YV4 |
|---|---|---|---|---|
| 快进 | 0 | 1 | 1 | 0 |
| 工进1 | 1 | 1 | 0 | 0 |
| 工进2 | 0 | 1 | 0 | 0 |
| 快退 | 0 | 0 | 1 | 1 |

(b) 电磁阀动作状态

图 5-48　题 5-16 图

5-17　设某流水灯控制时序如图 5-49 所示。试设计满足该时序的梯形图程序。

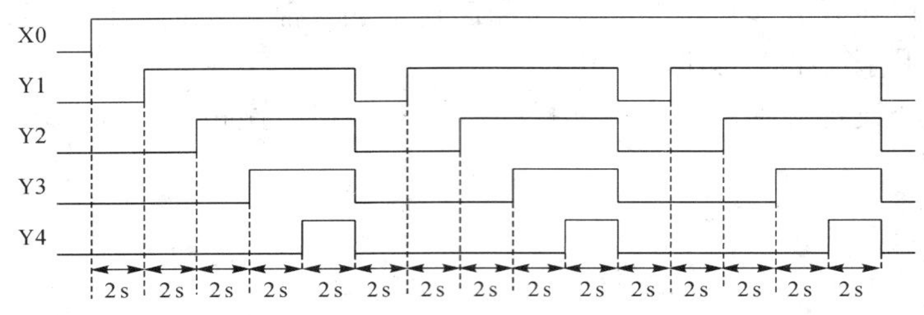


图 5-49　题 5-17 图

5-18　某机械手控制系统如图 5-49(a)所示，将传动带 *A* 上的物品送到传动带 *B* 上，其控制时序如图 5-50(b)所示。试根据控制要求，写出 I/O 地址分配表，绘制 PLC 的外围接线图和梯形图程序。

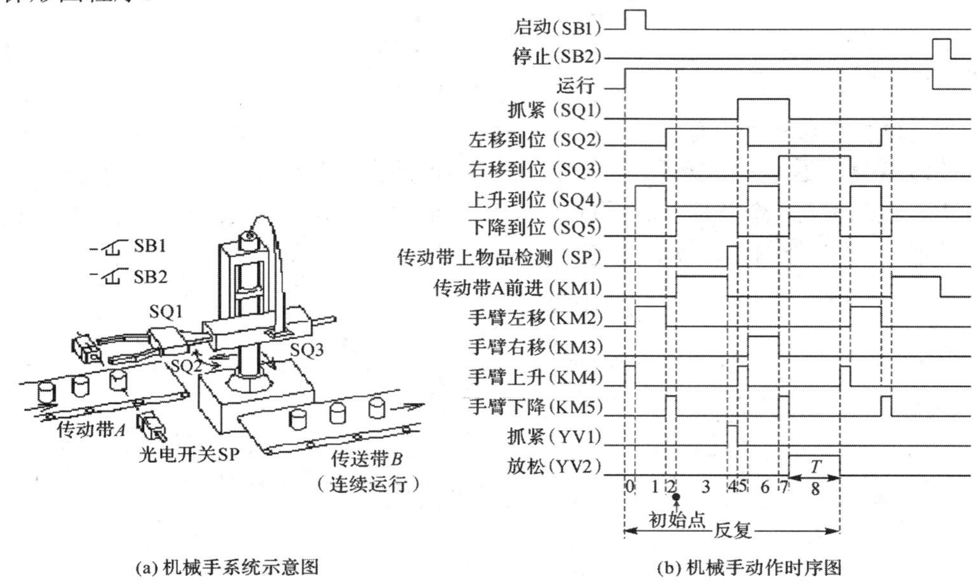


(a) 机械手系统示意图　　(b) 机械手动作时序图

图 5-50　题 5-18 图

# 第 6 章　PLC 步进顺序控制及其应用

本章主要介绍 PLC 的一类重要的编程方法，即步进顺序控制方法。通过了解步进顺序控制程序的组成元素与结构，步进顺序控制方法的两种具体实现形式(顺序功能图、步进梯形图)，编写步进顺序控制程序的一些经验技巧，以及几个顺序控制程序的实例，学会用步进顺序控制方法来编写程序，为复杂电器系统的控制提供便利。

## 6.1　基于 SFC 图的步进顺序控制方法

虽然梯形图具有直观易懂的优点，容易被电气工程师们掌握，特别适用于开关量逻辑控制，但是它也有一些不足，比如在梯形图中，控制过程中的每一个具体动作(如开启定时器、线圈输出等)都会在图中标示出来，如图 6-1 所示。对于实际的控制系统，往往涉及大量的动作，这会使得梯形图变得非常庞大、复杂，从而给程序阅读、调试带来极大的挑战。但是应该注意到的是，虽然控制工程中涉及的动作可能很多，但是它们都各自分属于几个子过程或步骤，比如本章后面介绍的实例“十字路口交通信号灯控制器”中，交通灯系统包含 8 个基本的步骤(绿 1 灯亮、黄 1 灯亮等)，每步里面都包含了几个动作，比如线圈输出、启动定时器等。因此，提出了另外一种编程方法，即以步为基本单位，将属于该步的所有动作封装起来，按照控制流程的顺序来转移步，从而得到所谓的步进顺序控制方法，如图 6-2 所示。因为控制流程里面步的数量往往比动作少得多，而且用步来描述控制流程比用动作描述可以使程序更直观、逻辑性更强，所以步进顺序控制更适用于复杂控制流程的编程。

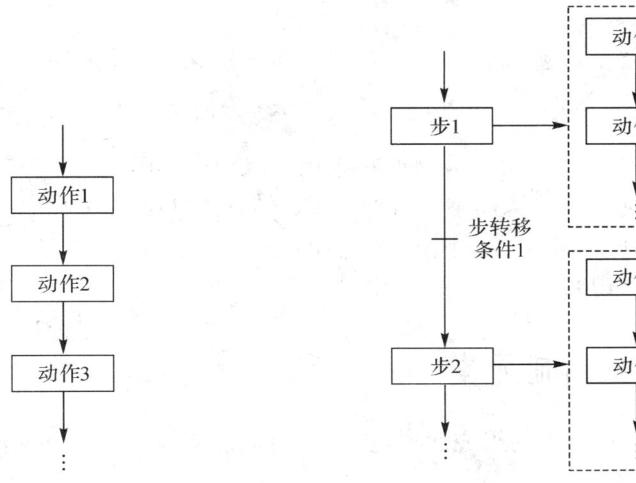


图 6-1　梯形图程序的结构示意图　　图 6-2　步进顺序控制的程序结构示意图

步进顺序控制方法主要有两种实现方式。第一种是顺序功能图法(Sequential Function Chart，SFC)。SFC 方法作为一种基于图形的编程语言，类似用流程图来描述系统的工作流程，如图 6-2 所示。SFC 方法使程序的逻辑结构更清晰、更具可读性，调试难度也极大降低。正因为 SFC 的这些优点，使得该方法得到了广泛的应用。第二种是步进梯形图方法。虽然 SFC 图和梯形图看似截然不同，但是实质依然一样，只是描述控制流程的方式不一样而已，而且 SFC 图里面的每一步所封装的动作还是需要使用梯形图来进行编程的。因此，SFC 图和梯形图是可以相互转化的，只是对应的梯形图中会有一些与步进顺序控制相关的指令，即步进梯形指令(Step Ladder Instruction，STL)。包含 STL 指令的梯形图称为步进梯形图。步进梯形图和 SFC 图在功能上是等效的，只是在形式上有所不同。因此，接下来首先介绍 SFC 图在编程方法，包括它的组成、程序结构等；然后介绍步进梯形图编程方法，包括与实现 SFC 图相关的 STL 指令等。

本章的程序是在“GX Developer 8”编程软件上进行开发的。其中，SFC 图的编程界面如图 6-3 所示。上部是菜单栏、工具栏，下部的三个窗口从左到右分别是工程列表窗口、SFC 图编辑区、动作输出/转移条件程序编辑区。在 SFC 图编辑区，以步为单位编写程序，即 SFC 图；在程序编辑区，则是用梯形图来编辑步、转移条件所封装的动作。

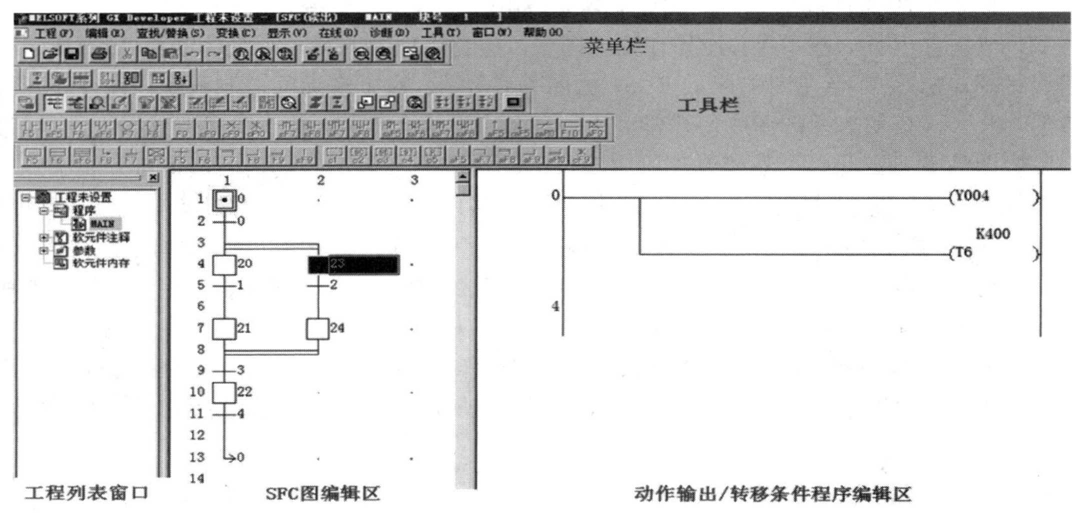


图 6-3　SFC 图编程界面

为了便于理解，后面在介绍实例时将采用 SFC 图的示意图，如图 6-4 所示。在示意图中，将每一步、转移条件所封装的的动作都标示出来，比如图中的 S2 步的动作为“OUT Y1”和“OUT T0 K1200”。

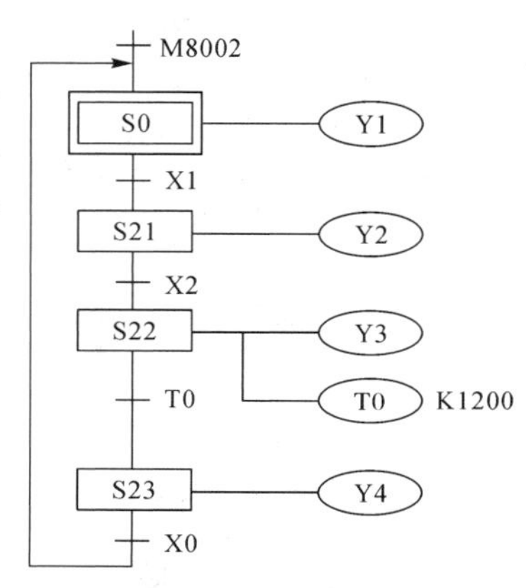


图 6-4　SFC 图的示意图

## 6.1.1　SFC 图的组成元素

由图 6-3 可见，SFC 图的组成元素包括步、有向连接线、转移条件、跳转等。

### 1. 步

步进顺序控制方法的核心是将控制流程分解为一系列步。这样，控制流程就变成了步的执行与转移。在 SFC 图中，步用方框表示，方框右边的数字代表步的序号。对于系统初始状态的工作步(初始步)则用双方框表示，即图 6-3 中的 0 号步。在 SFC 图中，步的序号是唯一、不可重复的，即图中不能在两个不同位置出现两个序号相同的步。

0～9 号步都是初始化步，10～19 号步用于回归原点，20～499 号步是普通步，500～899 为断电保持步。如果应用于在运行中途发生停电，再通电时要继续运行的场合，则可以使用 500～899 步。SFC 程序应该至少有一个初始化步。

根据是否激活也就是是否处于工作运行状态，每一步可以分为活动步和静止步。当前正在运行的步称为活动步，否则称为静止步。步处于活动状态时，该步所封装的动作被执行；而对于静止步，则不执行。

在 GX Developer 8 软件中，对于每一步所封装的动作，可以在该步所对应的“动作输出/转移条件程序编辑区”中进行编辑，如图 6-5 所示。生成的动作在 SFC 图编辑区中不显示(被封装)，使用梯形图对动作进行编程。因此，动作的编程需要符合梯形图编制方法的要求和限制条件。

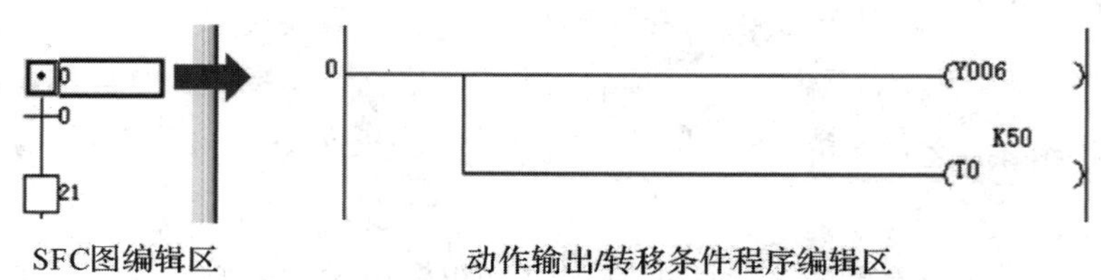


图 6-5　编辑 SFC 图中步所封装的动作

### 2. 有向连接线

步进顺序控制过程实际上就是步的执行、转移过程。在 SFC 图中，步与步之间的转移关系用有向连接线来表示。如果两个步之间有线相连接，则表示其中一步在符合一定条件下可以转移到另一步，比如在图 6-3 所示中，第 0 步转移到第 20、23 步。默认的转移顺序是从上到下、从左到右。

为了使界面更简洁、清晰，如果两个步是相邻的，而且转移关系是从上面的步到下面的步，则它们之间的连接线可以省略箭头。至于其他情形，则需要在连接线末端加箭头以正确表示步的转移方向顺序，而且此时不用连接线将两步直接相连接，而是只在待转移步加上末端标注了转移目标步序号的带箭头的线，同时在目标步的方框中加上一点表示有来自别的步的转移连接。比如在图 6-3 中，虽然 S22 步在符合一定条件下会转移到 S0 步，但是在 SFC 图中，并不用线将 S0、S22 步的方框直接相连接，而是只在 S22 下端加上末端标示了 S0 步序号的带箭头短线，在 S0 步中则只是加了一个黑点。

### 3. 转移条件

从一步转移到另外一步所需要符合的条件称为它们之间的转移条件。在 SFC 图中，用一个与两步之间的连接线相垂直的短横线来表示，并且在横线的一侧标注该转移条件的序号、编号。应该注意的是，步的编号和转移条件的编号是独立的两个编号。比如在图 6-3 中，步 S21、S22 之间的连接线中央的那条横线就是它们之间的转移条件。转移的实现必

须同时满足两个条件：一是该转移所有的前级步都是活动步；二是相应的转移条件得到满足。不同转移条件之间不能直接相连，如图6-6(a)所示的画法是错误的，需要将条件12、13合并为一个条件，或者可以在两者之间增加一个没有封装任何动作的步(虚设步)，如图6-6(b)所示。此外，步与步之间也不能直接相连接，而必须要有转移条件。

在GX Developer 8软件中，对于每一个转移条件，可以在该条件所对应的“动作输出/转移条件程序编辑区”中用梯形图进行编辑，如图6-7所示。生成的条件在SFC图编辑区中不显示(被封装)。编写完条件之后，必须在条件后面增加“TRAN”指令，如图6-7所示。因此，条件的编程也需要符合梯形图编制方法的要求和限制条件。

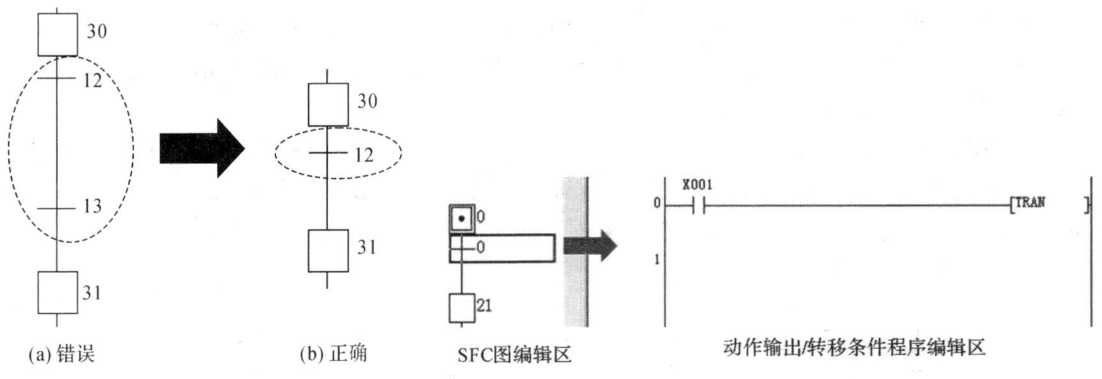


图6-6　不同转移条件之间的画法　　图6-7 转移条件的编辑

**4. 跳转**

如果两个步之间存在转移关系，但是不符合两步相邻的条件，转移关系是从上到下，则这两步之间的转移就需要使用跳转来实现。此时，在待转移步的末端是一个标注了转移目标步序号的带箭头的线。同时，在目标步的方框中加上一点，比如在图6-3中，从S22步到S0步的转移。

在GX Developer 8软件中，跳转的生成方法是：在SFC图编辑区中，生成完转移条件之后，在转移条件下方双击鼠标左键，在弹出的“SFC符号输入”对话框的“图标号”下拉列表中选择“JUMP”选项，并且在后面的框中填入目标步的序号，如图6-8所示。设置完毕，单击“确定”按钮即可生成跳转。

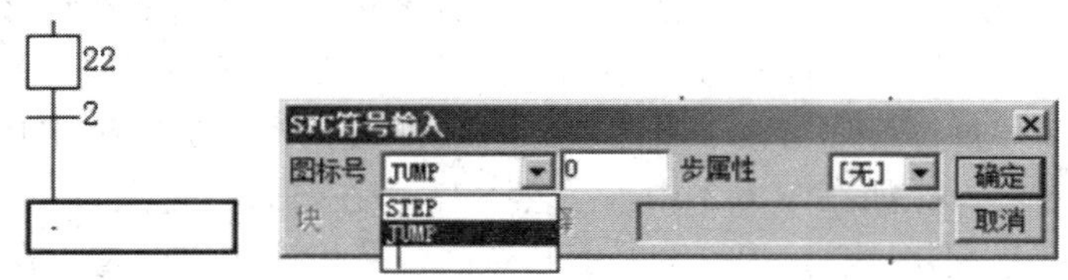


图6-8　生成跳转的方法

## 6.1.2　SFC图的结构

虽然一个控制流程可以分解为多个步，这些步之间可能有不同的转移关系，从而使SFC图的结构变得复杂，但是SFC图大体可以分为四种基本结构，即单序列、选择序列、

并行序列和循环序列，如图 6-9 所示。任何 SFC 图都可以由这几种基本结构组成。图中的 Si (i = 0, 20,…)代表一步的程序模块，TRi (i = 0, 1,…)代表步与步之间的转移条件。

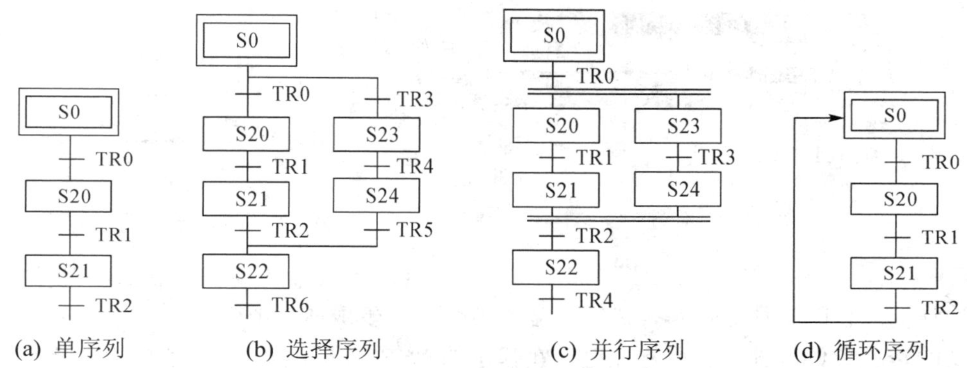


图 6-9　SFC 图的基本结构

**1. 单序列**

单序列中的步、转移条件顺序串联，如图 6-9(a)所示。此时控制流程是单向顺序执行。

**2. 选择序列**

选择序列由选择性分支和选择性汇合组成。

在控制流程中，可能会遇到这样的情形，即一个步执行之后，可以根据条件的不同，转移到不同的步，从而在这步之后形成多个流程分支，但是一般一次只能有一个转移条件成立，即只能转移进入其中一个分支。我们把这种结构称为选择性分支序列，如图 6-9(b)中所示的 S0 步到 S20 步、S23 步的转移。如果一个步可以从多个流程分支中转移过来，而且这些分支转移到该步的条件是独立的，则把这种结构称为选择性汇合结构，如图 6-9(b)中所示的从 S21 步、S24 步到 S22 步的转移。

(1) 对于选择性分支，必须先生成分支结构，再生成到各个分支的转移条件。生成选择性分支的具体流程是，在要生成分支的步下面双击鼠标左键，在弹出的“SFC 符号输入”对话框的“图标号”下拉列表中选择“-- D”，如图 6-10 所示。

图 6-10　生成选择性分支的方法

单击“确定”按钮后即可生成如图 6-11 左上角所示的分支结构，然后再在每个分支下面生成各分支的转移条件。生成的方法是，在分支的下面双击鼠标左键，在弹出的“SFC 符号输入”对话框的“图标号”下拉列表中选择“TR”，如图 6-11 所示。假设有 $n$ 个分支，则只需要从左边开始逐个建立分支即可，即建立了一个分支之后，在靠右的新分支上再次建立一个分支，共需建立 $n-1$ 次，如图 6-12 所示。最多只能有 8 个分支。

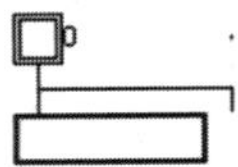

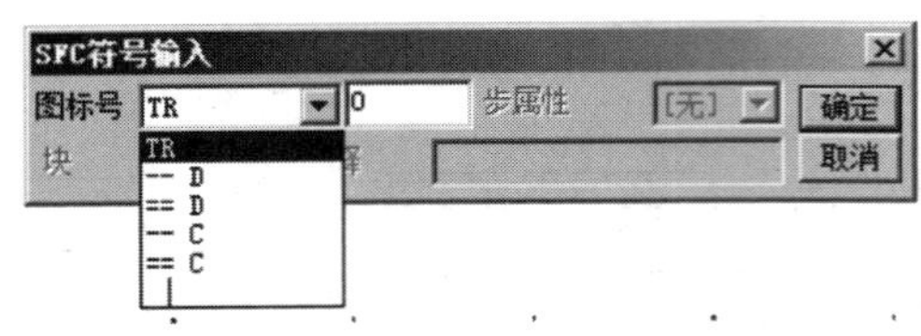


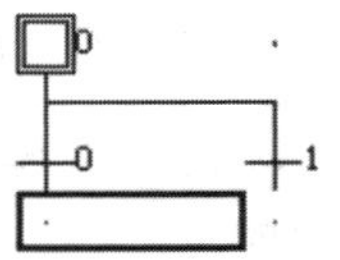


图 6-11　选择性分支结构　　　　图 6-12　生成选择性分支的转移条件

(2) 对于选择性汇合，必须先生成各个分支各自汇合的转移条件，再生成汇合结构。生成选择性汇合的具体流程是，在待汇合的各个分支生成各自的汇合转移条件之后，在左侧分支的转移条件下部双击鼠标左键，在弹出的“SFC 符号输入”对话框的“图标号”下拉列表中选择“--C”。比如在图 6-13 中，要为图左上角所示的两个分支生成选择性汇合时，双击“转移条件 4”下面即可。

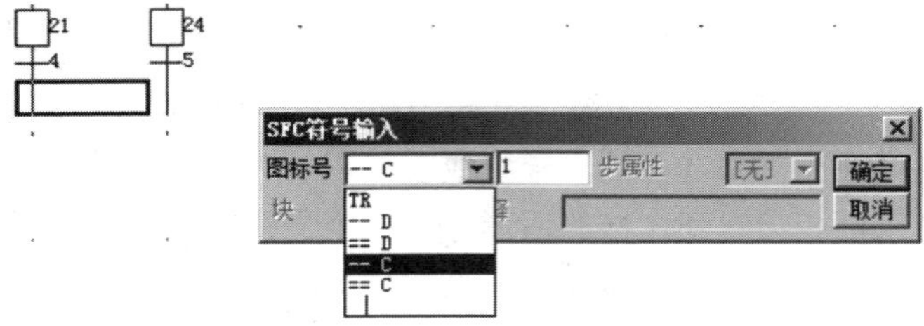


图 6-13　生成选择性汇合的方法

单击“确定”按钮后即可生成如图 6-14 所示的汇合结构。假设有 $n$ 个分支需要汇合，则只需要从左边开始逐个建立汇合即可，即建立了一个汇合之后，在靠右的分支上再次建立一个汇合，共需建立 $n-1$ 次。

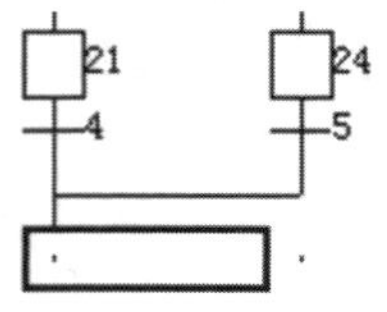


图 6-14　选择性汇合结构

### 3. 并行序列

并行序列由并行分支和并行汇合组成。

在控制流程中，也可能会遇到这样的情形，即一个步执行之后，可以同时转移到多个不同的步，从而在这步之后形成多个并行运行的分支流程。我们把这种结构称为并行分支序列，如图 6-9(c)中所示的 S0 步到 S20 步、S23 步的转移，最多只能有 8 个分支。

如果一个步可以从多个流程分支中的不同步转移过来，而且只在这些步同时处于活动状态，且转移条件成立的条件下才会转移，则把这种结构称为并行汇合结构，如图 6-9(c) 中所示的从 S21 步、S24 步到 S22 步的转移。

(1) 对于并行分支，必须先生成到各个分支的转移条件，再生成分支结构。生成并行

分支的具体流程是，在要生成分支的步生成转移条件之后，在转移条件下部双击鼠标左键，在弹出的“SFC 符号输入”对话框的“图标号”下拉列表中选择“== D”，如图 6-15 所示。单击“确定”按钮后即可生成如图 6-16 所示的分支结构。假设有 $n$ 个分支，则只需要从左边开始，逐个建立分支即可，即建立了一个分支之后，在靠右的新分支上再次建立一个分支，共需建立 $n-1$ 次。

图 6-15　生成并行分支的方法　　　　图 6-16　并行分支结构

(2) 对于并行汇合，必须先生成汇合结构，再生成汇合的转移条件。生成并行汇合的具体流程是，在待汇合的各个分支生成各自的最后一步之后，在左侧分支的转移条件下方双击鼠标左键，在弹出的“SFC 符号输入”对话框的“图标号”下拉列表中选择“== C”，如图 6-17 所示。

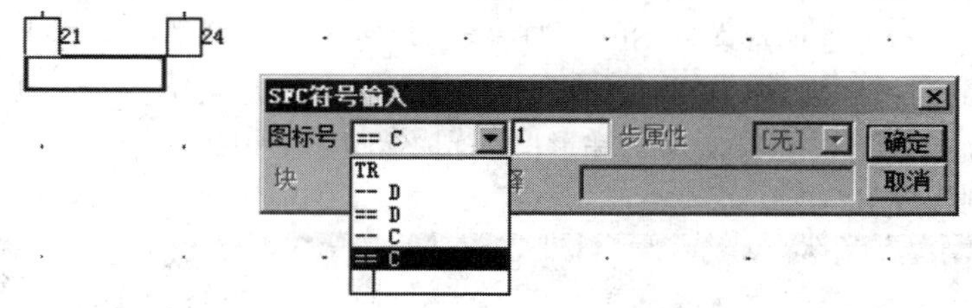


图 6-17　生成选择性汇合的方法

单击“确定”按钮后即可生成如图 6-18 所示的汇合结构。生成汇合结构之后，需要首先生成转移条件。假设有 $n$ 个分支需要汇合，则只需要从左边开始，逐个建立汇合即可，即建立了一个汇合之后，在靠右的分支上再次建立一个汇合，共需建立 $n-1$ 次。

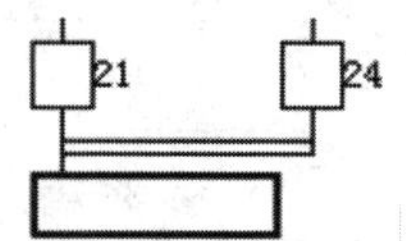


图 6-18　选择性汇合结构

### 4. 循环序列

在控制流程中可能会遇到这样的情形，即需要循环执行一个序列的情形，把这种结构称为循环序列，如图 6-9(d)所示。从 S0 步顺序执行到 S21 步，当 S21 步完成后，又跳转到 S0 步，重新开始新一轮的循环。

生成循环序列的方法是利用跳转。生成循环序列的具体流程是，在生成循环序列最后一步的转移条件之后，在转移条件下方双击鼠标左键，在弹出的“SFC 符号输入”对话框的“图标号”下拉列表中选择“JUMP”，并且在旁边的输入框中填写跳转目标步的序号。

比如在图 6-19 中，在“转移条件 2”下方生成“JUMP”。生成的循环结构如图 6-20 所示。在跳转步的转移条件下部会变成一个末端带有目标步序号的带箭头短线，而跳转目标步的方框中会多出一个黑点。

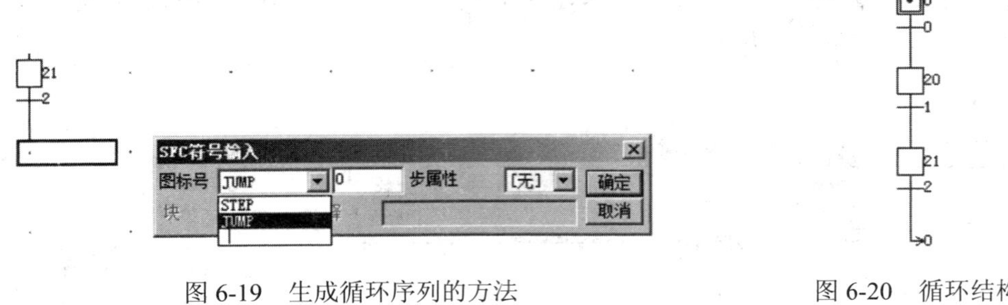


图 6-19　生成循环序列的方法　　　　图 6-20　循环结构

## 6.2　基于步进梯形图的步进顺序控制方法

前面介绍了如何用基于图形的方法(即 SFC 图方法)来编写步进顺序控制程序。实际上，也可以用梯形图的方法来编写步进顺序控制程序。不过此时需要用到步进梯形指令，因此也称为步进梯形图。步进梯形图和 SFC 在功能上是等效的，只是在形式上有所不同。基于步进梯形图的顺序控制程序编辑界面如图 6-21 所示，上部是菜单栏、工具栏，下部的两个窗口从左到右分别是工程列表窗口、梯形图编辑区。在梯形图编辑区，用步进梯形图来编辑步进顺序控制程序。

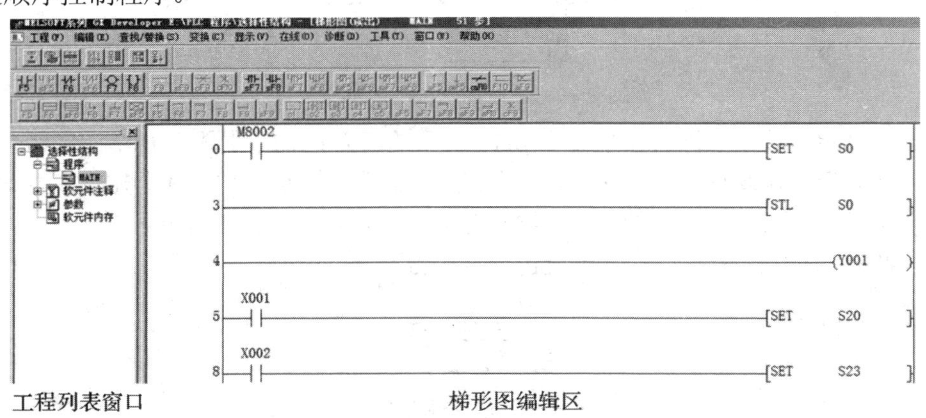


图 6-21　基于步进梯形图的顺序控制程序编辑界面

为了便于理解，经常使用如图 6-22(a)所示的步进梯形图的示意图。在步进梯形图的示意图中，将每一步、转移条件所封装的的动作都标示出来。图中的每一个粗触点都代表一步的 STL 触点(S0、S21、S22 等)。STL 触点都是常开触点。当该步激活为活动步时，其 STL 触点接通。由图可知，STL 触点会建立子母线，该步的所有操作均在子母线上进行，当该步程序结束后才返回主母线。连接 STL 触点的其他继电器接点用指令 LD 或者 LDI 开始，比如 S0 步的继电器 X0、S21 步的继电器 X1。与该图程序对应的 SFC 图示意图、软件中实际的 SFC 图、软件中实际的步进梯形图、语句表分别如图 6-22(b)～(e)所示。

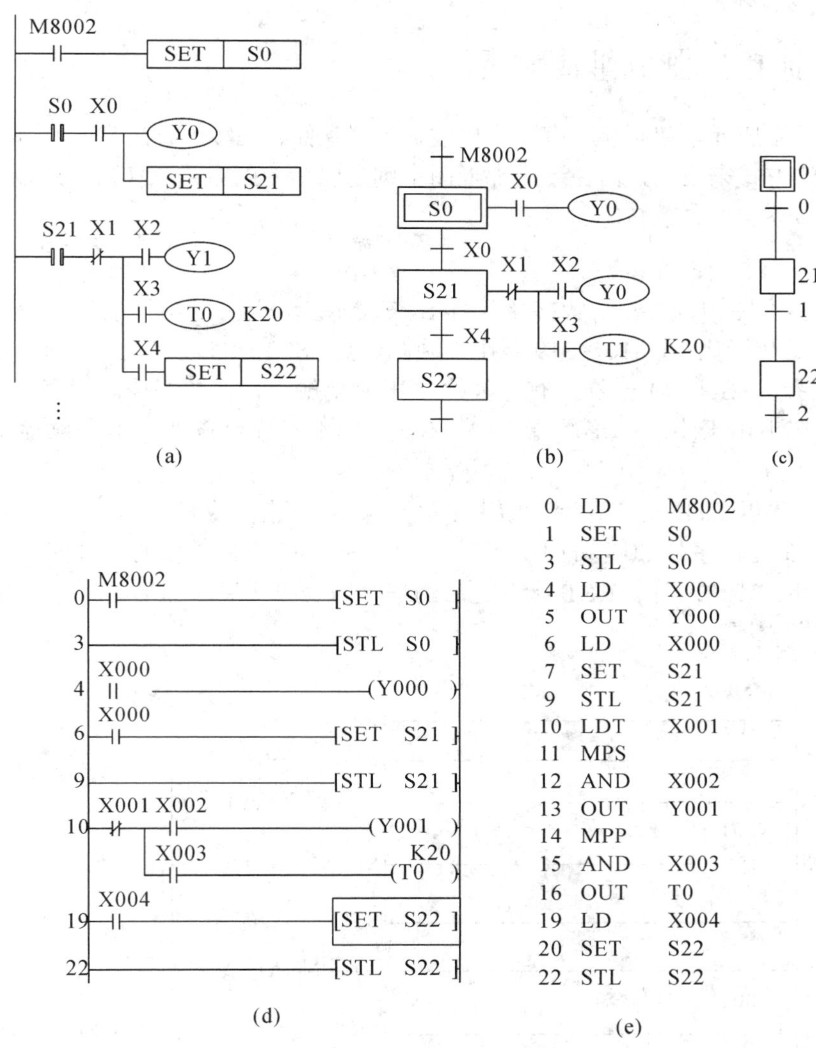


图 6-22　步进梯形图的示意图及其等效图

因为步进梯形图和 SFC 图都是用来描述步进顺序控制的，所以方法是等效的。因此，SFC 图的组成元素、程序结构也可以用步进梯形图来实现。接下来首先介绍步进梯形图指令，然后介绍如何用步进梯形图指令来实现 SFC 图的组成元素，最后介绍如何实现 SFC 图的程序结构。

## 6.2.1　步进梯形图指令

步进指令有两条，即步进触点指令(STL)和步进返回指令(RET)。STL 和 RET 指令只有与状态软元件 S 或者辅助继电器 M 配合才具有步进功能。

STL 表示步进程序中一步对应的程序的开始，RET 则表示整个步进程序的结束。一步的程序开始后，只有碰到新的 STL 指令(另一步的程序开始)或者碰到 RET 指令(整个步进程序结束)才会结束。

## 6.2.2 步进梯形图的组成元素

SFC 图的组成元素包括步、有向连接线、转移条件、跳转等。在 SFC 图中，这些元素都是以图形的方式来表示，而在步进梯形图中则是以指令的方式来实现，所以其组成元素只包括步、转移条件、跳转等。

### 1. 步

在步进梯形图中，主要用状态软元件 S 来表示步，也可以用辅助继电器 M 来表示。S0～S9 步都是初始化步，S10～S19 步用于回归原点，S20～S499 步是普通步，S500～S899 步是停电保持步。S 与 M 一样，有无数的常开/常闭触点，在顺序控制程序内可以随意使用。此外，在不用于步进梯形图指令时，S 也与 M 一样可以在一般的顺序控制程序中使用。

一步的程序以 STL 指令开始，结束于另一条 STL 指令或者 RET 指令。如图 6-23(a)所示，第 3～5 行程序是 S0 步的步进程序，第 8～10 行是 S20 步的步进程序，第 13～15 行则是 S21 步的步进程序。RET 指令之后的程序即变成普通的梯形图程序。图 6-23(b)是对应的 SFC 图程序。

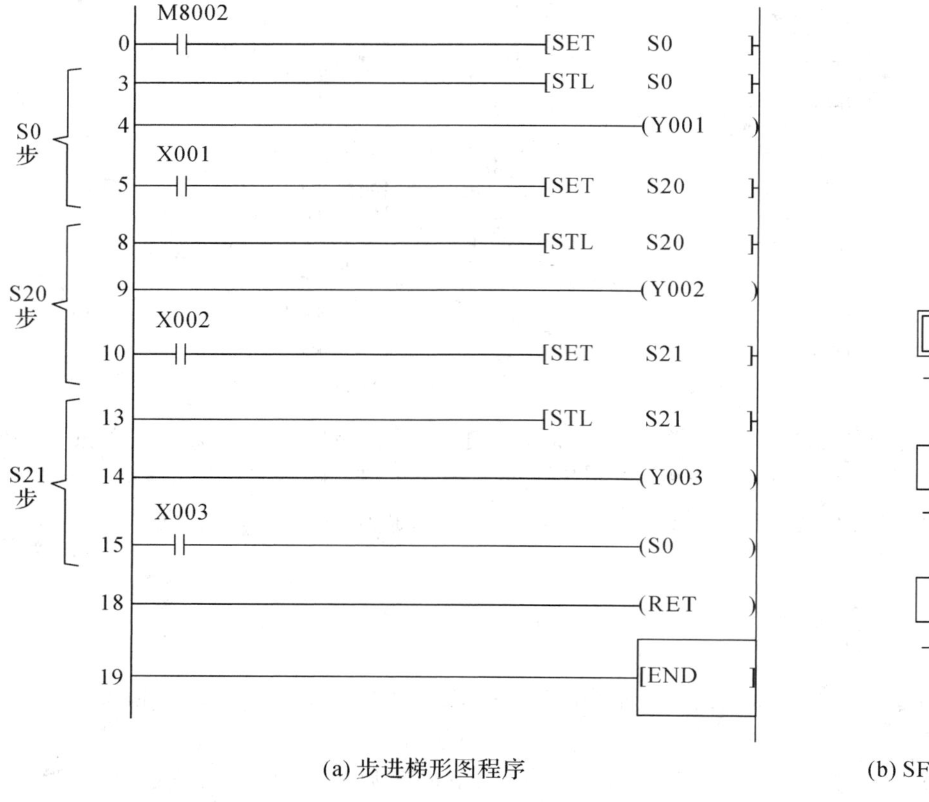


(a) 步进梯形图程序　　(b) SFC图程序

图 6-23　步进梯形图程序

某一步的程序，只有当该步被激活变成活动步之后才会执行。

**2. 转移条件与跳转**

转移条件利用梯形图指令进行编程，如图 6-23(a)所示的第 5 行程序，S0 步到 S20 步的转移条件是常开触点 X1 闭合(X1 = 1)。转移条件成立后即可进行步转移。转移的方法：如果是转移到相邻的下一步，则使用 SET 指令，如图 6-23(a)所示的从 S0 步到 S20 步的转移；否则只能使用 OUT 指令，如图 6-23(a)所示的第 15 行程序(从 S21 步跳转到 S0 步)。

## 6.2.3　基于步进梯形图的顺序控制结构实现方法

由前面的介绍可知，步进顺序控制程序有四种基本结构，即单序列、选择序列、并行序列和循环序列。下面介绍如何采用步进梯形指令来实现这些结构。

**1. 单序列**

单序列结构如图 6-9(a)所示。此时按照步出现的先后顺序编写各个步块的程序，用 SET 指令来实现转移。假设从 S0 步到 S20 步的转移条件是输入继电器 X1 闭合，而从 S20 步到 S21 步的转移条件是输入继电器 X2 闭合，则 S0 步、S20 步的转移程序分别如图 6-23(a)中第 5、10 行程序所示。

**2. 选择序列**

选择序列由选择性分支和选择性汇合组成。

(1) 选择性分支：某一步可以根据条件的不同选择转移到不同的步。虽然从这步会产生多个分支，但是每个分支都有自己的转移条件，一般一次只能转移到其中一个分支，如图 6-9(b)所示。假设从 S0 步转移到 S20 步的条件是继电器 X1 闭合，而转移到 S23 步的条件是继电器 X2 闭合，则 S0 步的分支程序如图 6-24 中的第 2、5 行程序所示。

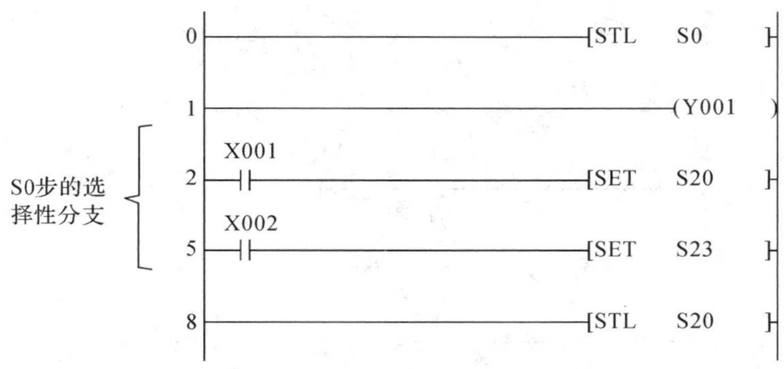


图 6-24　选择性分支的步进梯形图程序

(2) 选择性汇合：某一步可以从不同分支转移过来。每一个分支只要满足自己的转移条件即可转移到该步，如图 6-9(b)所示。假设从 S21 步转移到 S22 步的条件是继电器 X5 闭合，而从 S24 步转移到 S22 步的条件是继电器 X6 闭合，则 S22 步的汇合程序如图 6-25 中的第 23、27 行程序所示。

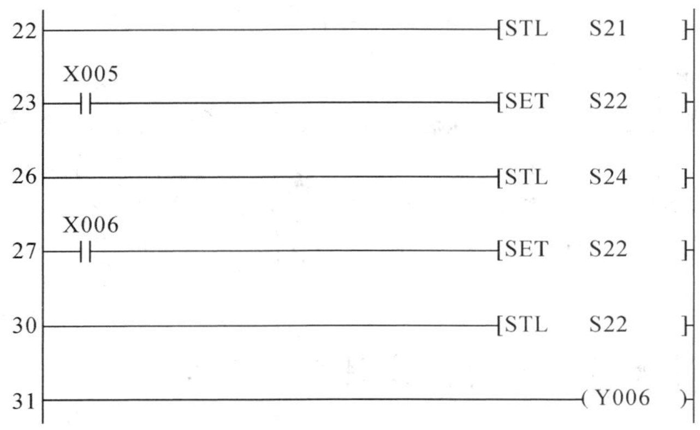


图 6-25 选择性汇合的步进梯形图程序

### 3. 并行序列

并行序列由并行分支和并行汇合组成。

(1) 并行分支：某一步同时转移到几个不同的步，形成多个并行运行的程序分支，不同分支共用一个转移条件，如图 6-9(c)所示。假设从 S0 步转移到 S20、S23 步的条件是继电器 X1 闭合，则 S0 步的并行分支程序如图 6-26 中的第 2 行程序所示。

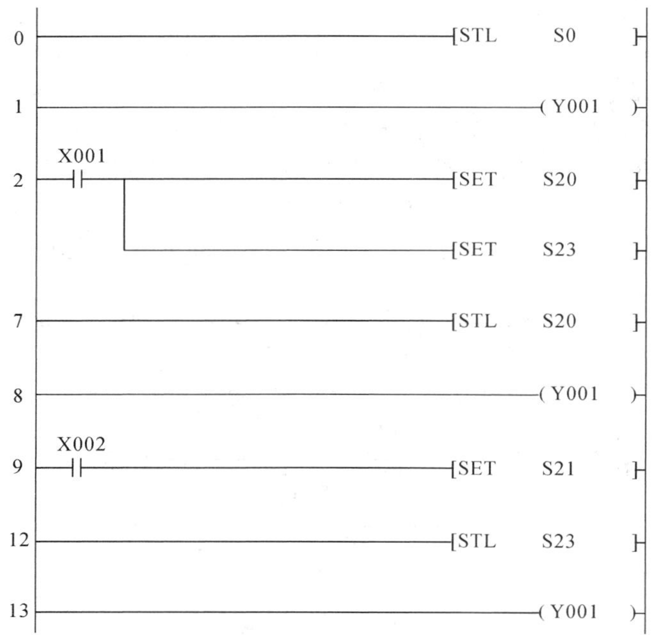


图 6-26 生成并行分支的方法

(2) 并行汇合：某一步从不同分支转移过来，而且要求这些分支必须同时转移，不同分支共用一个转移条件，如图 6-9(c)所示。假设从 S21、S24 步转移到 S22 步的条件是继电器 X6 闭合，则 S22 步的汇合程序如图 6-27 中的第 21～23 行程序所示。必须连续使用与并行支路相同数量的的 STL 指令来表示并行汇合结构。

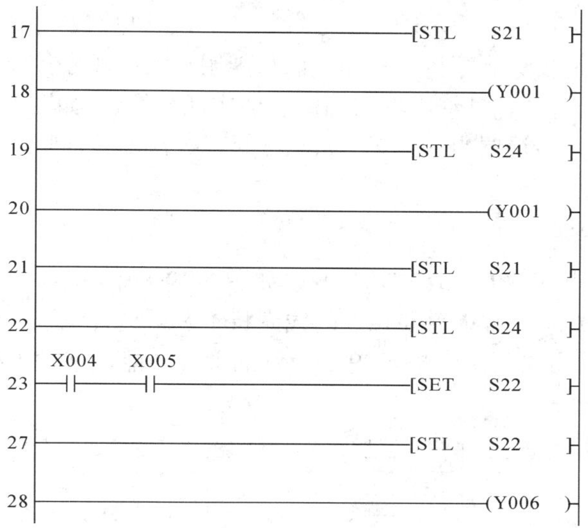


图 6-27　生成并行汇合的方法

#### 4. 循环序列

循环序列是指当执行到一个序列的最后一步时，重新返回执行该序列的第一步，从而实现该序列的反复循环执行，如图 6-9(d)中所示的由 S0、S20、S21 步所组成的循环序列。假设从 S21 步返回到 S0 步的转移条件是继电器 X3 闭合，则 S21 步的转移程序如图 6-28 中的第 15 行程序所示，使用 OUT 指令返回 S0 步。

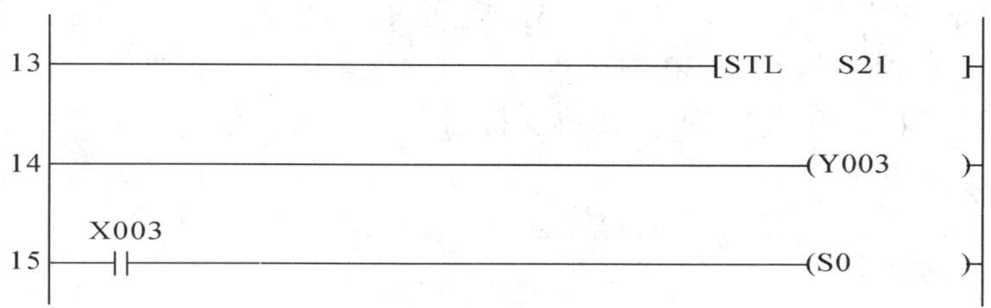


图 6-28　生成循环的方法

## 6.3　步进顺序控制编程技巧与工程实例

步进顺序控制编程方法是受工程实例启发而提出的。虽然步进顺序控制编程方法极大提高了程序开发的效率，但是由于实际的工程都是较为复杂的，从编程规则到实际程序的转化有很多的事项需要处理。为了加深对步进控制编程方法的理解，接下来首先介绍步进顺序控制程序的一些编程技巧，然后以几个典型的实例来介绍具体的编程方法。

### 6.3.1　步进顺序控制编程技巧

#### 1. 程序初始化

步进顺序控制程序是以步为基本单位的，控制流程体现为一些列步的执行与转移。因此，需要一段初始化程序决定初始步。此外，实际的控制流程可能同时包括手动程序和自动程序，而自动程序又可以分为单循环、连续循环等，这也需要通过初始化程序来引导。显然初始化程序不能是步进顺序控制程序，而只能用一般的顺序控制程序来实现，比如一般的梯形图，可以借助特殊辅助继电器来辅助实现实现初始化。如图 6-22 所示，利用 M8002 来实现初始化，将初始步设置为 S0 步。M8002 只在控制器接通瞬间被接通，保证初始化程序只被执行一次。

### 2. 输出的驱动方法

与步块相连的触点使用 LD 或 LDI 指令，如图 6-29(a)中所示的 X1 触点。在步块内一旦写入 LD 或 LDI 指令后，对不需要触点的线圈将不能再进行编程，如图 6-29(a)中所示的 Y3 线圈就不能输出，而需变换成图 6-29(b)所示的形式才能正常输出线圈。

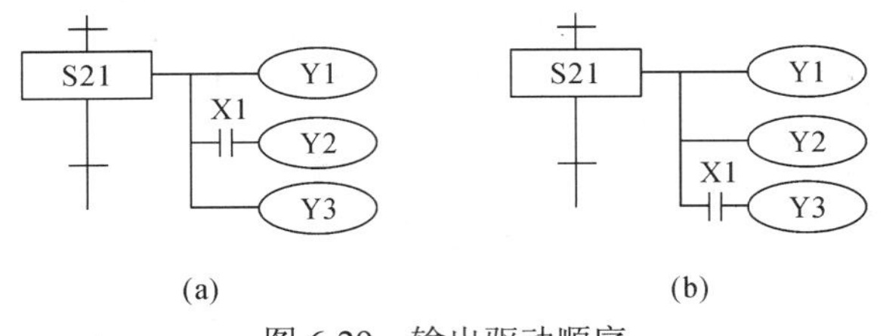


图 6-29　输出驱动顺序

### 3. 双线圈输出

在普通梯形图中不允许有双线圈输出，但是在步进顺序控制程序中，允许在不相邻的步中输出同一线圈。但是在同一步内依然不允许输出双线圈，相邻两步也不允许输出双线圈。这是因为在相邻步转移的瞬间(一个扫描周期内)，两步都处于活动状态，此时可能会引发瞬时的双线圈问题，如图 6-30 中所示的 S21、S22 步。若需要保持某一个输出，则可以采用置位指令 SET，当该输出不需要再保持时，可采用复位指令 RST。

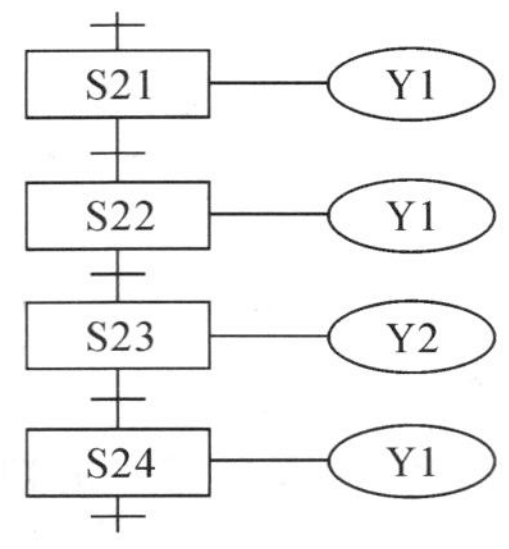


图 6-30　双线圈输出

### 4. 输出的互锁

因为不同步的输出可能是相互排斥，不应同时存在的，比如一步可能要让电机转动，而另外一步则要求电机停止转动，转动和停止这两个动作不应同时接通输出，但是在步转移的瞬间，源步和目标步会同时处于激活状态，从而可能会同时接通。因此，为了避免不应同时接通输出，需要在相应的程序上设置互锁，如图 6-31 所示。由 S21 步转移到 S22 步的瞬间，因为 Y1 依然为 1，所以即使转移到 S22 步，Y2 依然为 0，但是在下一扫描周期，则会使 Y1 变为 0，Y2 才会最终变为 1，从而避免了 Y1、Y2 同时为 1 的情形。除此之外，也应同时在硬件上采取互锁措施。

### 5. 定时器重复使用

可以在不相邻的步内对同一定时器进行编程，但是在相邻状态中则不允许，如图 6-32 所示，S21 步和 S23 步可以同时利用定时器 T1，但是 S21 步和 S22 步却不能。因为如果在相邻状态中编程，则步转移时定时器线圈不会断开，当前值不能复位。

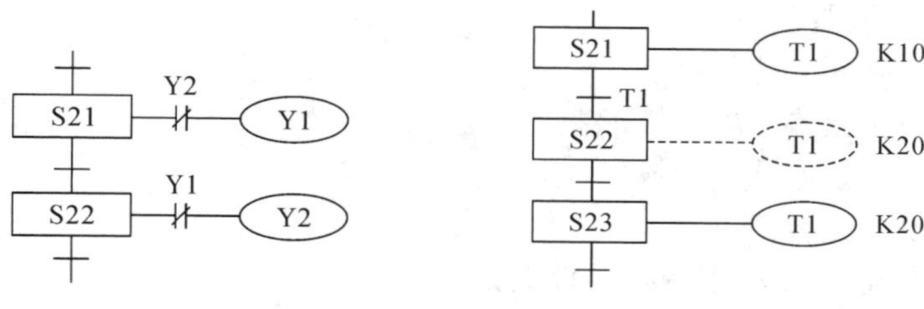


图 6-31　输出互锁　　　　图 6-32　定时器的重复使用

### 6. 可以在步进顺序控制程序内使用的指令

可以在步进顺序控制程序内使用的指令如表 6-1 所示。

在中断程序和子程序内不能使用 STL 指令。

**表 6-1　可以在状态内使用的指令**

| 状态＼指令 | | LD/LDI/LDP/LDF，AND/ANI/ANCP/ANDF/，OR/ORI/ORF，INV，OUT，SET/RST，PLS/PLF | ANB/ORB MPS/MRD/MPP | MC/MCR |
|---|---|---|---|---|
| 初始状态/一般状态 | | 可使用 | 可使用 | 不可使用 |
| 分支、汇合状态 | 输出处理 | 可使用 | 可使用 | 不可使用 |
| | 转移处理 | 可使用 | 不可使用 | 不可使用 |

### 7. 复杂转移条件的实现

因为在转移条件程序中不能使用 ANB、ORB、MPS、MRD、MPP 等指令，所以如果转移条件较为复杂，则无法直接实现，如图 6-33(a)所示。此时可以在待转移的步中增加一个继电器，如图 6-33(b)所示。有且只有当转移条件满足时，该继电器才能通电，可以将该继电器的通断作为虚设的转移条件，实现复杂转移条件的编程，如图 6-33(c)所示。

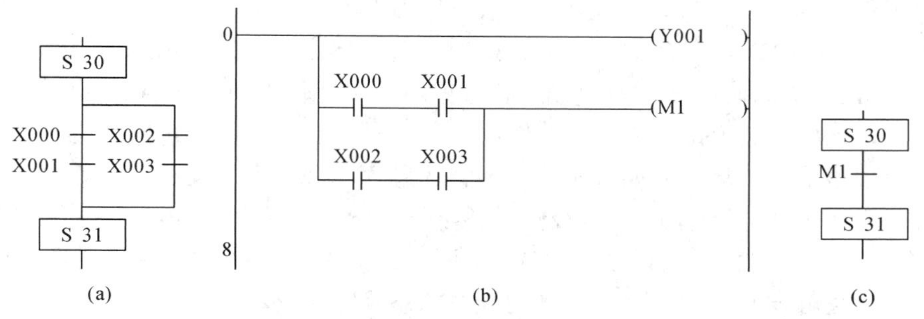


图 6-33　复杂转移条件的编程

## 6.3.2 简易机械手控制器

### 1. 简易机械手的工作原理

利用步进顺序控制方法来解决应用问题的流程：

① 确定功能要求；

② 确定基本流程、动作；

③ 画出顺序功能图、步进梯形图；

④ 用 SFC、STL 方法编程；

⑤ 进行程序仿真调试；

⑥ 将程序下载到 PLC 中进行硬件调试。

下面按照这一流程来解决几个实际的问题。

随着企业人力成本的不断提高，越来越多的企业开始引入自动化生产设备，其中一种重要的设备即是用于抓取工件和搬运工件、元件的机械手，其装置原理图如图 6-34 所示。

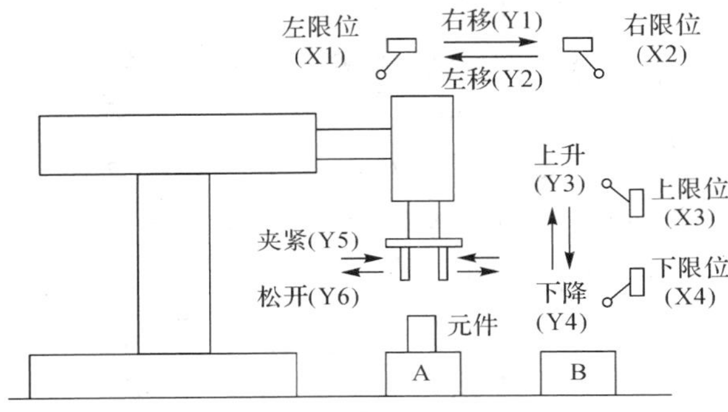


图 6-34 简易机械手的装置原理图

机械手的主要功能是上电后，不断地将元件从工作台 A 移动到 B 上。机械手有固定的基座，上部有两个可滑动模块，可以分别实现左移与右移、上升与下降的搬运功能；机械手的末端有活动夹具，用于抓取元件。

整个工作过程中有 6 个基本的动作，即左移、右移、上升、下降、夹紧、松开，分别由输出线圈 Y1，Y2，…，Y6 控制。线圈通电代表进行相应的动作，否则不动作。比如 Y1 通电表示进行上移动作，否则不上移。

整个工作流程可以分为 8 步或 8 个阶段，即 B 侧松开(S0)、B 侧上升(S21)、B 侧左移(S22)、A 侧下降(S23)、A 侧夹紧(S24)、A 侧上升(S25)、A 侧右移(S26)、B 侧下降(S27)等步，如图 6-34 所示。这 8 步反复循环执行就可以将元件不断地从 A 移动到 B。由于初始状态不定，比如机械手位置未知、工作台 A 上可能有元件、夹具可能夹着元件等，所以为了避免出现事故、破坏，初始上电后，应该先顺序完成松开、上移、左移等动作。

为了使机械手能够准确工作，需要引入传感器来检测状态，比如图 6-34 中的左限位开关 X1、右限位开关 X2、上限位开关 X3、下限位开关 X4。当机械手的部件移动到限位开关的位置，就会触发开关。根据检测到的开关状态及时调整动作、步。比如，当机械手水平滑动部分左移碰到左限位开关(X1)时，表示已经左移到位，需要结束左移动作，并进入下一步，即机械手下降。对应的步进功能图如图 6-35 所示。用 GX Developer 8 软件编写的简易机械手的实际步进顺序功能图如图 6-36 所示。由图可知，如果某一状态步跳转到不相邻的步(图中 S27 步跳转到 S0 步构成循环)，则在目标步(S0)所对应的方框中会出现一个黑点。

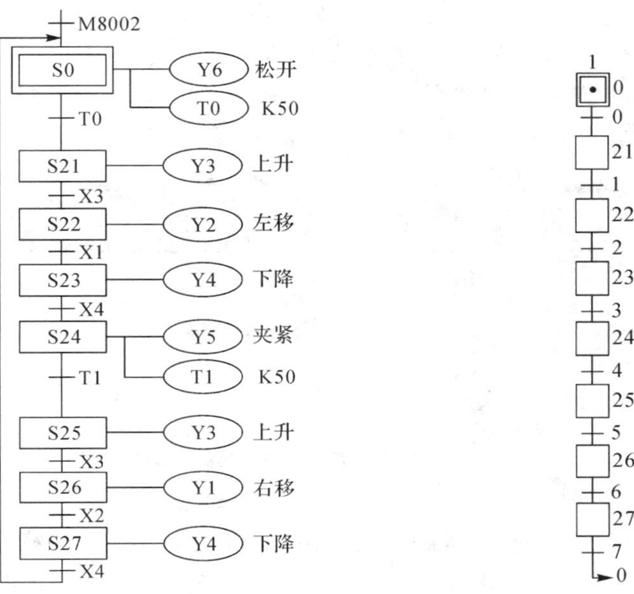


图 6-35　简易机械手的步进顺序功能图　　　　图 6-36　实际的步进顺序功能图

## 2. 利用 SFC 编写程序的流程

在 GX Developer 8 软件上，利用 SFC 编写该程序的流程如下：

1) 创建 SFC 工程

(1) 打开 GX Developer 8 软件，如图 6-37 所示，然后在软件上部的“工具条”栏中找到“创建新工程”按钮，单击该按钮。

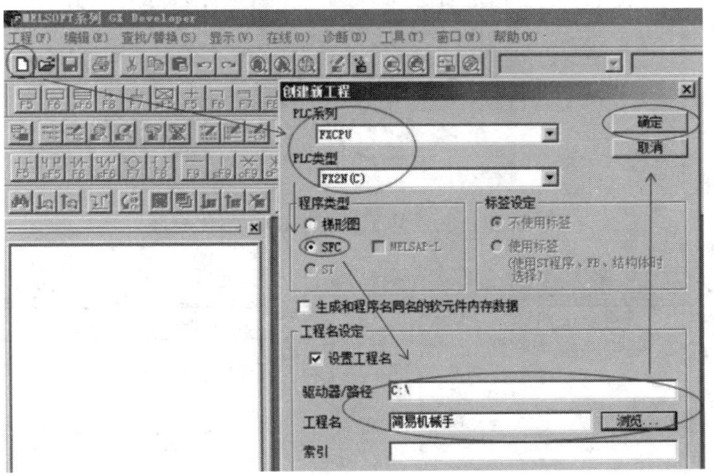


图 6-37　创建新工程

(2) 在弹出的“创建新工程”对话框中，选择 PLC 系列为“FXCPU”、PLC 类型为“FX2N(C)”，将“程序类型”设定为“SFC”，再设定工程的保存路径与工程名。

(3) 完成后单击“确定”按钮，软件将会自动切换到程序编辑界面，即块列表编辑界面，如图 6-38 所示。

(4) 在块列表编辑界面，左侧是“工程列表窗口”，显示工程的程序、设置、数据等内容；右侧是“块列表窗口”，显示待生成的程序块。

**注意**：程序块可以选择使用梯形图方式进行编写，也可以选择使用 SFC 方式进行编写。程序运行时，按照块的先后顺序顺序执行。

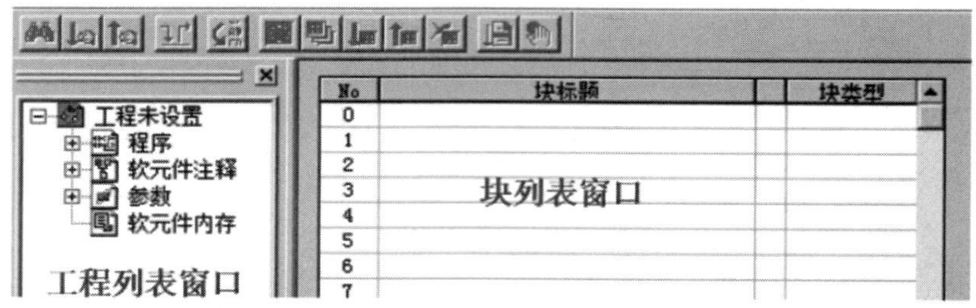


图 6-38　块列表编辑界面

2) 创建初始化梯形图模块

虽然在创建工程时，选择的程序类型是 SFC，但是依然需要用梯形图来进行初始化，所以第 0 块应该选择用梯形图编程。为此，双击第 0 块，在随后弹出的“块信息设置”对话框中将该块的类型设定为“梯形图块”，如图 6-39 所示。对话框设置完成后，会自动切换到梯形图块编程界面，如图 6-40 所示。

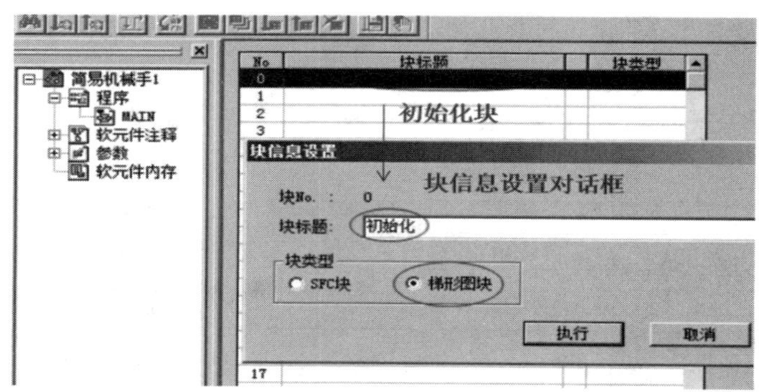


图 6-39　创建基于梯形图的初始化程序

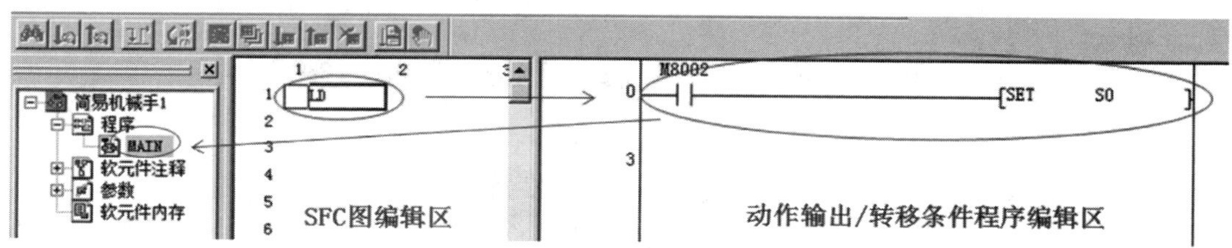


图 6-40　梯形图块编程界面

梯形图块编程界面分为三个区，中间是“SFC 图编辑区”，右侧是“动作输出/转移条件程序编辑区”。需要在右侧区域内用梯形图方法编写初始化程序。这里利用具有生成初始化脉冲功能的特殊辅助继电器 M8002 来进行初始化，初始化后进入 S0 步。程序编写完成后，按“F4”快捷键进行块变换，然后在“工程列表窗口”中展开“程序”项，双击“MAIN”返回到块列表编程界面，以完成剩余程序块的编程，如图 6-40 和图 6-41 所示。

3) 创建 SFC 模块

(1) 在块列表编程界面，双击“第 1 块”，在随后弹出的“块信息设置”对话框中将该块的类型设定为“SFC 块”，如图 6-41 所示。对话框设置完成后，将会自动切换到 SFC 块编程界面，如图 6-42 所示。

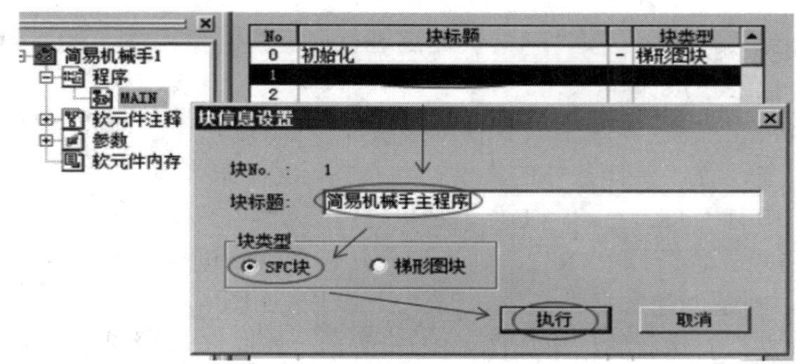


图 6-41　创建 SFC 程序块

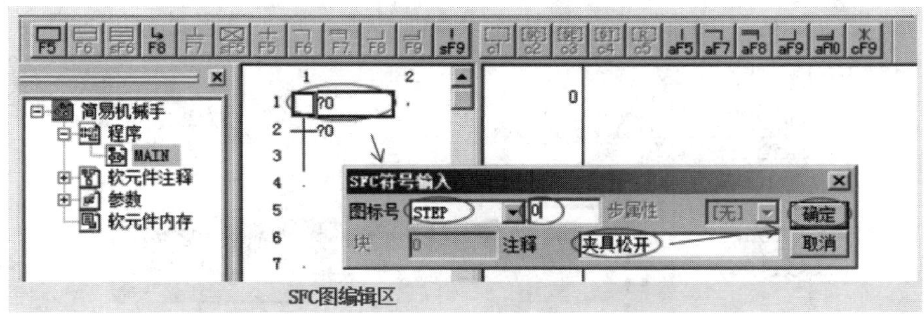


图 6-42　用 SFC 编写程序之生成步界面

(2) 在 SFC 块编程界面，右侧区域是 SFC 图编辑区。在该编辑区内部，生成步和转移条件。初始进入界面时，各有一个待编辑的步(图中的方框)和转移条件(图中的横线)，右侧的数字是它们的序号，步和转移条件独立编号。因为该处步和转移条件还未编辑，所以序号前面显示一个问号，如图 6-42 所示。

(3) 编辑 0 号步。双击该步序号，在弹出的“SFC 符号输入”窗口中设置该步的属性，包括图标号、步属性、注释等。“图标号”的下拉列表中有“STEP”和“JUMP”两个选项，选择“STEP”是创建步，可以设置该步的步序号；选择“JUMP”是设置跳转的目标步，可以填写目标步的序号。这里选择“创建步”。

(4) 属性设置完毕后，单击“确定”按钮，则可以开始在右侧区域的动作输出/转移条件程序编辑区内利用梯形图编写该步的程序，如图 6-43 所示。

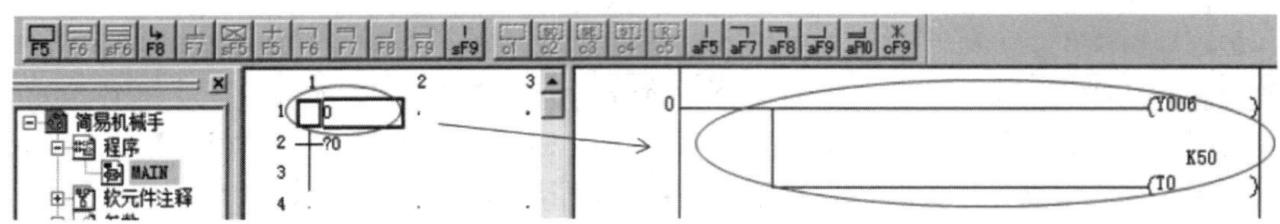

图 6-43　用梯形图编写步程序界面

**说明**：第 0 步的功能是松开夹具，所以需要给线圈 Y6 通电，为了保证能够完全松开，需要设置定时器 T0 进行延时。当进入第 0 步时，会自动开始计时，当达到定时的时间，则立即进行下一步，即上升步。

(5) 编写完该步程序后，按“F4”快捷键进行块变换。变换后，S0 步序号前面的问号消失，表示该步已经生成完毕。

(6) S0 步编辑完成后，开始生成 0 号转移条件。双击该转移条件的序号，在弹出的“SFC 符号输入”窗口中设置该转移条件的属性，包括图标号、转移条件序号、注释等。“图标号”的下拉列表中有“TR”、“-- D”、“== D”、“-- C”、“== C”和“|”等 6 个选项，如图 6-44 所示。若选择“TR”，则是创建转移条件，创建后的结果如图 6-45(f)所示；若选择“-- D”，则是创建选择性分支，创建后的结果如图 6-45(a)所示；若选择“== D”，则是创建并行分支，创建后的结果如图 6-45(b)所示；若选择“-- C”，则是创建选择汇合，创建后的结果如图 6-45(c)所示；若选择“== C”，则是创建并行汇合，创建后的结果如图 6-45(d)所示；若选择“|”，则是用于取消之前创建的转移条件、分支、汇合，改为直线，创建后的结果如图 6-45(e)所示。如果选择设置跳转步，则是填写目标步的序号。这里选择“创建转移条件”。

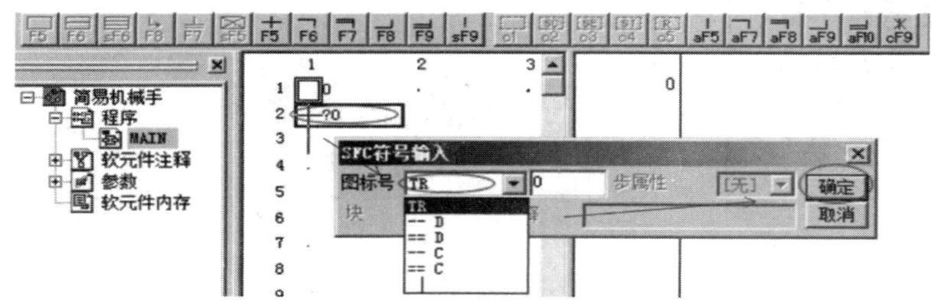

图 6-44　用 SFC 编写程序之生成转移条件

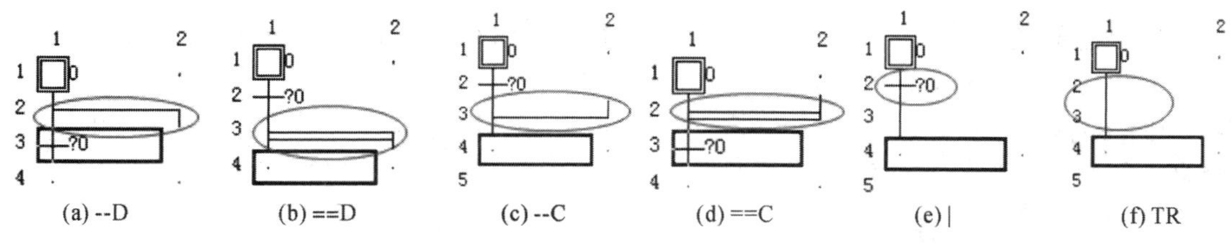


图 6-45　设置转移条件的不同属性对应的结果

(7) 属性设置完毕后，单击“确定”按钮，则可以开始在右侧的区域的动作输出/转移条件程序编辑区内编写该转移条件的程序，如图 6-46 所示。因为 S0 步结束的条件是定时

器 T0 计时满，所以转移条件是 T0。在转移条件程序编辑区内，用梯形图输入转移条件。图 6-46 中的“TRAN”表示符合转移条件进行转移到下一步。

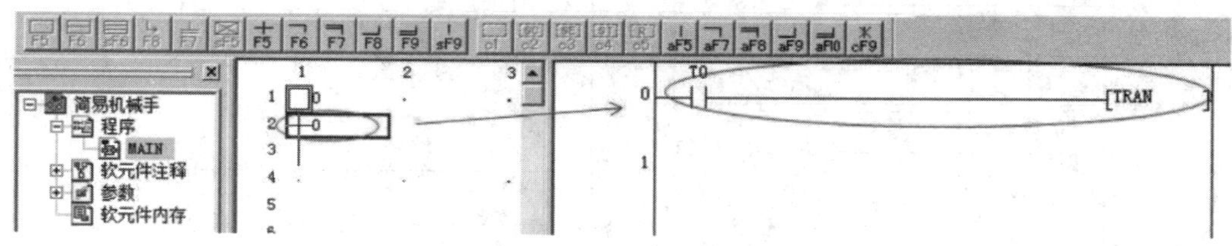


图 6-46　用梯形图编写转移条件程序

以此类推，可以编写完成所有步、转移条件的程序。因为机械手是反复不断循环动作的，所以执行完 S27 步(*B* 侧下降)之后，如果下限位开关被触发(满足转移条件 7)，则应该跳转到 S0 步(*B* 侧松开)。这时转移条件 7 下面的步块的属性中的图标号应该选择“JUMP”，并且将跳转的目标步序号设置为“0”。设置完毕后，单击“确定”按钮。此时，该步块变为一个箭头，箭头旁边的数字序号表示跳转目标步的序号，如图 6-47 所示。作为目标步的 S0 步所对应的方框中会出现一个黑点，表示已经建立了从 S27 步到 S0 步的跳转。按下“F4”快捷键，进行块变换。

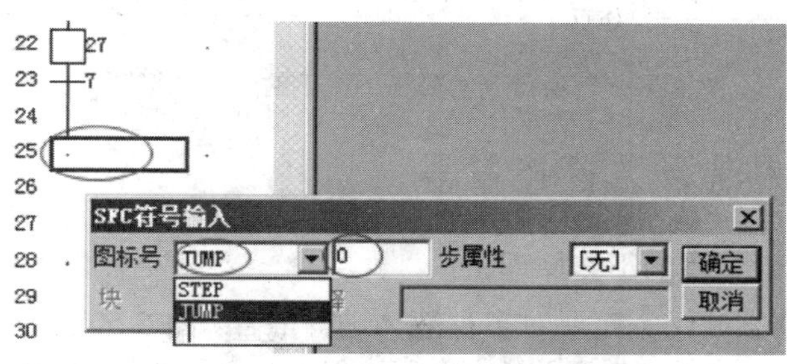


图 6-47　生成跳转程序

至此，整个主程序编辑完成。可以在“工程列表窗口”中展开“程序”项，单击“MAIN”，在弹出的菜单中选定“改变程序类型”，将 SFC 程序转换成步进梯形图，如图 6-48、图 6-49 所示。由图可知，转移到相邻步时，使用 SET Si 指令(i 是目标步的序号)，而到不相邻步时，则使用 OUTSi 指令。原来的初始块、主程序块程序转换后，依然是初始程序在前、主程序在后。每一步对应的程序都是以 STL Si 指令开始。整个 SFC 程序结束后在其末尾位置补充了 RET 指令，而整个程序结束后，在程序末尾补充了 END 指令。

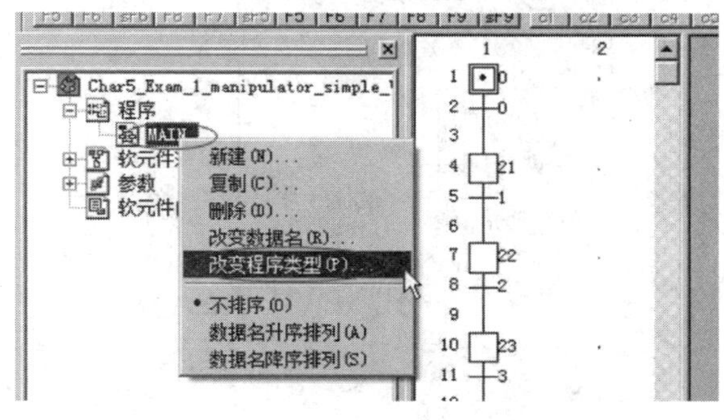


图 6-48　变换程序类型

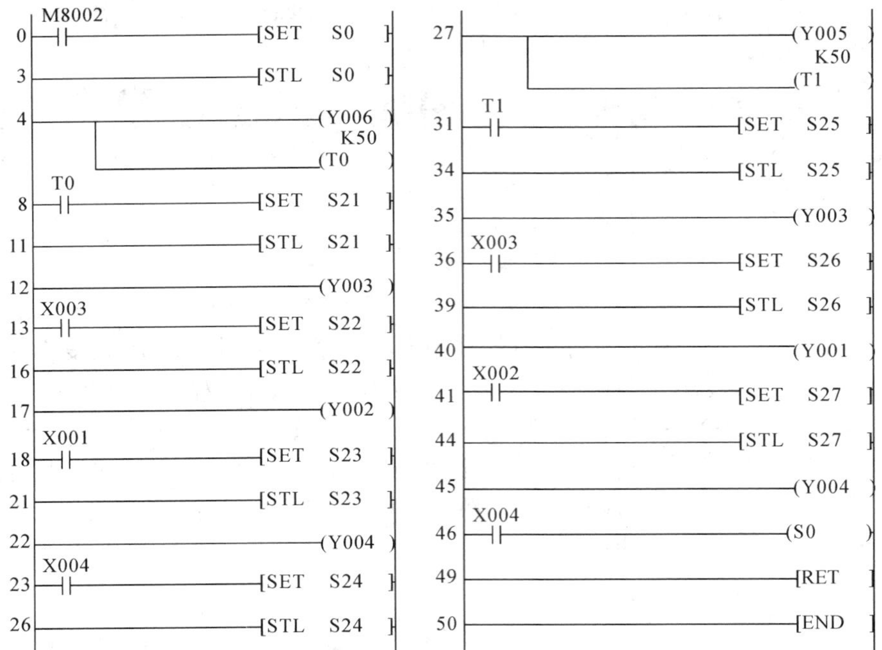


图 6-49 转换得到的简易机械手的步进梯形图程序

## 6.3.3 多种液体混合装置控制器

### 1. 多种液体混合装置的工作原理

在医药、化工等领域经常需要对多种液体进行混合。图 6-50 给出了一个对两种液体进行混合的装置。它由一个按钮(X4)来控制系统的启动与暂停，按钮按下表示启动，按钮弹起表示暂停。该混合系统的功能：按下“运行”按钮之后，机器将打开阀门 1(Y1)，放液体 1，直到达到液位 1 位置 (X1)，关闭阀门 1；然后开启阀门 2(Y2)，放液体 2(X2)，直到到达液位 2 位置，关闭阀门 2；接着开启搅拌电机(Y3)，对液体进行混合搅拌，直到规定的搅拌时间结束(T0)，停止搅拌；然后开启阀门 3(Y4)，排出混合好的液体，直到到达液位 0 位置(X0)，关闭阀门 3。然后从头开始这一循环，不断产生混合液。

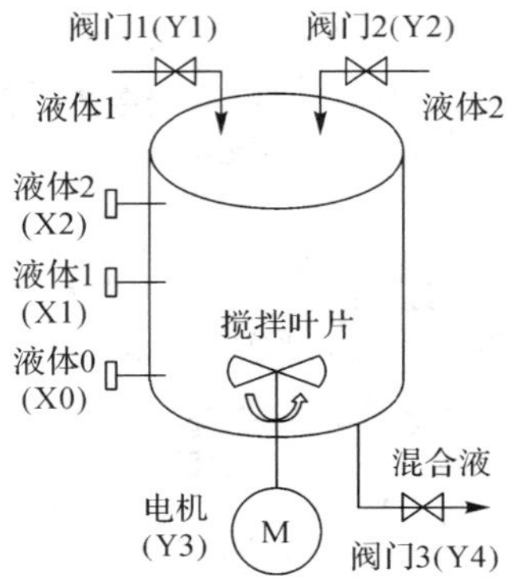


图 6-50 两种液体混合装置图

因为在生产过程中可能会遇到需要暂停生产的情形，所以在每一步的动作之前需要加入启动与暂停开关 X4 的常开触点。如果运行按钮弹起(X4 = 0)，则停留在当前所处的状态。比如，如果在排放液体 2 的过程中暂停，则会停留在该步，但是若不继续排放液体，则直到重新启动(X4 = 1)时，才会接着排放液体 2，继续混合液体流程。可见，整个工作流程可以分为 5 个状态或步，即初始步(S0)、排放液体 1 步(S21)、排放液体 2 步(S22)、搅拌混合步(S23)、排放混合液步(S24)。其中，S0 是为了暂停而设置的空状态。控制器对应的 SFC 图如图 6-51 和图 6-52 所示。

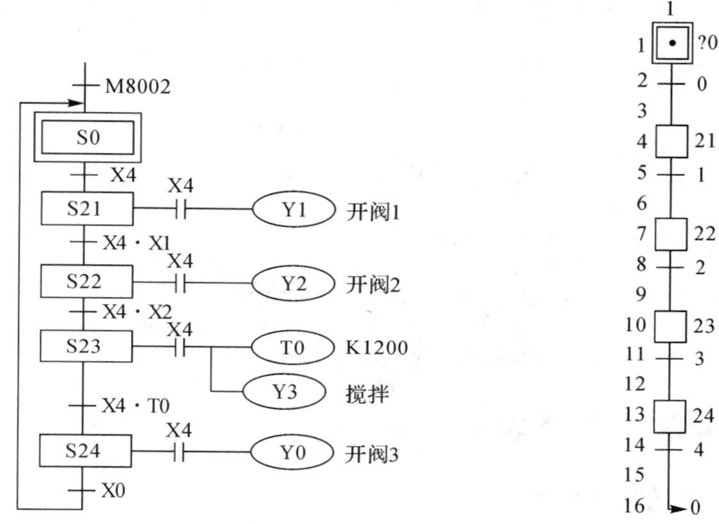


图 6-51　液体混合控制的 SFC 图　　　　图 6-52　软件中实际的 SFC 图

## 2. 多种液体混合装置控制器的编程

根据画出的 SFC 图，按照“简易机械手控制器”这个例子中介绍的编程方法进行编程。图 6-52 是软件中实际的 SFC 图。因为 S0 是一个空步，所以序号前依然有个问号。需要注意的是从 S21 步到 S22 步的转移条件，该转移条件要求同时满足运行按钮闭合(X4 = 1)和达到液位 1 位置(X1 = 1)这两个条件。因此，需要将 X1、X4 这两个对应的常开触点进行串联，组成一个复合转移条件，如图 6-53 所示。

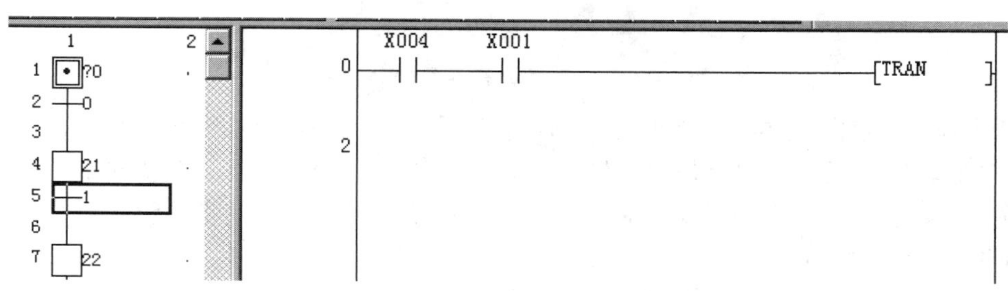


图 6-53　复合转移条件

用 SFC 编写完程序后，按照“简易机械手控制器”这个例子中介绍的方法进行程序类型变换，得到对应的步进梯形图程序，如图 6-54 所示。

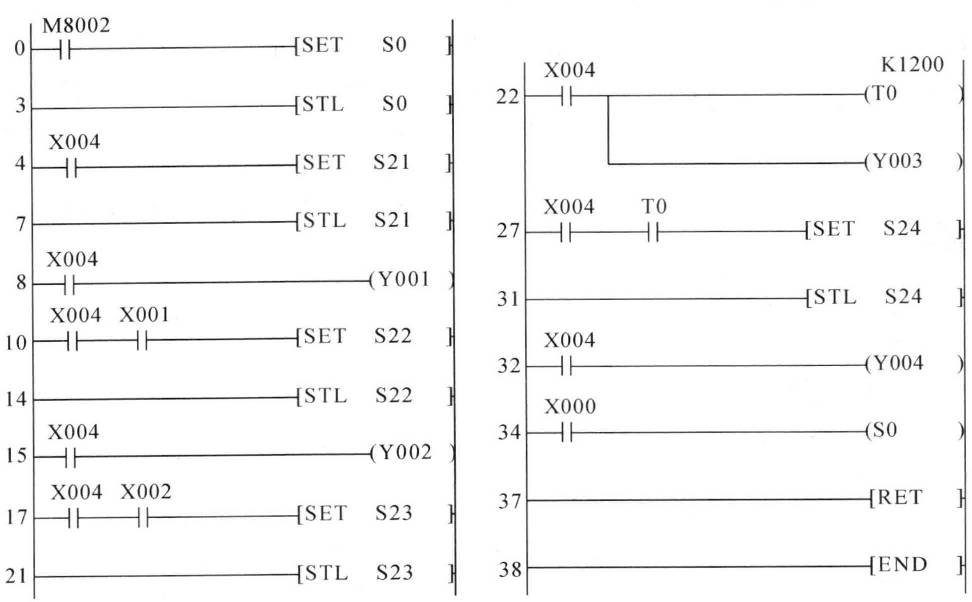


图 6-54　多种液体混合装置控制器的步进梯形图程序

## 6.3.4　多级传送带控制器

### 1. 多级传送带的工作原理

在工业生产、物流等领域，经常需要使用传送带系统来搬运物品，比如机场里面的行李传送带系统。对于如图 6-55 所示的由多个传送带组成的多级系统，为了保证系统的安全平稳运行，需要注意各级传送带、放料阀的启停顺序。

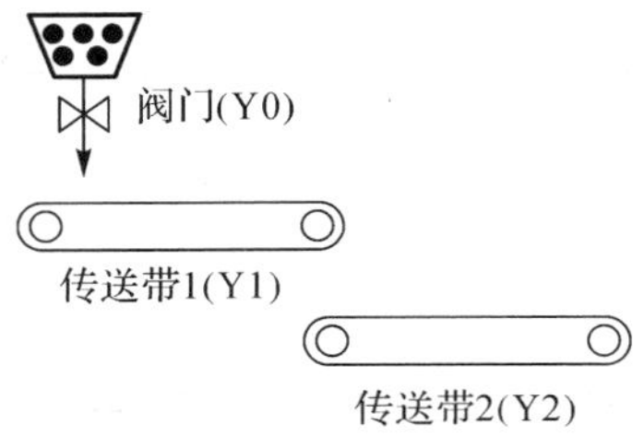


图 6-55　2 级传送带系统的装置图

启动时，为了防止传送带上的残留的积料过多，导致溢出，需要依次让传送带 3、2、1 顺序开始转动，只有前一个传送带转动 5 秒后才可以开始转动下一个传送带，等传送带 1 转动 5 秒后才可以打开放料阀门开始放料。这样就有足够的时间将残留积料排出，避免溢出而造成事故。

当工作结束后要停止传送带系统时，需要设置合理的传送带停止方法，以防止残留积料。停止流程正好与启动流程相反，即先关闭放料阀门，5 秒后再依次停止传送带。传送带停止的顺序为 1、2、3，只有传送带停止 5 秒后才可停止下一个传送带。

由此可知，整个工作过程中有 3 个基本的动作，即开启放料阀门、传送带 1 转、传送

带 2 转，它们分别由输出线圈 Y0、Y1、Y2 来控制。线圈通电代表进行相应的动作，否则不动作。比如 Y1 通电表示带 1 转动，否则不转动。而整个工作流程可以分为 6 步或阶段，即带 2 转动(S0)、带 1 转动(S21)、放料(S22)、停料(S23)、带 1 停(S24)、带 2 停(S25)，如图 6-56 所示。由继电器 X1 控制系统的启动(X1 = 1)与停止(X1 = 0)。

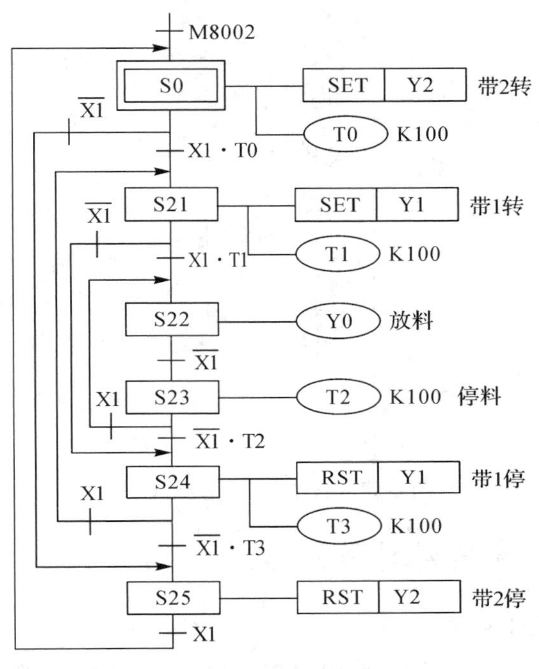


图 6-56　2 级传送带控制系统的 SFC 图

因为在工作过程中切换启动/停止状态时，当前所处的状态可能不同，所以需要设置合适的跳转，以保证合理的切换。比如在启动过程中，如果在带 1 转动过程中(S21)需要停止工作，因为还没开始放料，所以应该直接进入带 1 停步(S24)。如果在带 1 停止过程中(S24)需要重新启动，则因为带 2 依然在转动而未停止，所以应该直接进入带 1 转动步(S21)。

因为在正常运转过程中，S0、S21 步会分别启动传送带 2、1，当从这些步转移出来后，需要保证带 1、2 依然能够不断运转，所以不能采用 OUT Yi 的方式来启动传送带，而只能采用 SET Yi 方式。这样才能够保证不在离开这些步之后线圈依然处于通电状态。对应的，在停止过程中，需要用 RST Yi 的方式来断开线圈。

### 2. 多级传送带控制系统的编程

明确了工作流程之后，就可以根据“简易机械手控制器”、“多种液体混合装置控制器”例子中介绍的编程方法进行编程。软件中实际的 SFC 图如图 6-57 所示。由图可见，S0、S21、S23、S24 步的转移条件都是选择性分支结构，这些选择性分支的生成方法是在生成转移条件时，将转移条件属性中的图标号类型选择为“-- D”。因为 S0、S21、S22、S24、S25 步都有来自不相邻步的跳转连接，所以这些步块的中心都有黑点。跳转箭头的末端标注着目标步的序号。

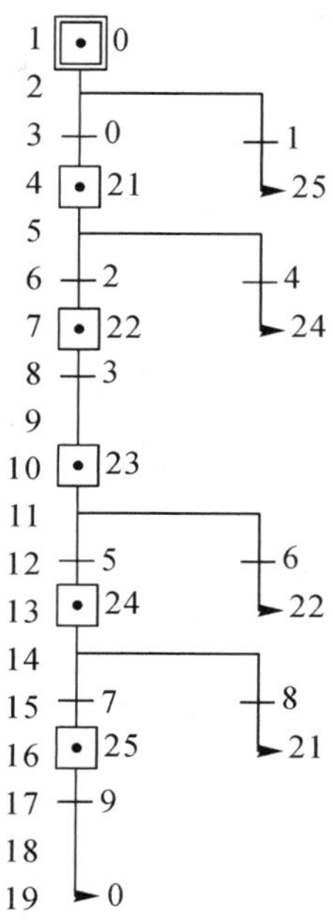


图 6-57　软件中实际的 SFC 图

## 6.3.5　十字路口交通信号灯控制器

### 1. 交通信号灯的工作原理

随着人们生活水平的不断提高，车辆也越来越多。虽然车辆给人们生活出行带来了巨大便利，但是汽车保有量的剧增，也给交通带来了巨大压力，因此需要一个良好的交通管理体系来解决这个矛盾，交通灯就是这个体系里面的一个重要组成部分。如图 6-58 所示的十字路口交通灯系统是由两组红绿灯组成的，即东西方向的红绿灯组(红 1、黄 1、绿 1)和南北方向的红绿灯组(红 2、黄 2、绿 2)。两组红绿灯按照如图 6-59 所示的运行时间线并行运行。

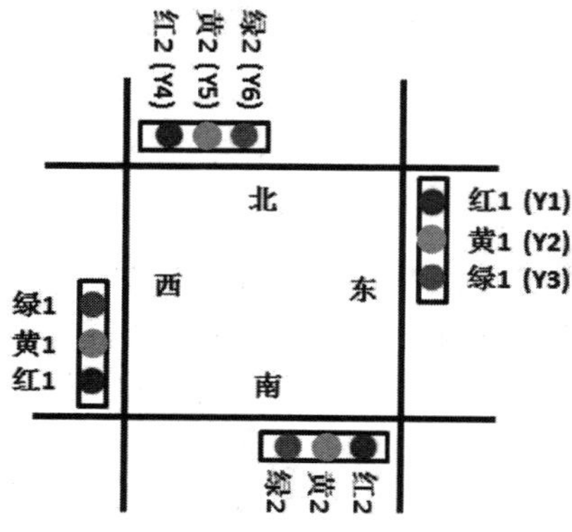


图 6-58　十字路口交通灯系统

| | | | | |
|---|---|---|---|---|
| 东西方向 | 绿1亮 ～ 30s | 绿1闪5次 5s | 黄1亮 5s | 红1亮 ～ 40s |
| 南北方向 | 红2亮 ～ 40s | 绿2亮 ～ 30s | 绿2闪5次 5s | 黄2亮 5s |

图 6-59　两组红绿灯各自的运行时间线

由图可知，该交通灯系统有 6 个基本动作，即红 1 亮(Y1)、黄 1 亮(Y2)、绿 1 亮(Y3)、红 2 亮(Y4)、黄 2 亮(Y5)、绿 2 亮(Y6)；包含 8 个基本状态，即绿 1 亮(S21)、绿 1 闪(S22)、黄 1 亮(S23)、红 1 亮(S24)、红 2 亮(S25)、绿 2 亮(S26)、绿 2 闪(S27)、黄 2 亮(S28)。它们之间的关系如图 6-60 所示。其中，S0 是初始状态，由继电器 X0 决定是否要开始。若 X0 闭合，则交通灯正常工作；否则将停留在绿 1 亮、红 2 亮的状态。

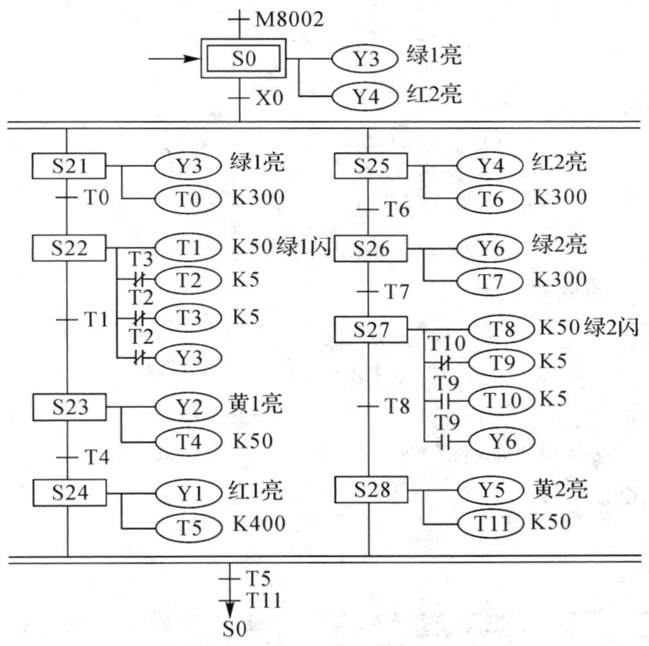


图 6-60　十字路口交通灯控制系统的 SFC 图

绿 1 灯闪烁这一步(S21)总共持续 5 秒。在此期间，要求绿 1 灯闪烁 5 次。为此，这里用到了 3 个定时器(T1、T2、T3)来实现这一功能。其中，T1 是总定时器，定时时间为 5 秒。T1 计时满，则绿 1 灯闪烁步结束，需要转移到黄 1 灯亮这一步(S22)。因为要在 5 秒内闪烁 5 次，因此每次绿 1 灯亮或者灭的时间均为 0.5 秒。T2、T3 分别用来对每次绿 1 灯亮、灭进行定时，计时满则切换亮、灭状态。例如，若 T2 计时满，则表示绿 1 灯已经点亮了 0.5 秒，需要启动 T3、转入绿 1 灯灭的状态并持续 0.5 秒；若 T3 计时满，则会启动 T2，转入绿 1 灯亮的状态并持续 0.5 秒。绿 2 灯闪烁步(S27)也根据这一原理，利用定时器(T8、T9、T10)来实现的。

## 2. 交通信号灯控制系统的编程

明确了交通信号灯控制系统工作流程之后，即可根据前面例子中介绍的流程方法进行编程。软件中实际的SFC图如图6-61所示。

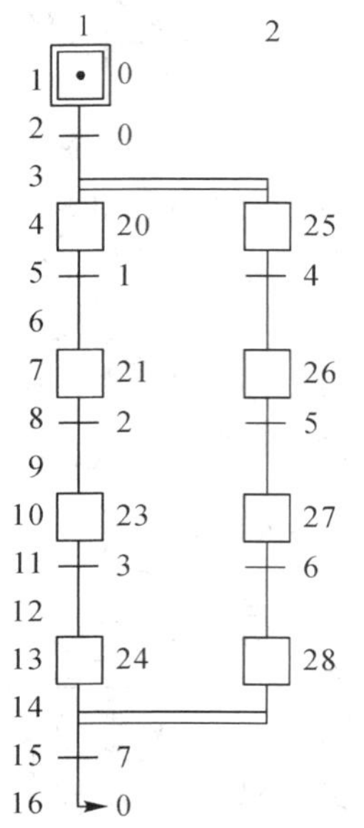

图6-61　软件中实际的SFC图

1) 并行分支结构的创建

因为从S0步到S21、S25步的转移是并行分支结构，所以在生成S0的转移条件后，应该再紧接着增加一个并行分支转移条件，如图6-62所示。创建分支的方法：双击转移条件下端的连接线(即图中第3行位置)，在弹出的“SFC符号输入”窗口中，选择该转移条件“图标号”下拉列表中的“== D”选项。单击“确定”按钮，即创建完成一个并行分支转移结构，如图6-62所示。

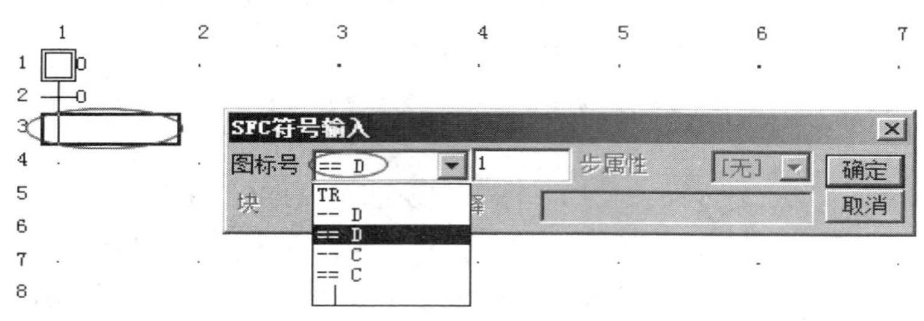


图6-62　创建并行分支

2) 并行汇合结构的创建

S24、S28步的转移是并行汇合结构，如图6-63所示。创建汇合的方法：生成S24、S28步后，在S24或者S28的下方双击(即图中第14行位置)，在弹出的“SFC符号输入”窗口中，选择该转移条件“图标号”下拉列表中的“== C”选项。单击“确定”按钮，即创建完成一个并行分支汇合结构，如图6-63所示。

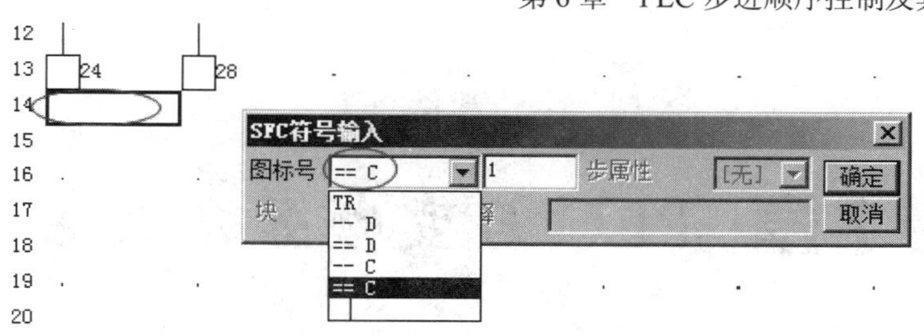


图 6-63　创建并行汇合

只要在并行汇合的下端再创建一个转移条件和到 S0 步的跳转，即可编写完成整个程序。

# 习　题

6-1　用步进梯形图实现图 6-64 所示的 SFC 图的功能。

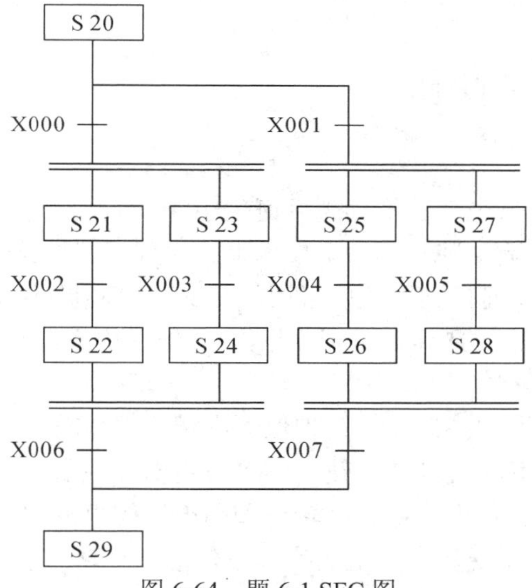


图 6-64　题 6-1 SFC 图

6-2　用不同的方法来设计实现“十字路口交通灯系统”实例中的绿灯闪烁功能。

6-3　因为开始时可能有残留液，所以在开始新一轮搅拌之前，需要先排除积液。请根据这一要求改进“多种液体混合装置控制器”这个例子。

6-4　因为可能并不需要一直不断地连续循环工作，所以需要增加单循环工作模式，即实现一次完整的搅拌流程即结束工作。请根据这一要求改进“多种液体混合装置控制器”这个例子。

6-5　为了便于进行维护检修，给“两级传送带”这个例子增加“手动”功能，即在原来的“自动”工作模式基础上，增加可以随意控制传送带、放料阀的启动与停止的“手动”模式。例如，可以指定只有传送带 1 转动，而令其他保持关闭状态等。

6-6　对于繁忙的十字路口，在高峰期往往需要交警手动控制交通灯，即手动控制交通灯的红绿灯时间。请根据这一要求改进“十字路口交通灯控制器”这个例子。

6-7　针对“T”形路口设计一个交通灯控制器。要求能够实现自动、手动模式。

# 第 7 章 PLC 与变频器及其应用

本章主要介绍变频器的基本结构、工作原理及其 PLC 与变频器在电动机的点运动、正反运动、变频/工频切换控制、变频器多段速运行中的应用。主要内容包括变频器概述，变频器的额定参数、技术指标与产品选型，三菱 FR-A540 变频器的基本应用。

## 7.1 变频器概述

### 7.1.1 变频器的基本概念

#### 1. 变频技术的诞生

直流电动机拖动和交流电动机拖动先后诞生于 19 世纪，迄今已有 100 多年的历史，并已成为动力机械的主要驱动装置。由于技术上的原因，在很长一段时期内，占整个电力拖动系统 80% 左右的不变速拖动系统中采用的是交流电动机(包括异步电动机和同步电动机)，而在需要进行调速控制的拖动系统中则基本上采用的是直流电动机。但是，由于结构上的原因，直流电动机存在以下缺点：

(1) 需要定期更换电刷和换向器，维护保养困难，寿命较短；

(2) 由于直流电动机存在更换向火花，难以应用于存在易燃、易爆气体的恶劣环境；

(3) 结构复杂，难以制造大容量、高转速和高电压的直流电动机。

而与直流电动机相比，交流电动机具有以下优点：

(1) 结构坚固，工作可靠，易于维护保养；

(2) 不存在更换向火花，可以应用于存在易燃、易爆气体的恶劣环境；

(3) 容易制造出大容量、高转速和高电压的交流电动机。

因此，很久以来，人们希望在许多场合下能够用可调速的交流电动机来代替直流电动机，并在交流电动机的调速控制方面进行了大量的研究开发工作。但是，直至 20 世纪 70 年代，交流调速系统在研发方面一直未能得到真正能够令人满意的成果，也因此限制了交流调速系统的推广应用。也正是因为这个原因，在工业生产中大量使用的诸如风机、水泵等需要进行调速控制的电力拖动系统中采用挡板和阀门来调节风速和流量。这种做法不但增加了系统的复杂性，也造成了能源的浪费。

经历了 20 世纪 70 年代中期的第 2 次石油危机之后，人们充分认识到了节能工作的重要性，并进一步重视和加强了对交流调速技术的研究工作，随着同时期电力电子技术的发展，作为交流调速系统中心的变频器技术也得到了显著的发展，并逐渐进入了实用阶段。

虽然发展变频驱动技术最初的目的主要是为了节能，但是随着电力电子技术、微电子技术和控制理论的发展，电力半导体器件和微处理器的性能不断提高，变频驱动技术也得到了显著发展。随着各种复杂控制技术在变频器技术中的应用，变频器的性能不断得到提高，而且应用范围也越来越广。目前变频器不但在传统的电力拖动系统中得到了广泛的应用，而且几乎已经扩展到了工业生产的所有领域，并且在空调、洗衣机、电冰箱等家电产品中也得到了广泛应用。变频器技术是一门综合性的技术，它建立在控制技术、电力电子技术、微电子技术和计算机技术的基础之上，并随着这些基础技术的发展而不断得到发展。

### 2. 变频器的分类

变频器是把固定电压、固定频率的交流电变换为可调电压、可调频率的交流电的变换器，是异步电动机变频调速的控制装置。按缓冲无功功率的中间直流环节的储能元件是电容还是电感，变频器可分为电压型变频器和电流型变频器两大类。

对于交-直-交变频器，当中间直流环节主要采用大电容作为储能元件时，主回路直流电压波形比较平直，在理想情况下是一种内阻抗为零的恒压源，输出交流电压是矩形波或阶梯波，电流波形为正弦波，称为电压型变频器，其结构如图 7-1 所示。其工作原理：整流电路将电网输送的交流电转换成直流电，再经三相桥式逆变电路转变为频率可调的交流电，供给推进电动机，其特性是不能四象限运行，过流及短路保护复杂。

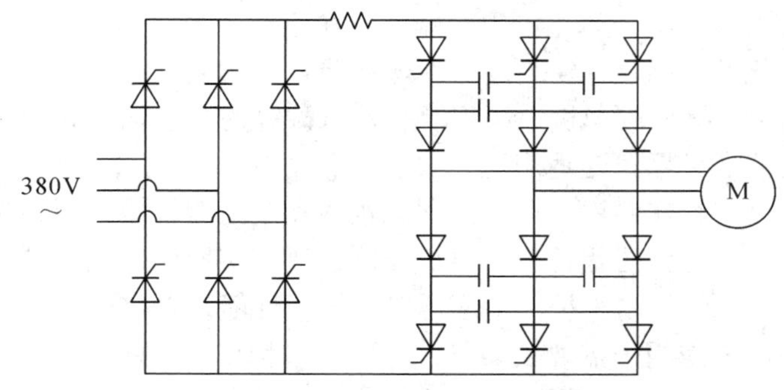

图 7-1　电压型变频器主电路结构

当交-直-交变频器的中间直流环节采用大电感作为储能元件时，直流回路中电流波形比较平直，对负载来说基本上是一个恒流源，输出交流电流是矩形波或阶梯波，电压波形为正弦波，称为电流型变频器，其结构如图 7-2 所示。电流型变频器的工作原理：整流电路将电网输送的交流电转换成直流电，再经三相桥式逆变电路转变为频率可调的交流电，供给推进电动机，其特性是电机不能并联运行，能够四象限运行，过流及短路保护容易。

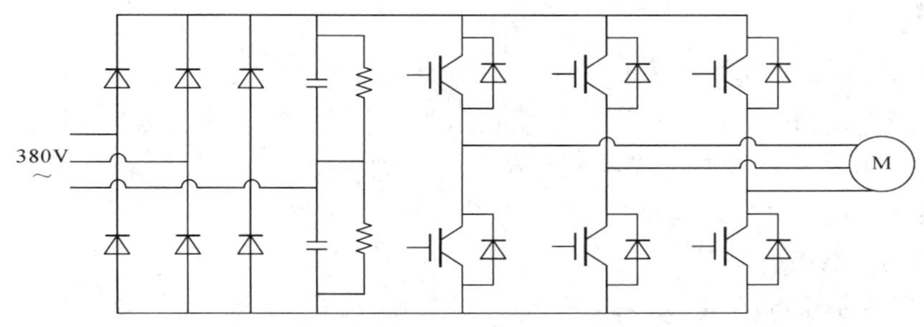

图 7-2　电流型变频器主电路结构

除此之外，变频器的分类方法有多种。按照主电路工作方式分类，可以分为电压型变频器和电流型变频器；按照开关方式分类，可以分为 PAM 控制变频器、PWM 控制变频器和高载频 PWM 控制变频器；按照工作原理分类，可以分为 *U*/*f* 控制变频器、转差频率控制变频器和矢量控制变频器等；按照用途分类，可以分为通用变频器、专用变频器、系统变频器。如表 7-1 所示。

**表 7-1　变频器分类及其应用范围**

| 应用范围<br>变频器类型 | 简易型 | 多功能型 | 高性能型 |
|---|---|---|---|
| 通用变频器 | 风扇、风机、泵、木工机械等 | 风扇、风机、泵、传送带、搅拌机、机床等 | 搅拌机、挤出机、电线制造机、延伸机等 |
| 专用变频器 | 空调、洗衣机、喷涌池、印刷电路板加工机械等 | | 机床、电梯、起重机、升降机等 |
| 系统用变频器 | | 纺织机械、系统辅机等 | 过程控制装置、连铸设备、胶片线、纸加工机、搬运机械等 |

简易通用型变频器一般采用 *U*/*f* 控制方式，主要以风扇、风机等二次降转矩负载为目的，其节能效果成本较低，占该领域的 40%。另外，为配合大量生产空调、真空泵，以小型化、低成本为目的的机电一体化专用变频器也在逐渐增多。

随着工厂自动化的不断深入，自动仓库，升降机、搬运系统等的高效率化、低成本化以及小型 CNC 机床、挤压成形机、纺织及胶片机械等的高速化、高效率化、高精密化已经日趋重要，多功能变频器正是适用这一要求的驱动器。

经过十余年的发展，在钢铁行业的处理流水线和制造业设备、塑料胶片的制造、加工设备中，以矢量控制的变频器代替直流电机控制已达到实用化阶段。异步电机以其构造上的特点，即优良的可靠性、易维护和适应恶劣环境的性能，以及进行矢量控制时具有转矩精度高等优点，被广泛应用于需要长期稳定运行的多种特定用途的设备中。

### 3. 变频器常用控制方法

1) *U*/*f* 控制

*U*/*f* 控制为了得到理想的转矩−速度特性，基于在改变电源频率进行调速的同时，又要保证电动机磁通不变的思想而提出的一种变频器控制方式。通用型变频器基本上都采用这种控制方式。*U*/*f* 控制变频器结构非常简单，但是这种变频器采用开环控制方式，不能达到较高的控制性能，而且在低频时，必须进行转矩补偿，以改变低频转矩特性。

2) 矢量控制

通过矢量坐标电路控制电动机定子电流的大小和相位，以达到对电动机在 $d$、$q$ 坐标轴系中的励磁电流和转矩电流分别进行控制，进而达到控制电动机转矩的目的。目前在变频器中实际应用的矢量控制方式主要有基于转差频率控制的矢量控制方式和无速度传感器的矢量控制方式两种。

3) 直接转矩控制

利用空间矢量坐标的概念，在定子坐标系下分析交流电动机的数学模型，控制电动机的磁链和转矩，通过检测定子电阻来达到观测定子磁链的目的。因此，省去了矢量控制等复杂的变换计算，系统直观、简洁，计算速度和精度都比矢量控制方式有所提高。即使在

开环的状态下，也能输出 100%的额定转矩，对于多拖动具有负荷平衡功能。

### 4. 变频器的发展趋势

变频器虽问世时间不长，但变频器技术的发展速度极快，它以优异的性能和广泛的适用范围以及许多优越性被世人所公认。变频器已在各行各业普及应用，但它毕竟是一个新的领域，还有不尽如人意之处，还需要在现有的基础上进一步提高，仍有极大的发展潜力和空间。变频器的未来，主要从进一步优化控制技术、增大容量、减小体积、降低成本、减少对环境的噪音和电磁污染等方面发展。其主要发展趋势简述如下：

(1) 主控一体化。主要措施是把功率元件、保护元件、驱动元件、检测元件进行大规模的集成，变为一个 IPM 的智能电力模块，使其具有体积小、可靠性高、价格低的特点。

(2) 多功能化和高性能化。电力电子器件和控制技术的不断进步，使变频器向多功能化和高性能化方向发展。特别是微机的应用，以其简单的硬件结构和丰富的软件功能，为变频器多功能化和高性能化提供了可靠的保证。

(3) 小型化。紧凑型变频器要求功率和控制元件具有较高的集成度，其中包括智能化的功率模块、紧凑型的光耦合器、高频率的开关电源，以及采用新型电工材料制造的小体积变压器、电抗器和电容器。例如，ABB 公司将小型变频器定型为 Comp-ACTM，它向全球发布的全新概念是小功率变频器应当像接触器、软启动器等电器元件一样使用简单，安装方便，安全可靠。

(4) 系统网络化。通用变频器除了发展单机的数字化、智能化、多功能化外，还向集成化、系统化方向发展。新型通用变频器可提供多种兼容的通信接口，支持多种不同的通信协议，内装 RS-485 接口，可由个人计算机通过变频器专用软件向通用变频器输入运行命令和设定功能码数据等，通过选件可与现场总线通信。如西门子、VACON、富士、日立、三菱等品牌的通用变频器，均可通过各自可提供的选件支持上述几种或全部类型的现场总线。

## 7.1.2　变频器的基本结构及调速原理

### 1. 变频器的基本结构

变频器是把电压、频率固定的交流电变成电压、频率可调的交流电的变换器，以实现电机的变速运行的设备，其基本结构如图 7-3 所示。

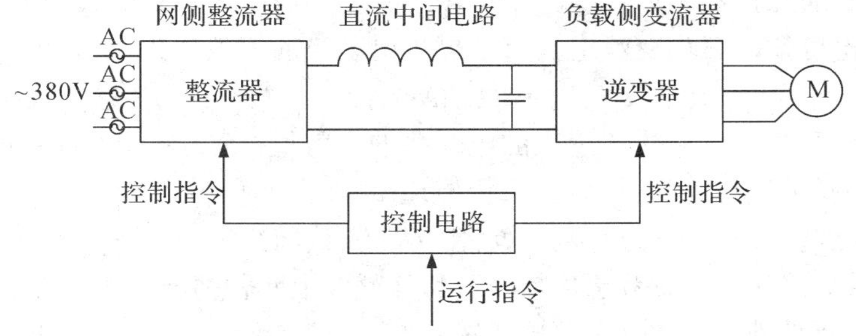


图 7-3　变频器的基本结构

变频器由主电路(包括整流器、中间直流环节、逆变器)和控制电路组成，其中控制电路完成对主电路的控制，整流电路将交流电变换成直流电，直流中间电路对整流电路的输出进行平滑滤波，逆变电路将直流电再逆变成交流电。对于如矢量控制变频器这种需要大量运算的变频器来说，有时还需要一个进行转矩计算的 CPU 以及一些相应的电路。

变频器各组成部分功能如下所述：

(1) 整流器。整流器与单相或三相交流电源相连接，其主要功能是产生脉动的直流电压。

(2) 中间电路。中间电路的主要作用是为使脉动的直流电压变得稳定或平滑，供逆变器使用；通过开关电源为各个控制线路供电；可以配置滤波或制动装置以提高变频器性能。

(3) 逆变器。逆变器的主要功能是将固定的直流电压变换成可变电压和频率的交流电压。

(4) 控制电路。控制电路将信号传送给整流器、中间电路和逆变器，同时它也接收来自这些部分的信号。其主要组成部分是输出驱动电路和操作控制电路。主要功能：利用信号来开关逆变器的半导体器件；提供操作变频器的各种控制信号；监视变频器的工作状态，提供保护功能。

**2. 变频器的变频调速原理**

1) 异步交流电动机变频调速

现代交流调速传动，主要指采用电子式电力变换器对交流电动机的变频调速传动。对于交流异步电动机，异步电动机是用来把交流电能转化为机械能的交流电动机的一个品种，通过定子的旋转磁场和转子感应电流的相互作用使转子转动。调速方法很多，其中以变频调速的性能最好。由电机学知识可知，异步电动机同步转速，即旋转磁场转速为

$$n_1 = \frac{60 f_1}{p} \tag{7-1}$$

式中，$f_1$ 为供电电源频率；$p$ 为电机极对数。

异步电动机轴转速为

$$n = n_1(1-s) = \frac{60 f_1}{p}(1-s) \tag{7-2}$$

式中，$s$ 为异步电动机的转差率，$s = \dfrac{n_1 - n}{n}$。

改变电动机的供电电源频率 $f_1$，可以改变其同步转速，从而实现调速运行。

2) $U/f$ 调速原理

交流电机通过改变供电电源频率，可实现电机调速运行。对电机进行调速控制时，希望电动机的主磁通保持额定值不变。

由电机理论可知，三相交流电机定子每相电动势的有效值为

$$E_1 = 4.44 f_1 N_1 k_{N1} \Phi_m \tag{7-3}$$

式中，$E_1$ 为定子每相由气隙磁通感应的电动势的有效值；$f_1$ 为定子频率；$N_1$ 为定子每相有效匝数；$K_{N1}$ 为基波绕组系数；$\Phi_m$ 为每极磁通量。

一旦电机已选定，则 $N_1$ 为常数。$\Phi_m$ 由 $E_1$、$f_1$ 共同决定，对 $E_1$、$f_1$ 适当控制，可保持 $\Phi_m$ 为额定值不变。对此，需考虑基频以下和基频以上两种情况。

(1) 基频以下调速。由式(7-3)可知，保持 $E_1/f_1$ = 常数，可保持 $\Phi_m$ 不变。但在实际中，$E_1$ 难于直接检测和控制。当频率较高时，定子漏阻抗可忽略不计，认为定子相电压 $U_1 \approx E_1$，保持 $U_1/f_1$ = 常数即可。当频率较低时，定子漏阻抗压降不能忽略。这时，可人为地适当提高定子电压补偿定子电阻压降，以保持气隙磁通基本不变。

(2) 基频以上调速。在基频以上调速时，频率可以从 $f_{1N}$ 往上增高，但电压 $U_1$ 不能超过额定电压 $U_{1N}$，由式(7-3)可知，这将迫使磁通与频率成反比下降，相当于直流电机弱磁升速的情况。

把基频以下调速和基频以上调速两种情况结合起来，可得到图 7-4 所示的电机 $U/f$ 控制特性曲线。

由上面的分析可知，异步电动机的变频调速必须按照一定的规律同时改变其定子电压和频率，即必须通过变频装置获得电压和频率均可调节的供电电源，实现所谓的 VVVF(Variable Voltage Variable Frequency)调速控制。

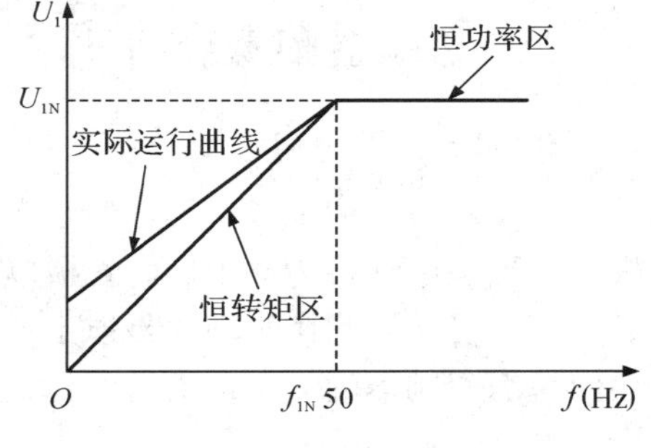


图 7-4　$U/f$ 控制特性曲线

# 7.2　变频器的额定参数、技术指标与产品选型

## 7.2.1　变频器的额定参数

### 1. 输入侧的额定参数

变频器输入侧的额定参数主要是电压和相数。在我国的中小容量变频器，输入电压的额定值有以下几种情况(均为线电压)：

(1) 380 V/50 Hz，三相，用于绝大多数电气设备。

(2) 200～230 V/50 Hz，三相，主要用于某些进口设备。

(3) 200～230 V/50 Hz，单相，主要用于精细加工电器和家用电器。

### 2. 输出侧的额定值

1) 输出电压额定值 $U_N$

由于变频器在变频的同时也在变压，所以输出电压的额定值是指输出电压的最大值。大多数情况下，它就是输出频率等于电动机额定频率时的输出电压值。通常，输出电压的额定值总是和输入电压的额定值相等。

2) 输出电流额定值 $I_N$

输出电流额定值是指允许长时间输出的最大电流，是用户进行变频器选型的主要依据。

3) 输出容量 $S_N$

$S_N$ 与 $U_N$ 和 $I_N$ 的关系：

$$S_N = \sqrt{3}U_N I_N \tag{7-4}$$

4) 适用电动机功率 $P_N$

变频器规定的适用电动机功率，适用于长期连续的负载运行。对于各种变动负载，则不适应。此外，适用电动机功率 $P_N$ 是针对 4 极电动机而言，若拖动的电动机是 6 极或其他，则相应的变频器容量要加大。

5) 过载能力

变频器的过载能力是指输出电流超过额定电流的允许范围和时间。大多数变频器都规定为 150%、160%或 180%、0.5s。

## 7.2.2 变频器的技术指标

### 1. 最大适配电机

变频器最大适配电机通常给出最大适配电机容量(kW)。应该注意，该容量一般是以 4 极普通异步电动机为对象，而 6 极以上电机和变极电机等特殊电机的额定电流大于 4 极普通异步电机，因此在驱动 4 极以上电机及特殊电机时不能单单依据指标选择变频器，同时还应考虑变频器的额定电流是否满足电动机的额定电流。

### 2. 额定输出

变频器的额定输出包括额定输出容量和额定输出电流两方面的内容。其中，额定输出容量为变频器在额定输出电压和额定输出电流下的三相输出功率，即

$$P = 3UI \times 10^{-3} \tag{7-5}$$

式中，$P$ 为额定输出容量(kVA)；$U$ 为额定输出电压(V)；$I$ 为额定输出电流(A)。

而额定输出电流则为变频器在额定输入条件下，以额定容量输出时，可连续输出的电流。这是选择适配电机的重要参数，其电流值全部为有效值。

例如，400 V，7.5 kW，4 极电机额定输出电流为 32 A(过载能力 150%，1 min)；最大连续输出电流为 36 A；此变频器可允许短时最大输出电流为 32 A × 1.5 = 48 A。

以上三种电流的关系如图 7-5 所示。

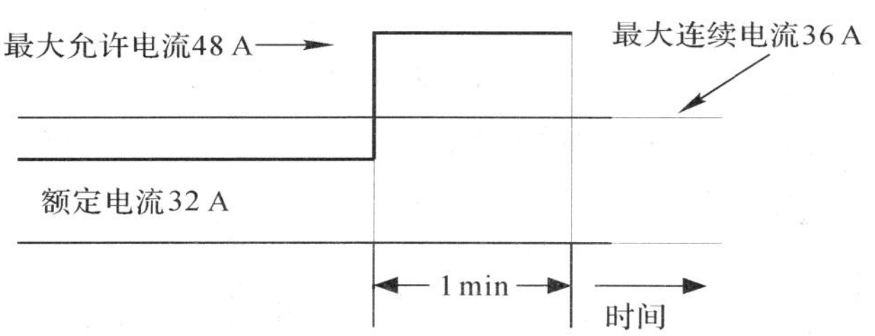


图 7-5　电机三种输出电流关系图

### 3. 输出频率范围

变频器可控制的输出频率范围：最低的启动频率一般为 0.1 Hz，最高频率则因变频器性能指标而异。

### 4. 输出频率分辨率

输出频率分辨率为输出频率变化的最小量。在数字型变频器中，软启动回路(频率指令变换回路)的运算分辨率决定了输出频率的分辨率，如图 7-6 所示。

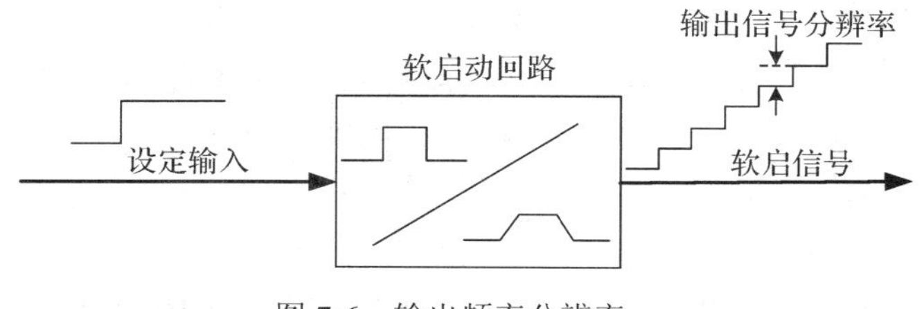


图 7-6　输出频率分辨率

若运算分辨率能够达到 1/10 000～1/130 000，对于一般的应用没有问题；若运算分辨率在 1/1000 左右，则电动机进行加速减速时可能发生速度不平稳的情况。

若最高输出频率为 300 Hz，分辨率为 1/10 000，则输出频率最小的变化幅度为 0.3 Hz。

**5. 输出频率精度**

输出频率精度为输出频率根据环境条件改变而变化的程度。

$$频率精度 = 频率变动大小 \times 100\%最高频率$$

通常这种变动都是由温度变化或漂移引起的。

**6. 电压/频率特性**

电压/频率特性为在频率可变化范围内，变频器输出电压与频率的比。一般的变频器都备有已确定好的多种 $U/f$，如转矩增强、二次降负载用节能特性等，以适应不同负载的需求。

**7. 载频频率**

载频频率的高低决定了变频器输出电压(电流)PWM 脉冲的多少，还标志着输出波形的质量，载频频率越高输出电压(电流)波形越好。其频率的上限受到功率元件开关速度的限制。早期双极性功率晶体管的载频频率为 1～3 kHz，最近由于采用 1 GBT 元件，载频频率可达 10～15 kHz。

**8. 过载能力**

变频器所允许的过载电流，以额定电流的百分数和允许的时间来表示。一般变频器的过载能力为额定电流的 150%，持续 60 s(小容量性也有 120 s)，或者 130%，60 s。如果瞬时负载超过了变频器的过载耐量，即使变频器与电机的额定容量相符，也应该选择大一挡的变频器。

## 7.2.3　变频器的产品选型

不同类型、不同品牌的变频器有不同的标准规格，为了便于读者了解变频器及进行变频器产品的选择工作，以下从变频器的类型与容量两方面来考虑变频器的选型以供参考。

**1. 变频器的类型选择**

根据控制功能可以将变频器分为普通功能型 $U/f$ 控制变频器和具有转矩控制功能的高功能型 $U/f$ 控制变频器和矢量控制高性能型变频器。变频器的类型选择，一般根据负载要求进行。

(1) 风机、泵类负载，低速下负载转矩较小，通常可以选用普通功能型变频器。

(2) 恒转矩负载类，如搅拌机、传送带的平移结构等，有两种情况需考虑：一是采用普通功能型变频器，为了保证低速时的恒转矩调速，常需要采用加大电动机和变频器容量的方法，以提高低速转矩。二是采用具有转矩控制功能的高功能型 $U/f$ 控制变频器，实现恒转矩负载的恒速运行。

**2. 变频器的容量选择**

变频器的容量通常用额定输出电流、输出容量、适用电机功率来表示。对于标准 4 极电机拖动的连续恒定负载、变频器的容量可根据适用电机的功率来选择。对于其他极电机拖动的负载、变动负载、断续负载和短时负载，因其额定电流比标准电机大，不能根据适

用电机的功率选择变频器容量。此时变频器的容量应按运行过程中可能出现的最大工作电流来选择，即

$$I_N \geqslant I_{max}$$

式中，$I_N$ 为变频器的额定电流，$I_{max}$ 为电机的最大工作电流。

## 7.3 变频器的基本应用

本节以三菱 FR-A540 变频器为例，介绍变频器的接线端口、运行与操作，以及变频器的常用参数设置，并结合工程实例介绍变频器的应用。

### 7.3.1 三菱 FR-A540 变频器端子接线图简介

三菱 FR-A540 变频器端子接线图如图 7-7 所示。

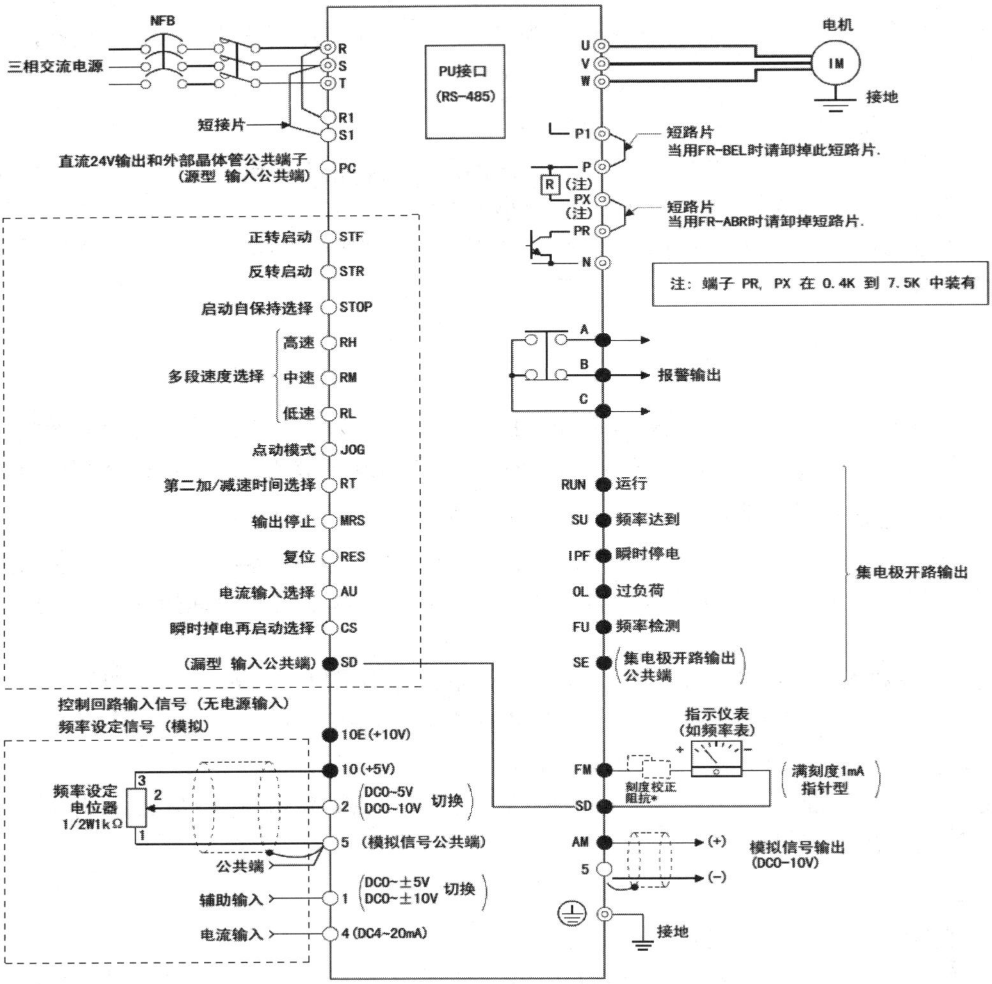

图 7-7 三菱 FR-A540 变频器端子接线图

### 1. 主回路接线端子的功能

主回路端子主要包括交流电源输入、变频器输出等端子，主回路接线端子功能说明如表 7-2 所示。

**表 7-2　主回路接线端子功能说明**

| 端子记号 | 端子名称 | 说　明 |
| --- | --- | --- |
| R, S, T | 交流电源输入 | 连接工频电源，当使用高功率因数转换器时，确保这些端子不连接(FR-HC) |
| U, V, W | 变频器输出 | 接三相鼠笼电机 |
| R1, S1 | 控制回路电源 | 与交流电源端子 R、S 连接。在保持异常显示和异常输出时，或当使用高功率因数转换器(FR-HC)时，请拆下 R-R1 和 S-S1 之间的短路片，并提供外部电源到此端子 |
| P, PR | 连接制动电阻器 | 拆开端子 PR-PX 之间的短路片，在 P-PR 之间连接选件制动电阻器(FR-ABR) |
| P, N | 连接制动单元 | 连接选件 FR-BU 型制动单元，或电源再生单元(FR-RC)，或高功率因数转换器(FR-HC) |
| P, P1 | 连接改善功率因数 DC 电抗器 | 拆开端子 P-P1 间的短路片，连接选件改善功率因数用电抗器(FR-BEL) |
| PR, PX | 连接内部制动回路 | 用短路片将 PX-PR 间短路时(出厂设定)，内部制动回路便生效(7.5k 以下装有) |
| ⏚ | 接地 | 变频器外壳接地用，必须接大地 |

### 2. 控制回路接线端子功能

输出控制的功能是向变频器输入各种控制信号，如控制电动机正转或反转、控制变频器的输出频率等功能，端子数量较多，具体说明如表 7-3 所示。

**表 7-3　控制回路接线端子功能说明**

<table>
<tr><th colspan="2">类 型</th><th>端子记号</th><th>端子名称</th><th colspan="2">说　明</th></tr>
<tr><td rowspan="5">输入信号</td><td rowspan="5">启动接点·功能设定</td><td>STF</td><td>正转启动</td><td>STF 信号处于 ON 便正转，处于 OFF 便停止。程序运行模式时为程序运行开始信号(ON 开始，OFF 静止)</td><td rowspan="2">当 STF 和 STR 信号同时处于 ON 时，相当于给出停止指令</td></tr>
<tr><td>STR</td><td>反转启动</td><td>STR 信号 ON 为逆转，OFF 为停止</td></tr>
<tr><td>STOP</td><td>启动自保持选择</td><td colspan="2">使 STOP 信号处于 ON，可以选择启动信号自保持</td></tr>
<tr><td>RH, RM, RL</td><td>多段速度选择</td><td>用 RH、RM 和 RL 信号的组合可以选择多段速度</td><td rowspan="2">输入端子功能选择(Pr.180 到 Pr.186)用于改变端子功能</td></tr>
<tr><td>JOG</td><td>点动模式选择</td><td>JOG 信号 ON 时选择点动运行(出厂设定)。用启动信号(STF 和 STR)可以点动运行</td></tr>
</table>

**续表 1**

<table>
<tr><th colspan="2">类 型</th><th>端子记号</th><th>端子名称</th><th colspan="2">说 明</th></tr>
<tr><td rowspan="7">输入信号</td><td rowspan="7">启动接点·功能设定</td><td>RT</td><td>第 2 加/减速时间选择</td><td>RT 信号处于 ON 时选择第 2 加减速时间。设定了[第 2 力矩提升][第 2V/F(基底频率)]时，也可以用 RT 信号处于 ON 时选择这些功能</td><td>输入端子功能选择(Pr.180 到 Pr.186)用于改变端子功能</td></tr>
<tr><td>MRS</td><td>输出停止</td><td colspan="2">MRS 信号为 ON(20 ms 以上)时，变频器输出停止。用电磁制动停止电机时，用于断开变频器的输出</td></tr>
<tr><td>RES</td><td>复位</td><td colspan="2">用于解除保护回路动作的保持状态，使端子 RES 信号处于 ON 在 0.1 秒以上，然后断开</td></tr>
<tr><td>AU</td><td>电流输入选择</td><td>只在端子 AU 信号处于 ON 时，变频器才可用直流 4～20 mA 作为频率设定信号</td><td rowspan="2">输入端子功能选择(Pr.180 到 Pr.186)用于改变端子功能</td></tr>
<tr><td>CS</td><td>瞬停电再启动选择</td><td>CS 信号预先处于 ON，瞬时停电再恢复时变频器便可自动启动，但用这种运行必须设定有关参数，因为出厂时设定为不能再启动</td></tr>
<tr><td>SD</td><td>公共输入端子(漏型)</td><td colspan="2">接点输入端子和 FM 端子的公共端，直流 24 V，0.1 A(PC 端子)电源的输出公共端</td></tr>
<tr><td>PC</td><td>直流 24 V 电源和外部晶体管公共端<br>接点输入公共端(源型)</td><td colspan="2">当连接晶体管输出(集电极开路输出)，例如可编程控制器时，将晶体管输出用的外部电源公共端接到这个端子，可以防止因漏电引起的误动作，该端子可用于直流 24 V，0.1 A 电源输出；当选择源型时，该端子作为接点输入的公共端</td></tr>
<tr><td rowspan="6">模拟</td><td rowspan="6">频率设定</td><td>10E</td><td rowspan="2">频率设定用电源</td><td>10 V DC，容许负荷电流 10 mA</td><td rowspan="2">按出厂设定状态连接频率设定电位器时，与端子 10 连接<br>当连接到 10E 时，请改变端子 2 的输入规格</td></tr>
<tr><td>10</td><td>5 V DC，容许负荷电流 10 mA</td></tr>
<tr><td>2</td><td>频率设定(电压)</td><td colspan="2">输入 0～5 V DC(或 0～10 V DC)时，5 V(10 V DC)对应为最大输出频率。输入、输出成比例，用参数单元进行输入直流 0～5 V(出厂设定)和 0～10 V DC 的切换，输入阻抗 10 kΩ，容许最大电压为直流 20 V</td></tr>
<tr><td>4</td><td>频率设定(电流)</td><td colspan="2">4～20 mA DC，20 mA 为最大输出频率，输入、输出成比例，只在端子 AU 信号处于 ON 时，该输入信号有效，输入阻抗 250 Ω，容许最大电流为 30 mA</td></tr>
<tr><td>1</td><td>辅助频率设定</td><td colspan="2">输入 0～±5 V DC 或 0～±10 V DC 时，端子 2 或 4 的频率设定信号与该信号相加，用参数单元进行输入 0～±5 V DC 或 0～±10 V DC(出厂设定)的切换，输入阻抗 10 kΩ，容许电压 ±20 V DC</td></tr>
<tr><td>5</td><td>频率设定公共端</td><td colspan="2">频率设定信号(端子 2，1 或 4)和模拟输出端子 AM 的公共端子，请勿接大地</td></tr>
</table>

**续表 2**

<table>
<tr><th colspan="2">类 型</th><th>端子记号</th><th>端子名称</th><th colspan="2">说　明</th></tr>
<tr><td rowspan="9">输出信号</td><td>接点</td><td>A, B, C</td><td>异常输出</td><td>指示变频器因保护功能动作而输出停止的转换接点，200 V AC 0.3 A，30 V DC 0.3 A。异常时，B–C 间不导通(A–C 间导通)；正常时，B–C 间导通(A–C 间不导通)</td><td rowspan="6">输出端子的功能选择通过(Pr.190 到 Pr.195)改变端子功能</td></tr>
<tr><td rowspan="6">集电极开路</td><td>RUN</td><td>变频器正在运行</td><td>变频器输出频率为启动频率(出厂时为 0.5 Hz，可变更)以上时为低电平，正在停止或正在直流制动时为高电压 × 2，容许负荷为 24 V DC，0.1 A</td></tr>
<tr><td>SU</td><td>频率到达</td><td>输出频率达到设定频率的 ±10%(出厂设定，可变更)时为低电平，正在加/减速或停止时为高电平 × 2，容许负荷为 24 V DC，0.1 A</td></tr>
<tr><td>OL</td><td>过负荷报警</td><td>当失速保护功能动作时为低电平，失速保护解除时为高电平 × 2，容许负荷为 24 V DC，0.1 A</td></tr>
<tr><td>IPF</td><td>瞬时停电</td><td>瞬时停电，电压不足保护动作时为低电平 × 2，容许负荷为 24 V DC，0.1A</td></tr>
<tr><td>FU</td><td>频率检测</td><td>输出频率为任意设定的检测频率以上时为低电平，以下时为高电平 × 2，容许负荷为 24 V DC，0.1 A</td></tr>
<tr><td>SE</td><td>集电极开路输出公共端</td><td colspan="2">端子 RUM，SU，OL，IPF，FU 的公共端子</td></tr>
<tr><td>脉冲</td><td>FM</td><td>指示仪表用</td><td rowspan="2">可以从 16 种监示项目中选一种作为输出 × 3，例如输出频率、输出信号与监示项目的大小成比例</td><td>出厂设定的输出项目：频率容许负荷电流为 1 mA，60 Hz 时，1440 脉冲/s</td></tr>
<tr><td>模拟</td><td>AM</td><td>模拟信号输出</td><td>出厂设定的输出项目：频率输出信号 0 到 DC 10 V 容许负荷电流 1 mA</td></tr>
<tr><td>通讯</td><td>RS-485</td><td>—</td><td>PU 接口</td><td colspan="2">通过操作面板的接口，进行 RS-485 通讯<br>*遵守标准：EIA RS-485 标准<br>*通讯方式：多任务通信<br>*通讯速率：最大为 19 200 b/s<br>*最长距离：500 m</td></tr>
</table>

## 7.3.2　变频器的运行与操作

### 1. 操作面板及其功能

三菱 FR-A540 变频器操作面板(FR-DU04)各部分功能如图 7-8 所示。

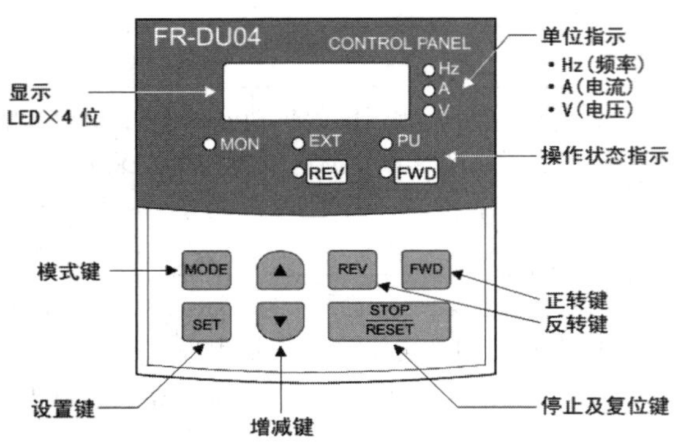


图 7-8 操作面板(FR-DU04)

FR-DU04 操作面板按键功能如表 7-4 所示。

**表 7-4 PU 操作面板按键功能说明**

| 按 键 | 说 明 |
|---|---|
| MODE 键 | 可用于选择操作模式或设定模式 |
| SET 键 | 用于确定频率和参数的设定 |
| ▲/▼键 | 用于连接增加或降低运行频率，按下该键可改变频率<br>在设定模式中按下此键，则可连续设定参数 |
| FWD 键 | 用于给出正转指令 |
| REV 键 | 用于给出反转指令 |
| STOP/RESET 键 | 用于停止运行<br>用于保护功能动作输出停止时复位变频器(用于主要故障) |

FR-DU04 操作面板上的单位显示、运行状态显示如表 7-5 所示。

**表 7-5 单位显示、运行状态显示**

| 显 示 | 说 明 |
|---|---|
| Hz | 显示频率时点亮 |
| A | 显示电流时点亮 |
| V | 显示电压时点亮 |
| MON | 监示显示模式时点亮 |
| PU | PU 操作模式时点亮 |
| EXT | 外部操作模式时点亮 |
| FWD | 正转时闪烁 |
| REV | 反转时闪烁 |

### 2. 操作面板的使用

要对变频器进行某项操作，需先在操作面板上切换到相应的模式，如图 7-9 所示，通过操作“MODE”键可改变变频器的工作模式，如监示模式、频率设定模式、参数设定模式、运行模式和帮助模式。

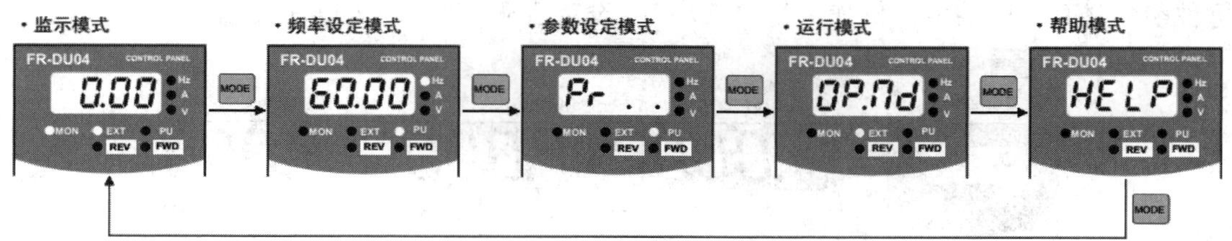


图 7-9　“MODE”键的操作

1) 监示模式的设置

监示模式用于了解变频器的工作频率、电流大小、电压大小和报警信息，便于用户了解变频器的工作情况，且可以更改监示的参数，具体操作如图 7-10 所示。

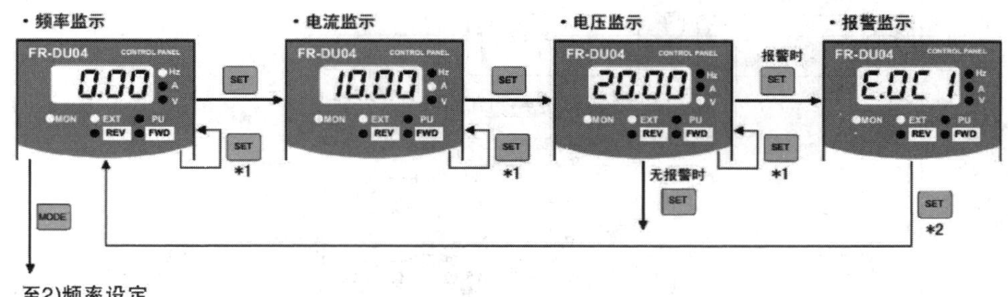


图 7-10　监示模式的操作

具体操作时，注意以下几点：

(1) 按下标有*1 的 SET 键超过 1.5 s 可以把电流监示模式改为上电监示模式。

(2) 按下标有*2 的 SET 键超过 1.5 s 可以显示包括最近 4 次的错误指示。

(3) 在外部操作模式下转换到参数设定模式。

2) 频率设定模式的设置

在 PU 操作模式下设定变频器的运行频率，即变频器逆变电路输出电源的频率，具体操作如图 7-11 所示。

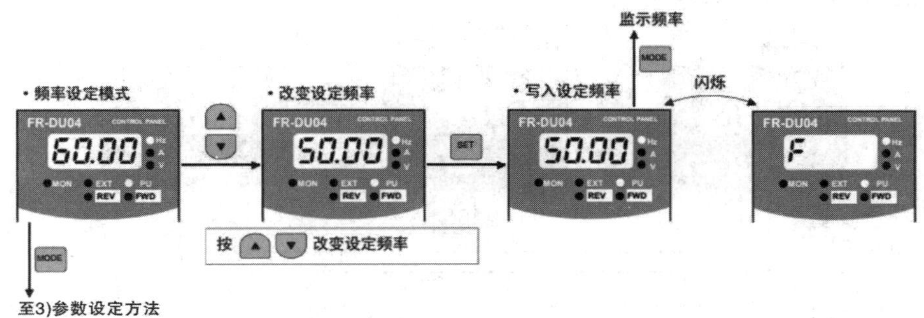


图 7-11　频率设定的操作

操作时注意：参数设定用增减键；按下“SET”键 1.5 s 可写入设定值并更新。

3) 参数设定模式的设置

参数设定模式用来设置变频器的各种工作参数。三菱 FR-A540 变频器有近千种参数，每种参数又有不同的值。例如，把Pr.79参数设定值从2变为1的操作如图7-12所示。

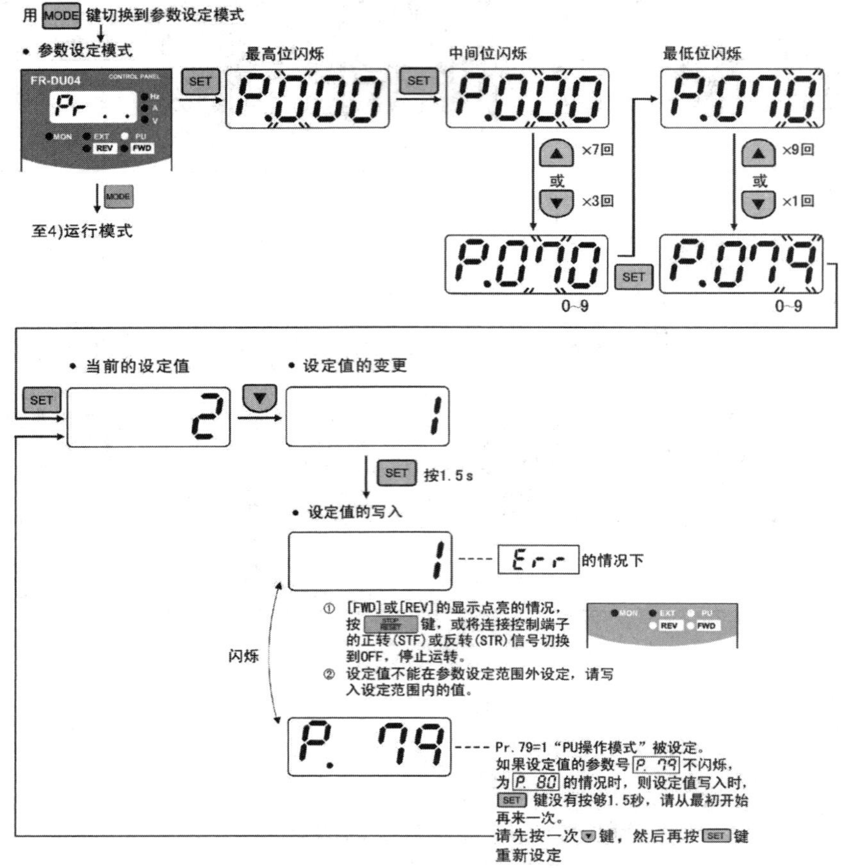


图7-12 参数设定值的操作

4) 运行模式的设置

运行模式用来设定变频器的操作模式，可在外部操作，PU操作和PU点动操作之间切换。具体设置过程如图7-13所示。

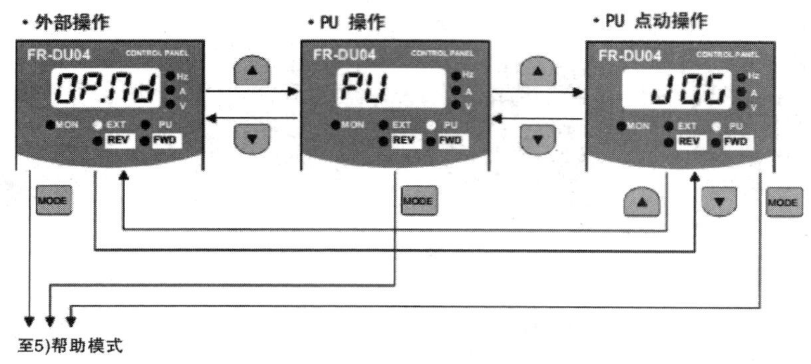


图7-13 运行模式的设定

5) 帮助模式的设置

帮助模式主要用来查询和清除有关记录、参数等内容。具体操作过程如图7-14所示。

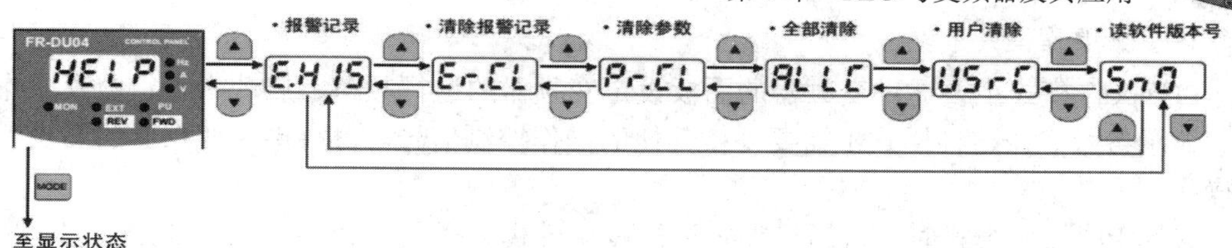


图 7-14　帮助模式的设定

### 3. 变频器的运行操作模式

所谓运行操作模式，是指输入变频器的启动指令及设定频率的场所。变频器的常见运行操作模式有 PU 操作模式、外部操作模式、PU/外部组合操作模式和通信操作模式。模式的选择应根据生产过程的控制要求和生产作业的现场条件等因素来确定，达到既满足控制要求，又能够以人为本的目的。

三菱变频器操作模式的选择采用“运行操作模式选择”参数 Pr.79 进行设定，其运行操作模式通常有 8 种，详见表 7-6 所示。

**表 7-6　变频器运行操作模式**

| Pr.79 设定值 | 功　能 |
|---|---|
| 0 | 电源接通时，为外部操作模式<br>PU 操作或外部操作可切换 |
| 1 | PU 操作模式 |
| 2 | 外部操作模式 |
| 3 | 外部/PU 组合操作模式 1<br>运行频率——从 PU(FR-DU04/FR-PU04)设定(直接设定，或▲/▼键设定)或外部输入信号(仅限多段速度设定)<br>启动信号——外部输入信号(端子 SIF. STR) |
| 4 | 外部/PU 组合操作模式 2<br>运行频率——外部输入信号(端子 2，4，1.点动，多段速度选择)<br>启动信号——从 PU(FR-DU04/FR-PU04)输入(FWD键，REV键) |
| 5 | 程序运行模式<br>可设定 10 个不同的运行启动时间，旋转方向和运行频率各 3 组<br>运行开始——SIF<br>定时器复位——STR<br>组数选择——RH, RM, RL |
| 6 | 切换模式<br>运行时可进行 PU 操作，外部操作和计算机通信操作(当采用 FR-A5NR 选件时)的切换 |
| 7 | 外部操作模式(PU 操作互锁)<br>X12 信号 ON——可切换到 PU 操作模式(正在外部运行时输出停止)<br>X12 信号 OFF——禁止切换到 PU 操作模式 |
| 8 | 切换到除外部操作模式以外的模式(运行时禁止)<br>X16 信号 ON——切换到外部切换模式<br>X16 信号 OFF——切换到 PU 切换模式 |

1) PU 操作模式

PU 操作模式主要通过变频器的面板设定变频器的运行频率、启动指令、监视操作命令、显示参数等。这种模式不需要外接其他的操作控制信号，可直接在变频器的面板上进行操作。

采用 PU 操作模式时，可通过设定运行操作模式选择参数 Pr.79 = 1 或 0 来实现。

2) 外部操作模式

外部操作模式通常为出厂设置。这种模式通过外接的启动开关、频率设定电位器等产生外部操作信号来控制变频器的运行。外部频率设定信号为 0～5 V、0～10 V 或 4～20 mA 的直流信号。启动开关与变频器的正转启动 STF 端/反转启动 STR 端连接，频率设定电位器与变频器的 10、2、5 端相连接。当采用外部操作模式时，可通过设定运行操作模式选择参数 P r.79 = 2 或 0 来实现。

3) PU/外部组合操作模式

PU 操作和外部操作模式可以进行组合操作，此时 Pr.79 = 3 或 4，可采用下列两种方法中的一种：

(1) 启动信号用外部信号设定(通过 STF 或 STR 端子设定)，频率信号用 PU 操作模式设定或通过多段速端子 RH、RM、RL 设定。

(2) 启动信号用 PU 键盘设定，频率信号用外部频率设定电位器或多段速选择端子 RH、RM、RL 进行设定。

4) 通信操作模式

通过 RS-485 接口和通信电缆可以将变频器的 PU 接口与 PLC、ASIC、RISC 和工业用计算机(PC)等数字化控制器进行连接，实现先进的数字化控制、现场总线系统控制等。该领域有着广阔的应用和开发前景。

计算机通信模式可以通过设定参数 Pr.79 = 6 来实现，这时不仅可以进行数字化控制器与变频器的通信操作，还可以进行计算机通信操作与其他操作模式的相互切换。

### 7.3.3 变频器常用参数的设置

变频器出厂时，厂家对每个参数都预设一个值，这些参数叫做出厂(缺省)值。一般缺省值并不能满足大多数传动系统的要求，所以用户在使用变频器之前，要求对变频器参数进行设置。

变频器的参数设定在调试过程中是十分重要的。由于若参数设定不当，则将不能满足生产的需要，而且可能会导致启动、制动的失败，或工作时常跳闸，严重时会烧毁功率模块 IGBT 或整流桥等器件。变频器的品种不同，参数量亦不同。一般单一功能控制的变频器约有 50～60 个参数值，多功能控制的变频器有 200 个以上的参数。但不论参数多或少，在调试过程中是否需要把全部的参数重新进行调整呢？其实大多数可不变动，按出厂值即可，只需要把使用时原出厂值不合适的予以重新设定即可。例如：外部端子操作、模拟量操作、基底频率、最高频率、上限频率、下限频率、启动时间、制动时间(及方式)、热电子保护、过流保护、载波频率、失速保护和过压保护等参数是必须要调整的。当运转不合适时，再调整其他参数。

变频器的设定参数较多，每个参数均有一定的选择范围，使用中常常遇到因个别参数设置不当，而导致变频器不能正常工作的现象，因此，必须对相关的参数进行正确的设定。下面简单介绍三菱变频器的主要额定参数。

### 1. 转矩提升功能参数的设定

转矩提升功能是设置电机启动时的转矩大小，可以通过补偿电压降以改善电机在低速范围的转矩降，如图 7-15 所示转矩提升主要是通过在低频时提升变频器的输出电压来实现的。

转矩提升功能参数主要有 Pr.0 转矩提升、Pr.46 第二转矩提升和 Pr.112 第三转矩提升 3 个。值得注意的是，当 RT 信号 ON 时，Pr.46 “第二转矩提升” 有效；在 X9 信号 ON 时，Pr.112 “第三转矩提升” 有效。X9 信号输入端子应安排在 Pr.180 到 Pr.186 处。

### 2. 加减速时间

加减速时间是指输出频率从 0 Hz 上升到基准频率所需要的时间，有 5 个参数可设置：即 Pr.7，加速时间；Pr.8，减速时间；Pr.20，加减速基准频率；Pr.21，加减速时间单位；Pr.29，加减速时间曲线。加减速时间参数的使用如图 7-16 所示。

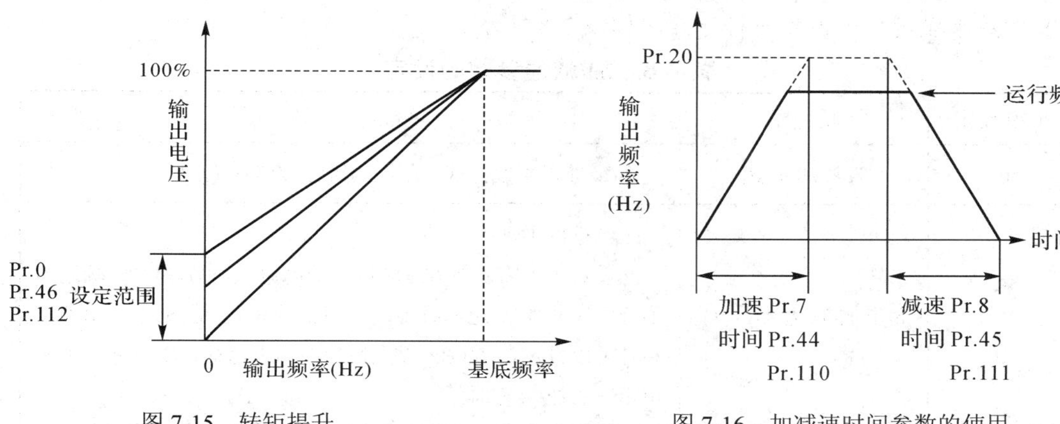


图 7-15　转矩提升

图 7-16　加减速时间参数的使用

### 3. 上/下限频率的设置

上限频率是指不允许超过的最高输出频率；下限频率是指不允许超过的最低输出频率。上/下限频率设置参数有 Pr.1 “上限频率”、Pr.2 “下限频率” 和 Pr.18 “高速上限频率” 3 个。参数的出厂设置和设置范围如表 7-7 所示。

**表 7-7 上/下限频率参数**

| 参数号 | 出厂设置 | 设置范围 |
|---|---|---|
| 1 | 120 Hz | 0～120 Hz |
| 2 | 0 Hz | 0～120 Hz |
| 18 | 120 Hz | 120～400 Hz |

上/下限频率参数功能如图 7-17 所示。参数使用说明如下：用 Pr.1 设定输出频率的上限，如果频率设定值高于此设定值，则输出频率被钳位在上限频率。在 120 Hz 以上运行时，用参数 Pr.18 设定输出频率的上限。当 Pr.18 被设定时，Pr.1 自动地变为 Pr.18

的设定值；或者 Pr.1 被设定后，Pr.18 会自动切换到 Pr.1 的频率。用 Pr.2 设定输出频率的下限。

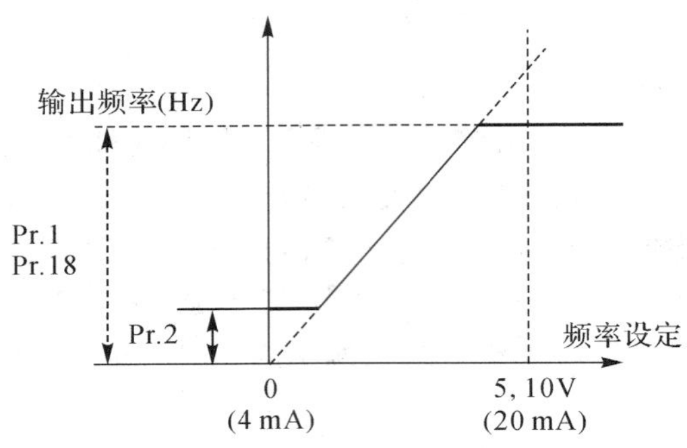


图 7-17　上/下限频率参数功能

### 4. 加/减速曲线

为了适应不同机械的启停要求，可给变频器设置不同的加减速方式。加减速方式由 Pr.29 参数来设定，可设置三种方式，如表 7-8 所示。

表 7-8　加/减速参数的设定

| Pr.29 设定 | 功　能 | 说　　明 |
|---|---|---|
| 0 | 直线加/减速 | 加/减速以直线方式上升/下降到预设频率(出厂设定) |
| 1 | S 形加/减速 A(注 1) | 工作机械主轴用<br>此设定用于需要在 60 Hz 以上的高速域用短时间加/减速的场合，在此加/减速曲线中，$f_b$(基底频率)总是 S 形的拐点，并且可以设定在 60 Hz 以上恒功率输出运行范围降低电机转矩相应的加/减速时间 |
| 2 | S 形加/减速 B | 防止运输机械等的负载倒塌。<br>此设定从 $f_2$(当前频率)到 $f_1$(目标频率)提供一个 S 形加/减速曲线，因此具有缓和加/减速时振动的效果，防止运输时负荷的倒塌 |
| 3 | 齿隙补偿(注 2，3) | 减速齿轮的齿隙补偿等。<br>此功能在加/减速期间暂停速度变化，用于减轻当减速齿轮齿隙突然消除时产生的冲击，按照图 7-18 用 Pr.140 到 Pr.143 设定停止时间和停止频率 |

(1) 当 Pr.29 = 0 时，这种方式是减速时间与输出频率变化成正比关系，大多数负载采用这种方式。

(2) 当 Pr.29 = 1 时，这种方式是开始和结束阶段，升速和减速比较缓慢，一般电梯、传送带等设备采用这种方式。

(3) 当 Pr.29 = 2 时，这种方式是在两个频率之间提供一个“S”形加减速 A 方式，如

图 7-18 所示，该方式具有缓和震动的效果。

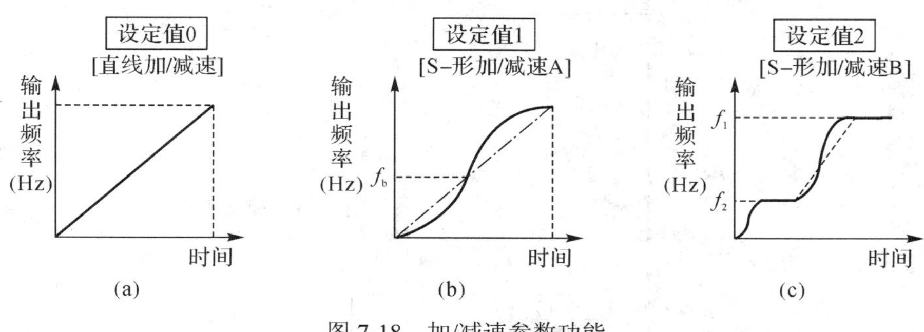


图 7-18　加/减速参数功能

### 5. 启动频率

启动频率是指电动机启动时的频率，由参数 Pr.13 来设定。启动频率设置范围为 0～60 Hz，对于惯性较大或者摩擦力较大的负载，为了容易启动，可设置合适的启动频率来增大启动转矩。Pr.13 参数功能如图 7-19 所示，默认出厂设置是 0.5 Hz。

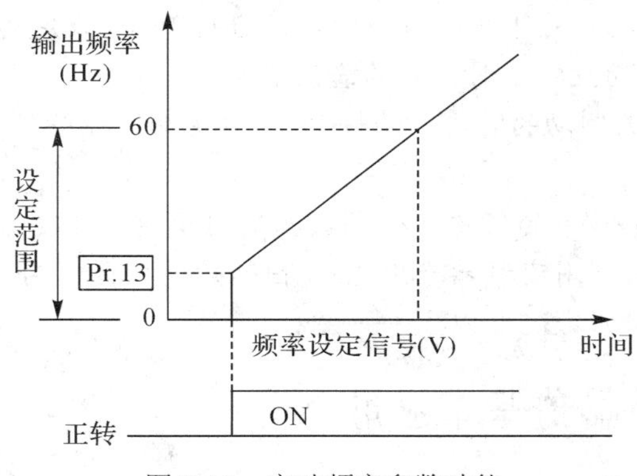


图 7-19　启动频率参数功能

### 6. 直流制动

直流制动的作用是利用设定停止时的相关参数，可以调整定位运行等的停止准确度和直流制动的运行时间，使之适合负载的要求。直流制动参数包括 Pr.10"直流制动动作频率"、Pr.11"直流制动动作时间"和 Pr.12"直流制动电压"三个，该组参数的出厂设定值和设定范围如表 7-9 所示。

**表 7-9　直流制动参数的设定**

| 参数号 | | 出厂设定值 | 设定范围 | 备　注 |
|---|---|---|---|---|
| 10 | | 3 Hz | 0～120 Hz，9999 | 9999：在 Pr.13 设定值或以下动作 |
| 11 | | 0.5s | 0～10 s，8888 | 8888：当 X13 信号 ON 时动作 |
| 12 | 7.5 k 以下 | 4% | 0～30% | |
| | 11 k 以上 | 2% | | |

直流制动的制动电压、制动频率和制动时间动作关系如图 7-20 所示。

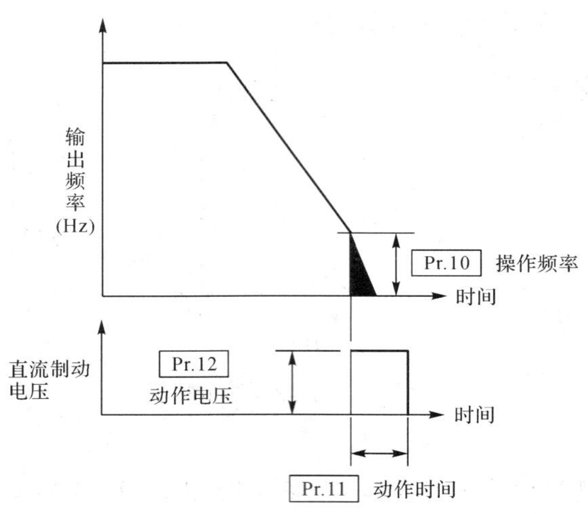


图 7-20　直流制动参数功能

说明如下：

① 用 Pr.10 设定直流制动开始应用的频率。若将 Pr.10 设定为“9999”，则当电机减速到 Pr.13“启动频率”的设定值时，转为直流制动。

② 用 Pr.11 设定直流制动的时间。若将 Pr.11 设定为“8888”，则当 X13 信号 ON 时，直流制动动作。

③ 用 Pr.180 到 Pr.186 中的任意一个参数指定用于 X13 信号输入的端子。用 Pr.12 设定电源电压的百分数。当使用变频器专用电机(恒转矩电机)时，可将 Pr.12 的设定按下述方式更改：3.7 k 以下——4%，5.5 k 以上——2%。

## 7.3.4　PLC 与变频器的基本应用

在交流变频调速系统中，由于控制对象和系统的要求不同，因此变频器的运行方式也不同。在工业自动化控制系统中，最为常见的是变频器和 PLC 的组合应用，并且产生了多种多样的 PLC 控制变频器的方法，构成了不同类型的变频 PLC 控制系统。本节主要介绍变频器的多种运行方式。

### 1. 变频器与 PLC 的连接方式简介

用 PLC 对变频器控制进行电机的运动控制，首先要考虑的是变频器和 PLC 的连接方法，通常 PLC 可以通过下面三种途径来控制变频器：一是利用 PLC 的模拟量输出模块控制变频器；二是 PLC 通过通信接口控制变频器；三是利用 PLC 的开关量输入/输出模块控制变频器。下面简单介绍 PLC 与变频器的三种连接方法。

1) 利用 PLC 的模拟量输出模块控制变频器

PLC 的模拟量输出模块输出 0～5 V 电压或 4～20 mA 电流，将其送给变频器的模拟电压或电流输入端，控制变频器的输出频率。这种控制方式的硬件接线简单，但是 PLC 的模拟量输出模块价格相当高，有的用户难以接受。

2) PLC 通过 RS-485 通信接口控制变频器

这种控制方式的硬件接线简单，但需要增加通信用的接口模块，这种接口模块的价格

较高，并且熟悉通信模块的使用方法和设计通信程序可能要花费较多的时间。

3) 利用 PLC 的开关量输入/输出模块控制变频器

PLC 的开关量输入/输出端，一般可以与变频器的开关量输入/输出端直接相连。这种控制方式的接线很简单，抗干扰能力较强，用 PLC 的开关量输出模块可以控制变频器的正反转、转速、加减速时间，能实现较复杂的控制要求。虽然只能有级调速，但对于大多数系统已足够了。

### 2. 基于变频器的电动机点运动控制电路

采用 PLC 控制变频器点运动时，首先要根据控制要求来确定 PLC 的输入/输出，并给这些输入/输出分配地址。这里的 PLC 采用三菱 $FX_{2N}$-48MR 继电器输出型 PLC，变频器采用三菱 FR-A540 变频器，其点运动控制的 I/O 分配如表 7-10 所示。

表 7-10　变频器点运动控制 I/O 分配

| 输　入 | | | 输　出 | | |
|---|---|---|---|---|---|
| 输入继电器 | 输入原件 | 作用 | 输出继电器 | 输出原件 | 作用 |
| X0 | SB1 | 接通电源按钮 | Y0 | KM | 接通 KM |
| X1 | SB2 | 切断电源按钮 | Y1 | STF-SD | 变频器启动 |
| X2 | SB3 | 变频器启动 | Y4 | HL1 | 电源指示 |
| X3 | SB4 | 变频器停止 | Y5 | HL2 | 运行指示 |
| X4 | A-C | 报警信号 | Y6 | HL3 | 报警指示 |

变频器点运动控制电路如图 7-21 所示。

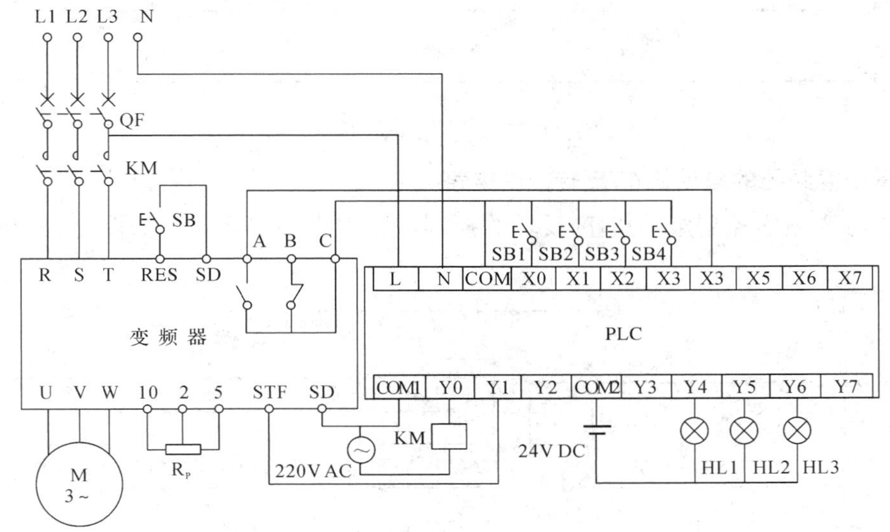


图 7-21　变频器点运动控制电路

变频器的速度由外接电位器 $R_P$ 来进行调节，由于 PLC 是继电器输出型，所以变频器的点运动信号由 PLC 的 Y1 直接接到正转启动端子 STF 上，然后将 PLC 输出的公共端子 COM1 和变频器的公共端子 SD 相连。变频器的故障报警信号 A-C(常开触点)直接连接到

PLC 的输入端子 X4 上，然后将 PLC 输入的公共端子 COM 和变频器的 C 端相连。一旦变频器发生故障，PLC 的报警指示灯 Y6 亮，并使系统停止工作，按钮 SB 用于在处理完故障后使变频器复位。为了节约 PLC 的输入/输出点数，该信号不接入 PLC 的输入端子。

由于接触器线圈需要 220 V AV 电源驱动，而指示灯需要 24 V DC 电源驱动，它们采用的电压等级不同，因此将 PLC 的输出分为两组，一组是 Y0～Y3，其公共端是 COM1；另一组是 Y4～Y7，其公共端是 COM2。注意，由于这两组所使用的电压不同，所以不能将 COM1 和 COM2 连接在一起。

由于变频器采用外部操作模式，所以设定 Pr.79 = 2。

变频器点运动控制的程序如图 7-22 所示。

```
    X000
 0 ─┤├──────────────────────────────[SET   Y000 ]
    X001   Y001
 2 ─┤├─────┤/├──┬───────────────────[RST   Y000 ]
    X004        │
   ─┤├──────────┘
    X002     Y000   X003
 6 ─┤├──┬────┤├─────┤/├─────────────(Y001      )
    Y001│
   ─┤├──┘
    Y000
11 ─┤├──────────────────────────────(Y004      )
    Y001
13 ─┤├──────────────────────────────(Y005      )
    X004
15 ─┤├──────────────────────────────(Y006      )

17 ─────────────────────────────────[END        ]
```

图 7-22　变频器点运动控制程序

### 3. 基于变频器的电动机正/反转控制电路

PLC 与变频器控制电动机正/反转的控制电路和程序梯形图，如图 7-23 和图 7-24 所示。

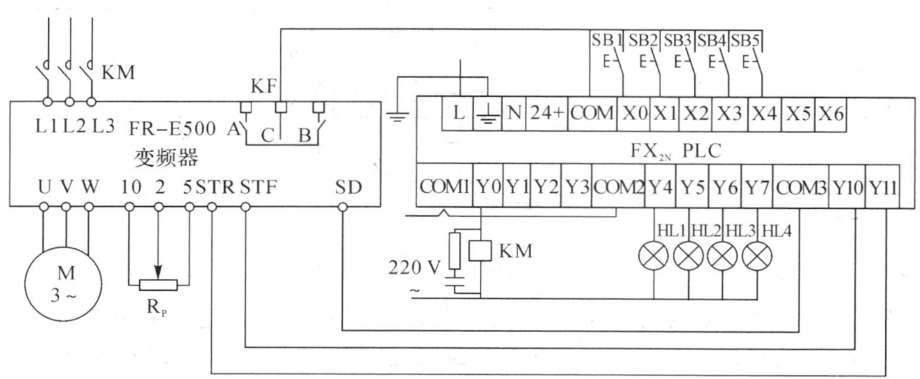


图 7-23　PLC 与变频器控制电动机正/反转电路

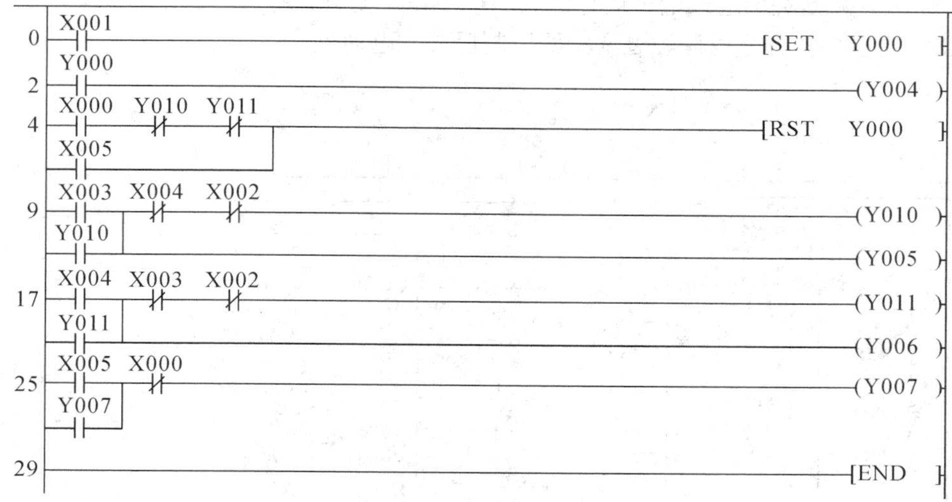


图 7-24　PLC 与变频器控制电动机正/反转电路梯形图

操作步骤如下：

(1) 按下 SB2 输入继电器 X1，得到信号并动作，输出继电器 Y0 动作并保持，接触器 KM 动作，变频器接通电源；Y0 动作后，Y4 动作，指示灯 HL1 亮。

(2) 按下 SB4，Y10 输出，变频器的 STF 接通，电动机正转启动并运行。同时 Y5 正转指示输出，HL2 灯亮。松开 SB4，电机继续运行。

(3) 按下停止按钮 SB3，Y10 无输出，正转停止。

(4) 按下 SB5，Y11 输出，变频器的 STF 接通，电动机反转启动并运行。同时，Y6 反转指示输出，HL3 灯亮。松开 SB5，电机继续运行。

(5) 同理，按下 SB3，反转停止。

当电动机正转或反转时，Y10 或 Y11 的常闭触点断开，使 SB1 不起作用，从而防止变频器在电动机运行的情况下切断电源。如果正转或反转停止再按下 SB1，则 X0 得到信号，使 Y0 复位，KM 断电并且复位，变频器脱离电源。电动机运行时，如果变频器因为发生故障而跳闸，则 X5 得到信号，一方面使 Y0 复位，变频器切断电源；同时，Y7 动作，指示灯 HL4 亮。在利用 PLC 控制变频器运行时，必须先对变频器的基本参数进行设置，这样才可以达到所需的运行控制目的。

### 4. 基于变频器的变频/工频切换控制电路

控制任务描述：一台电动机变频运行，当频率上升到 50 Hz(工频)并保持长时间运行时，应将电动机切换到工频电网供电，让变频器休息或另作它用；当变频器发生故障时，也需将电动机切换到工频运行；一台电动机运行在工频电网，现工作环境要求其进行无级调速，此时又必须将电动机由工频切换到变频状态运行。下面介绍如何来连接变频器与 PLC，如何正确控制变频与工频之间的切换，以及参数的设定。

变频与工频切换的主电路原理图如图 7-25 所示。

电路工作原理：电机何时工作在工频或变频，这可通过变频器中的接触器 KM1、KM2 和 KM3 控制来实现。当电机工作在工频状态时，KM1 主触头闭合，KM2、KM3 打开，电源不经过变频器直接进入电机运行；当电机工作在变频状态时，KM2、KM3 主触头闭合，KM1 主触头打开，电源经过变频器控制后进入电动机。

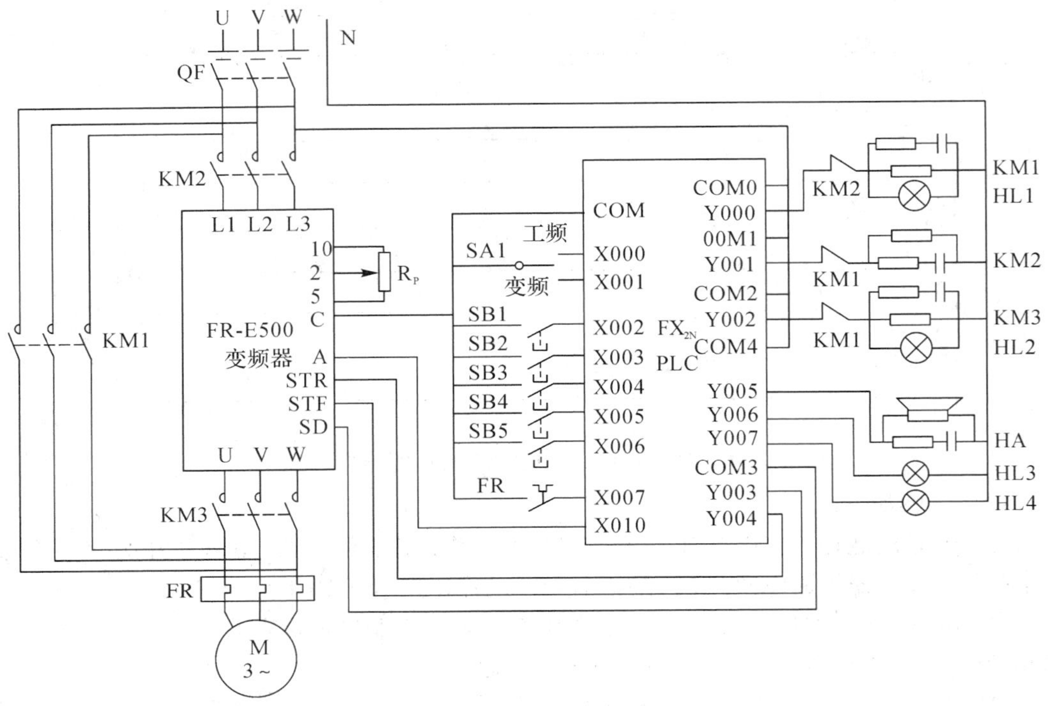


图 7-25　变频器变频/工频切换控制电路原理图

PLC 的 I/O 分配如表 7-11 所示。

表 7-11　PLC 的 I/O 分配表

| 输入功能意义 | 对应地址号 | 输出功能意义 | 输出地址号 |
|---|---|---|---|
| 工频(SA1) | X000 | 接触器 KM1 | Y000 |
| 变频(SA1) | X001 | 接触器 KM2 | Y001 |
| 电源通电(SB1) | X002 | 接触器 KM3 | Y002 |
| 正转启动按钮(SB2) | X003 | 正转启动 | Y003 |
| 反转启动按钮(SB3) | X004 | 反转启动 | Y004 |
| 电源断电按钮(SB4) | X005 | 蜂鸣器报警 | Y005 |
| 变频制动按钮(SB5) | X006 | 指示灯报警 | Y006 |
| 电动机过载 | X007 | 电动机过载指示 | Y007 |
| 变频器故障 | X010 | | |

PLC 控制参考程序如图 7-26 所示。

PLC 控制工频和变频工作过程如下：

1) 工频运行段

先将选择开关 SA1 旋至“工频运行”位，使输入继电器 X0 动作，为工频运行做好准

备。按启动按钮 SB1，输入继电器 X2 动作，使输出继电器 Y0 动作并保持，从而接触器 KM1 动作，电动机在工频电压下启动并运行；按停止按钮 SB4，输入继电器 X5 动作，使输出继电器 Y0 复位，而接触器 KM1 失电，电动机停止运行。

如果电动机过载，则热继电器触点 FR 闭合，X7 信号输入，输出信号 Y0 停止，KM1 失电，电动机在工频状态下停止运行。同时，Y7 输出信号，HL4 灯亮，过载报警。

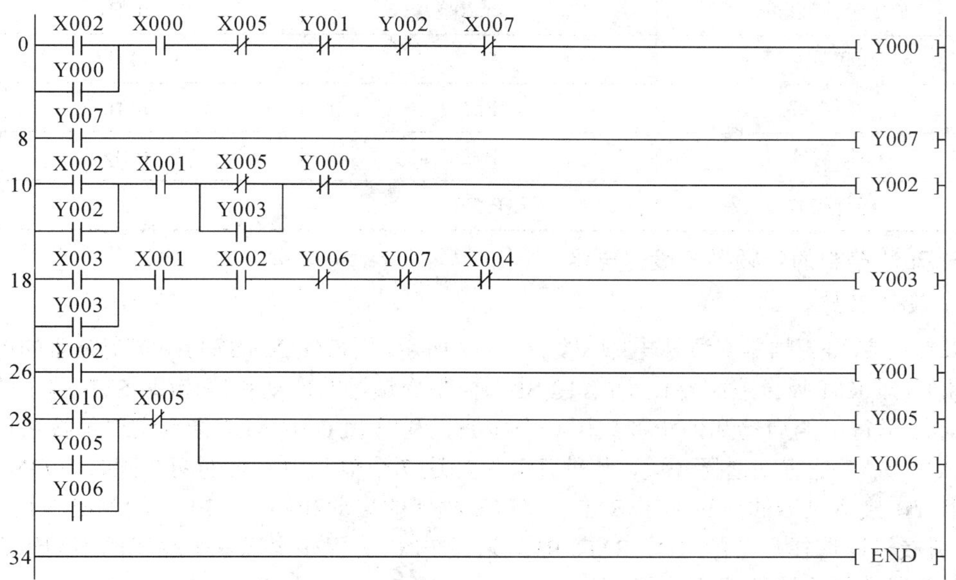


图 7-26　PLC 控制参考程序

2) 变频通电段

先将选择开关 SA2 旋至“变频运行”位，使输入继电器 X1 动作，为变频运行做好准备。按下 SB1，输入继电器 X2 动作，使输出继电器 Y2 动作并保持。一方面使接触器 KM3 动作，将电动机接至变频器输出端；同时，又使输出继电器 Y1 动作，从而接触器 KM2 动作，使变频器接通电源。按下 SB4，输入继电器 X5 动作，在 Y3 未动作或已复位的前提下，使输出继电器 Y2 复位，接触器 KM3 复位，切断电动机与变频器之间的联系。同时，输出继电器 Y1 与接触器 KM2 也相继复位，切断变频器的电源。

3) 变频运行段

按下 SB2，输入继电器 X3 动作，在 Y1、Y2 已经动作的前提下，输出继电器 Y3 动作并保持，变频器的正转启动端(STF)接通，电动机升速并运行。同时，Y3 的常开触点使停止按钮 SB4 暂时不起作用，防止在电动机运行状态下直接切断变频器的电源。按下 SB5，输入继电器 X6 动作，输出继电器 Y3 复位，变频器的 STF 断开，电动机开始降速并停止。

4) 变频器跳闸段

如果变频器因故障而跳闸，则输入继电器 X10 动作，一方面 Y1 和 Y2 复位，从而输出继电器 Y0、接触器 KM2 和 KM3 继电器、Y3 也相继复位，变频器停止工作；另一方面，输出继电器 Y5 和 Y6 动作并保持，蜂鸣器 HA 和指示灯 HL3 工作，进行声光报警。

在面板操作模式下，设置有关参数，典型参数设置值如表 7-12 所示。

表 7-12　典型参数设置值

| 参 数 名 称 | 参 数 号 | 参 数 值 |
|---|---|---|
| 上升时间 | Pr.7 | 4 s |
| 下降时间 | Pr.8 | 3 s |
| 加减速基准频率 | Pr.20 | 50 Hz |
| 基底频率 | Pr.3 | 50 Hz |
| 上限频率 | Pr.1 | 50 Hz |
| 下限频率 | Pr.2 | 0 Hz |
| 运行模式 | Pr.79 | 2 |

### 5. PLC 控制的变频器多段速电路

1) 设计思想

PLC 控制的变频器多段速电路图如图 7-27 所示，用按钮 X0(SB1)控制变频器的电源接通或断开(即 KM 吸合或断开)，用 X10(SB2)控制变频器的启动和停止(即 STF 端子的闭合与否)，这里每组的启动和停止都只用一个按钮，利用 PLC 中 ALT 指令实现单按钮启停控制。SA1～SA7 是速度选择开关，此种开关保证这 7 个输入中不可能两个同时为 ON。PLC 的输出 Y0 接变频器的正转端子 STF，控制变频器的启动和停止。PLC 的输出 Y1、Y2、Y3 分别接转速选择端子的 RH、RM、RL，通过 PLC 的程序实现三个端子的不同组合，从而使变频器选择不同的速度运行。

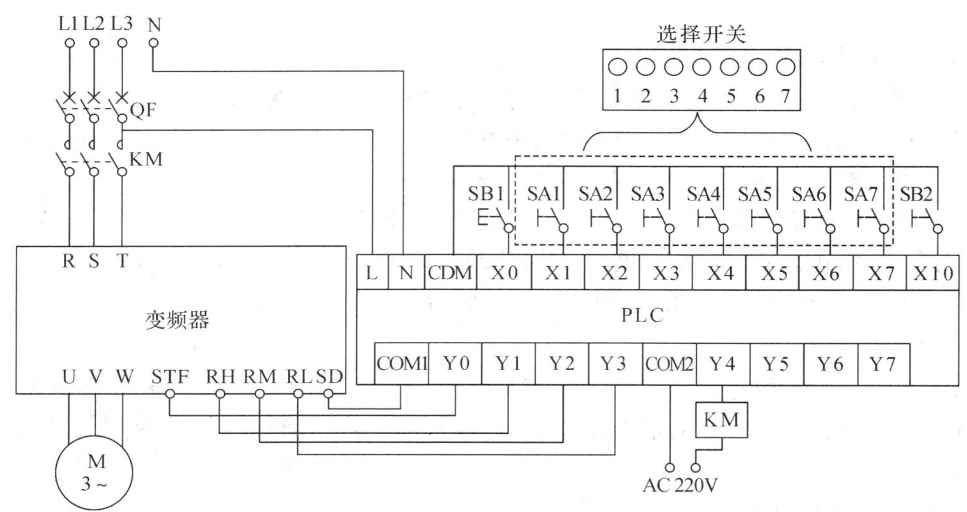


图 7-27　PLC 控制的变频器多段速电路图

2) 参数设置

必须设置以下参数：Pr.79 = 3(组合操作模式)；Pr.7 = 2 s(加速时间)；Pr.8 = 2 s(减速时间)；各段速度：Pr.4 = 16 Hz，Pr.5 = 20 Hz，Pr.6 = 25 Hz，Pr.24 = 30 Hz Pr.25 = 35 Hz，Pr.26 = 40 Hz，Pr.27 = 45 Hz。

3) 程序设计

在图中，当合上相应的速度选择开关时，必须要有一个速度与之相对应。PLC 的三个输出 Y1、Y2、Y3 控制变频器三个端子 RH、RM、RL 的接通，其输入与输出关系如表 7-13 所示。

表 7-13　多段速输入与输出间关系

| 速度 | Y1 | Y2 | Y3 | 参数 |
|---|---|---|---|---|
| 1(X1) | ON | OFF | OFF | Pr.4 |
| 2(X2) | OFF | ON | OFF | Pr.5 |
| 3(X3) | OFF | OFF | ON | Pr.6 |
| 4(X4) | OFF | ON | ON | Pr.24 |
| 5(X5) | ON | OFF | ON | Pr.25 |
| 6(X6) | ON | ON | OFF | Pr.26 |
| 7(X7) | ON | ON | ON | Pr.27 |

根据表 7-13 设计的梯形图程序如图 7-28 所示。

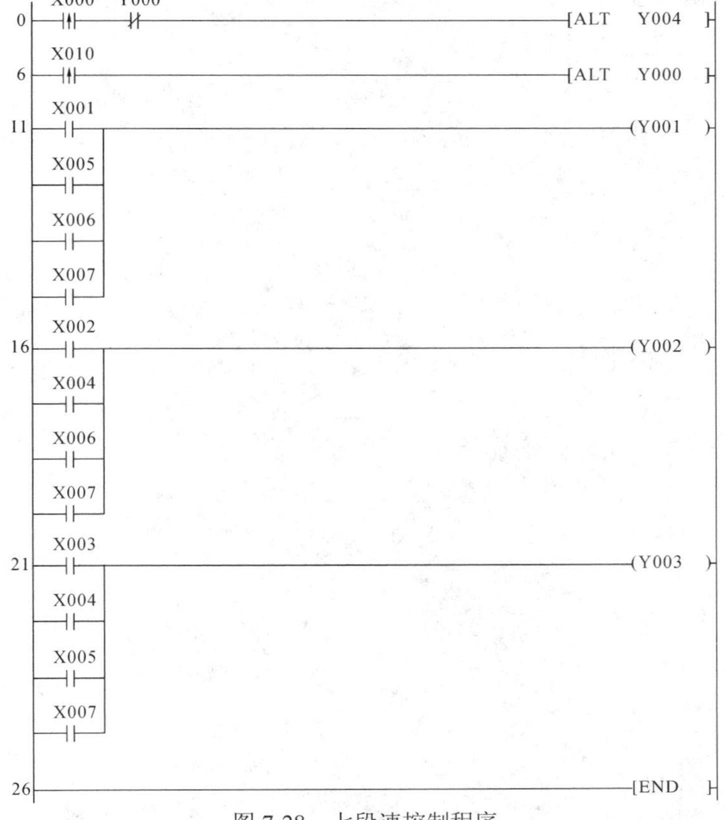


图 7-28　七段速控制程序

步 0 利用交替指令 ALT 控制变频器电源的接通和断开。当第一次按下 X0 时，Y4 得电，接触器 KM 吸合，变频器的电源接通；当第二次按下 X0 时，Y4 失电，接触器 KM 断开，变频器切断电源。该支路中串联变频器启动信号 Y0 的常开触点，主要是为了保证在变频器运行时，不能切断变频器的电源。第三次按下 X0 时，再次接通变频器电源。以此类推。步 6 是控制变频器启停的电路。在步 0 和步 6 中，都只用一个按钮实现启停控制，这样可以节约 PLC 的输入点数。

## 习　题

7-1　简述变频器的基本分类方法及其类型。

7-2　简述电压型与电流型变频器的异同。

7-3　变频器有哪些主要控制方式?

7-4　简述变频器的基本组成及其各部分功能。

7-5　矢量控制是怎样改善电机输出转矩能力的?

7-6　简述 $U/f$ 控制的原理。

7-7　变频器的主要性能指标有哪些?

7-8　采用三菱 PLC 与变频器实现电动机变频/工频切换控制，要求给出基本控制电路图，并简述其工作原理。

# 第 8 章　触摸屏的基本结构与 GT 组态软件的应用

工程师与 PLC 控制系统间经常需要依赖于人机界面进行对话和信息交互，触摸屏是一种在工控领域广泛应用的人机界面设备。本章将重点介绍触摸屏的基本结构、工作原理及其连接方式。

除设备本身外，触摸屏的应用还需要依赖于组态软件进行实际工程开发。本章将以三菱触摸屏 GT 组态软件为例，介绍触摸屏组态软件的安装、应用及画面设置。

## 8.1　触摸屏概述

### 8.1.1　触摸屏的基本概念

触摸屏(Touch Screen)是一种可接收触碰等输入信号的感应式液晶显示装置，又被称为触控屏、触控面板、触摸显示器等，如图 8-1 所示。它是目前工业控制领域常用的一种人机界面设备，可以替代键盘及鼠标的部分功能，作为一种控制系统的输入设备使用；它同时也是一种输出设备，可以对控制系统的输出信息进行显示。

(a) iPhone 6 Plus 手机触摸屏

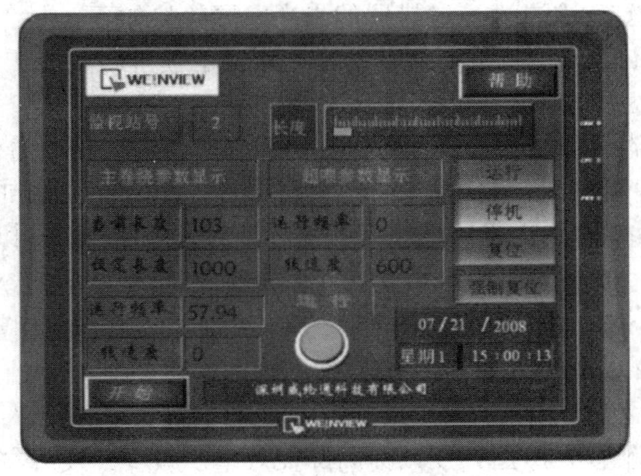


(b) 工业触摸显示器

图 8-1 常见触摸屏实例

从技术上看，触摸屏是一套透明的绝对定位系统，它能检测手指的触摸动作并且判断手指位置，并据此实现预期操作。当工程师触摸了屏幕上的图形按钮时，屏幕上的触觉反馈系统可根据预先编制的程序驱动各种连接装置，执行设定功能。它是一种简单、方便、自然的人机界面。

### 8.1.2 触摸屏的基本功能

随着计算机技术、信息技术及通信技术的快速发展，触摸屏的功能不断完善。在工业控制领域中，触摸屏的基本功能如下。

(1) 显示监测功能。触摸屏可以对过程数据进行动态显示和监测，数据可以以棒状图、趋势图及离散/连续柱状图等方式直观地加以呈现；它还可以监测 PLC 内部状态及其存储器中的数据，直观反映控制系统流程。

(2) 控制功能。工程师可以通过触摸屏来改变 PLC 内部状态位、存储器数值，从而直接参与过程控制。

(3) 报警功能。触摸屏具有实时报警和历史报警记录功能，可以提高工业控制系统运行的安全性和可靠性，便于系统的维护。

(4) 运算处理功能。触摸屏具有一定的逻辑和数值运算能力，能处理与、或、非、加、减等简单运算。

(5) 通信功能。触摸屏通常具有多种通信方式，包括 RS-232、RS-422、RS-485、CAN 及 Profibus-DP 总线等，它可以与多种工业控制设备直接连接，并可以通过以太网组成强大的网络化控制系统。

(6) 数据存储功能。触摸屏内含有大容量的存储器及可扩展的存储接口，可以对生产工艺、配方等进行存储，并对设备生产数据进行记录，还可以将报警存储为报警历史等。

### 8.1.3 触摸屏的发展趋势

随着数字电路技术、网络技术和计算机技术的发展，未来触摸屏的功能将不断完善和发展。综合来看，触摸屏的未来发展趋势如下。

(1) 应用范围更加普及和通用。触摸屏将更为广泛地替代传统按键控制方式，成为人与机器设备交互的主流方式。

(2) 液晶显示屏技术将更加完善。目前工业上常使用的显示屏包括 STN 型和 TFT 型。STN 液晶显示器支持的彩色数有限，LCD 反应时间较长，图像质量差，可视角度较小。而 TFT 液晶显示器则具有较快的反应速度，同时可以精确控制显示色阶，可视角度大。随着 LCD 技术的进一步发展，显示屏技术的更新换代将加速，TFT 液晶显示屏将快速取代 STN 液晶显示屏。

(3) 组态软件将更加友好和智能。组态软件是触摸屏应用的重要支持工具。随着计算机技术、软件技术等的发展，组态软件操作将更加人性化和智能化，将更易于控制工程师进行触摸屏应用开发，提高开发效率，减少开发成本。

(4) 网络化。目前触摸屏主要是作为工业控制系统的配套设备使用，通信方式和协议较为单一。但随着工业以太网、现场总线等技术应用的日趋成熟，触摸屏将会向网络化方向发展，功能将更加丰富和完善。

# 8.2　触摸屏的基本结构及工作原理

## 8.2.1　触摸屏的基本结构

触摸屏是一种嵌入式设备，其构成可分为硬件和软件部分，这两部分紧密结合、协同工作，从而构成完整的触摸屏系统，如图 8-2 所示。

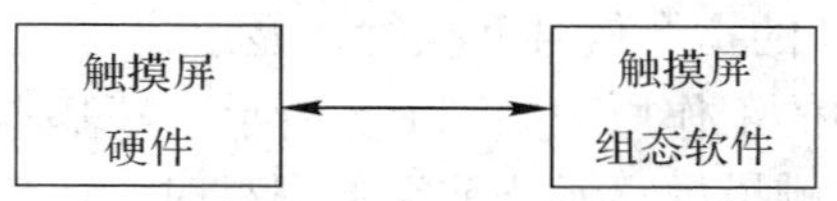


图 8-2　触摸屏的总体构成

### 1. 硬件部分

根据功能划分，触摸屏硬件部分主要包括处理器单元(CPU)、显示单元、输入单元、通信单元以及存储单元等，其硬件组成结构示意图如图 8-3 所示。其中，处理器单元是整个触摸屏硬件部分中的核心单元，完成触摸屏运行时所有的任务处理，其性能决定了触摸屏产品的性能。显示单元、输入单元分别承担显示系统运行状态和接收工程师输入请求的重要功能，是触摸屏必不可少的组成部分。通信单元为本机或联机通信提供丰富的通信接口，一般包括 UART、USB 总线或以太网接口等。存储单元则用于存放操作系统和应用程序的数据。

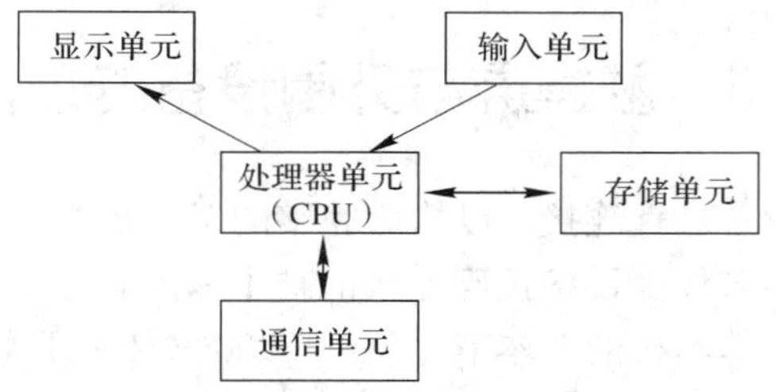


图 8-3　触摸屏的硬件组成结构

### 2. 软件部分

软件部分的结构及其联系如图 8-4 所示。

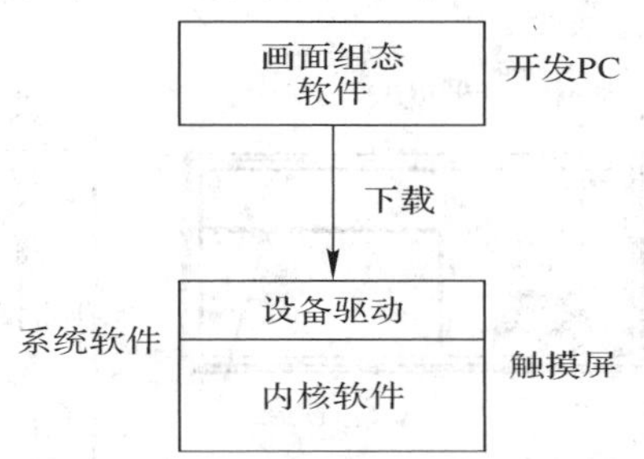


图 8-4　触摸屏的软件组成结构

触摸屏软件部分是触摸屏的重要组成部分之一。根据其软件部分在功能和运行平台上的差异，一般可将其分为两个部分，一部分为运行于触摸屏硬件中的系统软件，另一部分是运行于 PC 操作系统下的画面组态软件。在实际工程中，工程师需要首先使用触摸屏的画面组态软件开发工程文件，再通过 PC 和触摸屏的串行通信接口，将编制好的工程文件下载到触摸屏处理器中运行。

### 8.2.2 触摸屏的工作原理

触摸屏是一种可接收触碰等输入信号的感应式液晶显示装置，它依靠传感器工作。触摸屏内部包含触摸检测部件和触摸屏控制器。触摸检测部件安装在触摸屏显示屏幕前方，用于检测用户的触摸位置，检测后将其位置信息送至触摸屏控制器；而触摸屏控制器则从触摸检测装置上接收触摸信息，将其转化为触点坐标，然后再传送给 CPU；同时触摸屏控制器还可以接收来自于 CPU 的指令信号并执行、显示。

综上分析可知，触摸屏的工作原理如图 8-5 所示。其基本工作原理如下：当工程师用手指或其他物体触摸安装于触摸屏显示器前端的屏幕时，触摸检测部件将检测到所触摸的位置，并将位置信息传送到触摸屏控制器，由触摸屏控制器将其转换为触点坐标；然后再将触点坐标发送给 CPU，由 CPU 对触点坐标所代表的输入信息进行解析并执行，解析、执行后的结果将在触摸屏画面上进行显示。

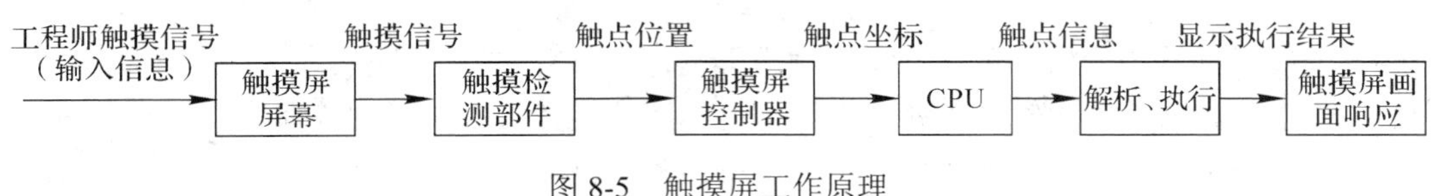


图 8-5　触摸屏工作原理

## 8.3　触摸屏与外围设备的连接

触摸屏需要与其他设备进行连接，以构成完整的工业控制系统。掌握触摸屏常用通信接口应用特性是将触摸屏与外围设备正确连接的技术保障。在工程技术中，不同触摸屏生产厂家所采用的通信接口基本相同，本节以三菱 F900GOT 系列触摸屏为例予以说明。

### 8.3.1 触摸屏通信接口

以 F900GOT 系列触摸屏为例，连接 PLC 模块和外围设备到 GOT 需要采用如图 8-6 所示的通信接口。

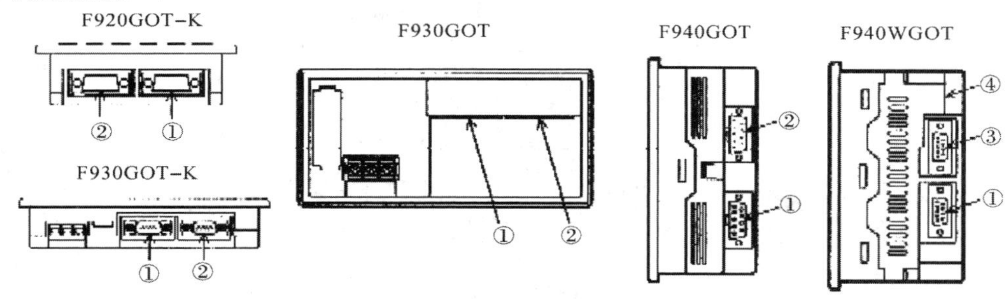


图 8-6　F900GOT 系列触摸屏通信接口

1. PLC 端口(RS-422)9 针 D-sub，阴型

该端口可以用于：

(1) 连接一个 PLC。

(2) 连接两个或更多的 GOT 模块(F920GOT-K 除外)。

**2. 个人计算机/PLC 端口(RS-232C)9 针 D-sub，阳型**

该端口可以用于：

(1) 连接个人计算机来转换画面，创建软件建立的画面数据。

(2) 连接 PLC 或微机主板(在 F920GOT-K 型中，只有 Q 系列 PLC 能被加以连接)。

(3) 连接两个或更多 GOT 模块(通过 RS-232C)、条形码阅读器或打印机(F920GOT-K 除外)。

**3. PLC 端口(RS-232C)9 针 D-sub，阳型**

该端口可以用于：

(1) 连接 PLC 或微机主板(通过 RS-232C)。

(2) 连接两个或更多 GOT 模块(通过 RS-232C)、条形码阅读器或打印机。

**4. 个人计算机端口(RS-232C)9 针 D-sub，阳型**

该端口可以用于：

(1) 连接个人计算机来转换画面，创建软件建立的画面数据。

(2) 连接打印机或条形码阅读器。

(3) 仅当 GOT 和 PLC 使用端口③(RS-232C)来连接时，本端口可以连接两个或更多 GOT 模块(通过 RS-232C)。

(4) 两端口接口功能可用。

当通过计算机链接模块连接 PLC 时，使用端口①、②或③。在 F940WGOT 中，当连接个人计算机和传送画面数据时，使用端口④。

注：*该端口不能用来连接 PLC。*

## 8.3.2　触摸屏与 PLC 的连接

显示在 GOT 上的监视屏幕数据是在工作站上采用专用软件 GT Designer 创建。为执行 GOT 的各种功能，首先在 GT Designer 上通过粘贴一些典型开关图形、指示灯图形、数值显示等被称为对象的框图来创建显示画面屏幕，然后通过设置 PLC CPU 中的元件(位、字)规定屏幕中的这些对象的动作，最后通过 RS-232C 电缆或 PC 卡将创建的监视屏幕数据传送到 GOT。触摸屏与 PLC 的连接及工作工程如图 8-7 所示。

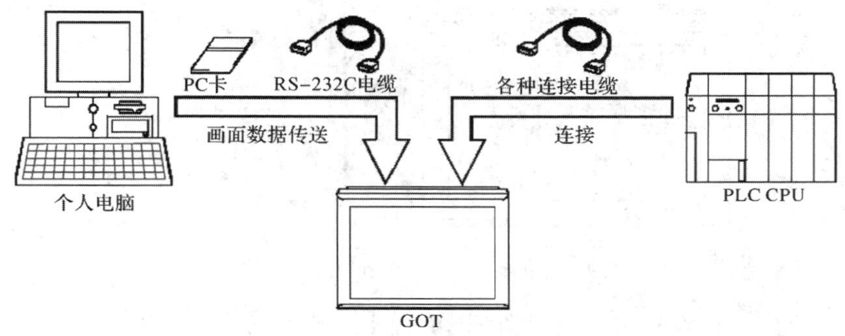


图 8-7　触摸屏与 PLC 的连接及工作工程

### 8.3.3 触摸屏与 PLC 联机工作原理

图 8-8 所示为一典型的触摸屏与 PLC 连接实例。触摸屏与 PLC CPU 连接后，通过输入单元(如触摸屏、键盘、鼠标等)写入工作参数或输入操作命令，实现人与机器的信息交互。触摸屏所进行的动作最终是由 PLC 来完成的，而触摸屏仅仅只能改变或显示 PLC 的数据。

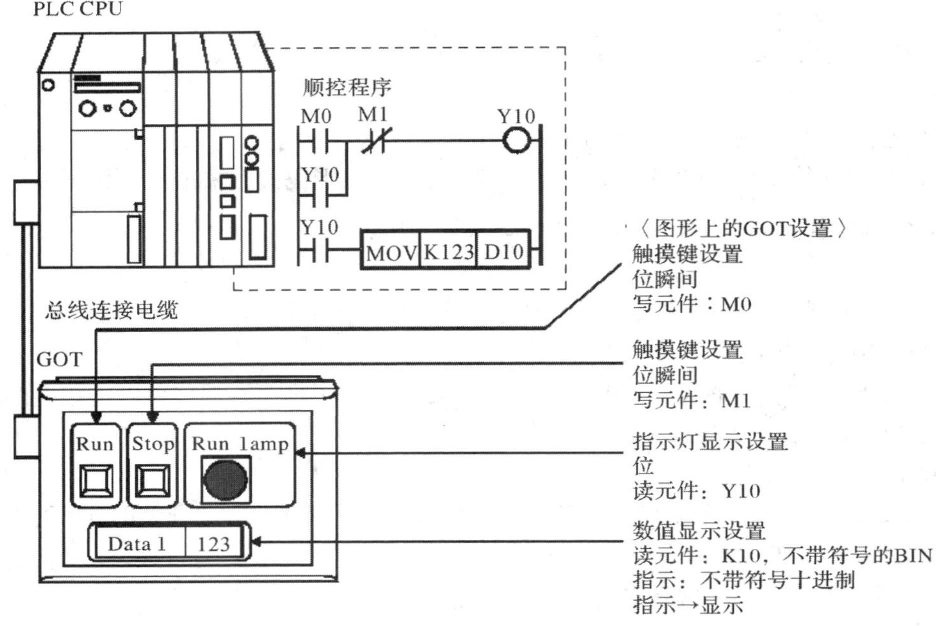


图 8-8　F900GOT 系列触摸屏与 PLC 连接示意图

以上述连接实例为例说明触摸屏与 PLC 联机的工作原理。

(1) 当触摸 GOT 上的触摸开关置于“Run”时，分配到触摸开关中的位软元件“M0”开启，如图 8-9 所示。

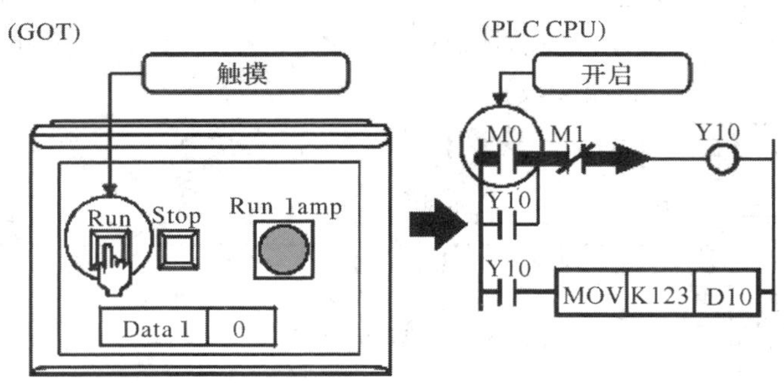


图 8-9　触摸屏与 PLC 联机原理示意图(一)

(2) 当位软元件 M0 = ON 时，位软元件“Y10”也同时开启。此时，分配了位软元件 Y10 的 GOT 运行指示灯显示“ON”状态，如图 8-10 所示。

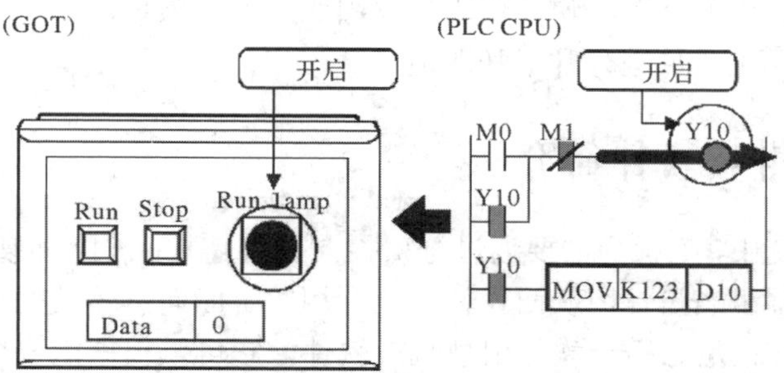


图 8-10　触摸屏与 PLC 联机原理示意图(二)

(3) 如图 8-11 所示，由于位软元件“Y10”开启，根据 PLC 程序，数值“123”被存储到字软元件“D10”中(原数值为 0)。此时，分配字软元件“D10”的 GOT 数值显示器显示为“123”。

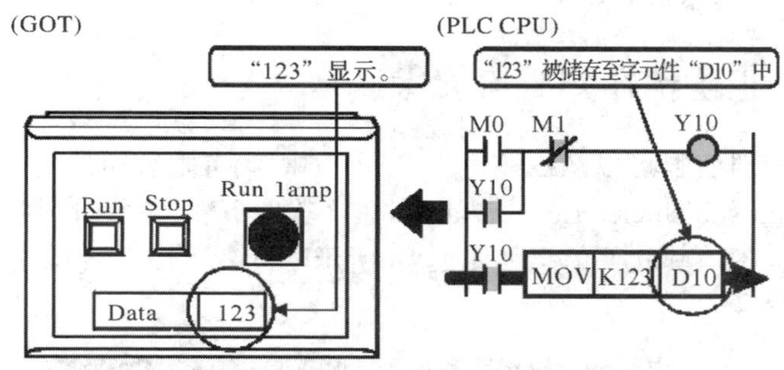


图 8-11　触摸屏与 PLC 联机原理示意图(三)

(4) 当触摸 GOT 界面的触摸开关置于“Stop”时，分配到触摸开关中的位软元件“M1”处于“ON”状态。由于该位软元件“M1”为位软元件“Y10”的关闭条件，因而此时 GOT 的运行指示灯将变为“OFF”状态，如图 8-12 所示。

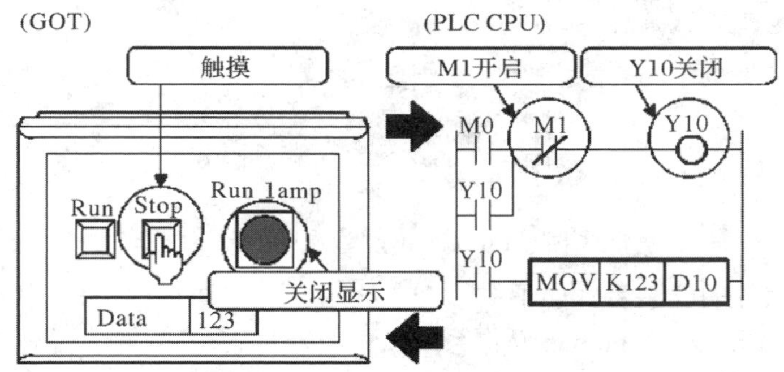


图 8-12　触摸屏与 PLC 联机原理示意图(四)

## 8.4　三菱触摸屏 GT 组态软件的安装

组态(Configuration)是用软件中提供的工具、方法，去设计并实现工业控制项目中某一个具体任务的过程。它可以提高软件代码的复用率，缩短项目任务的开发周期，降低软件成本，同时也有利于对项目进行升级和改造。

## 8.4.1 触摸屏组态软件简介

在工业控制系统中，工程师需要通过分析控制系统需求、被控对象及其所处应用环境，使用组态软件来进行组态设计，从而设计一个专用的、面向具体被控对象的监控软件。三菱 GT Designer 软件就是这样一款专用型组态软件，它可以根据需要尽量精确地把机器或过程映射在操作单元上。

三菱 GT Designer(本书采用 Version 3) 是目前国内使用较为广泛的触摸屏组态软件，能够对三菱全系列的触摸屏进行编程。GT Designer 与 GX Developer、GX Simulator(三菱 PLC 编程及仿真软件)一起安装，能在个人计算机上仿真触摸屏的运行情况，可以方便触摸屏人机界面的开发及项目调试工作。

## 8.4.2 触摸屏组态软件 GT 的安装

GT 软件及其手册资料可以从三菱电机自动化(中国)有限公司的网站上进行下载，其网站地址为 www.cn.mitsubishielectric.com/fa/zh。在“软件下载”区可以找到 GT Works3(安装包包含 GT Designer3)，其软件信息如图 8-13 所示，读者可以下载该软件，并向三菱公司获取该软件免费序列号。

软件下载

| GT Works3 [获取该软件免费序列号] | |
|---|---|
| 版本号： | 1.144A |
| 适用产品： | GOT1000/2000/GS系列 |
| 软件语言： | 中文 |
| 适用系统： | Windows Xp 32bit<br>Windows Xp 64bit<br>Windows Vista 32bit<br>Windows Vista 64bit<br>Windows 7 32bit<br>Windows 7 64bit<br>Windows 8 32bit<br>Windows 8 64bit |

图 8-13 GT Works3 软件下载

GT Works3 软件的安装步骤如下：

(1) 启动电脑，进入 Windows 操作系统。

(2) 将 GT Works3 软件安装包或安装程序解压部署在电脑中。

(3) 单击安装 GT Works3 setup.exe 程序，进入如图 8-14 所示的安装界面，对软件进行安装。

(4) 输入“姓名”、“公司名”以及软件“产品 ID”，如图 8-15 所示。当信息输入完成后，单击“下一步”按钮。

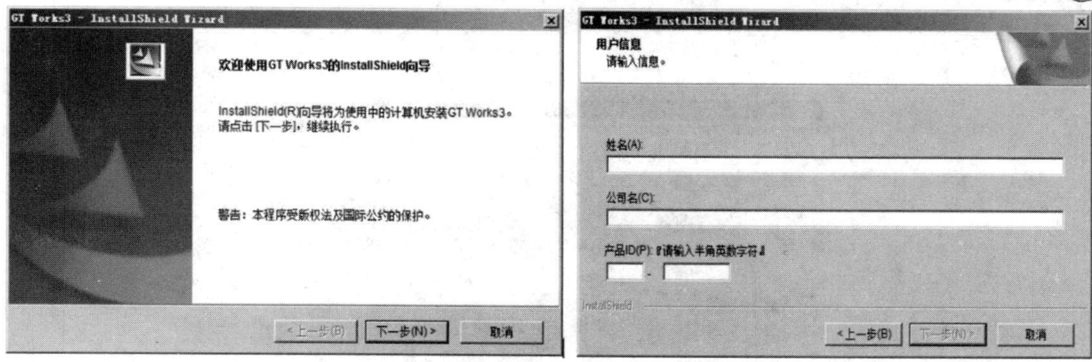


图 8-14　GT Works3 安装欢迎界面　　　　图 8-15　GT Works3 安装用户信息输入界面

(5) 指定软件安装的目标文件夹。单击“更改”按钮可以修改安装路径，如图 8-16 所示。

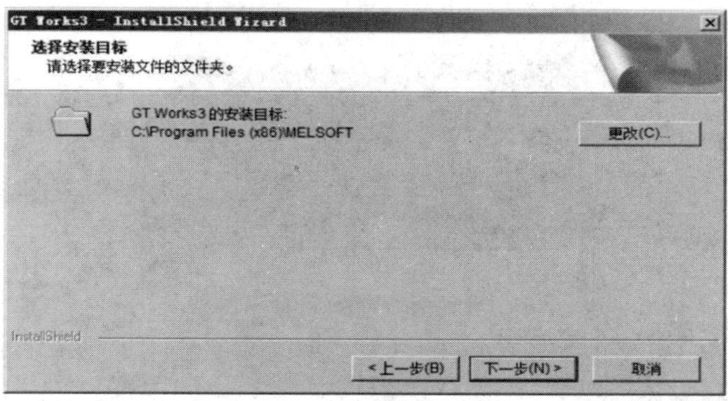


图 8-16　GT Works3 选择安装目标文件夹界面

(6) 选择 GT Work3 中需要安装的软件，如图 8-17 所示。

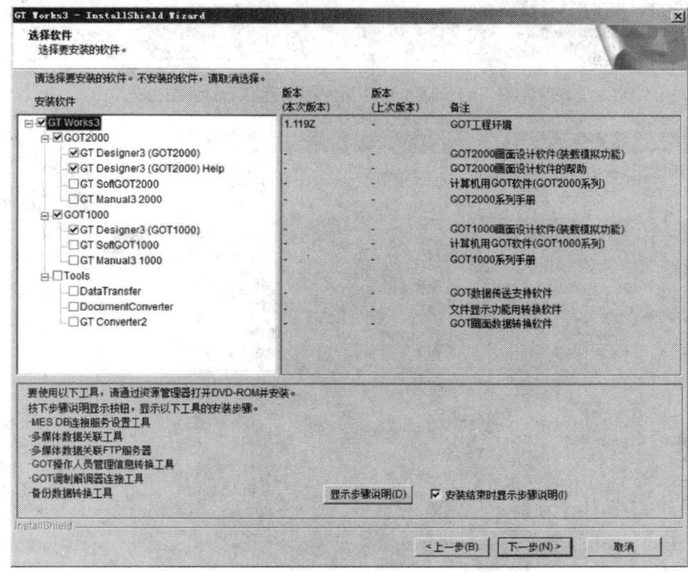


图 8-17　GT Works3 软件选择界面

(7) 进入安装状态，用户需要等待安装过程结束，其安装状态过程参见图 8-18、图 8-19、图 8-20 所示。

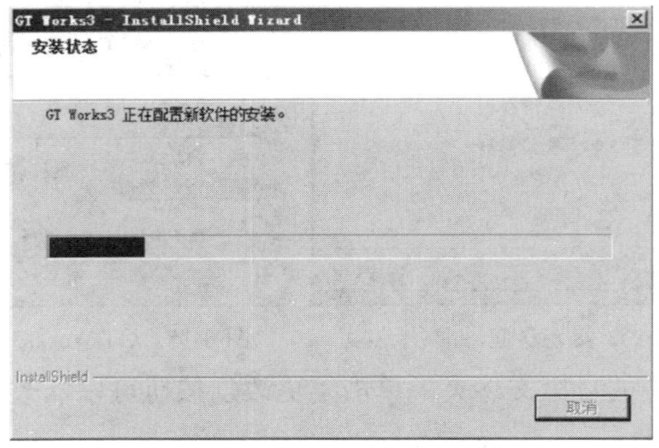


图 8-18　GT Works3 软件安装状态界面(一)

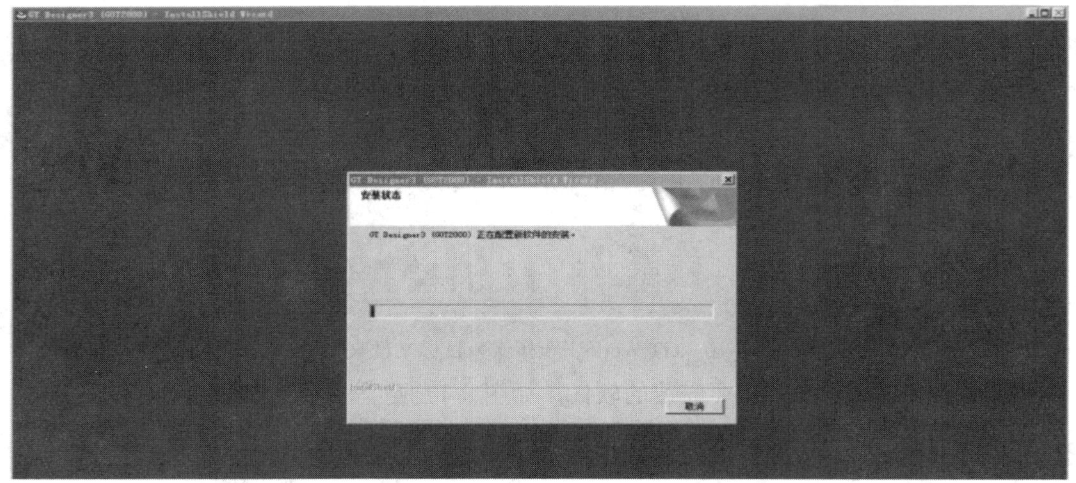


图 8-19　GT Works3 软件安装状态界面(二)

GT Works3 - InstallShield Wizard

确认安装状况

| 安装软件 | 状况 | 版本 (本次安装) | 版本 (上次安装) |
|---|---|---|---|
| GT Designer3 (GOT2000) | 结束 | 1.119Z | - |
| GT Designer3 (GOT2000) Help | 结束 | 1.118Y | - |
| GT SoftGOT2000 | 结束 | 1.119Z | - |
| GT Manual3 2000 | 结束 | 1.118Y | - |
| GT Designer3 (GOT1000) | 结束 | 1.119Z | - |

InstallShield

下一步(N) >

图 8-20　GT Works3 确认安装状况界面

(8) 单击“下一步”按钮，弹出桌面快捷方式的选择界面，用户可以选择相关桌面快捷方式提供常用软件的快捷操作，如图 8-21 所示。

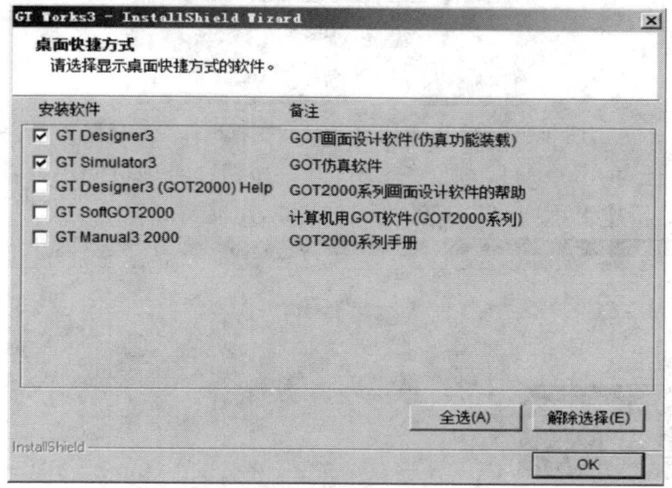


图 8-21　GT Works3 选择桌面快捷方式界面

(9) 单击“OK”按钮，弹出如图 8-22 所示的安装结束提示界面。至此，GT 软件安装完毕。

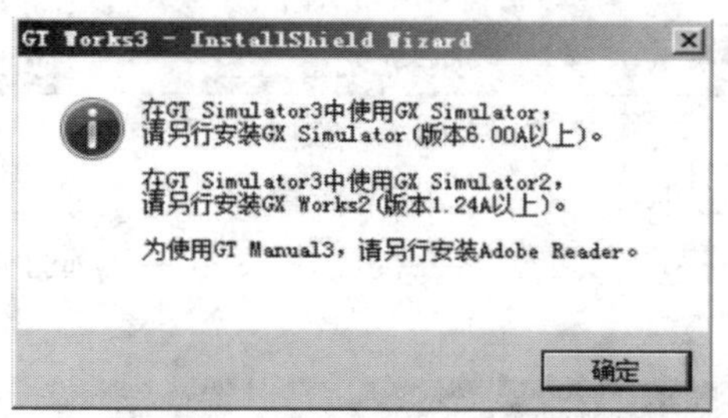


图 8-22　GT Works3 安装结束提示界面

# 8.5　GT 软件的应用

在 PLC 触摸屏工程技术应用中，触摸屏组态软件 GT Designer3 的应用主要包括新建项目、上传画面信息和下载画面信息等。本节对 GT 软件的上述应用进行简单介绍。

## 8.5.1　新建项目

### 1. 画面创建的设置

在创建触摸屏画面前，通常需要通过软件向导来设置所使用的三菱触摸屏(GOT)及其所连接的 PLC 控制器的类型、画面标题等信息。操作步骤如下：

(1) 双击桌面上的“GT Designer3”快捷方式图标或采用其他方式打开“GT Designer3”软件，此时软件启动并弹出“工程选择”对话框，如图 8-23 所示。

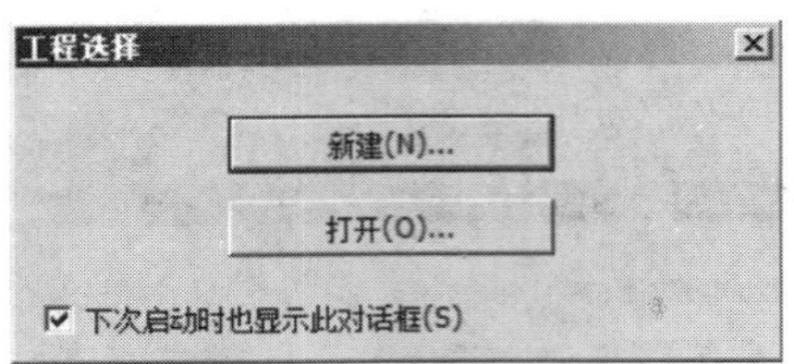


图 8-23　GT Designer3 软件“工程选择”对话框

(2) 若要打开已存在的项目，则点击“打开”按钮；若项目尚不存在，则点击“新建”按钮，将会出现“新建工程向导”对话框，如图 8-24 所示。

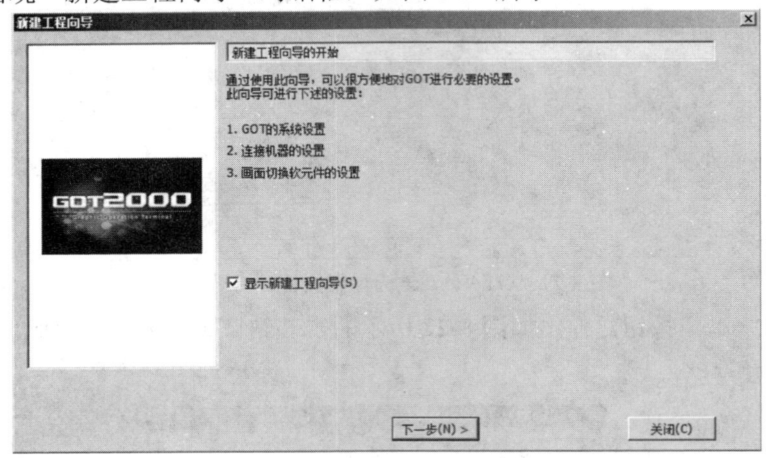


图 8-24　“新建工程向导”对话框

(3) 单击“下一步”按钮，弹出“工程的新建向导”对话框，如图 8-25 所示。首先出现的是“GOT 系统设置”界面，可根据工程应用实际情况选择 GOT 类型、颜色设置及其语言和字体设置等。

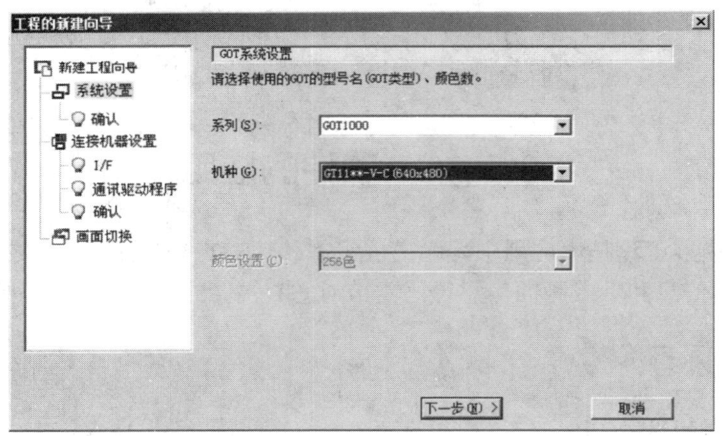


图 8-25　GT Designer3“GOT 系统设置”界面

(4) 单击“下一步”按钮，会出现“GOT 系统设置的确认”界面，提示工程师确认 GOT 的系统设置。若设置有误，可点击“上一步”返回修改；若设置无误，则点击“下一步”确认，如图 8-26 所示。

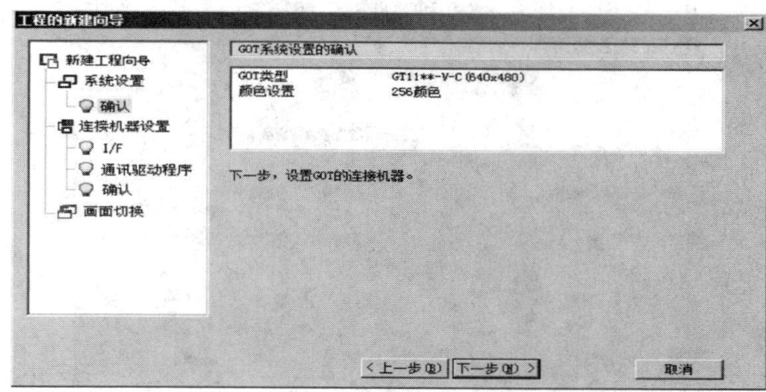


图 8-26　GT Designer3“GOT 系统设置的确认”界面

(5) 上述确认完毕后，会出现“连接机器设置”界面，可以选择 GOT 连接机器的制造商和机种，如图 8-27、图 8-28 所示。

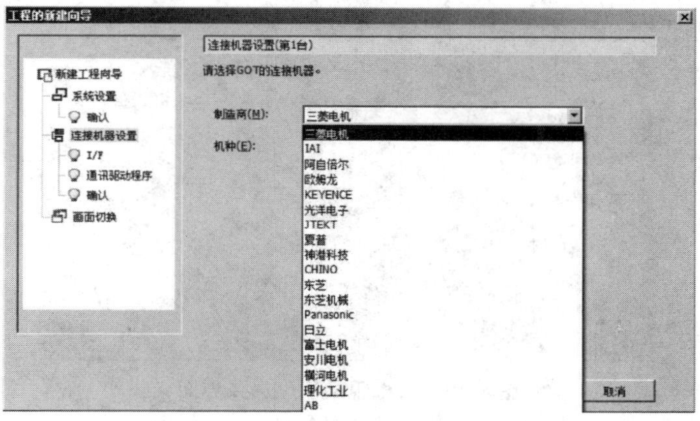


图 8-27　GT Designer3“连接机器设置”界面(制造商选择)

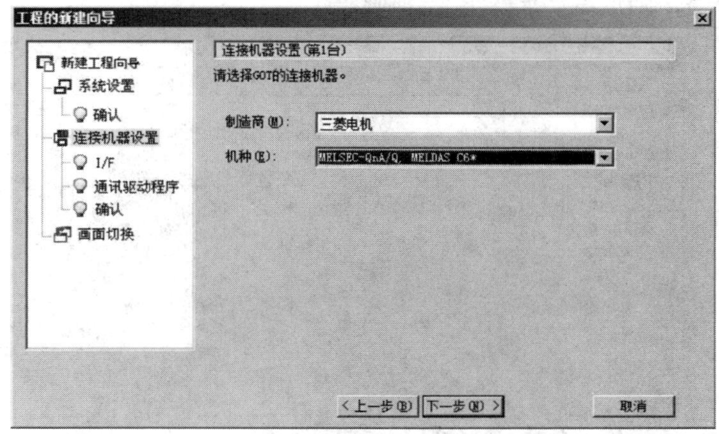


图 8-28　GT Designer3“连接机器设置”界面(机种选择)

例如，上述设置中选择连接机器的制造商为“三菱电机”，机种为“MELSEC-QnA, MELDAS C6*”。

(6) 点击“下一步”，进入所选择机种的连接 I/F 选择界面，如图 8-29 所示。

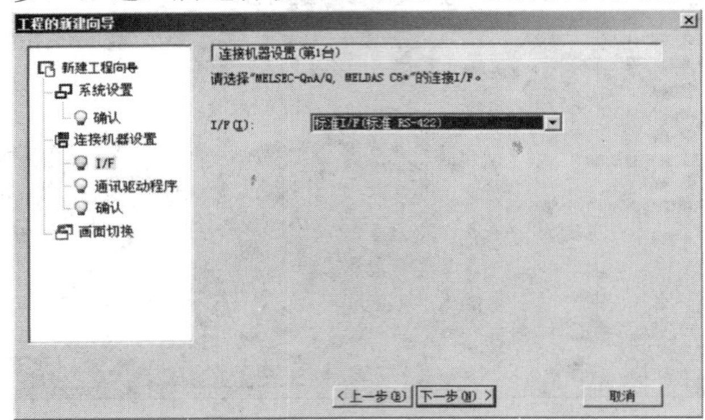


图 8-29　机种连接 I/F 选择界面

(7) 点击“下一步”，进入选择该机种的“通讯驱动程序”对话框，选择合适的驱动程序，如图 8-30 所示。

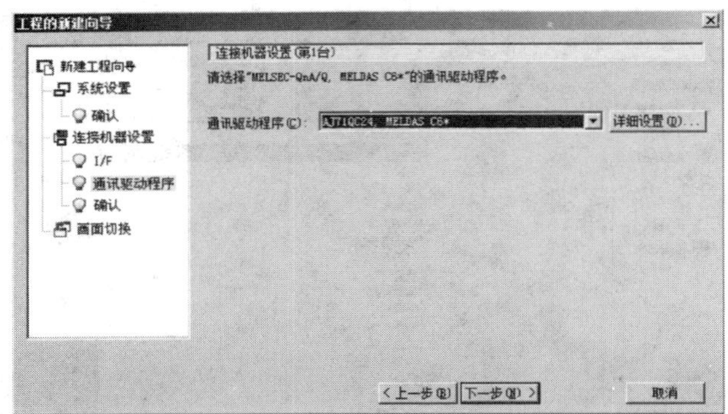


图 8-30　通讯驱动程序选择界面

(8) 点击“下一步”，弹出如图 8-31 所示“连接机器设置的确认”界面。确认设置是否合适。若不合适，则点击“上一步”返回修改。

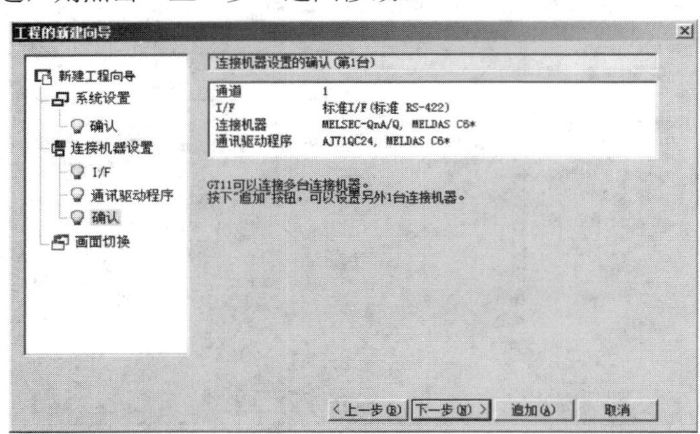


图 8-31　连接机器设置的确认

(9) 单击“下一步”，弹出“画面切换软元件的设置”界面，如图 8-32 所示。在该界面中，用户可设置“基本画面”和“切换软元件”。

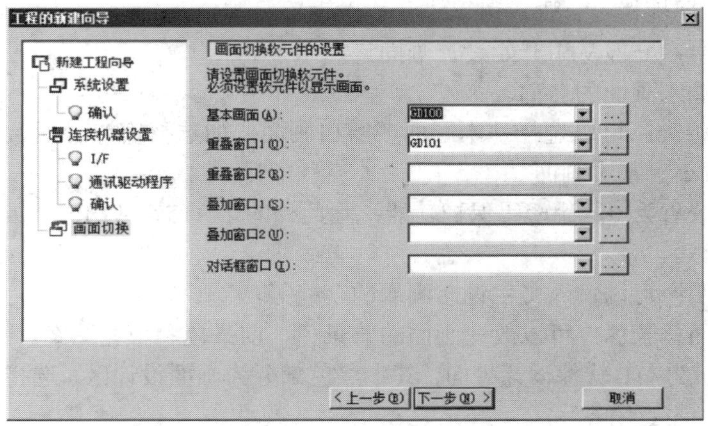


图 8-32　画面切换软元件的设置

(10) 单击“下一步”，弹出“系统环境设置的确认”界面，如图 8-33 所示。

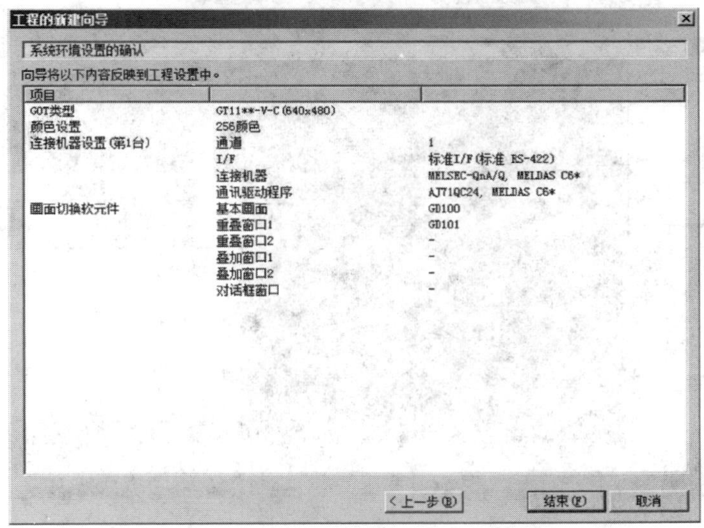


图 8-33　“系统环境设置的确认”界面

(11) 经确认无误后，单击“结束”，在窗口左下侧弹出画面属性设置界面，如图 8-34 所示。

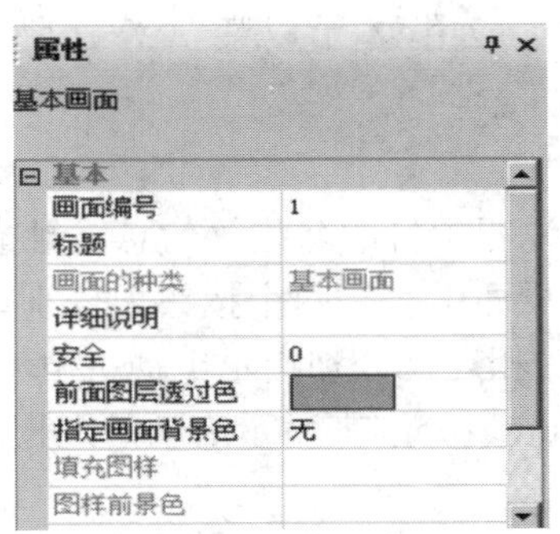


图 8-34　画面属性设置界面

在“基本”属性栏设置中，可以进行如下设置：

① 画面编号：一般从 1 开始设计画面。

② 标题：输入画面的名称。

③ 画面的种类：可以选择基本画面或窗口画面，如选择窗口画面，可以设置窗口画面的大小，一般小于基本画面。

④ 安全：缺省为 0，无密码保护功能；除此外的 1～15 级共 15 个级别，每个级别均有不同的保护密码。

⑤ 详细说明：可以输入文字说明画面的功能等。

⑥ 指定画面背景色：可以改变画面的背景色、前景色和填充图案。

图 8-35 所示为 GT 软件设计界面，其中黑色部分为画面设计区，选择不同型号的触摸屏，设计区的大小会不同。

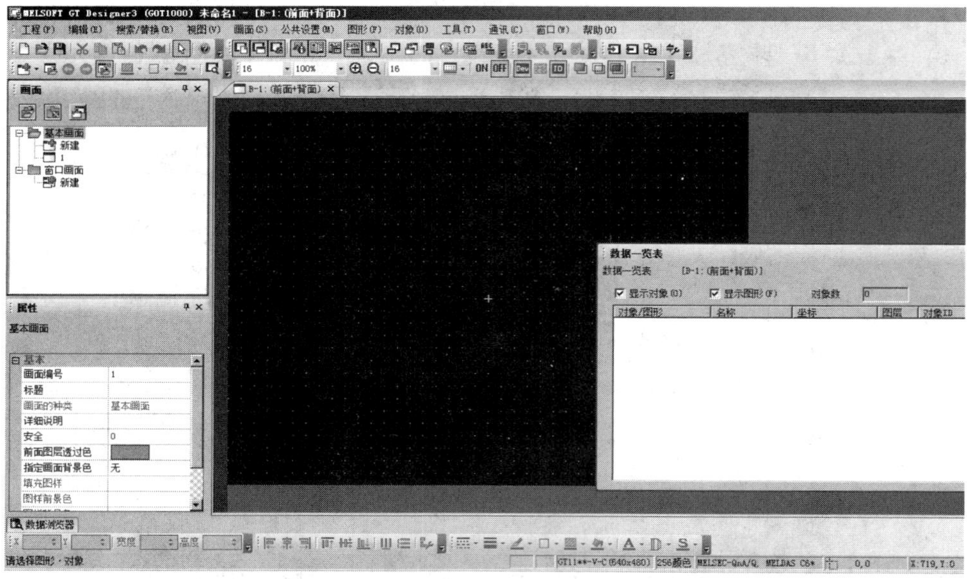


图 8-35 GT Designer3 的软件设计界面

## 8.5.2 画面创建

为说明 GT 软件的画面设计应用，本节以某一 Y-△降压启动人机界面设计为例说明画面创建的过程。

1) 控制要求

(1) 首页设计。利用文字说明项目的名称等信息，触摸任何地方都能进入操作页面。

(2) 操作页面设计。操作页面中含有两个按钮，分别为启动和停止按钮；设置三个指示灯与程序中的 Y0、Y1、Y2 相连，分别指示电动机电源、△形接法和 Y 形接法。为动态显示启动过程，采用棒图和仪表分别来显示启动的过程；两页可自由切换。

2) 设计过程

(1) 首页设计：

① 将新建工程中的文件进行存档。

② 文字输入。单击工作栏中的 A 图标，此时光标变为十字交叉状，单击画面设计区，弹出如图 8-36 所示的文本输入对话框，在文本输入栏输入文字“Y-△降压启动”。选择文本的类型、方向、颜色和尺寸，单击“确定”按钮，再把文本移动到适当的位置。其他文字也可以采用同样的方法进行处理。

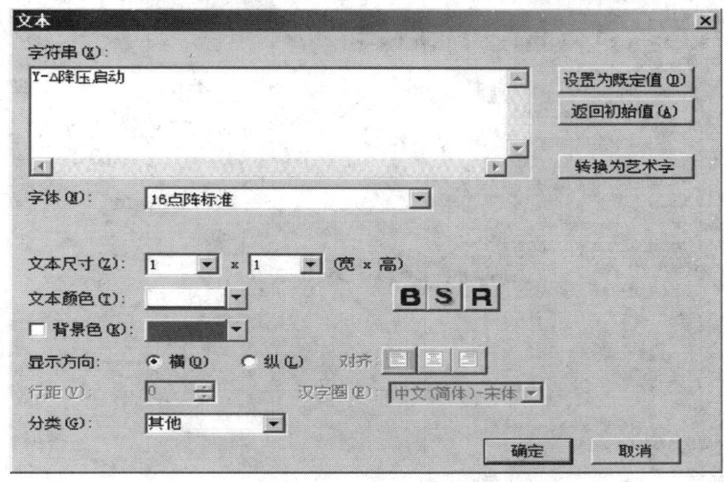


图 8-36　文本输入对话框

③ 设计时钟和日期。单击工具栏中的图标，光标变为十字交叉状，在画面设计区单击鼠标左键，出现个人计算机当前时钟，双击时钟，弹出“时间显示”对话框。在该对话框中，可以选择日期/时间以及数值尺寸、显示颜色、图形等，如图 8-37 所示。

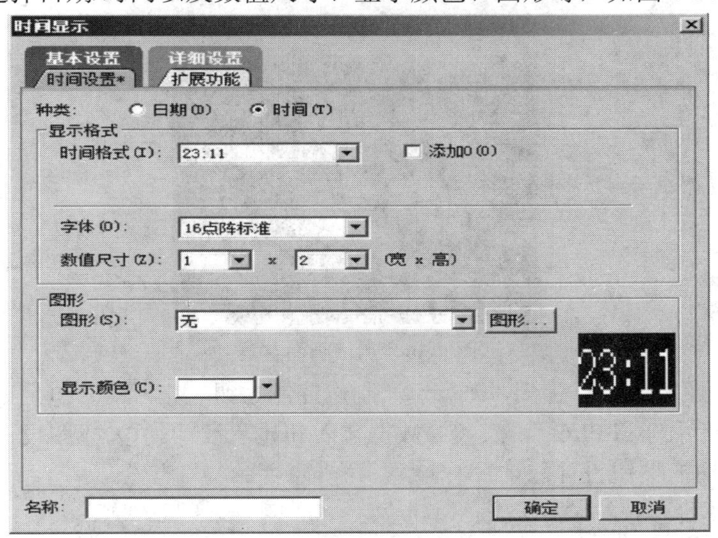


图 8-37　时钟与日期设置

④ 画面切换按钮制作。根据项目设计要求，在该页面中需覆盖一个透明的翻页按钮，即触摸到任何位置都能进行画面切换。单击工具栏中的“开关”按钮，在下拉菜单中选择“画面切换开关”。单击画面设计区，出现切换开关，双击该开关将弹出如图 8-38 所示的“画面切换开关”对话框。

在“画面切换开关”对话框中，切换画面的种类选择“基本”，表示选择基本切换画面。切换到固定画面的编号填写“1”，如图 8-38 所示。将按钮拉到覆盖整个画面的大小为止，即完成首页制作，如图 8-39 所示。

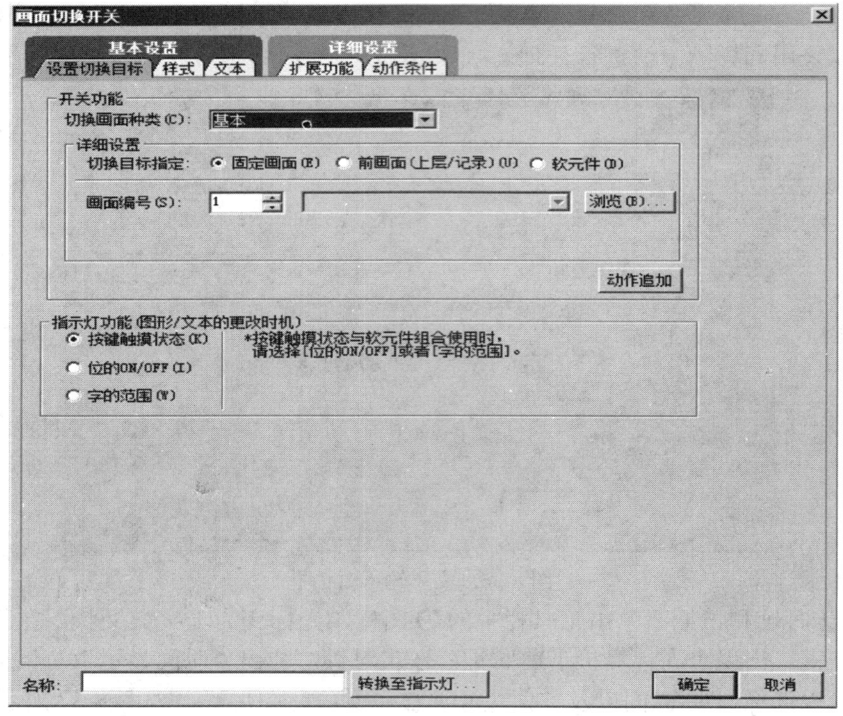


图 8-38 “画面切换开关”对话框

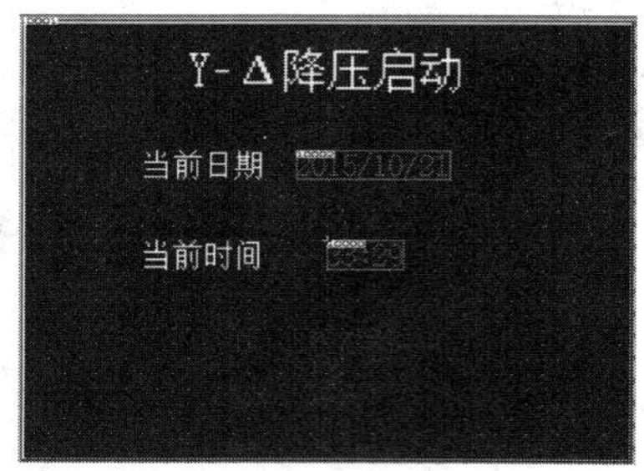


图 8-39 测试画面首页

(2) 操作页面设计：① 新建页面。② 制作控制按钮、指示灯。③ 按钮与 PLC 软元件的连接。④ 指示灯和 PLC 连接。⑤ 数据输入和显示设计。⑥ 棒图设计。⑦ 仪表显示设计。⑧ 画面切换按钮设计。

### 8.5.3 画面仿真调试

GT 画面组态完成后，需要编制 PLC 程序，并进行仿真调试。仿真调试的步骤如下：

(1) 调试 PLC 控制程序，测试并修改通过。

(2) 利用 GT 模拟仿真软件 GT Simulator 进行画面仿真调试。首先，单击该软件工具

栏中的“打开”按钮，根据画面的存储路径打开画面，由仿真软件进行读取。读取完毕后运行该画面，此时，单击画面上的“数据输入”将会自动弹出键盘，即可输入数据。仿真软件还能同时监控 PLC 梯形图。

通过仿真调试可以提高触摸屏开发设计的效率。

### 8.5.4　项目的上传与下载

工程师开发电脑与触摸屏时常需要进行交互，包括上传项目及下载项目。上传项目是指将触摸屏中的工程画面通过数据线上传至工程师电脑；下载项目是指将工程师电脑中经仿真调试后的工程画面通过数据线下载到触摸屏。上述两个操作是互逆操作。

上传与下载项目的具体操作如下：

(1) 正确连接电脑与触摸屏。

(2) 单击菜单栏中的“通信 C”→“跟 GOT 的通信(G)”。如果为上传，则选择“上载→计算机”；如果为下载，则选择“下载→GOT”。

(3) 当为上传时，在上载画面信息对话框中输入画面信息密码及上传画面信息保存路径，单击“上载”，上传完毕后，可以在电脑上对该工程画面进行操作；当为下载时，在通信设置对话框中单击“全部选择”，可把工程中的全部画面和参数下载到触摸屏中，再单击“下载”，当下载完成后，即可在触摸屏上进行画面操作。

## 8.6　GT 软件画面设置

在触摸屏应用中，常需要设计多种画面，包括基本画面和窗口画面，这些画面在不同的应用场合中用途不同。基本画面是常用的设计画面，画面切换主要采用画面切换按钮，通过手触摸进行操作。但在部分工程中，通常还要设计一些报警信息或操作提示等，这些信息通常可用窗口画面进行设计，该类画面当条件满足时会自动弹出。

### 8.6.1　GOT 的画面配置

GOT 显示的用户创建画面由基本画面及窗口画面构成。其中，基本画面是指作为 GOT 显示画面的基本画面。在一个工程文件中，可创建最多 4096 个基本画面，可以通过触摸开关及可编程控制器进行显示切换。在基本画面中，有基本画面(背面)和基本画面(前面)，对每个配置的对象可以选择前面或背面。前面、背面称为图层。

窗口画面是指在基本画面上显示的画面，通常包括层叠窗口、叠加窗口和按键窗口，最多可创建 1024 个窗口画面。

### 8.6.2　GT 软件画面切换设置

利用 GT 软件进行画面切换的方法如下：新建工程，当弹出“画面切换软元件的设置”对话框时，即可设置切换画面的软元件，如图 8-40 所示。

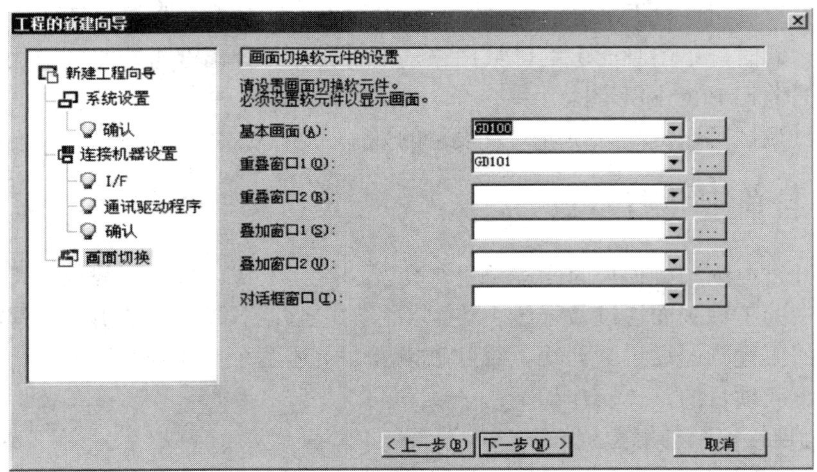


图 8-40 “画面切换软元件的设置”对话框

假设在图 8-40 中，基本画面软元件选择 D0，重叠窗口 1 软元件选择 D1，重叠窗口 2 软元件选择 D2，叠加窗口软元件选择 D3。当 PLC 运行程序时，改变相应的数据寄存器内数值即能实现切换画面功能。当 D0 = 2 时，可切换到基本画面 2；当 D1 = 2 时，则切换到重叠窗口 2。

## 习　题

8-1 什么是触摸屏？它的输入信号是什么？

8-2 “触摸屏只是一种计算机输入设备”的说法是否正确？

8-3 触摸屏有哪些主要功能？

8-4 结合日常生活，回顾触摸屏的发展历程并思考它的发展趋势。

8-5 简述触摸屏的基本结构。

8-6 简要介绍触摸屏的工作原理。

8-9 以三菱 F900GOT 触摸屏为对象，正确连接触摸屏与三菱 PLC。

8-10 结合实验，说明触摸屏与外围设备的联机原理。

8-11 安装 GT 软件并应用 GT 软件进行简单项目的设计与实现。

# 第9章　PLC、变频器和触摸屏的综合应用

随着 PLC、变频器和触摸屏技术的快速发展，在工业控制中由 PLC、变频器和触摸屏共同组合而成的控制系统已得到广泛应用。本章通过若干个典型工程应用实例，来介绍 PLC、变频器和触摸屏的部分典型应用。

## 9.1　三层电梯控制系统的设计

### 9.1.1　设计任务分析

#### 1. 控制要求

三层电梯控制系统的控制要求如下：

(1) 当电梯停于一层或二层时，如果按 SB4 按钮呼叫，则电梯上升到三层，由行程开关 SQ3 停止。

(2) 当电梯停于三层或二层时，如果按 SB1 按钮呼叫，则电梯下降到一层，由行程开关 SQ1 停止。

(3) 当电梯停于一层时，如果按 SB2 按钮呼叫，则电梯上升到二层，由行程开关 SQ2 停止。

(4) 当电梯停于三层时，如果按 SB3 按钮呼叫，则电梯下降到二层，由行程开关 SQ2 停止。

(5) 当电梯停于一层时，如果按 SB2、SB4 按钮呼叫，则电梯先上升到二层，由行程开关 SQ2 暂停 3 s，继续上升到三层，由 SQ3 停止。

(6) 当电梯停于三层时，如果按 SB3、SB1 按钮呼叫，则电梯先下降到二层，由行程开关 SQ2 暂停 3 s，继续下降到一层，由 SQ1 停止。

(7) 电梯上升途中，任何反方向的下降按钮呼叫均无效；电梯下降途中，任何反方向的上升按钮呼叫均无效。

#### 2. 逻辑设计方法

系统的控制采用逻辑设计方法进行设计。逻辑设计方法应用逻辑代数以逻辑控制组合的方法和形式设计 PLC 电气控制系统。对于任何一个电气控制线路，线路的接通或断开，都是通过继电器的触点来实现的，故电气控制线路的各种功能必定取决于这些触点的断开、闭合两种逻辑控制状态。因此，电气控制线路从本质上来说是一种逻辑控制线路，它可用逻辑代数来予以表示。

PLC 梯形图程序的基本形式是逻辑运算与、或、非的有限逻辑组合，逻辑代数表达式与梯形图具有一一对应关系，可以相互转化。通常，电路中常开触点用原变量符号形式表示，常闭触点用反变量形式表示；触点串联可用逻辑与表示，触点并联可用逻辑或表示；其他更复杂的组合电路可用组合逻辑表示。

逻辑设计方法设计 PLC 程序的步骤如下：

(1) 通过分析控制对象，明确控制任务和要求。

(2) 将控制任务和控制要求转换为逻辑控制设计。

(3) 列真值表分析输入、输出关系或直接写出逻辑控制函数。

(4) 根据逻辑控制函数编写系统的梯形图程序。

### 3. 控制分析

本案例设计的三层电梯控制系统其输入、输出均为开关量。按控制逻辑 $Y=(\mathrm{QA}+Y)\cdot\overline{\mathrm{TA}}$ 表达式，QA 为进入条件，TA 为退出条件，可直接对控制要求逐条进行逻辑控制设计。

1) I/O 地址分配

PLC 输入、输出端地址分配，如表 9-1 所示。

**表 9-1 PLC 的 I/O 地址分配**

| 输　入 | | 输　出 | |
|---|---|---|---|
| 输入设备 | 输入地址 | 输出设备 | 输出地址 |
| 一层上行呼叫按钮 SB1 | X1 | 上行输出接触器 KM1 | Y1 |
| 二层上行呼叫按钮 SB2 | X2 | 下行输出接触器 KM2 | Y2 |
| 二层下行呼叫按钮 SB3 | X3 | | |
| 三层下行呼叫按钮 SB4 | X4 | | |
| 一层行程开关 SQ1 | X11 | | |
| 二层行程开关 SQ2 | X12 | | |
| 三层行程开关 SQ3 | X13 | | |

2) 逻辑设计过程

(1) 当电梯停于一层或二层时，按 SB4 按钮呼叫，则电梯上升到三层，由行程开关 SQ 停止。

这一逻辑控制中的输出为上升，其进入条件为 SB4 呼叫，且电梯停在一层或二层，用 SQ1、SQ2 表示停的位置。因此，进入条件可以表示为

$$(\mathrm{SQ1}+\mathrm{SQ2})\cdot\mathrm{SB4}=(\mathrm{X11}+\mathrm{X12})\cdot\mathrm{X4} \tag{9.1}$$

退出条件为 SQ3 动作，因此，逻辑输出方程如下式：

$$\mathrm{KM1}=[(\mathrm{SQ1}+\mathrm{SQ2})\cdot\mathrm{SB4}+\mathrm{KM1}]\cdot\mathrm{SQ3}=[(\mathrm{X11}+\mathrm{X12})\cdot\mathrm{X4}+\mathrm{Y1}]\cdot\overline{\mathrm{X13}} \tag{9.2}$$

(2) 当电梯停于三层或二层时，如果按 SB1 按钮呼叫，则电梯下降到一层，由行程开关 SQ1 停止。

此逻辑控制中输出为下降，其进入条件为

$$(\mathrm{SQ2}+\mathrm{SQ3})\cdot\mathrm{SB1}=(\mathrm{X12}+\mathrm{X13})\cdot\mathrm{X1} \tag{9.3}$$

退出条件为 SQ1 动作，逻辑输出方程为

$$KM2=[(SQ2+SQ3)\cdot SB1+KM2]\cdot SQ1=[(X12+X13)\cdot X1+Y2]\cdot\overline{X11} \tag{9.4}$$

(3) 当电梯停于一层时，如果按 SB2 按钮呼叫，则电梯上升到二层，由行程开关 SQ2 停止。

此逻辑控制中输出为上升，其进入条件为

$$SQ1\cdot SB2=X11\cdot X2 \tag{9.5}$$

退出条件为 SQ2 动作，逻辑输出方程为

$$KM1=[SQ1\cdot SB2+KM1]=[X11\cdot X2+Y1]\cdot\overline{X12} \tag{9.6}$$

(4) 当电梯停于三层时，如果按 SB3 按钮呼叫，则电梯下降到二层，由行程开关 SQ2 停止。

此逻辑控制中输出为下降，其进入条件为

$$SQ3\cdot SB3=X13\cdot X3 \tag{9.7}$$

退出条件为 SQ2 动作，逻辑输出方程为

$$KM2=[SQ3\cdot SB3+KM2]=[X13\cdot X3+Y2]\cdot\overline{X12} \tag{9.8}$$

(5) 当电梯停于一层时，如果按 SB2、SB4 按钮呼叫，则电梯先上升到二层，由行程开关 SQ2 暂停 3 s，继续上升到三层，由 SQ3 停止。

此逻辑控制中输出为上升，为了控制电梯到二层后暂停 3 s，要用定时器 T1，其进入条件为

$$SQ1\cdot SB2\cdot SB4+T1=X11\cdot X1\cdot X4+T1 \tag{9.9}$$

退出条件为 SQ2 或 SQ3 动作，逻辑输出方程为

$$Y1=(X11\cdot X1\cdot X4+T1+Y1)\cdot\overline{X12+X13} \tag{9.10}$$

(6) 当电梯停于三层时，如果按 SB3、SB1 按钮呼叫，则电梯先下降到二层，由行程开关 SQ2 暂停 3 s，继续下降到一层，由 SQ1 停止。

此逻辑控制中输出为下降，为了控制电梯到二层后暂停 3 s，要用定时器 T2，其进入条件为

$$SQ3\cdot SB3\cdot SB1+T2=X12\cdot X3\cdot X1+T2 \tag{9.11}$$

退出条件为 SQ2 或 SQ3 动作，逻辑输出方程为

$$Y2=(X13\cdot X3\cdot X1+T2+Y1)\cdot\overline{X12+X11} \tag{9.12}$$

(7) 在上升途中，任何反方向的下降按钮呼叫均无效；在电梯下降途中，任何反方向的上升按钮呼叫均无效。

为了实现在电梯上升途中，任何反方向的下降按钮呼叫无效，只需在下降输出方程中串联 Y1 的“非”，即可实现联锁，当 Y1 动作时，不允许 Y2 动作。为了实现在电梯下降途中，任何反方向的上升按钮呼叫无效的控制要求，可以通过在上升输出方程中串联 Y2 的“非”来实现。

由于 Y1、Y2 由多个逻辑表达式实现，绘制梯形图及编程不方便，使用辅助继电器 M31、M33、M35、M37 分别表示第(1)、(3)、(5)条控制要求的输出函数和 T1 的控制；使用辅助继电器 M32、M34、M36、M38 分别表示第(2)、(4)、(6)条控制要求的输出函数和 T2 的控制。

于是，上升逻辑控制输出方程整理如下：

$$M31=[(X11+X12)X4+M31] \tag{9.13}$$

$$M33 = (X11 \cdot X2 + M33) \tag{9.14}$$

$$M35 = (X11 \cdot X2 \cdot X4 + T1 + M35) \tag{9.15}$$

为了达到电梯上行到二层时暂停 3 s、定时时间到可以继续上升的控制要求，M35 应修改为进入优先式设计，控制逻辑按 Y = QA + Y 进入优先式的表达式进行设计。则

$$M35 = X11 \cdot X2 \cdot X4 + T1 + M35 \tag{9.16}$$

$$M37 = (X12 \cdot M35 + M37) \tag{9.17}$$

$$T1 = M37 \tag{9.18}$$

$$Y1 = (M31 + M33 + M35) \tag{9.19}$$

下降逻辑输出方程整理如下：

$$M32 = [(X12 + X13)X1 + M32] \tag{9.20}$$

$$M34 = (X13 \cdot X2 + M34) \tag{9.21}$$

$$M36 = (X13 \cdot X2 \cdot X1 + T2 + M36) \tag{9.22}$$

为了达到电梯下行到二层时暂停 3 s、定时时间到可以继续下降的控制要求，M46 应修改为进入优先式设计，控制逻辑按 Y = QA + Y 进入优先式的表达式进行设计。则

$$M36 = X13 \cdot X2 \cdot X1 + T2 + M36 \tag{9.23}$$

$$M38 = (X12 \cdot M36 + M38) \tag{9.24}$$

$$T2 = M38 \tag{9.25}$$

$$Y2 = (M32 + M34 + M36) \tag{9.26}$$

## 9.1.2 基于 PLC 的三层电梯控制

### 1. PLC 接线图

三层电梯控制系统的 PLC 接线图，如图 9-1 所示。

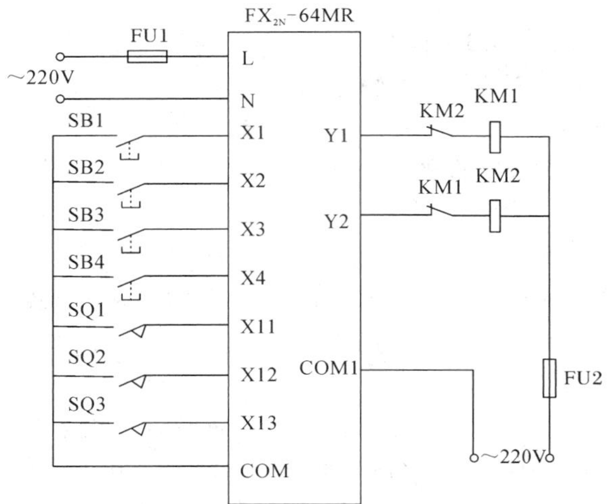


图 9-1　三层电梯控制系统的 PLC 接线图

### 2. 梯形图程序

根据逻辑输出方程可编制出三层电梯控制梯形图程序，如图 9-2 所示。

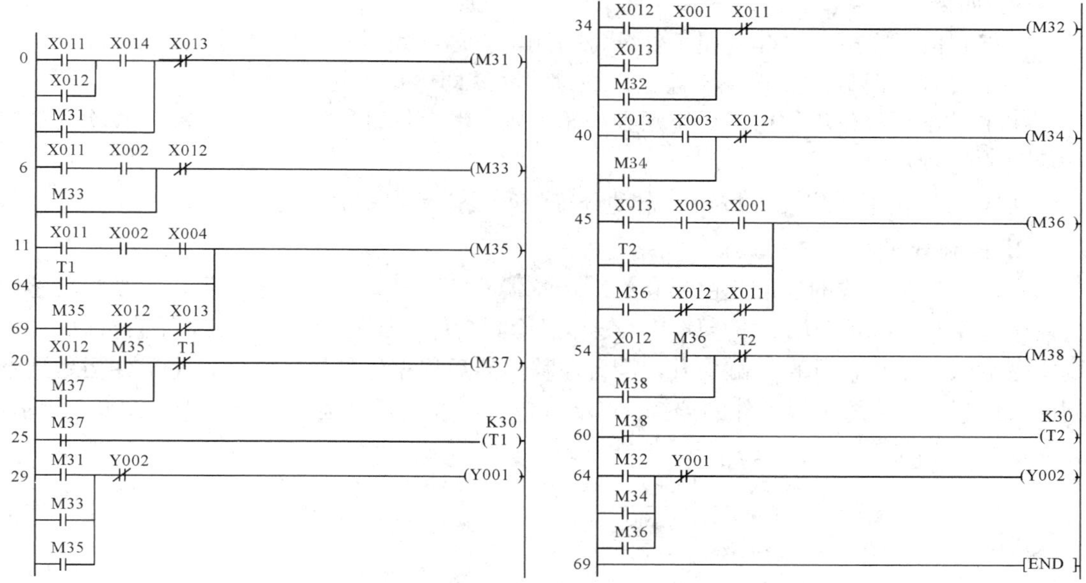

图 9-2　三层电梯控制系统的梯形图

# 9.2　自动分拣生产线的设计

## 9.2.1　设计任务分析

### 1. 控制要求

自动分拣生产线由零件料仓、推料缸、光纤传感器、运输皮带、直流电动机、光电传感器、金属检测传感器、水平滑台气缸、垂直引动气缸、真空吸盘、阀岛金属零件、料库非金属零件、料库、开关电源和 PLC 等组成。其控制要求如下：

(1) 按下启动按钮，零件料仓光纤传感器检测是否有工件。

(2) 如果零件料仓有工件，则退料气缸动作，将工件推出。

(3) 工件推出后，将启动皮带生产线，但当工件运行经过光电传感器时，推料气缸缩回。

(4) 皮带生产线继续运行到工件属性判别位。

(5) 金属检测传感器对工件进行属性检测，如果是金属工件，则会置位继电器软元件；如果是非金属，则需等待一段时间。

(6) 若检测到金属工件或等待时间到，则滑台气缸右移。

(7) 右移到位，垂直移动气缸下移，下移到位，真空吸盘气缸动作，吸住工件，延时 1 s；垂直移动气缸上移，上移到位，滑台气缸左移，左移到位，根据工件属性的不同转入不同的工艺流程。

(8) 如果是金属工件，水平滑台气缸前移，前移到位，垂直气缸下移，下移到位，释放工件，延时 1 s；垂直气缸上移，上移到位，水平滑台气缸后移，后移到位，完成一次金属工件的分拣控制循环，再返回到料仓工作检测状态。

(9) 如果是非金属工件，垂直气缸下移，下移到位，释放工件，延时 1 s；垂直气缸上移，上移到位，完成一次非金属工件分拣控制，再返回到料仓工作检测状态。

(10) 在任何时候只要按下“停止”按键，系统即停止工作。

(11) 按下“复位”按钮，系统回到初始位置。滑台气缸位于左限位，前后移动气缸位于后限位的原始位置。

(12) 再次按下“启动”按钮，自动分拣生产线重新自动分拣运行。

### 2. 控制分析

自动分拣生产线的控制是由料仓光纤传感器检测工件，推料运输工件，由光电传感器检测传输距离，再经金属、非金属工件传感器检测工件的属性后滑台右移，垂直气缸下降，真空吸盘吸住工件，垂直气缸上升，滑台左移，然后根据工件属性不同，将工件运送到不同品类的料仓，从而实现工件的分拣。自动分拣生产线的自动运行工艺流程如图 9-3 所示。

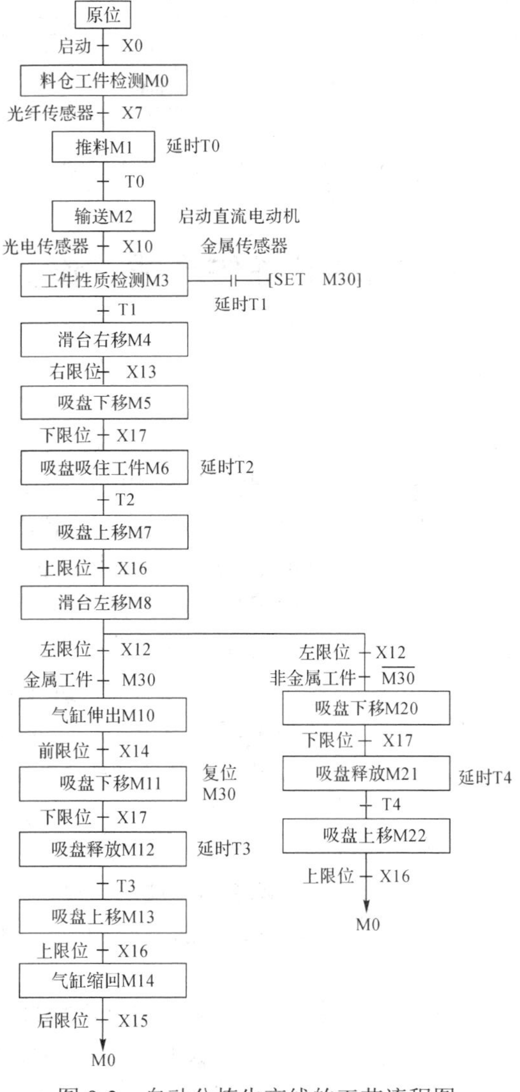


图 9-3 自动分拣生产线的工艺流程图

## 9.2.2　基于 PLC 的自动分拣生产线控制

### 1. I/O 地址分配

PLC 输入、输出端地址分配，如表 9-3 所示。

表 9-3　PLC 的 I/O 地址分配

| 输　　入 | | 输　　出 | |
|---|---|---|---|
| 输入设备 | 输入地址 | 输出设备 | 输出地址 |
| 启动 | X0 | 直流电动机 | Y0 |
| 停止 | X1 | 推料 | Y1 |
| 回原点 | X2 | 滑台左移 | Y2 |
| 手动/自动 | X3 | 滑台右移 | Y3 |
| 光纤传感器 | X7 | 机械手前移 | Y4 |
| 光电传感器 | X10 | 机械手后退 | Y5 |
| 金属检测传感器 | X11 | 垂直上升 | Y6 |
| 左限位 | X12 | 垂直下降 | Y7 |
| 右限位 | X13 | 真空吸盘 | Y10 |
| 前限位 | X14 | 红色指示灯 | Y11 |
| 后限位 | X15 | 绿色指示灯 | Y12 |
| 上限位 | X16 | | |
| 下限位 | X17 | | |

### 2. PLC 接线图

自动分拣生产线控制系统的 PLC 接线图，如图 9-4 所示。

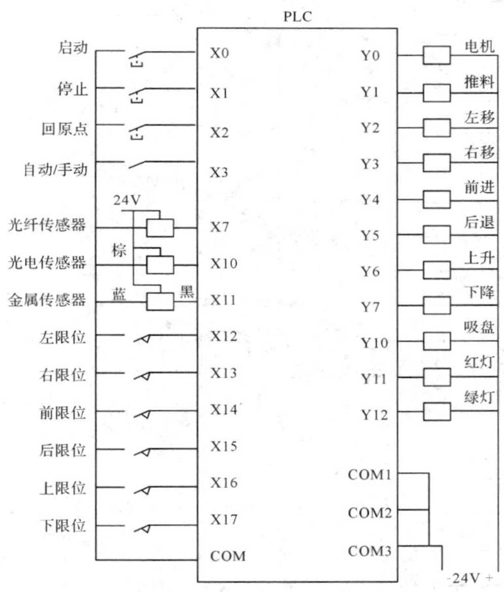


图 9-4　自动分拣生产线控制系统的 PLC 接线图

### 3. 梯形图程序

基于 PLC 的自动分拣生产线控制梯形图，如图 9-5 所示。

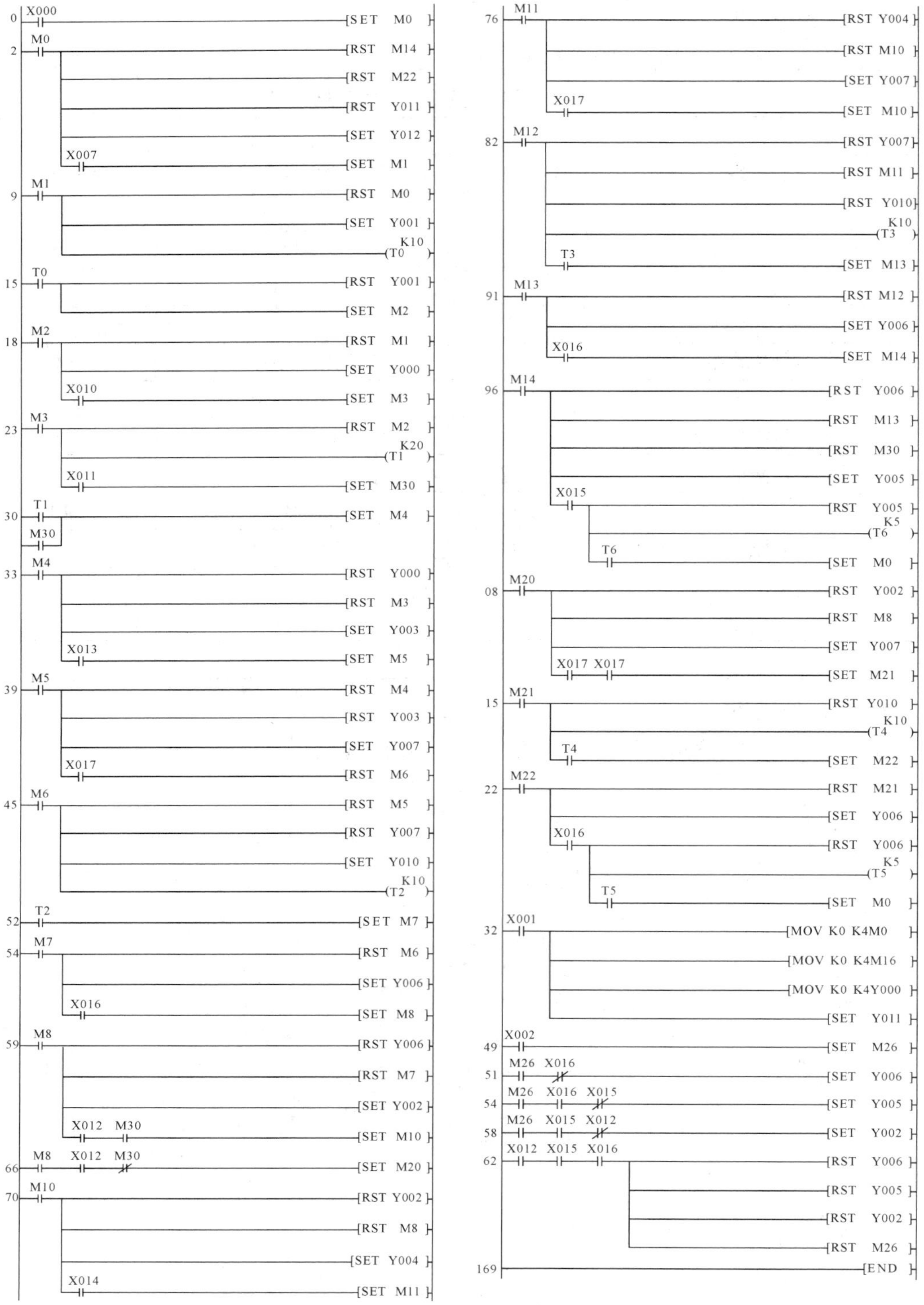

```
0   X000 ─────────────────── [SET M0]
2   M0 ───┬───────────────── [RST M14]
          ├───────────────── [RST M22]
          ├───────────────── [RST Y011]
          ├───────────────── [SET Y012]
          └─ X007 ────────── [SET M1]
9   M1 ───┬───────────────── [RST M0]
          ├───────────────── [SET Y001]
          └───────────────── (T0 K10)
15  T0 ───┬───────────────── [RST Y001]
          └───────────────── [SET M2]
18  M2 ───┬───────────────── [RST M1]
          ├───────────────── [SET Y000]
          └─ X010 ────────── [SET M3]
23  M3 ───┬───────────────── [RST M2]
          ├───────────────── (T1 K20)
          └─ X011 ────────── [SET M30]
30  T1 ──┬────────────────── [SET M4]
    M30 ─┘
33  M4 ───┬───────────────── [RST Y000]
          ├───────────────── [RST M3]
          ├───────────────── [SET Y003]
          └─ X013 ────────── [SET M5]
39  M5 ───┬───────────────── [RST M4]
          ├───────────────── [RST Y003]
          ├───────────────── [SET Y007]
          └─ X017 ────────── [RST M6]
45  M6 ───┬───────────────── [RST M5]
          ├───────────────── [RST Y007]
          ├───────────────── [SET Y010]
          └───────────────── (T2 K10)
52  T2 ───────────────────── [SET M7]
54  M7 ───┬───────────────── [RST M6]
          ├───────────────── [SET Y006]
          └─ X016 ────────── [SET M8]
59  M8 ───┬───────────────── [RST Y006]
          ├───────────────── [RST M7]
          ├───────────────── [SET Y002]
          └─ X012 ── M30 ─── [SET M10]
66  M8 ── X012 ── M30(/) ─── [SET M20]
70  M10 ──┬───────────────── [RST Y002]
          ├───────────────── [RST M8]
          ├───────────────── [SET Y004]
          └─ X014 ────────── [SET M11]
76  M11 ──┬───────────────── [RST Y004]
          ├───────────────── [RST M10]
          ├───────────────── [SET Y007]
          └─ X017 ────────── [SET M10]
82  M12 ──┬───────────────── [RST Y007]
          ├───────────────── [RST M11]
          ├───────────────── [RST Y010]
          ├───────────────── (T3 K10)
          └─ T3 ──────────── [SET M13]
91  M13 ──┬───────────────── [RST M12]
          ├───────────────── [SET Y006]
          └─ X016 ────────── [SET M14]
96  M14 ──┬───────────────── [RST Y006]
          ├───────────────── [RST M13]
          ├───────────────── [RST M30]
          ├───────────────── [SET Y005]
          └─ X015 ──┬─────── [RST Y005]
                    ├─────── (T6 K5)
                    └─ T6 ── [SET M0]
08  M20 ──┬───────────────── [RST Y002]
          ├───────────────── [RST M8]
          ├───────────────── [SET Y007]
          └─ X017 ── X017 ── [SET M21]
15  M21 ──┬───────────────── [RST Y010]
          ├───────────────── (T4 K10)
          └─ T4 ──────────── [SET M22]
22  M22 ──┬───────────────── [RST M21]
          ├───────────────── [SET Y006]
          └─ X016 ──┬─────── [RST Y006]
                    ├─────── (T5 K5)
                    └─ T5 ── [SET M0]
32  X001 ─┬───────────────── [MOV K0 K4M0]
          ├───────────────── [MOV K0 K4M16]
          ├───────────────── [MOV K0 K4Y000]
          └───────────────── [SET Y011]
49  X002 ─────────────────── [SET M26]
51  M26 ── X016(/) ───────── [SET Y006]
54  M26 ── X016 ── X015(/) ─ [SET Y005]
58  M26 ── X015 ── X012(/) ─ [SET Y002]
62  X012 ── X015 ── X016 ─┬─ [RST Y006]
                          ├─ [RST Y005]
                          ├─ [RST Y002]
                          └─ [RST M26]
169 ──────────────────────── [END]
```

图 9-5　PLC 自动分拣生产线控制系统梯形图

# 9.3　恒压供水调速系统的设计

## 9.3.1　设计任务分析

某恒压供水调速系统由三台水泵供水，其中交流接触器组中的 KM1 与 KM2 分别控制 1# 水泵的变频与工频运行，而 KM3 和 KM4 则控制 2# 水泵的变频与工频运行，KM5 和 KM6 控制 3# 水泵的变频与工频运行。系统具体控制要求如下：

(1) 系统启动时，KM1 闭合，1# 水泵以变频方式运行。

(2) 当变频器的运行频率超过设定值时输出一个上限信号，PLC 接收到该上限信号后将 1# 水泵的变频运行转为工频运行，KM1 断开而 KM2 闭合，同时 KM3 闭合，2# 水泵变频启动。

(3) 如果再次接收到变频器上限输出信号，则 KM3 断开而 KM4 闭合，2# 水泵由变频转为工频，同时 KM5 闭合，3# 水泵变频运行。

(4) 如果 3# 水泵变频运行，变频器频率偏低，即压力过高，则输出的下限信号使 PLC 关闭 KM5、KM4，使其不工作，并开启 KM3 使 2# 水泵变频启动。

(5) 再次收到下限信号时，则关闭 KM3、KM2 使 2# 水泵不工作，并开启 KM1 使 1# 水泵变频工作。

(6) 设置手动/自动控制转换开关，可以实现手动控制与自动控制的转换功能。

恒压供水调速系统的 PLC 程序流程图如图 9-6 所示。

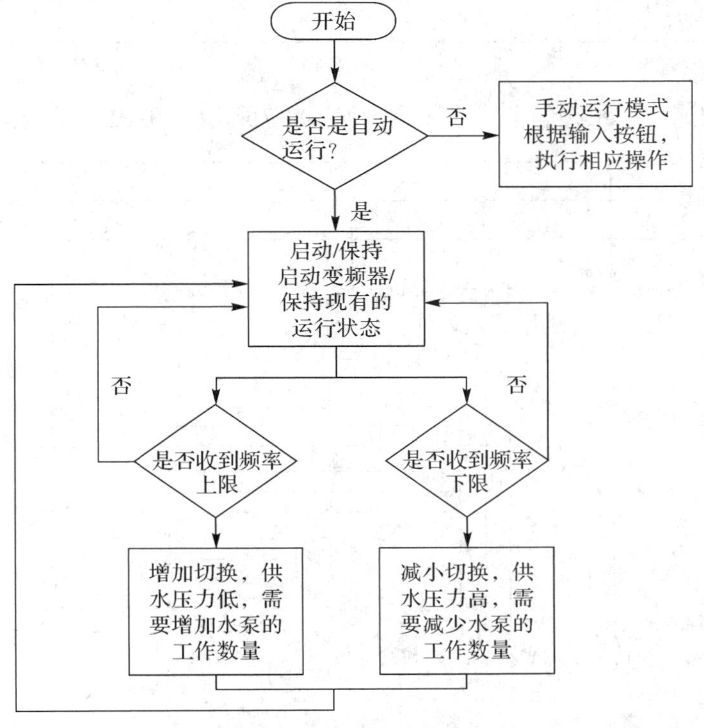


图 9-6　恒压供水调速系统的 PLC 程序流程图

## 9.3.2 基于 PLC 的恒压供水调速控制

### 1. I/O 地址分配

PLC 输入、输出端地址分配，如表 9-4 所示。

表 9-4 PLC 的 I/O 地址分配

| 输入 | | 输出 | |
|---|---|---|---|
| 输入设备 | 输入地址 | 输出设备 | 输出地址 |
| 启动按钮 SB1 | X1 | 变频器正转信号 STF | Y0 |
| 停止按钮 SB2 | X2 | PID 控制有效端 RF | Y1 |
| 手动/自动切换开关 SA1 | X3 | 上限指示灯信号 HL1 | Y4 |
| 上限检测信号 FU | X4 | 下限指示灯信号 HL2 | Y5 |
| 下限检测信号 OL | X5 | M1 变频控制接触器 KM1 | Y21 |
| M1 变频运行(手动)SA2 | X6 | M1 工频控制接触器 KM2 | Y22 |
| M1 工频运行(手动)SA3 | X7 | M2 变频控制接触器 KM6 | Y23 |
| M2 变频运行(手动)SA4 | X10 | M2 工频控制接触器 KM4 | Y24 |
| M2 工频运行(手动)SA5 | X11 | M3 变频控制接触器 KM5 | Y25 |
| M3 变频运行(手动)SA6 | X12 | M3 工频控制接触器 KM6 | Y26 |
| M3 工频运行(手动)SA7 | X13 | | |

### 2. 系统接线

恒压供水调速控制系统的主电路接线图如图 9-7 所示，其 PLC 接线图如图 9-8 所示。

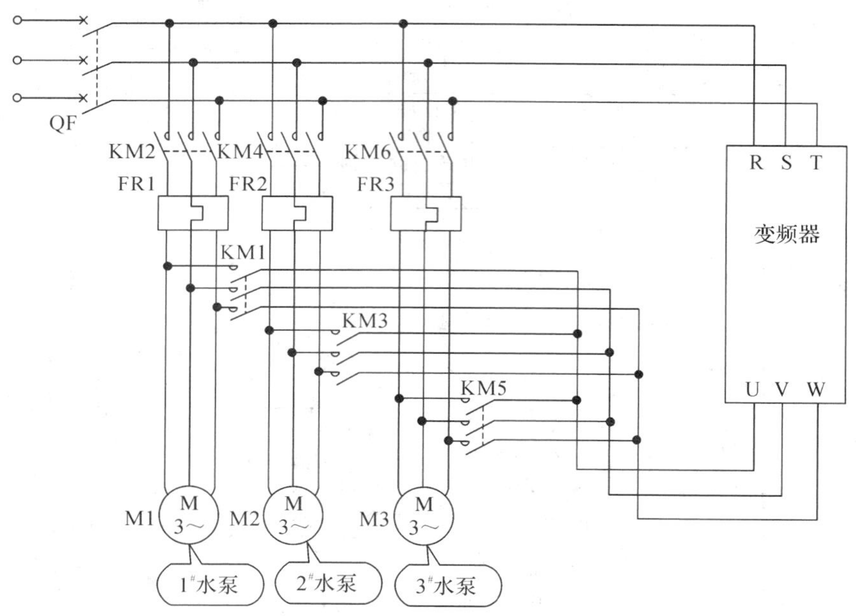


图 9-7 恒压供水调速控制系统的主电路接线图

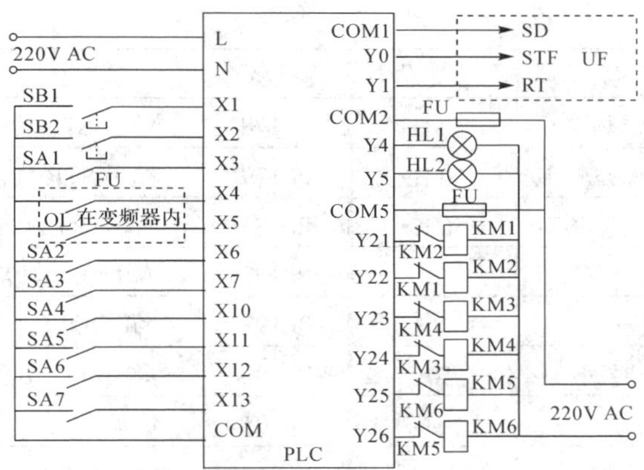


图 9-8　恒压供水调速控制系统的 PLC 接线图

PLC 输出端口 Y21～Y26 分别控制接触器 KM1～KM6，其中 KM1 与 KM2，KM3 与 KM4，KM5 与 KM6 之间分别互锁，以防止它们同时闭合使变频器输出端接入电源输入端，从而造成变频器损坏等设备故障。

变频器启动运行由 PLC 的输出端口 Y0 进行控制，频率检测的上/下限信号分别通过变频器的输出端子 FU、OL 输出至 PLC 的输入端 X4、X5。PLC 的输入端 X3 为手动/自动切换信号输入，变频器 RT 输入端为手动/自动切换调整时 PID 控制是否有效，由 PLC 的输出端 Y1 供给信号。

故障报警输出连接至 PLC 的 X2 与 COM 端，当系统发生故障时，输出触发信号给 PLC，由 PLC 立即控制 Y0 断开，停止输出。

PLC 输入端 SB1 为启动按钮，SB2 为停止按钮，SA1 为手动/自动切换开关，由 SA2～SA7 手动控制变频/工频的启动和切换。在自动控制时由压力传感器发出的信号(4～20 mA)和被控制信号(给定信号，变频器 2 端也可用 0～10 V 信号发生器供给)进行比较，通过 PID 调节输出一个频率可变的信号以改变供水量的大小，从而改变了压力的高低，实现了恒压供水控制。

### 3. 变频器参数设置

根据恒压供水调速控制的要求，变频器参数设置如表 9-5 所示。

**表 9-5　恒压供水控制参数设定表**

| 参数号 | 名　　称 | 设定值 | 参数号 | 名　　称 | 设定值 |
|---|---|---|---|---|---|
| Pr.1 | 上限频率 | 50 Hz | Pr.50 | 第 2 输出频率检测 | 50 Hz |
| Pr.2 | 下限频率 | 0 Hz | Pr.73 | 模拟量输入的选择 | 1 |
| Pr.3 | 基准频率 | 50 Hz | Pr.77 | 参数写入选择 | 0 |
| Pr.7 | 加速时间 | 3 s | Pr.78 | 逆转防止选择 | 1 |
| Pr.8 | 减速时间 | 3 s | Pr.79 | 运行模式选择 | 2 |
| Pr.9 | 电子过电流保护 | 14.3 A | Pr.80 | 电动机(功率) | 7.5 kW |
| Pr.14 | 适用负载选择 | 0 | Pr.81 | 电动机(极数) | 2 极 |
| Pr.20 | 加/减速基准频率 | 50 Hz | Pr.82 | 电动机励磁电流 | 13 A |
| Pr.42 | 输出频率检测 | 10 Hz | Pr.83 | 电动机额定电压 | 380 V |

续表

| 参数号 | 名　　称 | 设定值 | 参数号 | 名　　称 | 设定值 |
|---|---|---|---|---|---|
| Pr.84 | 电动机额定频率 | 50 Hz | Pr.178 | 端子 STF 功能的选择 | 60 |
| Pr.125 | 端子 2 设定增益频率 | 50 Hz | Pr.179 | 端子 STR 功能的选择 | 61 |
| Pr.126 | 端子 4 设定增益频率 | 50 Hz | Pr.183 | 端子 RT 功能的选择 | 14 |
| Pr.128 | PID 动作选择 | 20 | Pr.192 | 端子 IPF 功能的选择 | 16 |
| Pr.129 | PID 比例带 | 100% | Pr.193 | 端子 OL 功能的选择 | 4 |
| Pr.130 | PID 积分时间 | 10 s | Pr.194 | 端子 FU 功能的选择 | 5 |
| Pr.131 | PID 上限 | 96% | Pr.195 | 端子 ABC 功能的选择 | 99 |
| Pr.132 | PID 下限 | 10% | Pr.267 | 端子 4 的输入选择 | 0 |
| Pr.133 | PID 动作目标值 | 20% | Pr.858 | 端子 4 的功能分配 | 0 |
| Pr.134 | PID 微分时间 | 2 s | | | |

### 4. 触摸屏画面制作

根据系统控制要求来制作触摸屏画面。除画面切换按键以外的所有对象均需通过属性的修改，与 PLC 软元件建立一一对应关系，如表 9-6 所示。

**表 9-6　触摸屏各对象与 PLC 软元件的对应关系**

| 对象 | 名　　称 | 颜　色 | | 对应软元件 | 文本内容 |
|---|---|---|---|---|---|
| | | OFF | ON | | |
| 开关 | 启动 | 绿色 | 红色 | X0 | 启动 |
| 开关 | 停止 | 绿色 | 红色 | M101 | 停止 |
| 开关 | 手动/自动 | 绿色 | 红色 | M102 | 手动/自动 |
| 开关 | 电动机 1 变频运行(手动) | 绿色 | 红色 | M103 | 电动机 1 |
| 开关 | 电动机 1 工频运行(手动) | 绿色 | 红色 | M104 | 电动机 1 |
| 开关 | 电动机 2 变频运行(手动) | 绿色 | 红色 | M105 | 电动机 2 |
| 开关 | 电动机 2 工频运行(手动) | 绿色 | 红色 | M106 | 电动机 2 |
| 开关 | 电动机 3 变频运行(手动) | 绿色 | 红色 | M107 | 电动机 3 |
| 开关 | 电动机 3 工频运行(手动) | 绿色 | 红色 | M108 | 电动机 3 |
| 开关 | 画面切换 | 绿色 | | | |
| 指示灯 | 变频运行正转 | 红色 | 绿色 | Y0 | 变频运行正转 |
| 指示灯 | PID 控制有效端 | 红色 | 绿色 | Y1 | PID 控制有效端 |
| 指示灯 | 上限指示灯信号 | 红色 | 绿色 | Y4 | 上限指示灯信号 |
| 指示灯 | 下限指示灯信号 | 红色 | 绿色 | Y5 | 下限指示灯信号 |
| 指示灯 | 电动机 1 变频接触器 | 红色 | 绿色 | Y21 | 电动机 1 变频接触器 |
| 指示灯 | 电动机 1 工频接触器 | 红色 | 绿色 | Y22 | 电动机 1 工频接触器 |
| 指示灯 | 电动机 2 变频接触器 | 红色 | 绿色 | Y23 | 电动机 2 变频接触器 |
| 指示灯 | 电动机 2 工频接触器 | 红色 | 绿色 | Y24 | 电动机 2 工频接触器 |
| 指示灯 | 电动机 3 变频接触器 | 红色 | 绿色 | Y25 | 电动机 3 变频接触器 |
| 指示灯 | 电动机 3 工频接触器 | 红色 | 绿色 | Y26 | 电动机 3 工频接触器 |

### 5. 梯形图程序

基于 PLC 的恒压供水调速控制系统的梯形图，如图 9-9 所示。

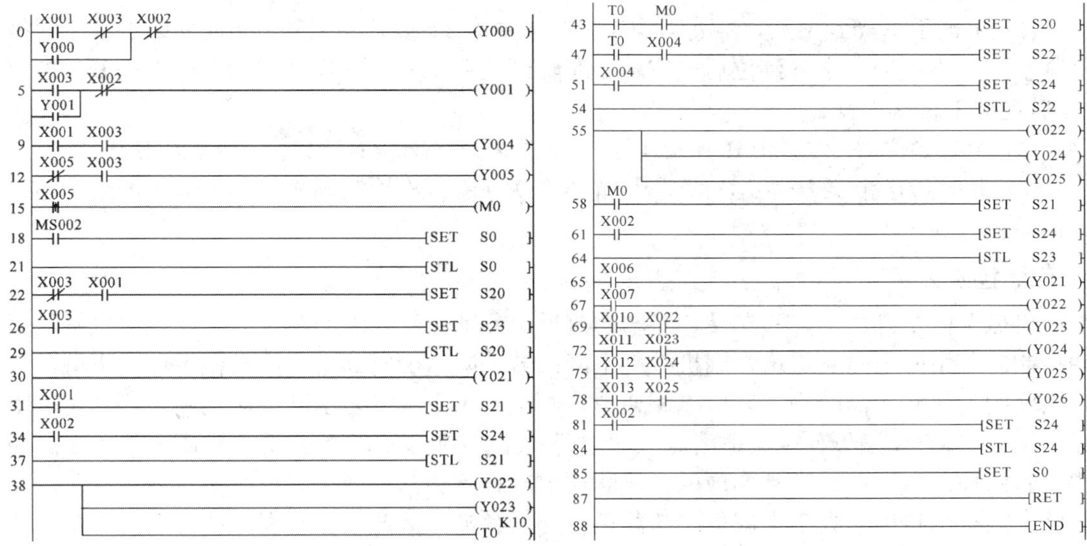


图 9-9　恒压供水调速控制系统的梯形图

# 9.4　机械手控制系统的设计

## 9.4.1　设计任务分析

### 1. 控制要求

机械手是一种能模仿人的手和臂的某些动作功能，按固定程序抓取、搬运物件或操作工具的自动操作装置。它是最早出现的工业机器人，可代替人的繁重劳动以实现生产的机械化和自动化，能在有害环境下操作以保护人身安全，因而被广泛应用于工业控制领域。

图 9-10 为用于传送工件的某机械手工作示意图。

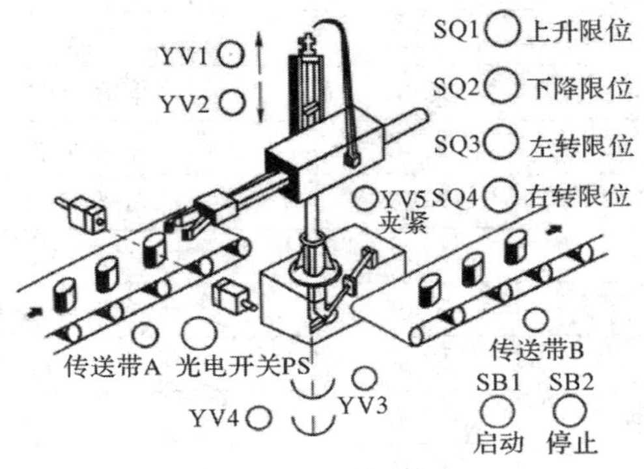


图 9-10　机械手控制示意图

其主要任务是将工件从传送带A搬运到传送带B，控制要求如下：

(1) 当按下启动按钮后，传送带A开始运行，直到光电开关PS检测到物体时停止，与此同时机械手开始下降。

(2) 机械手下降到位后，将夹紧物体，夹紧物体2 s后开始上升，在此期间机械手保持夹紧状态。当机械手上升到位后，左转，左转到位后下降，下降到位后机械手松开，暂停2 s后机械手再次上升。

(3) 上升到位后，传送带B开始运行，同时机械手右转，右转到位，传送带B停止运行。

(4) 此时传送带A开始运行，直到光电开关PS再次检测到物体，才停止继续上述过程循环进行。

### 2. 控制分析

机械手的上升、下降和左转、右转的执行，分别由双线圈的两位电磁阀控制气缸的运动控制。若下降电磁阀通电，则机械手下降；若下降电磁阀断电，则机械手停止下降，保持当前的动作状态。若当上升电磁阀通电，则机械手上升；若上升电磁阀断电，则机械手停止上升。同样左转/右转也是由对应的电磁阀来控制的。夹紧/放松则是通过单线圈的两位电磁阀控制气缸的运动来实现的，线圈通电时执行夹紧动作，断电时执行放松动作，并且要求只有当机械手处于上限位时才能进行左右移动。因此，在左右转动时用上限条件作为联锁保护。由于上下运动、左右转动采用双线圈的两位电磁阀控制，两个线圈不能同时通电，因此在上下、左右运动的控制程序中必须设置互锁环节。

为了保证机械手的动作准确，在机械手上安装了SQ1、SQ2、SQ3、SQ4四个限位开关，分别对机械手进行下降、上升、左转、右转等动作极限位置的检测。光电开关PS负责检测传送带A上的工件是否到位，到位后机械手开始动作。

## 9.4.2 基于PLC的机械手设计

### 1. I/O地址分配

PLC输入、输出端地址分配，如表9-7所示。

表9-7 PLC的I/O地址分配

| 输入 | | 输出 | |
|---|---|---|---|
| 输入设备 | 输入地址 | 输出设备 | 输出地址 |
| 启动按钮SB1 | X000 | 上升YV1 | Y000 |
| 上升限位SQ1 | X001 | 下降YV2 | Y001 |
| 下降限位SQ2 | X002 | 左转YV3 | Y002 |
| 左转限位SQ3 | X003 | 右转YV4 | Y003 |
| 右转限位SQ4 | X004 | 夹紧YV5 | Y004 |
| 光电开关PS | X005 | 传送带A KA1 | Y005 |
| 停止按钮SB2 | X006 | 传送带B KA2 | Y006 |
| 转换开关SW | X007 | | |
| 复位按钮SB3 | X010 | | |

### 2. PLC 接线图

传送工件的某机械手控制系统的 PLC 接线图，如图 9-11 所示。

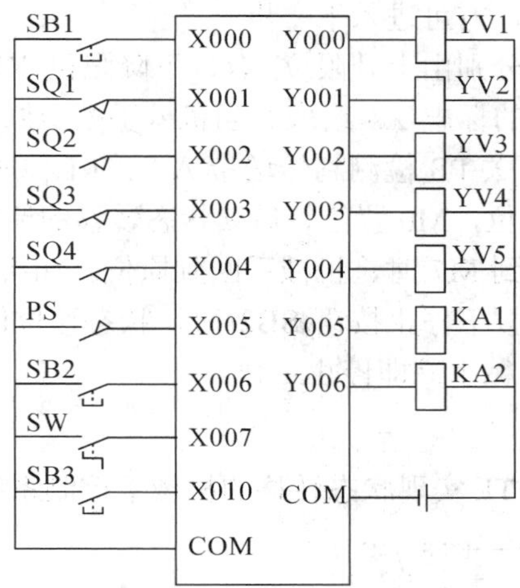


图 9-11　机械手控制系统的 PLC 接线图

### 3. 状态转移图

机械手控制系统的 PLC 状态转移图，如图 9-12 所示。

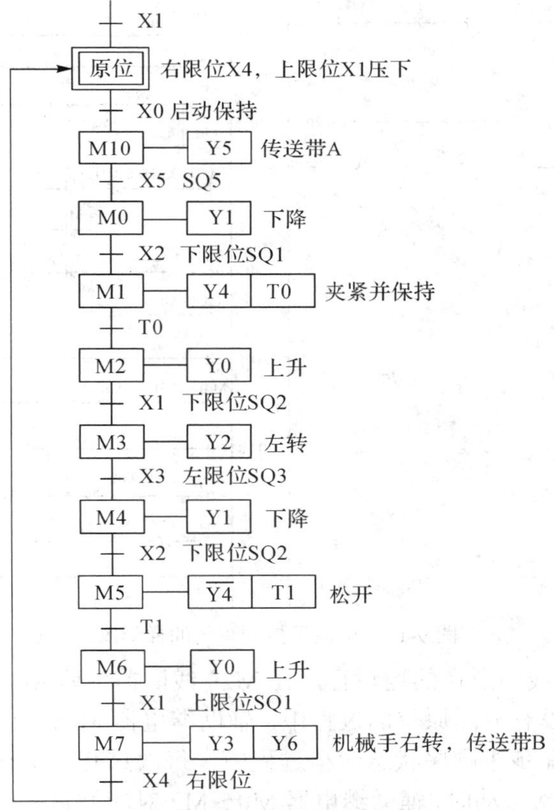


图 9-12　机械手控制系统的 PLC 状态转移图

机械手的控制是一个按顺序动作的步位控制系统，可以采用位数据移位指令(SFTL)来实现各步转换控制的编程方法。辅助继电器 M10 及 M0～M7 代表状态转移的各个步，当两步之间的转换条件满足时，方可进入下一步。

辅助继电器的使能条件分别由上升限位 X1、下降限位 X2、左转限位 X3、右转限位 X4 及传送带 A 检测到工件的标志 X5 组成。当机械手处于原位时，各工步未启动。按下启动按钮 SB1 后，若光电开关 PS 检测到传送带 A 上的工件时，X5 条件有效，则状态由 M10 转移到 M0，即 M10 复位，M0 置位。后续状态转移的流程类似，状态将在 M0～M7 之间依次移动。当状态转移到 M7 时，机械手回到原位。如果启动使能条件 X0 为有效，机械手将进行循环工作。当按下停止按钮 SB2 时，状态移位停止，同时辅助继电器 M10 及 M0～M7 的状态复位，机械手立即停止工作。

**4．梯形图程序**

采用位数据移位指令 SFTL 实现状态转移的机械手控制系统的梯形图，如图 9-13 所示。

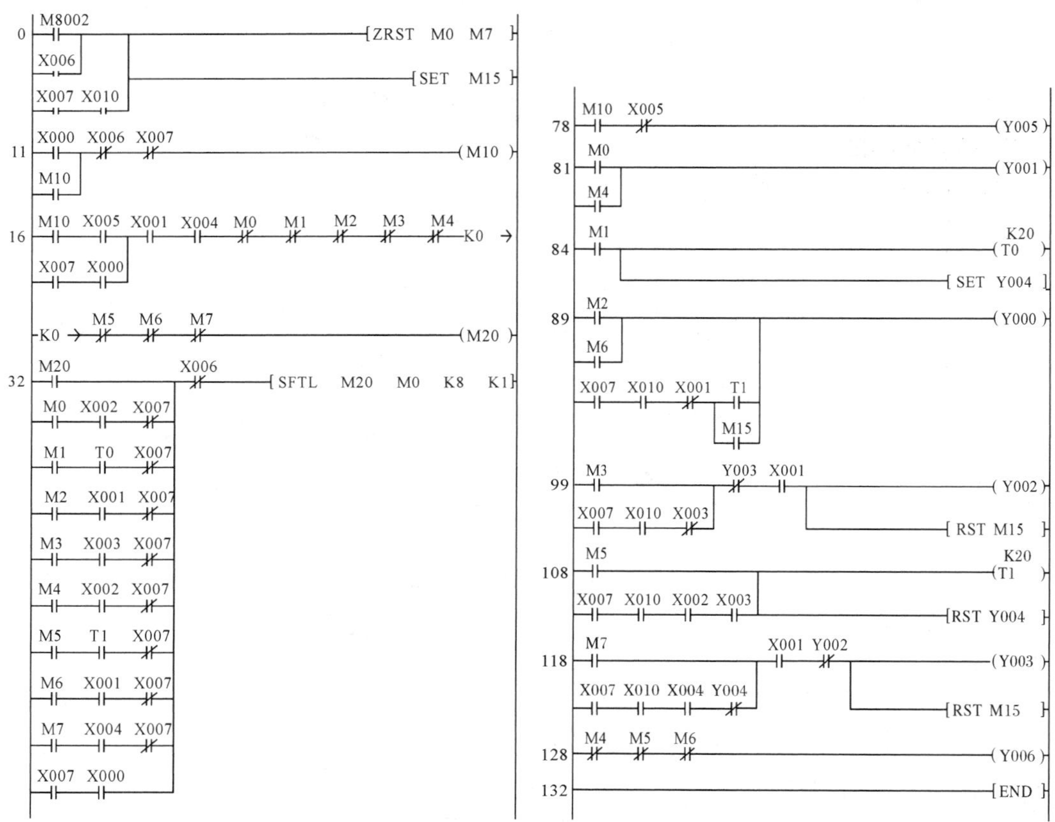


图 9-13 机械手控制系统的梯形图

辅助继电器 M20 线圈所在的逻辑行，在 M20 线圈前串联 M0～M7 的常闭触点，是为了防止机械手在还没有返回原位的过程中，辅助继电器 M0～M7 有效而造成的状态从头到尾的直通。由于在步进顺序状态转移过程中，每次只有一个状态被激活，所以当状态在 M0～M7 之间依次移动时，辅助继电器 M0～M7 对应的常闭触点总有一个处于断开状态。

有时需要对机械手的各项动作进行调试，可以采取单步执行方式。使用时需要将转换开关 SW 置于“单步运行”模式(X7 = 1)，再按下启动按钮 SB1，则每按一次启动按钮 SB1，移位指令 SFTL 就变换步进顺序状态，这样即可实现机械的单步操作。

按下停止按钮或系统发生突然停电等非正常情况时，机械手一般不会恰好停在原位，所以正常工作前需要进行机械手的回原位操作。具体操作时，是将转换开关 SW 置于“单步运行”模式(X7 = 1)，再按住复位按钮(X10 = 1)，执行 ZRST M0 M7，直到机械手回到原位。

# 9.5　中央空调冷冻水系统的设计

## 9.5.1　设计任务分析

中央空调冷冻水系统的控制要求如下：

(1) 某中央冷冻水系统有三台冷冻水泵，在负荷高峰时，一台变频运行，一台工频运行；负荷低谷时，一台变频运行。

(2) 为水泵的平衡运行考虑，三台冷冻水泵将轮流运行。轮流运行策略如下：第一台变频运行→负荷高峰时，第一台工频运行，第二台变频运行→负荷低谷时，第一台工频泵停止运行，仅剩下第二台冷却水泵变频运行→负荷高峰时，第二台工频运行，此时第三台变频运行→负荷低谷时，第二台工频停止运行，仅剩下第三台冷却水泵变频运行→负荷高峰时，第三台冷却水泵工频运行，第一台变频运行→负荷低谷时，第一台变频运行……如此循环。

(3) 变频运行转工频运行的顺序为：变频器停止输出，延时 0.2 s→断开变频器接触器，延时 0.1 s→闭合工频接触器。

(4) 水泵启动必须使用变频软启动，启动加速时间为 5 s，停止减速时间为 3 s。要求变频接触器先闭合，然后变频器才能输出。

(5) 变频器最高频率设定 47.5 Hz，最低频率设定 27.5 Hz，要求最高频率、最低频率有指示信号。

(6) 冷冻泵在 15～22 Hz 或工程师指定的范围区间进行，会出现严重振荡现象，要求变频器在此区间内跳变运行。

(7) 变频器要求用进出水温差来控制调速，系统要求用 $FX_{2N}$-4AD-PT 和 $FX_{2N}$-2DA 模块，温差 0.5℃对应 2.5 Hz，对应数字量为 200。

(8) 冷冻泵不能逆转运行。

## 9.5.2　基于 PLC 的中央空调冷冻水系统设计

### 1. I/O 地址分配

PLC 输入、输出端地址分配，如表 9-8 所示。

**表 9-8　PLC 的 I/O 地址分配**

| 输　　入 | | 输　　出 | |
|---|---|---|---|
| 输入设备 | 输入地址 | 输出设备 | 输出地址 |
| 启动 | X1 | KM1 | Y1 |
| 停止 | X2 | KM2 | Y2 |
| SU(频率分配) | X3 | KM3 | Y3 |
| FU(频率检测) | X4 | KM4 | Y4 |
| | | KM5 | Y5 |
| | | KM6 | Y6 |
| | | 上限指示 | Y0 |
| | | 下限指示 | Y7 |
| | | STF(正转信号) | Y10 |
| | | MRS | Y11 |

## 2. 系统接线

1) 主回路接线图

中央空调冷冻水控制系统的主电路接线图，如图 9-14 所示。

2) PLC 接线图

中央空调冷冻水控制系统的 PLC 接线图如图 9-15 所示。

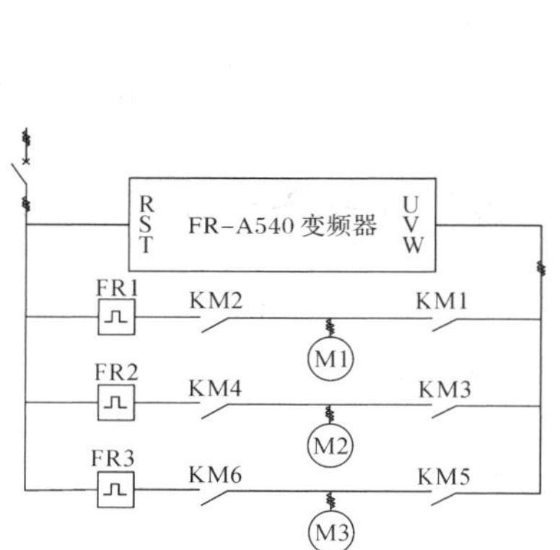


图 9-14　中央空调冷冻水系统的主电路接线图

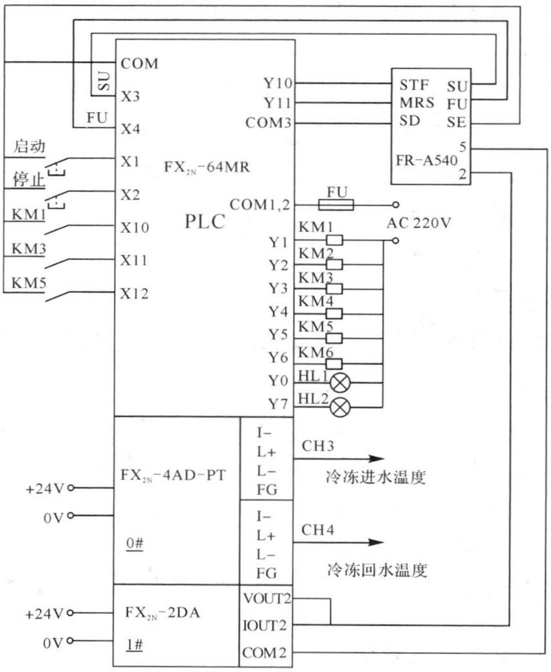

图 9-15　中央空调冷冻水控制系统的 PLC 接线图

### 3. 变频器参数设置

根据中央空调冷冻水系统控制的要求，变频器参数设置如表 9-9 所示。

表 9-9　中央空调冷冻水控制系统参数设置

| 参数号 | 名　　称 | 设定值 |
| --- | --- | --- |
| Pr.1 | 上限频率 | 50 Hz |
| Pr.2 | 下限频率 | 0 Hz |
| Pr.7 | 加速时间 | 3 s |
| Pr.8 | 减速时间 | 3 s |
| Pr.31 | 频率跳变 1A | 22 Hz |
| Pr.32 | 频率跳变 1B | 15 Hz |
| Pr.41 | 频率检测下限值(SU 端) | 27.5 Hz |
| Pr.42 | 频率检测上限值(YU 端) | 47.5 Hz |
| Pr.73 | 转换特性为 0～10 V | 2 |
| Pr.78 | 变频器不能逆转 | 1 |
| Pr.79 | 外部操作模式 | 2 |
| Pr.191 | 设定 SU 端为频率检测 | 5 |

### 4. D/A 转换数字量对应关系

冷冻泵进出水温差、变频器输出频率和 D/A 转换数字量对应关系，如表 9-10 所示。

表 9-10　D/A 转换数字量对应关系

| 冷冻泵进水与出水温度差/℃ | 变频器输出频率/Hz | D/A 转换数字量 | 冷冻泵进水与出水温度差/℃ | 变频器输出频率/Hz | D/A 转换数字量 |
| --- | --- | --- | --- | --- | --- |
| ≤0.5 | 27.5 | 200 | 4.6～5.0 | 27.5 | 2200 |
| 0.6～1.0 | 27.5 | 400 | 5.1～5.5 | 30 | 2400 |
| 1.1～1.5 | 27.5 | 600 | 5.6～6.0 | 32.5 | 2600 |
| 1.6～2.0 | 27.5 | 800 | 6.1～6.5 | 35 | 2800 |
| 2.1～2.5 | 27.5 | 1000 | 6.6～7.0 | 37.5 | 3000 |
| 2.6～3.0 | 27.5 | 1200 | 7.1～7.5 | 40 | 3200 |
| 3.1～3.5 | 27.5 | 1400 | 7.6～8.0 | 42.5 | 3400 |
| 3.6～4.0 | 27.5 | 1600 | 8.1～8.5 | 45 | 3600 |
| 3.6～4.0 | 27.5 | 1800 | 8.6～9.0 | 47.5 | 3800 |
| 4.0～4.5 | 27.5 | 2000 | >9.0 | 47.5 | 4000 |

### 5. 状态转移图

中央空调冷冻水控制系统可以按照顺序动作进行设计，其 PLC 状态转移图如图 9-16 所示。

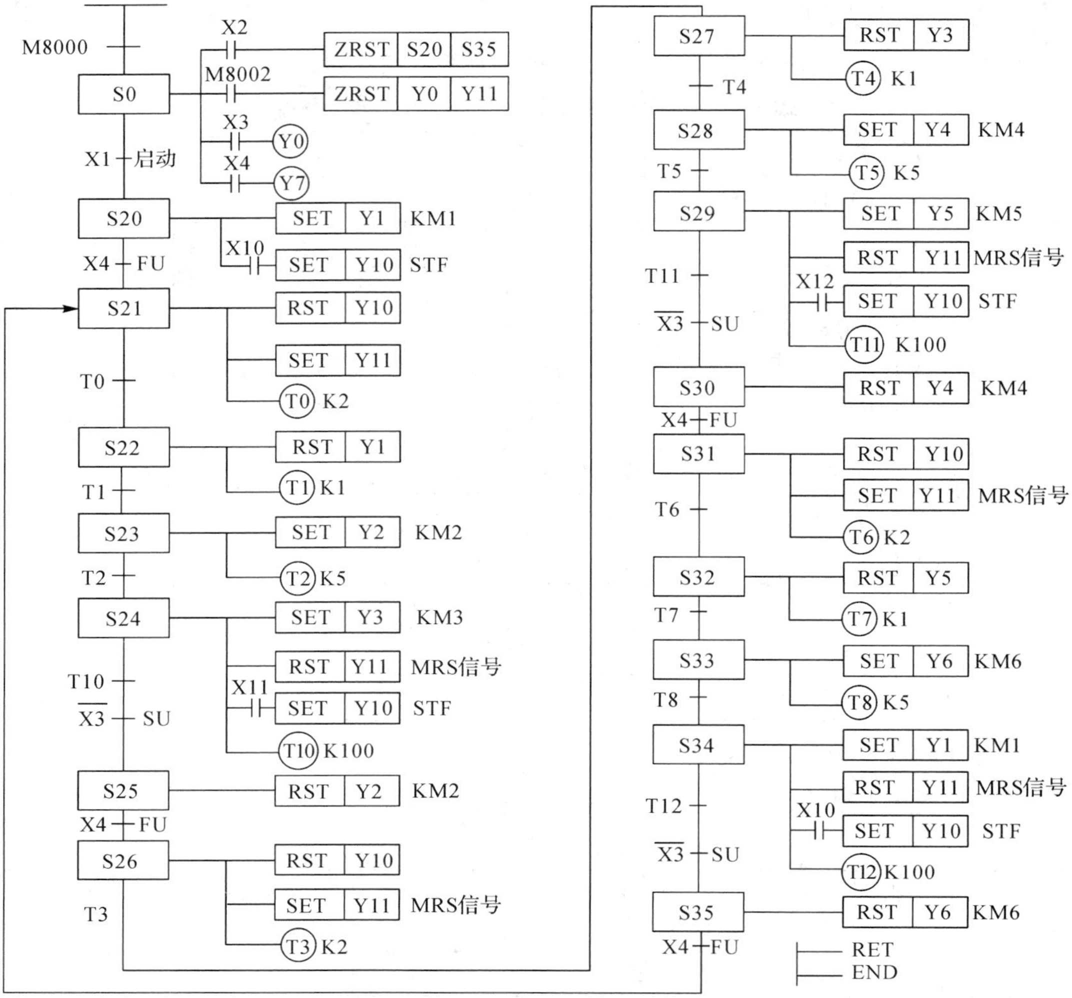

M8000
S0
X2 ZRST S20 S35
M8002 ZRST Y0 Y11
X3 Y0
X4 Y7
X1 启动
S20 SET Y1 KM1
X10 SET Y10 STF
X4 FU
S21 RST Y10
SET Y11
T0 K2
T0
S22 RST Y1
T1 K1
T1
S23 SET Y2 KM2
T2 K5
T2
S24 SET Y3 KM3
RST Y11 MRS信号
X11 SET Y10 STF
T10 K100
T10
$\overline{X3}$ SU
S25 RST Y2 KM2
X4 FU
S26 RST Y10
SET Y11 MRS信号
T3 K2
T3
S27 RST Y3
T4 K1
T4
S28 SET Y4 KM4
T5 K5
T5
S29 SET Y5 KM5
RST Y11 MRS信号
X12 SET Y10 STF
T11 K100
T11
$\overline{X3}$ SU
S30 RST Y4 KM4
X4 FU
S31 RST Y10
SET Y11 MRS信号
T6 K2
T6
S32 RST Y5
T7 K1
T7
S33 SET Y6 KM6
T8 K5
T8
S34 SET Y1 KM1
RST Y11 MRS信号
X10 SET Y10 STF
T12 K100
T12
$\overline{X3}$ SU
S35 RST Y6 KM6
X4 FU
RET
END

图 9-16 中央空调冷冻水系统的 PLC 状态转移图

### 6. 梯形图程序

基于 PLC 的中央空调冷冻水控制系统的梯形图，如图 9-17 所示。

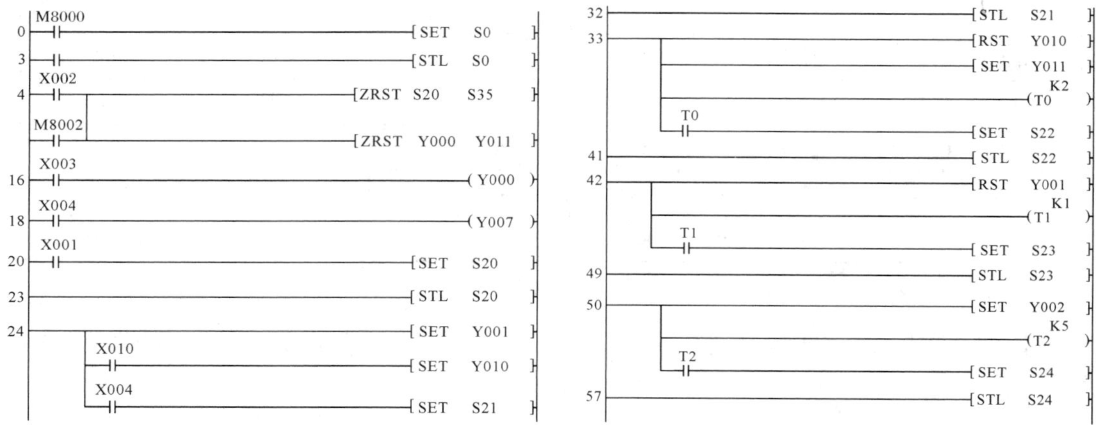

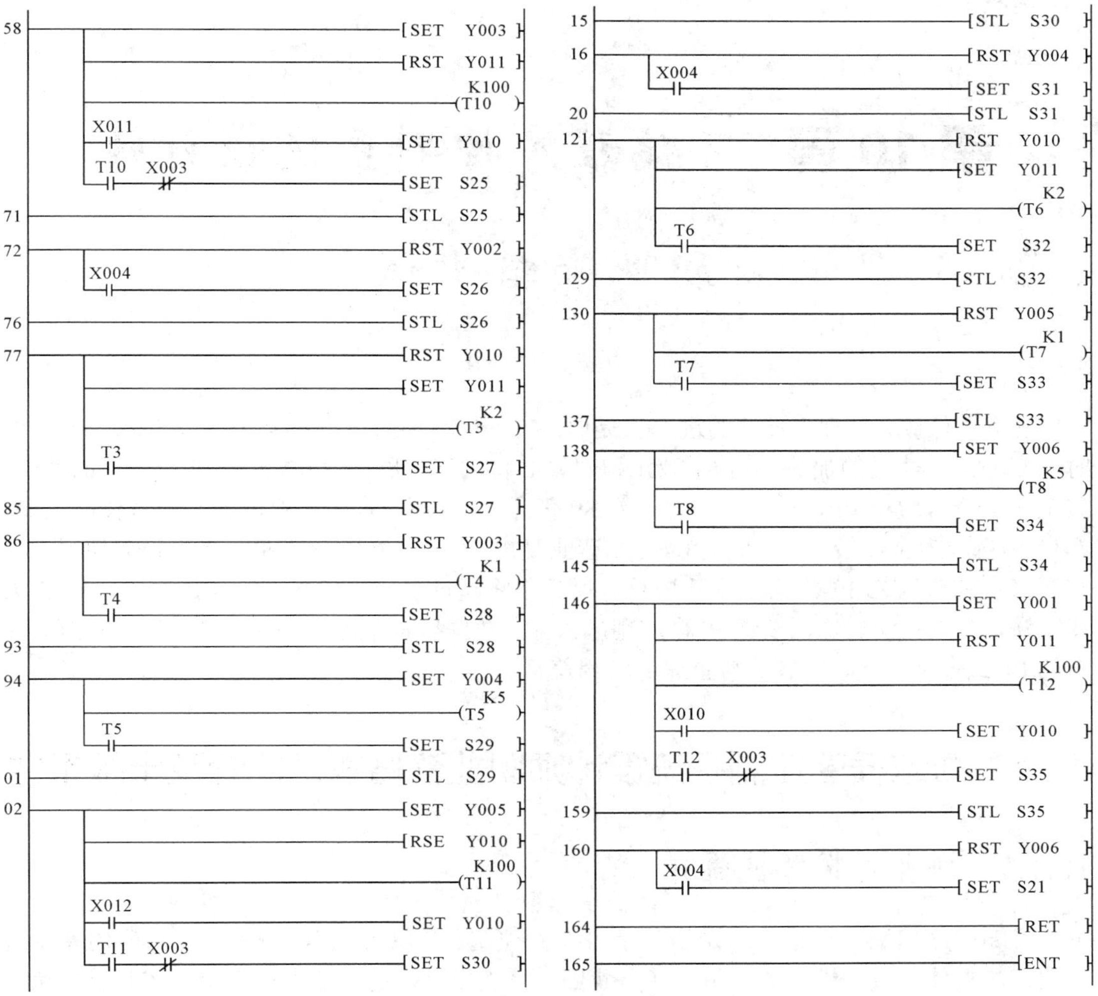

```
58  ────────────────────────────[SET  Y003]
     ├──────────────────────────[RST  Y011]
     ├──────────────────────────(T10  K100)
     ├─ X011 ─┤├────────────────[SET  Y010]
     └─ T10 ─┤├── X003 ─┤/├─────[SET  S25]
71  ────────────────────────────[STL  S25]
72  ────────────────────────────[RST  Y002]
     └─ X004 ─┤├────────────────[SET  S26]
76  ────────────────────────────[STL  S26]
77  ────────────────────────────[RST  Y010]
     ├──────────────────────────[SET  Y011]
     ├──────────────────────────(T3   K2)
     └─ T3 ─┤├──────────────────[SET  S27]
85  ────────────────────────────[STL  S27]
86  ────────────────────────────[RST  Y003]
     ├──────────────────────────(T4   K1)
     └─ T4 ─┤├──────────────────[SET  S28]
93  ────────────────────────────[STL  S28]
94  ────────────────────────────[SET  Y004]
     ├──────────────────────────(T5   K5)
     └─ T5 ─┤├──────────────────[SET  S29]
01  ────────────────────────────[STL  S29]
02  ────────────────────────────[SET  Y005]
     ├──────────────────────────[RSE  Y010]
     ├──────────────────────────(T11  K100)
     ├─ X012 ─┤├────────────────[SET  Y010]
     └─ T11 ─┤├── X003 ─┤/├─────[SET  S30]
15  ────────────────────────────[STL  S30]
16  ────────────────────────────[RST  Y004]
     └─ X004 ─┤├────────────────[SET  S31]
20  ────────────────────────────[STL  S31]
121 ────────────────────────────[RST  Y010]
     ├──────────────────────────[SET  Y011]
     ├──────────────────────────(T6   K2)
     └─ T6 ─┤├──────────────────[SET  S32]
129 ────────────────────────────[STL  S32]
130 ────────────────────────────[RST  Y005]
     ├──────────────────────────(T7   K1)
     └─ T7 ─┤├──────────────────[SET  S33]
137 ────────────────────────────[STL  S33]
138 ────────────────────────────[SET  Y006]
     ├──────────────────────────(T8   K5)
     └─ T8 ─┤├──────────────────[SET  S34]
145 ────────────────────────────[STL  S34]
146 ────────────────────────────[SET  Y001]
     ├──────────────────────────[RST  Y011]
     ├──────────────────────────(T12  K100)
     ├─ X010 ─┤├────────────────[SET  Y010]
     └─ T12 ─┤├── X003 ─┤/├─────[SET  S35]
159 ────────────────────────────[STL  S35]
160 ────────────────────────────[RST  Y006]
     └─ X004 ─┤├────────────────[SET  S21]
164 ────────────────────────────[RET]
165 ────────────────────────────[ENT]
```

图 9-17　中央空调冷冻水系统的梯形图

# 习　题

9-1　请基于 PLC 设计一套四层电梯控制系统。

9-2　请对基于 PLC 的自动分拣生产线系统进行模拟仿真。

9-3　构建一个简单的基于 PLC 的机械手控制系统。

# 第 10 章 可编程序控制系统设计师职业资格考试

随着“低碳、环保”理念的进一步提倡，自动化市场衍生出对 PLC 的大规模需求。同时国家城镇化建设的加快，各种市政工程建设必将大规模展开，也将带动 PLC 需求的增长。截至 2015 年，整个 PLC 市场规模已达到 89 亿元人民币左右。由于亚洲新兴经济体的发展，2016 年将成为全球最大的 PLC 市场。制造业复兴、工业 4.0 以及工业回流等趋势使得中国和新兴亚洲市场的 PLC 需求不断增长，增长率将超过全球平均水平。与此同时，PLC 人才紧缺，众多企业迫切需要懂 PLC 应用的人才。数据显示，到 2015 年全国仅有 20 万名左右的 PLC 从业人员，这显然与企业需求相差甚远。

## 10.1 可编程序控制系统设计师职业资格考试简介及申报条件

### 10.1.1 职业资格考试简介

可编程序控制系统设计师是指从事可编程控制器(PLC)选型、编程，并对应用系统进行设计、整体集成和维护的人员。随着我国经济的发展，这一职业的社会需求日益加大。目前，设置相关专业的学校包括从清华大学、浙江大学这样的国内一流院校，到一些民办职业学校，而涉及的专业外延更加广泛，有不少学校已将 PLC 的应用作为专业学院的基础课程。该职业共设四个等级，分别为：四级可编程序控制系统设计师(国家职业资格四级)、三级可编程序控制系统设计师(国家职业资格三级)、二级可编程序控制系统设计师(国家职业资格二级)、一级可编程序控制系统设计师(国家职业资格一级)。

### 10.1.2 职业资格考试申报条件

#### 1. 四级可编程序控制系统设计师(具备以下条件之一者)

(1) 连续从事本职业工作 1 年以上。

(2) 具有中等职业学校相关专业毕业证书。

(3) 经本职业四级正规培训达到规定标准学时数，并取得结业证书。

#### 2. 三级可编程序控制系统设计师(具备以下条件之一者)

(1) 连续从事本职业工作 6 年以上。

(2) 取得本职业四级职业资格证书后，连续从事本职业工作 4 年以上。

(3) 取得本职业四级职业资格证书后，连续从事本职业工作 3 年以上，经本职业三级正规培训达规定标准学时数，并取得结业证书。

(4) 具有相关专业大学专科及以上学历证书。

(5) 具有其他专业大学专科及以上学历证书，连续从事本职业工作 1 年以上。

(6) 具有其他专业大学专科及以上学历证书，取得本职业四级职业资格证书后，经本职业三级正规培训达规定标准学时数，并取得结业证书。

**3. 二级可编程序控制系统设计师(具备以下条件之一者)**

(1) 连续从事本职业工作 13 年以上。

(2) 取得本职业三级职业资格证书后，连续从事本职业工作 5 年以上。

(3) 取得本职业三级职业资格证书后，连续从事本职业工作 4 年以上，经本职业二级正规培训达规定标准学时数，并取得结业证书。

(4) 取得相关专业大学本科学历证书后，连续从事本职业工作 5 年以上。

(5) 具有相关专业大学本科学历证书，取得本职业三级职业资格证书后，连续从事本职业工作 4 年以上。

(6) 具有相关专业大学本科学历证书，取得本职业三级职业资格证书后，连续从事本职业工作 3 年以上，经本职业二级正规培训达规定标准学时数，并取得结业证书。

(7) 取得硕士研究生及以上学位或学历证书后，连续从事本职业工作 2 年以上。

**4. 一级可编程序控制系统设计师(具备以下条件之一者)**

(1) 连续从事本职业工作 19 年以上。

(2) 取得本职业二级职业资格证书后，连续从事本职业工作 4 年以上。

(3) 取得本职业二级职业资格证书后，连续从事本职业工作 3 年以上，经本职业一级正规培训达规定标准学时数，并取得结业证书。

(新职业试行期间)：

(1) 取得相关专业大学本科学历证书后，连续从事本职业工作 13 年以上。

(2) 取得硕士研究生及以上学位或学历证书后，连续从事本职业工作 10 年以上。

从上面可以看出，申报的条件是从低到高，适合在校学生申报的有四级和三级两种。

## 10.2　可编程序控制系统设计师职业资格考试大纲

对四级可编程序控制系统设计师、三级可编程序控制系统设计师、二级可编程序控制系统设计师和一级可编程序控制系统设计师的专业能力要求依次递进，高级别涵盖低级别的要求。

### 10.2.1　四级可编程序控制系统设计师考试大纲

四级可编程序控制系统设计师专业能力要求见表 10-1。

**表 10-1　四级可编程序控制系统设计师专业能力要求**

| 职业功能 | 工作内容 | 能 力 要 求 | 相关知识 |
|---|---|---|---|
| 一、系统设计 | (一)<br>项目分析 | 1．能分析由数字量、模拟量组成的单机控制系统的控制对象的工艺要求。<br>2．能确定由数字量、模拟量组成的单机控制系统的开关量与模拟量参数。<br>3．能统计由数字量、模拟量组成的单机控制系统的开关量输入/输出点数和模拟量输入/输出点数，并归纳其技术指标 | 1．控制对象的类型。<br>2．开关量的基本知识。<br>3．模拟量的基本知识 |
| | (二)<br>控制方案设计 | 1．能设计由数字量、模拟量组成的单机控制系统的方框图。<br>2．能设计由数字量、模拟量组成的单机控制系统的流程图 | 1．PLC 控制系统设计的基本原则与要求。<br>2．PLC 系统设计流程图的图例及绘制规则 |
| 二、硬件配置 | (一)<br>设备选型 | 1．能根据输入/输出点容量、程序容量及扫描速度选取 PLC 型号。<br>2．能根据技术指标选取开关量输入/输出单元。<br>3．能根据技术指标选取模拟量输入/输出单元并对硬件进行设置。<br>4．能选取适合于开关量单元、模拟量单元的外部设备并对硬件进行设置。<br>5．能根据系统配置计算系统功率，选取 PLC 电源单元及外部电源 | 1．PLC 机型的选择原则。<br>2．开关量输入/输出单元的选择原则。<br>3．模拟量输入/输出单元的选择原则。<br>4．PLC 电源单元的选择原则 |
| | (二)<br>硬件图的识读与设备安装 | 1．能识读电气原理图。<br>2．能识读接线图。<br>3．能识读元器件布置图。<br>4．能识读元器件现场位置图。<br>5．能根据图纸要求现场安装由数字量、模拟量组成的单机控制系统 | 1．电气图形符号及制图规范。<br>2．电气布线的技术要求。<br>3．电气设备现场安装与施工的基本知识 |
| 三、程序设计 | (一)<br>地址分配、内存分配 | 1．能编制开关量输入/输出单元的地址分配表。<br>2．能编制模拟量输入/输出单元的地址分配表 | 1．PLC 存储器的结构与性能。<br>2．PLC 各存储区的特性。<br>3．模拟量输入/输出单元占用内存区域的计算方法 |
| | (二)<br>参数设置 | 1．能根据技术指标设置开关量各单元的参数。<br>2．能根据技术指标设置模拟量各单元的参数 | 使用工具软件设置开关量与模拟量单元参数的方法 |
| | (三)<br>编程 | 1．能使用编程工具编写梯形图等控制程序。<br>2．能使用传送等指令设置模拟量单元。<br>3．能使用位逻辑、定时、计数等基本指令实现由数字量、模拟量组成的单机控制系统的程序设计 | 1．梯形图的编程规则。<br>2．工具软件的使用方法。<br>3．位逻辑、定时、计数及传送等基本指令的使用方法 |

续表

| 职业功能 | 工作内容 | 能 力 要 求 | 相关知识 |
|---|---|---|---|
| 四、系统调试 | (一)<br>校验信号 | 1. 能校验现场开关量输入/输出信号的连接是否正确。<br>2. 能校验现场模拟量输入/输出信号的连接是否正确。<br>3. 能检查模拟量输入/输出单元设置是否正确 | 1. 万用表等常用检测设备的使用方法。<br>2. 现场连线的检查方法。<br>3. 模拟量单元信号的检测方法 |
| | (二)<br>联机调试 | 1. 能利用编程工具调试梯形图等控制程序。<br>2. 能联机调试由数字量、模拟量组成的单机控制系统的控制程序 | 1. PLC 控制系统的现场调试方法。<br>2. 工具软件的调试方法 |
| 五、运行管理 | (一)<br>日常维护 | 1. 能定期检查 PLC 系统的硬件设备运行状况。<br>2. 能填写 PLC 系统维护档案。 | 1. PLC 系统维护的注意事项。<br>2. PLC 各单元及外围设备的更换方法 |
| | (二)<br>故障诊断与处理 | 能使用万用表等检测设备诊断并排除 PLC 系统故障 | 常用故障检测方法 |

## 10.2.2　三级可编程序控制系统设计师考试大纲

三级可编程序控制系统设计师专业能力要求见表 10-2。

**表 10-2　三级可编程序控制系统设计师专业能力要求**

| 职业功能 | 工作内容 | 能 力 要 求 | 相关知识 |
|---|---|---|---|
| 一、系统设计 | (一) 项目分析 | 1. 能分析配有人机接口、设备层总线及单回路闭环单机控制系统的控制对象的工艺要求。<br>2. 能确定人机接口技术要求。<br>3. 能确定设备层总线通信技术要求。<br>4. 能确定单回路闭环控制系统技术要求 | 1. 人机接口的概念及特点。<br>2. 设备层总线的概念、结构及特点 |
| | (二)<br>控制方案设计 | 1. 能设计人机接口监控方案。<br>2. 能设计制定设备层联网方案。<br>3. 能设计单回路闭环控制方案 | 1. 人机接口画面的组态规则。<br>2. 设备层总线的通信协议类型与传输知识 |
| 二、硬件配置 | (一)<br>设备选型 | 1. 能根据控制要求选取人机接口设备并，对硬件进行设置。<br>2. 能根据通信要求及技术指标选取设备层总线单元，并对硬件进行设置 | 1. 人机接口设备选取原则。<br>2. 设备层总线主/从单元选取原则 |
| | (二)<br>硬件图的绘制与设备安装 | 1. 能绘制电气原理图。<br>2. 能绘制接线图。<br>3. 能绘制元器件布置图。<br>4. 能绘制元器件现场位置图。<br>5. 能根据图纸要求对配有人机接口、设备层总线及单回路闭环的单机控制系统进行现场安装 | |

续表

| 职业功能 | 工作内容 | 能 力 要 求 | 相关知识 |
|---|---|---|---|
| 三、程序设计 | (一)<br>内存分配 | 1．能编制人机接口单元内存分配表。<br>2．能编制设备层总线单元内存分配表 | 1．人机接口单元占用内存的计算方法。<br>2．设备层总线单元占用内存的计算方法 |
| | (二)<br>参数设置 | 1．能根据技术指标设置人机接口单元参数。<br>2．能根据技术指标设置设备层总线单元参数 | 1．使用工具软件设置人机接口单元参数的方法。<br>2．使用工具软件设置设备层总线单元参数的方法 |
| | (三)<br>编程 | 1．能编写人机接口单元交互程序。<br>2．能编写设备层总线单元的控制程序。<br>3．能使用 PID 等指令实现单回路闭环控制系统的程序设计 | 1．运算、数制换算及 PID 等指令的使用方法。<br>2．人机接口画面的组态方法 |
| 四、系统调试 | (一)<br>校验信号 | 1．能检查人机接口输入/输出信号动作是否正确。<br>2．能检查设备层总线的连接及设置是否正确。 | 1．人机接口设备的调试方法。<br>2．设备层总线的调试方法 |
| | (二)<br>联机调试 | 1．能联机调试人机接口设备的控制程序。<br>2．能联机调试设备层总线的控制程序。<br>3．能联机调试单回路闭环控制系统的控制程序 | |
| | (三)<br>编制技术文件 | 1．能整理程序清单、硬件接线图等技术资料。<br>2．能编写用户使用说明书 | 1．技术文件归档方法。<br>2．用户使用说明书的撰写方法与规范 |
| 五、运行管理 | (一)<br>日常维护 | 能设计 PLC 系统维护日志 | PLC 的自诊断及故障自诊断功能 |
| | (二) 故障诊断与处理 | 能根据报警指示灯及故障代码诊断并排除 PLC 系统的故障 | |

## 10.2.3 二级可编程序控制系统设计师考试大纲

二级可编程序控制系统设计师专业能力要求见表 10-3。

表 10-3 二级可编程序控制系统设计师专业能力要求

| 职业功能 | 工作内容 | 能 力 要 求 | 相关知识 |
|---|---|---|---|
| 一、系统设计 | (一)<br>项目分析 | 1．能分析多自由度运动控制系统及多回路闭环控制系统的控制对象的工艺要求。<br>2．能归纳多自由度运动控制系统技术指标。<br>3．能归纳多回路闭环控制系统技术指标 | 1．运动控制的概念、结构与特点。<br>2．过程控制的概念、结构与特点 |
| | (二)<br>控制方案设计 | 1．能设计多自由度运动控制系统功能图，并描述其设计方案。<br>2．能设计多回路闭环控制系统功能图，并描述其设计方案 | 1．多自由度运动控制系统的设计知识。<br>2．多回路闭环控制系统的设计知识 |

续表

| 职业功能 | 工作内容 | 能 力 要 求 | 相关知识 |
|---|---|---|---|
| 二、硬件配置 | (一)设备选型 | 1．能根据控制要求及技术指标选取相应运动控制单元，并对硬件进行设置。<br>2．能选取适合于运动控制单元的外部设备，并设置参数。<br>3．能根据技术指标构建多回路闭环控制系统，选取相应单元或板卡，对硬件进行设置 | 1．多自由度运动控制单元技术要求。<br>2．多回路闭环控制单元技术要求 |
| | (二)硬件图的绘制 | 1．能绘制多自由度运动控制系统及其外部设备元件的电气图。<br>2．能绘制多回路闭环控制系统及其外部设备元件的电气图 | |
| 三、程序设计 | (一)内存分配 | 1．能编制运动控制单元内存分配表。<br>2．能编制过程控制单元内存分配表 | 1．运动控制单元占用内存的计算方法。<br>2．过程控制单元占用内存的计算方法 |
| | (二)参数设置 | 1．能根据技术指标设置运动控制单元参数。<br>2．能根据技术指标设置过程控制单元参数 | 1．使用工具软件设置运动控制单元参数的方法。<br>2．使用工具软件没置过程控制单元参数的方法 |
| | (三)编程 | 1．能编写运动控制系统程序。<br>2．能编写过程控制系统程序 | 1．运动控制系统的编程方法。<br>2．过程控制系统的编程方法 |
| 四、系统调试 | (一)校验信号 | 1．能检查运动控制系统接线是否正确。<br>2．能检查过程控制系统接线是否正确。 | 1．运动控制系统的调试方法。<br>2．过程控制系统的调试方法 |
| | (二)联机调试 | 1．能联机调试运动控制系统的控制程序。<br>2．能联机调试过程控制系统的控制程序 | |
| 五、运行管理 | (一)培训 | 1．能编制培训计划。<br>2．能对三级、四级可编程序控制系统设计师进行理论培训 | 培训计划的撰写方法 |
| | (二)指导 | 能指导三级、四级可编程序控制系统设计师进行实际操作 | 技术指导的要点、方法及注意事项 |

## 10.2.4　一级可编程序控制系统设计师考试大纲

一级可编程序控制系统设计师专业能力要求见表 10-4。

**表 10-4　一级可编程序控制系统设计师专业能力要求**

| 职业功能 | 工作内容 | 能力要求 | 相关知识 |
|---|---|---|---|
| 一、系统设计 | (一)项目分析 | 1. 能分析串行通信控制层网络及信息层网络的多机控制系统的控制对象的工艺要求。<br>2. 能确定串行通信技术要求。<br>3. 能确定控制层网络技术要求。<br>4. 能确定信息层网络技术要求 | 1. 数据通信基本原理。<br>2. 计算机网络拓扑结构。<br>3. 串行通信基本原理。<br>4. PLC 控制层网络的结构与特点。<br>5. PLC 信息层网络的结构与特点 |
| | (二)控制方案设计 | 1. 能制定串行通信总线联网方案。<br>2. 能设计控制层通信网络控制系统拓扑结构图并描述其设计方案。<br>3. 能设计信息层通信网络控制系统拓扑结构图并描述其设计方案。<br>4. 能构建多层网络系统 | |
| 二、硬件配置 | (一)设备选型 | 1. 能根据通信要求及技术指标选取串行通信单元，并对硬件进行设置。<br>2. 能根据通信要求及技术指标选取控制层通信单元，并对硬件进行设置。<br>3. 能根据通信要求及技术指标选取信息层通信单元，并对硬件进行设置 | 1. 串行通信单元技术要求。<br>2. 控制层通信单元技术要求。<br>3. 信息层通信单元技术要求 |
| | (二)硬件图的绘制 | 能绘制通信单元的网络接线图 | 网线的选取与连接方法。 |
| 三、程序设计 | (一)内存分配 | 1. 串行通信单元占用内存的计算方法。<br>2. 能编制控制层通信系统内存分配表。<br>3. 能编制信息层通信系统内存分配表 | 1. 能编制串行通信单元内存分配表。<br>2. 控制层通信单元占用内存的计算方法。<br>3. 信息层通信单元占用内存的计算方法 |
| | (二)参数设置 | 1. 能根据技术指标设置串行通信单元的参数。<br>2. 能根据技术指标设置控制层通信单元的参数。<br>3. 能根据技术指标设置信息层通信单元的参数 | 1. 使用工具软件设置串行通信单元参数的方法。<br>2. 使用工具软件设置控制层通信单元参数的方法。<br>3. 使用工具软件设置信息层通信单元参数的方法 |
| | (三)编程 | 1. 能编写串行通信控制程序。<br>2. 能编写控制层网络通信程序。<br>3. 能编写信息层网络通信程序 | 1. 网络读/写指令。<br>2. 发送和接收指令。<br>3. 串行协议编写方法 |

续表

| 职业功能 | 工作内容 | 能 力 要 求 | 相关知识 |
|---|---|---|---|
| 四、系统调试 | (一)校验信号 | 1．能检查串行通信单元通信是否正确。<br>2．能检查控制层通信单元通信是否正确。<br>3．能检查信息层通信单元通信是否正确 | 1．串行通信单元的调试方法。<br>2．控制层通信网络的调试方法。<br>3．信息层通信网络的调试方法 |
| | (二)联机调试 | 1．能联机调试串行通信控制程序。<br>2．能联机调试控制层通信网络程序。<br>3．能联机调试信息层通信网络程序 | |
| 五、运行管理 | (一)培训 | 能编写培训讲义 | 培训讲义的撰写方法 |
| | (二)指导 | 能进行新知识、新技术及新工艺的专题讲座 | 可编程控制器的最新技术与前沿发展动态 |

# 附录 1　常用电器的图形符号及文字符号

## 一、常用电器的图形符号和文字符号

附表 1-1　常用电器的图形符号和文字符号

| 名　称 | | 图形符号 | 文字符号 | 名　称 | | 图形符号 | 文字符号 |
|---|---|---|---|---|---|---|---|
| 刀开关 | 单极刀开关 |  | Q | 接触器 | 线圈 | 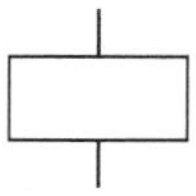 | KM |
| | 三极刀开关 | 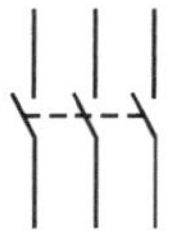 | Q | | 动合(常开)触点 |  | |
| 低压断路器 | | 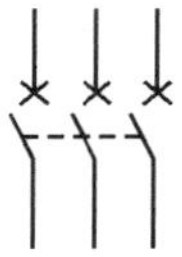 | QF | | 动断(常闭)触点 |  | |
| 熔断器 | | 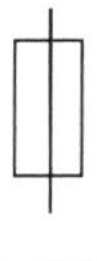 | FU | 继电器 | 动合(常开)触点 |  | 符号同相应继电器符号 |
| 按钮 | 动合触点(启动按钮) |  | SB | | 动断(常闭)触点 |  | |
| | 动断触点(停止按钮) |  | | | 时间继电器线圈(一般符号) | 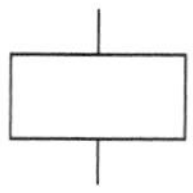 | KT |
| | 复合触点 |  | | | 中间继电器线圈 | 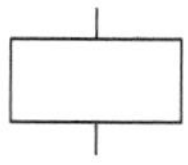 | K |

**续表**

| 名　称 | | 图形符号 | 文字符号 | 名　称 | | 图形符号 | 文字符号 |
|---|---|---|---|---|---|---|---|
| 继电器 | 缓慢释放(继电延时型)时间继电器线圈 | | KT | 继电器 | 热继电器的动断触点 | | FR |
| | 缓慢吸合(通电延时型)时间继电器线圈 | | | | 速度继电器动合触点 | n > | KS |
| | 延时闭合的动合(常开)触点 | | | | 速度继电器动断触点 | n > | |
| | 延时断开的动合(常开)触点 | | | 电动机 | 三相笼形异步电动机 | M 3～ | M |
| | 延时闭合的动断(常闭)触点 | | | | 三相绕线式异步电动机 | M 3～ | |
| | 延时断开的动断(常闭)触点 | | | | 串励直流电动机 | M | |
| | 延时闭合延时断开的动合(常开)触点 | | | | 并励直流电动机 | M | |
| | 延时闭合延时断开的动断(常闭)触点 | | | | 他励直流电动机 | M | |
| | 欠电压继电器线圈 | U < | KV | | 复励直流电动机 | M | |
| | 过电流继电器线圈 | I > | KA | 电感器 | 电感器、线圈、绕组 | | L |
| | 热继电器元件 | | FR | | 带铁芯的电感器 | | |

## 二、电器设备常用基本文字符号

附表 1-2　电器设备常用基本文字符号

| 符　号 | 名　称 | 符　号 | 名　称 |
|---|---|---|---|
| EL | 照明灯 | SA | 控制开关、选择开关、转换开关、十字开关、钮子开关 |
| HL | 指示灯、光指示 | SB | 按钮开关 |
| HA | 声响指示器 | YC | 电磁离合器 |
| FU | 熔断器 | YH | 电磁吸盘 |
| KA | 交流继电器、瞬时接触断电器 | YM | 电动阀 |
| KM | 接触器 | SQ | 限位开关(位置传感器) |
| M | 电动机 | QS | 隔离开关、刀开关、组合开关 |
| MS | 同步电动机 | SR | 转速传感器 |
| MT | 力矩电动机 | ST | 温度传感器 |
| XT | 端子板 | V | 二极管、晶体管、晶闸管 |
| YA | 电磁铁 | VC | 整流器 |
| YB | 电磁制动器 | XB | 连接片 |
| PA | 电流表 | XP | 插头 |
| PV | 电压表 | XS | 插座 |
| PJ | 电度表 | YV | 电磁阀 |
| QF | 断路器 | TC | 控制变压器、整流变压器、照明变压器 |
| QM | 电动机保护开关 | TA | 电流互感器 |
| R | 电阻器、变阻器 | | |
| RP | 电位器 | | |

## 三、常用辅助文字符号

附表 1-3　常用辅助文字符号

| 名　称 | 文字符号 | 名　称 | 文字符号 |
|---|---|---|---|
| 交流 | AC | 直流 | DC |
| 自动 | A/AUT | 接地 | E |
| 加速 | ACC | 快速 | F |
| 附加 | ADD | 反馈 | FB |

**续表**

| 名　称 | 文字符号 | 名　称 | 文字符号 |
| --- | --- | --- | --- |
| 可调 | ADJ | 正，向前 | FW |
| 制动 | B/BRK | 输入 | IN |
| 向后 | BW | 断开 | OFF |
| 控制 | C | 闭合 | ON |
| 延时(延迟) | D | 输出 | OUT |
| 数字 | D | 启动 | ST |

# 附录2 三菱 FX 系列 PLC 功能指令一览表

附表 2-1 三菱 FX 系列 PLC 功能指令一览表

| 分类 | FNC NO. | 指令助记符 | 功能说明 | 对应不同型号的 PLC | | | | |
|---|---|---|---|---|---|---|---|---|
| | | | | $FX_{0S}$ | $FX_{0N}$ | $FX_{1S}$ | $FX_{1N}$ | $FX_{2N}$ $FX_{2NC}$ |
| 程序流程 | 00 | CJ | 条件跳转 | √ | √ | √ | √ | √ |
| | 01 | CALL | 子程序调用 | × | × | √ | √ | √ |
| | 02 | SRET | 子程序返回 | × | × | √ | √ | √ |
| | 03 | IRET | 中断返回 | √ | √ | √ | √ | √ |
| | 04 | EI | 开中断 | √ | √ | √ | √ | √ |
| | 05 | DI | 关中断 | √ | √ | √ | √ | √ |
| | 06 | FEND | 主程序结束 | √ | √ | √ | √ | √ |
| | 07 | WDT | 监视定时器刷新 | √ | √ | √ | √ | √ |
| | 08 | FOR | 循环的起点与次数 | √ | √ | √ | √ | √ |
| | 09 | NEXT | 循环的终点 | √ | √ | √ | √ | √ |
| 传送与比较 | 10 | CMP | 比较 | √ | √ | √ | √ | √ |
| | 11 | ZCP | 区间比较 | √ | √ | √ | √ | √ |
| | 12 | MOV | 传送 | √ | √ | √ | √ | √ |
| | 13 | SMOV | 位传送 | × | × | × | × | √ |
| | 14 | CML | 取反传送 | × | × | × | × | √ |
| | 15 | BMOV | 成批传送 | × | √ | √ | √ | √ |
| | 16 | FMOV | 多点传送 | × | × | × | × | √ |
| | 17 | XCH | 交换 | × | × | × | × | √ |
| | 18 | BCD | 二进制转换成 BCD 码 | √ | √ | √ | √ | √ |
| | 19 | BIN | BCD 码转换成二进制 | √ | √ | √ | √ | √ |

**续表 1**

| 分类 | FNC NO. | 指令助记符 | 功能说明 | 对应不同型号的 PLC | | | | |
|---|---|---|---|---|---|---|---|---|
| | | | | $FX_{0S}$ | $FX_{0N}$ | $FX_{1S}$ | $FX_{1N}$ | $FX_{2N}$ $FX_{2NC}$ |
| 算术与逻辑运算 | 20 | ADD | 二进制加法运算 | √ | √ | √ | √ | √ |
| | 21 | SUB | 二进制减法运算 | √ | √ | √ | √ | √ |
| | 22 | MUL | 二进制乘法运算 | √ | √ | √ | √ | √ |
| | 23 | DIV | 二进制除法运算 | √ | √ | √ | √ | √ |
| | 24 | INC | 二进制加 1 运算 | √ | √ | √ | √ | √ |
| | 25 | DEC | 二进制减 1 运算 | √ | √ | √ | √ | √ |
| | 26 | WAND | 字逻辑与 | √ | √ | √ | √ | √ |
| | 27 | WOR | 字逻辑或 | √ | √ | √ | √ | √ |
| | 28 | WXOR | 字逻辑异或 | √ | √ | √ | √ | √ |
| | 29 | NEG | 求二进制补码 | × | × | × | × | √ |
| 循环与移位 | 30 | ROR | 循环右移 | × | × | × | × | √ |
| | 31 | ROL | 循环左移 | × | × | × | × | √ |
| | 32 | RCR | 带进位右移 | × | × | × | × | √ |
| | 33 | RCL | 带进位左移 | × | × | × | × | √ |
| | 34 | SFTR | 位右移 | √ | √ | √ | √ | √ |
| | 35 | SFTL | 位左移 | √ | √ | √ | √ | √ |
| | 36 | WSFR | 字右移 | × | × | × | × | √ |
| | 37 | WSFL | 字左移 | × | × | × | × | √ |
| | 38 | SFWR | FIFO(先入先出)写入 | × | × | √ | √ | √ |
| | 39 | SFRD | FIFO(先入先出)读出 | × | × | √ | √ | √ |
| 数据处理 | 40 | ZRST | 区间复位 | √ | √ | √ | √ | √ |
| | 41 | DECO | 解码 | √ | √ | √ | √ | √ |
| | 42 | ENCO | 编码 | √ | √ | √ | √ | √ |
| | 43 | SUM | 统计 ON 位数 | × | × | × | × | √ |
| | 44 | BON | 查询位某状态 | × | × | × | × | √ |
| | 45 | MEAN | 求平均值 | × | × | × | × | √ |
| | 46 | ANS | 报警器置位 | × | × | × | × | √ |
| | 47 | ANR | 报警器复位 | × | × | × | × | √ |
| | 48 | SQR | 求平方根 | × | × | × | × | √ |
| | 49 | FLT | 整数与浮点数转换 | × | × | × | × | √ |

续表 2

| 分类 | FNC NO. | 指令助记符 | 功能说明 | 对应不同型号的 PLC | | | | |
|---|---|---|---|---|---|---|---|---|
| | | | | $FX_{0S}$ | $FX_{0N}$ | $FX_{1S}$ | $FX_{1N}$ | $FX_{2N}$ $FX_{2NC}$ |
| 高速处理 | 50 | REF | 输入/输出刷新 | √ | √ | √ | √ | √ |
| | 51 | REFF | 输入滤波时间调整 | × | × | × | × | √ |
| | 52 | MTR | 矩阵输入 | × | × | √ | √ | √ |
| | 53 | HSCS | 比较置位(高速计数用) | × | √ | √ | √ | √ |
| | 54 | HSCR | 比较复位(高速计数用) | × | √ | √ | √ | √ |
| | 55 | HSZ | 区间比较(高速计数用) | × | × | × | × | √ |
| | 56 | SPD | 脉冲密度 | × | × | √ | √ | √ |
| | 57 | PLSY | 指定频率脉冲输出 | √ | √ | √ | √ | √ |
| | 58 | PWM | 脉宽调制输出 | √ | √ | √ | √ | √ |
| | 59 | PLSR | 带加减速脉冲输出 | × | × | √ | √ | √ |
| 方便指令 | 60 | IST | 状态初始化 | √ | √ | √ | √ | √ |
| | 61 | SER | 数据查找 | × | × | × | × | √ |
| | 62 | ABSD | 凸轮控制(绝对式) | × | × | √ | √ | √ |
| | 63 | INCD | 凸轮控制(增量式) | × | × | √ | √ | √ |
| | 64 | TTMR | 示教定时器 | × | × | × | × | √ |
| | 65 | STMR | 特殊定时器 | × | × | × | × | √ |
| | 66 | ALT | 交替输出 | √ | √ | √ | √ | √ |
| | 67 | RAMP | 斜波信号 | √ | √ | √ | √ | √ |
| | 68 | ROTC | 旋转工作台控制 | × | × | × | × | √ |
| | 69 | SORT | 列表数据排序 | × | × | × | × | √ |
| 外部 I/O 设备 | 70 | TKY | 10 键输入 | × | × | × | × | √ |
| | 71 | HKY | 16 键输入 | × | × | × | × | √ |
| | 72 | DSW | BCD 数字开关输入 | × | × | √ | √ | √ |
| | 73 | SEGD | 七段码译码 | × | × | × | × | √ |
| | 74 | SEGL | 七段码分时显示 | × | × | √ | √ | √ |
| | 75 | ARWS | 方向开关 | × | × | × | × | √ |
| | 76 | ASC | ASCII 码转换 | × | × | × | × | √ |
| | 77 | PR | ASCII 码打印输出 | × | × | × | × | √ |
| | 78 | FROM | BFM 读出 | × | √ | × | √ | √ |
| | 79 | TO | BFM 写入 | × | √ | × | √ | √ |

**续表 3**

| 分类 | FNC NO. | 指令助记符 | 功能说明 | 对应不同型号的 PLC | | | | |
|---|---|---|---|---|---|---|---|---|
| | | | | $FX_{0S}$ | $FX_{0N}$ | $FX_{1S}$ | $FX_{1N}$ | $FX_{2N}$ $FX_{2NC}$ |
| 外围设备 | 80 | RS | 串行数据传送 | × | √ | √ | √ | √ |
| | 81 | PRUN | 八进制位传送(#) | × | × | √ | √ | √ |
| | 82 | ASCI | 十六进制数转换成 ASCI 码 | × | √ | √ | √ | √ |
| | 83 | HEX | ASCII 码转换成十六进制数 | × | √ | √ | √ | √ |
| | 84 | CCD | 校验 | × | √ | √ | √ | √ |
| | 85 | VRRD | 电位器变量输入 | × | × | √ | √ | √ |
| | 86 | VRSC | 电位器变量区间 | × | × | √ | √ | √ |
| | 87 | — | — | | | | | |
| | 88 | PID | PID 运算 | × | × | √ | √ | √ |
| | 89 | — | — | | | | | |
| 浮点数运算 | 110 | ECMP | 二进制浮点数比较 | × | × | × | × | √ |
| | 111 | EZCP | 二进制浮点数区间比较 | × | × | × | × | √ |
| | 118 | EBCD | 二进制浮点数→十进制浮点数 | × | × | × | × | √ |
| | 119 | EBIN | 十进制浮点数→二进制浮点数 | × | × | × | × | √ |
| | 120 | EADD | 二进制浮点数加法 | × | × | × | × | √ |
| | 121 | EUSB | 二进制浮点数减法 | × | × | × | × | √ |
| | 122 | EMUL | 二进制浮点数乘法 | × | × | × | × | √ |
| | 123 | EDIV | 二进制浮点数除法 | × | × | × | × | √ |
| | 127 | ESQR | 二进制浮点数开平方 | × | × | × | × | √ |
| | 129 | INT | 二进制浮点数→二进制整数 | × | × | × | × | √ |
| | 130 | SIN | 二进制浮点数 Sin 运算 | × | × | × | × | √ |
| | 131 | COS | 二进制浮点数 Cos 运算 | × | × | × | × | √ |
| | 132 | TAN | 二进制浮点数 Tan 运算 | × | × | × | × | √ |
| 定位 | 147 | SWAP | 高低字节交换 | × | × | × | × | √ |
| | 155 | ABS | ABS 当前值读取 | × | × | √ | √ | × |
| | 156 | ZRN | 原点回归 | × | × | √ | √ | × |
| | 157 | LSY | 可变速的脉冲输出 | × | × | √ | √ | × |
| | 158 | DRVI | 相对位置控制 | × | × | √ | √ | × |
| | 159 | DRVA | 绝对位置控制 | × | × | √ | √ | × |

续表 4

| 分类 | FNC NO. | 指令助记符 | 功 能 说 明 | 对应不同型号的 PLC | | | | |
|---|---|---|---|---|---|---|---|---|
| | | | | $FX_{0S}$ | $FX_{0N}$ | $FX_{1S}$ | $FX_{1N}$ | $FX_{2N}$ $FX_{2NC}$ |
| 时钟运算 | 160 | TCMP | 时钟数据比较 | × | × | √ | √ | √ |
| | 161 | TZCP | 时钟数据区间比较 | × | × | √ | √ | √ |
| | 162 | TADD | 时钟数据加法 | × | × | √ | √ | √ |
| | 163 | TSUB | 时钟数据减法 | × | × | √ | √ | √ |
| | 166 | TRD | 时钟数据读出 | × | × | √ | √ | √ |
| | 167 | TWR | 时钟数据写入 | × | × | √ | √ | √ |
| | 169 | HOUR | 计时仪(长时间检测) | × | × | √ | √ | |
| 外围设备 | 170 | GRY | 二进制数→格雷码 | × | × | × | × | √ |
| | 171 | GBIN | 格雷码→二进制数 | × | × | × | × | √ |
| | 176 | RD3A | 模拟量模块($FX_{0N}$-3A)A/D 数据读出 | × | √ | × | √ | × |
| | 177 | WR3A | 模拟量模块($FX_{0N}$-3A)D/A 数据写入 | × | √ | × | √ | × |
| 触点比较 | 224 | LD = | (S1) = (S2)时起始触点接通 | × | × | √ | √ | √ |
| | 225 | LD > | (S1) > (S2)时起始触点接通 | × | × | √ | √ | √ |
| | 226 | LD < | (S1) < (S2)时起始触点接通 | × | × | √ | √ | √ |
| | 228 | LD <> | (S1) <> (S2)时起始触点接通 | × | × | √ | √ | √ |
| | 229 | LD ≦ | (S1) ≦ (S2)时起始触点接通 | × | × | √ | √ | √ |
| | 230 | LD ≧ | (S1) ≧ (S2)时起始触点接通 | × | × | √ | √ | √ |
| | 232 | AND = | (S1) = (S2)时串联触点接通 | × | × | √ | √ | √ |
| | 233 | AND > | (S1) > (S2)时串联触点接通 | × | × | √ | √ | √ |
| | 234 | AND < | (S1) < (S2)时串联触点接通 | × | × | √ | √ | √ |
| | 236 | AND <> | (S1) <> (S2)时串联触点接通 | × | × | √ | √ | √ |
| | 237 | AND≦ | (S1) ≦ (S2)时串联触点接通 | × | × | √ | √ | √ |
| | 238 | AND≧ | (S1) ≧ (S2)时串联触点接通 | × | × | √ | √ | √ |
| | 240 | OR = | (S1) = (S2)时并联触点接通 | × | × | √ | √ | √ |
| | 241 | OR > | (S1)> (S2)时并联触点接通 | × | × | √ | √ | √ |
| | 242 | OR < | (S1) < (S2)时并联触点接通 | × | × | √ | √ | √ |
| | 244 | OR <> | (S1) <> (S2)时并联触点接通 | × | × | √ | √ | √ |
| | 245 | OR≦ | (S1) ≦ (S2)时并联触点接通 | × | × | √ | √ | √ |
| | 246 | OR ≧ | (S1) ≧ (S2)时并联触点接通 | × | × | √ | √ | √ |

# 附录 3　常见的错误代码

三菱 FX 系列 PLC 错误代码一览及对策

**1. 错误代码(D806*)：0000。**

错误信息：NO ERROR(无异常错误发生)。

异常内容及原因：无异常发生。

对策：请检查主机与 I/O 扩充机座/模组间连接线连接是否正常。

**2. 错误代码(D8061)：6101。**

错误信息：PLC HARDWARE ERROR (PLC 硬件故障)

异常内容：PLC 停止运转。

异常内容及原因：RAM 错误。

对策：请检查主机与 I/O 扩充机座/模组间连接线连接是否正常。

**3. 错误代码(D8061)：6102。**

错误信息：PLC HARDWARE ERROR (PLC 硬件故障)。

异常内容：PLC 停止运转。

异常原因：回路错误。

对策：请检查主机与 I/O 扩充机座/模组间连接线连接是否正常。

**4. 错误代码(D8061)：6103。**

错误信息：PLC HARDWARE ERROR (PLC 硬件故障)。

异常内容：PLC 停止运转。

异常内容及原因：I/O Bus 错误，必须先驱动 M8069 = ON 才有效。

对策：请检查主机与 I/O 扩充机座/模组间连接线连接是否正常。

**5. 错误代码(D8061)：6104。**

错误信息：PLC HARDWARE ERROR (PLC 硬件故障)。

异常内容：PLC 停止运转。

异常原因：I/O 扩充机座 24 V 异常，必须先驱动 M8069 = ON 才有效。

对策：请检查主机与 I/O 扩充机座/模组间连接线连接是否正常。

**6. 错误代码(D8061)：6105。**

错误信息：PLC HARDWARE ERROR (PLC 硬件故障)。

异常内容：PLC 停止运转。

异常原因：看门狗计时器异常。

对策：请检查主机与 I/O 扩充机座/模组间连接线连接是否正常。

7. 错误代码(D8062)：6201。

错误信息：PLC/PP COMMUNICATION ERROR (PLC/书写器通信异常)。

错误内容：Parity/Frame Error。

对策：请检查主机与 20P 或 PC 间连接是否正常。

8. 错误代码(D8062)：6202。

错误信息：PLC/PP COMMUNICATION ERROR (PLC/书写器通信异常)。

错误内容：通信字句异常。

对策：请检查主机与 20P 或 PC 间连接是否正常。

9. 错误代码(D8062)：6203。

错误信息：PLC/PP COMMUNICATION ERROR (PLC/书写器通信异常)。

错误内容：通信资料总合检查不一致。

对策：请检查主机与 20P 或 PC 间连接是否正常。

10. 错误代码(D8062)：6204。

错误信息：PLC/PP COMMUNICATION ERROR (PLC/书写器通信异常)。

错误内容：通信字符串异常。

对策：请检查主机与 20P 或 PC 间连接是否正常。

11. 错误代码(D8062)：6205。

错误信息：PLC/PP COMMUNICATION ERROR (PLC/书写器通信异常)。

错误内容：通信指令异常。

对策：请检查主机与 20P 或 PC 间连接是否正常。

12. 错误代码(D8063)：6301。

错误信息：PARALLEL LINK ERROR (并列运转通信异常)。

错误内容：Parity/Frame Error。

对策：两台 PLC 的电源是否开启，主机与并列运转模组间的连接线是否正确连接。

13. 错误代码(D8063)：6302。

错误信息：PARALLEL LINK ERROR (并列运转通信异常)。

错误内容：通信字句异常。

对策：两台 PLC 的电源是否开启，主机与并列运转模组间的连接线是否正确连接。

14. 错误代码(D8063)：6303。

错误信息：PARALLEL LINK ERROR (并列运转通信异常)。

错误内容：通信资料总合检查不一致。

对策：两台 PLC 的电源是否开启，主机与并列运转模组间的连接线是否正确连接。

15. 错误代码(D8063)：6304。

错误信息：PARALLEL LINK ERROR (并列运转通信异常)。

错误内容：通信字符串异常。

对策：两台 PLC 的电源是否开启，主机与并列运转模组间的连接线是否正确连接。

16. 错误代码(D8063)：6305。

错误信息：PARALLEL LINK ERROR (并列运转通信异常)。

错误内容：通信指令异常。

对策：两台 PLC 的电源是否开启，主机与并列运转模组间的连接线是否正确连接。

17. 错误代码(D8063)：6306。

错误信息：PARALLEL LINK ERROR(并列运转通信异常)。

错误内容：超过监视时间。

对策：两台 PLC 的电源是否开启，主机与并列运转模组间的连接线是否正确连接。

18. 错误代码(D8063)：6312。

错误信息：PARALLEL LINK ERROR(并列运转通信异常)。

错误内容：并列运转字句异常。

对策：两台 PLC 的电源是否开启，主机与并列运转模组间的连接线是否正确连接。

19. 错误代码(D8063)：6313。

错误信息：PARALLEL LINK ERROR (并列运转通信异常)。

错误内容：并列运转总合检查不一致。

对策：两台 PLC 的电源是否开启，主机与并列运转模组间的连接线是否正确连接。

20. 错误代码(D8063)：6314。

错误信息：PARALLEL LINK ERROR (并列运转通信异常)。

错误内容：并列运转字符串异常。

对策：两台 PLC 的电源是否开启，主机与并列运转模组间的连接线是否正确连接。

21. 错误代码(D8064)：6401。

错误信息：PARAMETER ERROR (参数错误)。

错误内容：程序总合检查不一致。

对策：将 PLC 拨至“STOP”的状态，检查参数设定是否正确。

22. 错误代码(D8064)：6402。

错误信息：PARAMETER ERROR (参数错误)。

错误内容：记忆容量设定不正确。

对策：将 PLC 拨至“STOP”的状态，检查参数设定是否正确。

23. 错误代码(D8064)：6403。

错误信息：PARAMETER ERROR (参数错误)。

错误内容：停电保持区域设定不正确。

对策：将 PLC 拨至“STOP”的状态，检查参数设定是否正确。

24. 错误代码(D8064)：6404。

错误信息：PARAMETER ERROR (参数错误)。

错误内容：注解区域设定不正确。

对策：将 PLC 拨至“STOP”的状态，检查参数设定是否正确。

25. 错误代码(D8064)：6405。

错误信息：PARAMETER ERROR (参数错误)。

错误内容：档案暂存器区域设定不正确。

对策：将 PLC 拨至“STOP”的状态，检查参数设定是否正确。

**26. 错误代码(D8064)：6409。**

错误信息：PARAMETER ERROR (参数错误)。

错误内容：其他的设定不正确。

对策：将 PLC 拨至“STOP”的状态，检查参数设定是否正确。

**27. 错误代码(D8065)：6501。**

错误信息：SYNTAX ERROR (PLC 停止运转，语法错误)。

错误内容：指令与运算元的组合不正确。

对策：请检查程序中每一个指令的使用方法是否正确。

**28. 错误代码(D8065)：6502。**

错误信息：SYNTAX ERROR (PLC 停止运转，语法错误)。

错误内容：设定值前并无 OUT T、OUT C 指令。

对策：请检查程序中每一个指令的使用方法是否正确。

**29. 错误代码(D8065)：6503。**

错误信息：SYNTAX ERROR (PLC 停止运转，语法错误)。

错误内容：OUT T、OUT C 后无设定值，应用指令的运算元个数不足。

对策：请检查程序中每一个指令的使用方法是否正确。

**30. 错误代码(D8065)：6504。**

错误信息：SYNTAX ERROR (PLC 停止运转，语法错误)。

错误内容：P 的号码重复使用，中断插入输入端号码与高速计数输入端号码重复使用。

对策：请检查程序中每一个指令的使用方法是否正确。

**31. 错误代码(D8065)：6505。**

错误信息：SYNTAX ERROR (PLC 停止运转，语法错误)。

错误内容：所指定的元件超过范围。

对策：请检查程序中每一个指令的使用方法是否正确。

**32. 错误代码(D8065)：6506。**

错误信息：SYNTAX ERROR (PLC 停止运转，语法错误)。

错误内容：使用未定义的指令。

对策：请检查程序中每一个指令的使用方法是否正确。

**33. 错误代码(D8065)：6507。**

错误信息：SYNTAX ERROR (PLC 停止运转，语法错误)。

错误内容：P 号码错误。

对策：请检查程序中每一个指令的使用方法是否正确。

**34. 错误代码(D8065)：6508。**

错误信息：SYNTAX ERROR (PLC 停止运转，语法错误)。

错误内容：I 号码错误。

对策：请检查程序中每一个指令的使用方法是否正确。

**35. 错误代码(D8065)：6509。**

错误信息：SYNTAX ERROR (PLC 停止运转，语法错误)。

错误内容：其他。

对策：请检查程序中每一个指令的使用方法是否正确。

**36. 错误代码(D8065)：6510。**

错误信息：SYNTAX ERROR (PLC 停止运转，语法错误)。

错误内容：MC/MCR 的 N 号码使用不当。

对策：请检查程序中每一个指令的使用方法是否正确。

**37. 错误代码(D8065)：6511。**

错误信息：SYNTAX ERROR (PLC 停止运转，语法错误)。

错误内容：中断插入输入端号码与高速计数输入端号码重复使用。

对策：请检查程序中每一个指令的使用方法是否正确。

# 附录 4　可编程序控制系统设计师(三级)理论模拟试卷与参考答案

## 一、可编程序控制系统设计师(三级)理论模拟试卷 1

(考试时间：90 分钟)

**注意事项**

1．请首先按要求在试卷的标封处填写您的姓名、考号和所在单位的名称。

2．请仔细阅读各种题目的回答要求，在规定的位置填写您的答案。

3．不要在试卷上乱写、乱画，不要在标封区填写无关内容。

| 题号 | 一 | 二 | 三 | 总分 |
|---|---|---|---|---|
| 得分 | | | | |
| 阅卷老师 | | | | |

**一、单项选择题** (下列各题有且只有一个正确答案，请将正确答案代号填入括号内，每题 1 分，共 70 分。)

1．将下图所示的梯形图写成指令，正确的是(　　)。

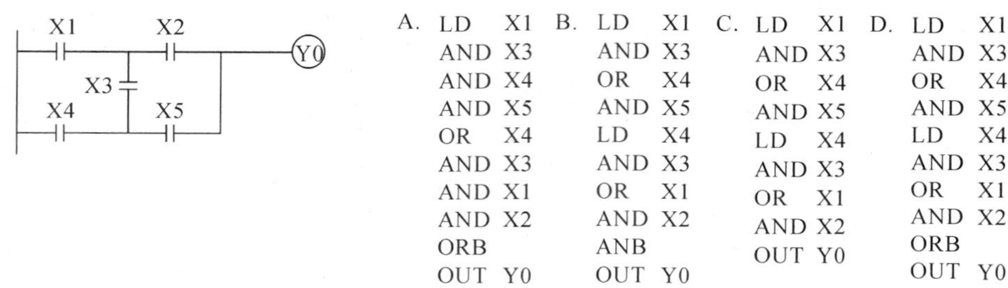


2. PLC 的工作原理，概括而言，PLC 是按集中输入、集中输出，周期性(　　)的方式进行工作的。

A．并行扫描　　B．循环扫描　　C．一次扫描　　D．多次扫描

3．指令 M8000 SEGD D10 K2 Y0 执行后，Y0～Y7 中点亮的有 Y2、Y3、Y4、Y5、Y6，则 D10 中的数是(　　)。

A．K9　　B．K10　　C．K11　　D．K12

4．当输入量保持不变时，输出量却随着时间直线上升的环节为(　　)。

A．比例环节　　B．积分环节　　C．惯性环节　　D．微分环节

5. 调试时，若将比例积分(PI)调节器的反馈电容短接，则该调节器将成为(　　)。

A. 比例调节器　　B. 积分调节器

C. 比例微分调节器　　D. 比例积分微分调节器

6. 当(D10) = K35，且条件满足执行 ├─X10─┤├── BCD　D10　K2Y0 指令时，Y0～Y7 中点亮的一组为(　　)。

A. Y0　Y1　Y4　Y6　　B. Y0　Y2　Y4　Y5

C. Y0　Y1　Y5　　D. 不能点亮

7. 触摸屏是用于实现替代设备的(　　)功能。

A. 传统继电控制系统　　B. PLC 控制系统

C. 工控机系统　　D. 传统开关按钮型操作面板

8. IEC 标准的 5 种编程语言中，属于文本语言的是(　　)。

A. 指令表和结构文本　　B. 梯形图和指令表

C. 功能块图和顺序功能图　　D. 梯形图和顺序功能图

9. 在梯形图编程的基本规则中，下列说法不正确的是(　　)。

A. 触点下能放在线圈的右边

B. 线圈不能直接连接在左边的母线上

C. 双线圈输出容易引起误操作，应尽量避免线圈重复使用

D. 梯形图中的触点与继电器线圈均可以任意串联或并联

10. PLC 软件由(　　)和用户程序组成。

A. 输入输出　　B. 编译程序　　C. 监控程序　　D. 系统程序

11. 在 PLC 温控系统中，检测温度需用(　　)扩展模块。

A. FX$_{2N}$-4AD　　B. FX$_{2N}$-4DA　　C. FX$_{2N}$-4AD-TC　　D. FX$_{0N}$-3A

12. 检测各种非金属制品，应选用(　　)型的接近开关。

A. 电容　　B. 永磁型及磁敏元件

C. 高频振荡　　D. 霍尔

13. M8002 的功能有(　　)。

A. 置位功能　　B. 复位功能　　C. 常数　　D. 初始化功能

14. 下列语句选项中表述错误的是(　　)。

A. LD　S10　　B. OUT X01　　C. SET Y01　　D. OR T10

15. 三菱 FX 系列 PLC 中，M0～M15 中 M0、M3 数值都为 1，其他都为 0，那么 K4 M0 数值等于(　　)。

A. 10　　B. 9　　C. 11　　D. 12

16. 三菱 FX 系列 PLC，读取特殊扩展模块数据采用的指令是(　　)。

A. FROM　　B. TO　　C. RS　　D. PID

17. 三菱 FX 系列 PLC，32 位的数值传送指令是(　　)。

A. DMOV　　B. MOV　　C. MEAN　　D. RS

18. 三菱 FX 系列 PLC 外部仪表进行通信采用的指令是(　　)。

A. ALT　　B. PID　　C. RS　　D. TO

19. 三菱 FX 系列 PLC，写入特殊扩展模块数据采用的指令是(　　)。

A. FROM　B. TO　C. RS　D. PID

20. PLC 程序中，手动程序和自动程序需要(　　)。

A. 自锁　B. 互锁　C. 保持　D. 联动

21. 触摸屏通过(　　)方式与 PLC 交流信息。

A. 通信　B. I/O 信号控制

C. 继电器连接　D. 电气连接

22. 触摸屏实现数值输入时，要对应的 PLC 内部的(　　)。

A. 输入点 X　B. 输出点 Y　C. 数据存储器 D　D. 定时器 T

23. 触摸屏实现按钮输入时，要对应的 PLC 内部的(　　)。

A. 输入点 X　B. 内部辅助继电器 M

C. 数据存储器 D　D. 输出点 Y

24. 触摸屏实现画面时，必须指定(　　)。

A. 当前画面编号　B. 目标画面编号

C. 无所谓　D. 视情况而定

25. 触摸屏不能替代传统操作面板的(　　)功能。

A. 手动输入的常开按钮　B. 数值指拨开关

C. 急停开关　D. LED 信号灯

26. 触摸屏的尺寸是 5.7 英寸，指得是(　　)。

A. 长度　B. 宽度　C. 对角线　D. 厚度

27. 一般而言，PLC 的 I/O 点数要冗余(　　)。

A. 10%　B. 5%　C. 15%　D. 20%

28. 当(D10) = K42、(D12) = K48 时，执行 X11 —| |— WXOR D10 D12 D14 / CML D14 D14 指令后，D14 中的内容变为(　　)。

A. 48　B. 26　C. 42　D. 44

29. PLC 的一输出继电器控制的接触器不动作，检查发现对应的继电器指示灯不亮。下列对故障分析不正确的是(　　)。

A. 接触器故障　B. 端子接触不良

C. 输出继电器故障　D. 软件故障

30. 当条件满足时，执行 X2 —| |— DMOV K65536 D10 指令时，D11 里面的值为(　　)。

A. 65 535　B. 1　C. −1　D. 0

31. 三菱 FX 系列 PLC，写入特殊扩展模块数据采用的指令是(　　)。

A. FROM　B. TD　C. RS　D. PID

32. 当执行 M8000 —| |— CMP K3X0 H18A M10 指令时，下列(　　)输入为 ON 时，M11 就为 ON。

A. X1 X3 X7 X10　B. X0 X7 X11 X13

C. X6 X5 X6 X10　D. X0 X5 X6 X13

33. 59 转换成十六进制数是(　　)。

A. 3AH　B. 3BH　C. 3CH　D. 3DH

34. 变频器发生故障跳闸后，使其恢复正常状态应按(　　)键。

A. MOD　　B. PRC　　C. RESET　　D. RUN

35. 指令 ├─X10─┤├─ FMOV　K100　C197ⁿ 能正确执行时，n 为(　　)。

A. K100　　B. K10　　C. K3　　D. K4

36. 下列传感器中属于开关量传感器的是(　　)。

A. 热电阻　　B. 温度开关　　C. 加热开关　　D. 热电偶

37. 计算机网络的应用越来越普遍，其最大好处在于(　　)。

A. 节省人力　　B. 存储容量大

C. 可实现资源共享　　D. 使信息存储速度提高

38. 简单的自动生产流水线，一般采用(　　)控制。

A. 顺序　　B. 反馈　　C. 前馈　　D. 闭环

39. 热继电器是一种利用(　　)进行工作的保护电器。

A. 电流的热效应原理　　B. 监测导体发热的原理

C. 监测线圈温度　　D. 测量红外线

40. 绝缘栅双极晶体管具有(　　)的优点。

A. 晶闸管　　B. 单结晶体管

B. 电力场效应管　　D. 电力晶体管和电力场效应管

41. FX 系列 PLC，指令 [PWM K100 D0 Y0] 中，其中的 D0 为(　　)。

A. 最高频率　　B. 周期　　C. 指定脉宽　　D. 输出脉冲数

42. FX 系列 PLC，指令 [RS D200 D0 D500 D1] 中，其中的 D200 为(　　)。

A. 发送数据地址　　B. 接收数据地址

C. 发送点数　　D. 接收点数

43. FX 系列 PLC，指令 [PLSR K1000 D0 Y0] 中，其中的 K3600 为(　　)。

A. 1 最高频率　　B. 最低频率

C. 加减速时间　　D. 总输出脉冲数

44. FX 系列 PLC，指令 [PLSY K1000 D0 Y0] 中，其中的 K1000 为(　　)。

A. 1 最高频率　　B. 最低频率

C. 指定频率　　D. 输出脉冲数

45. 下面不属于现场总线的是(　　)。

A. 1TCP/IP　　B. CC-Link　　C. CANbus　　D. Profibus

46. PLC 的 RS-485 专用通信模块的通信距离是(　　)。

A. 1300 m　　B. 200 m　　C. 500 m　　D. 15 m

47. OSI 参考模型中的低层协议一般指(　　)。

A. 物理层　　B. 物理层和数据链路层

C. 物理层、数据链路层和网络层　　D. 物理层、数据链路层、网络层和运输层

48. 变频器采用 *U/f* 控制方式时，低速转矩不足可以增大变频器的(　　)参数。

A. 加速时间　　B. 转矩补偿　　C. 额定电压　　D. 基准频率

49. 通用变频器适用于(　　)电动机调速。

A. 直流　　B. 交流笼式　　C. 步进　　D. 交流绕线式

50. 变频器调速驱动时，发现电动机启动冲击较大，而且启动电流较高，可以对变频器做如下调整(　　)。

A. 加大加速时间　　B. 减少加速时间

C. 加大减速时间　　D. 减少减速时间

51. 在放大电路中，为了稳定输出电压，应引入(　　)。

A. 电压负反馈　　B. 电压正反馈

C. 电流负反馈　　D. 电流正反馈

52. 某开环控制系统改为闭环后，下列描述错误的是(　　)。

A. 可减少或消除误差　　B. 能抑制外部干扰但不能抑制内部干扰

C. 可能出现不稳定的现象　　D. 系统的控制精度主要由测量元件的精度决定

53. PID 控制中，参数 $K_p$ 是(　　)。

A. 比例时间　　B. 积分增益　　C. 微分增益　　D. 比例增益

54. 调试时，若将比例积分(PI)调节器的反馈电容短接，则该调节器将成为(　　)。

A. 比例调节器　　B. 积分调节器

C. 比例微分调节器　　D. 比例积分微分调节器

55. 在透射直线式标尺光栅移动过程中，光电元件接收到的光通量忽强忽弱，于是产生了近似(　　)的电流。

A. 方波　　B. 正弦波　　C. 锯齿波　　D. 梯形波

56. 以下不属于变频器的控制方式的是(　　)。

A. $U/f$ 控制方式　　B. 矢量控制方式

C. 直接力矩控制　　D. $I/f$ 控制方式

57. 触摸屏一般由触摸检测装置和触摸屏控制器组成，触摸检测装置安装在显示器的(　　)。

A. 中间　　B. 前面　　C. 后面　　D. 左边

58. 正弦波脉宽调制波(SPWN)是(　　)叠加运算而得到的。

A. 正弦波与等腰三角波　　B. 矩形波与等腰三角波

C. 正弦波与矩形波　　D. 正弦波与正弦波

59. RS-485 接口具有抑制(　　)干扰的功能，适合长距离传输。

A. 差模　　B. 加模　　C. 共模　　D. 减模

60. FX 系列 PLC 的 PID 自动调谐功能是用阶跃响应法自动设定(　　)。

A. 采样时间、比例增益、积分时间、微分增益

B. 采样时间、比例增益、积分时间、微分时间

C. 动作方向、比例增益、积分时间、微分增益

D. 动作方向、比例增益、积分时间、微分时间

61. 液压伺服马达是液压伺服系统中常用的一种(　　)元件。

A. 执行　　B. 检测　　C. 控制　　D. 比较

62. FX 系列 PLC 使用 RS-485 标准进行有协议或无协议通信时，最多可连接(　　)个从站。

A. 8　　B. 16　　C. 32　　D. 64

63. 关于串行传输，下面描述错误的是(　　)。

A. 串行传输是将传送数据的各个位按顺序传送

B. 串行传输所需的通信线少，成本低

C. 串行传输比并行传输的速度更快

D. 串行传输比并行传输的通信距离长

64. 奇校验方式中，若发送端的数据位 b0～b6 为 0100100，则校验位 b7 应为(　　)。

A. 0　　B. 1　　C. 2　　D. 3

65. 串行通信速率为 19 200 b/s，如果采用 10 位编码表示一个字节，包括 1 位起始位、8 位数据位、1 位结束位，那么每秒最多可传输(　　)个字节。

A. 1200　　B. 2400　　C. 1920　　D. 19 200

66. 为使三位四通阀在中位工作时能使液压缸闭锁，应采用(　　)。

A. “O”形阀　　B. “H” 形阀　　C. “Y” 形阀　　D. “P” 形阀

67. 要实现多台 FX 系列 PLC 的 N：N 网络运行，需选用特殊功能模块(　　)。

A. $FX_{2N}$-232- BD　　B. $FX_{2N}$-485-BD

C. $FX_{2N}$-422-BD　　D. $FX_{2N}$-232-1F

68. 班组管理中一直贯彻(　　)的指导方针。

A. 安全第一、质量第二　　B. 安全第二、质量第一

C. 生产第一、质量第一　　D. 安全第一、质量第一

69. 十进制 7777 转换为二进制数是(　　)。

A. 1110001100001　　B. 1111011100011

C. 1100111100111　　D. 1111001100001

70. 十六进制数 ABCDEH 转换为十进制数是(　　)。

A. 713710　　B. 703710　　C. 693710　　D. 371070

**二、多项选择题**(下列各题至少有两个或两个以上答案，请选择正确答案。多选不得分，少选但选正确每个得 0.5 分，完全正确得 1.5 分，本题共计 15 分。)

1. 子程序调用和返回包括(　　)。

A. END　　B. CALL(01)　　C. SRET(02)

D. RET　　E. NEXT

2. 由位元件组成字元件常用的位元件包括(　　)。

A. X　　B. Y　　C. M

D. T　　E. S

3. 三菱 MELSES-A 系列 PLC 与位计算进行通信时，其通信模块一般要进行以下(　　)设置。

A．PLC 程序在运行时，能否进行“写”操作

B. 传输速率

C. 数据位数和停止位数

D. 有无奇偶

E. 通信协议

4. PLC 的工作过程包括(　　)。

A. 程序的扫描阶段　　B. 输入采样阶段
C. 程序执行阶段　　D. 输出采样阶段
E. 输出刷新阶段

5. 节省 PLC 输入点的方法有(　　)。
A. 分组输入　　B. 矩阵输入
C. 使用人机界面　　D. 使用扩展模块
E. 尽可能减少信号输入点

6. FX 系列 PLC 用于通信的辅助继电器包括(　　)。
A. M8122　　B. M8123　　C. M8161
D. M8261　　E. M8012

7. 传感器按信号形式划分有(　　)。
A. 开关式　　B. 模拟连续式　　C. 电阻式
D. 数字式　　E. 模拟脉冲式

8.(　　)属于接触式开关传感器。
A. 按钮开关　　B. 行程开关　　C. 光电开关
D. 接近开关　　E. 微动开关

9. 在 FX 系列 PLC 中，块传送指令 BMOV D5 D10 K3 的功能是将以 D5 为起始单元的三个数分别传送到(　　)寄存器中。
A. D10　　B. D11　　C. D12
D. D13　　E. D14

10. 气动执行元件的分类有(　　)。
A. 气阀　　B. 气压传感器　　C. 气缸
D. 气马达　　E. 空气接头

**三、是非题**(在正确的题后括号内标“√”，错误的标“×”，每题 1 分，共 15 分。)

1. 实现同一个控制任务的 PLC 应用程序是唯一的。(　　)
2. 逻辑表达式 A + ABC = A.。(　　)
3. FX 系列 PLC 的输入/输出继电器采用八进制编号，软元件则采用十进制编号。(　　)
4. PLC 也具有中断控制功能。(　　)
5. 系统程序是由 PLC 生产厂家编写的，固化在 RAM 中。(　　)
6. PLC 的用户程序是逐条执行的，执行结果依次放入输出映像寄存器。(　　)
7. 在编写 PLC 程序时，触点既可画在水平线上，也可画在垂直线上。(　　)
8. PLC 输入继电器不仅能由外部输入信号驱动，而且也能被程序指令驱动。(　　)
9. 编译是将 PLC 的用户程序转换为 PLC 可以直接识别的机器代码。(　　)
10. RS-232 和 RS-485 都属于串行异步通信接口。(　　)
11. HMI 的英文写法是 human machine interface。(　　)
12. 电容式触摸屏比电阻式触摸屏更稳定，不会产生漂移。(　　)
13. 避雷针实际是引雷针，将高压云层的雷电引入大地，使建筑物、电气设备避免雷击。(　　)
14. 触电者有心跳无呼吸时，应进行人工呼吸。(　　)

15. 计算机犯罪的形式是未经授权而非法入侵计算机系统，复制程序或数据文件。(　　)

## 可编程序控制系统设计师(三级)理论模拟试卷 1 参考答案

### 一、单项选择题

| 1 | 2 | 3 | 4 | 5 | 6 | 7 | 8 | 9 | 10 |
|---|---|---|---|---|---|---|---|---|---|
| D | B | C | B | A | B | D | A | A | D |
| 11 | 12 | 13 | 14 | 15 | 16 | 17 | 18 | 19 | 20 |
| C | A | D | B | B | A | A | C | B | B |
| 21 | 22 | 23 | 24 | 25 | 26 | 27 | 28 | 29 | 30 |
| B | C | A | B | B | C | A | D | A | B |
| 31 | 32 | 33 | 34 | 35 | 36 | 37 | 38 | 39 | 40 |
| B | A | B | C | C | B | C | A | A | D |
| 41 | 42 | 43 | 44 | 45 | 46 | 47 | 48 | 49 | 50 |
| B | A | C | C | A | A | A | C | B | A |
| 51 | 52 | 53 | 54 | 55 | 56 | 57 | 58 | 59 | 60 |
| B | B | D | A | B | D | B | C | C | D |
| 61 | 62 | 63 | 64 | 65 | 66 | 67 | 68 | 69 | 70 |
| A | A | C | B | C | A | B | A | D | B |

### 二、多项选择题

| 1 | 2 | 3 | 4 | 5 | 6 | 7 | 8 | 9 | 10 |
|---|---|---|---|---|---|---|---|---|---|
| BC | ABC | ABCDE | BCE | ABCE | ABC | ABDE | ABE | ABC | CD |

### 三、是非题

| 1 | 2 | 3 | 4 | 5 | 6 | 7 | 8 | 9 | 10 |
|---|---|---|---|---|---|---|---|---|---|
| × | √ | × | √ | × | √ | × | √ | √ | √ |
| 11 | 12 | 13 | 14 | 15 | | | | | |
| × | × | √ | √ | √ | | | | | |

## 二、可编程序控制系统设计师(三级)理论模拟试卷 2

(考试时间：90 分钟)

### 注意事项

1. 请首先按要求在试卷的标封处填写您的姓名、考号和所在单位的名称。
2. 请仔细阅读各种题目的回答要求，在规定的位置填写您的答案。
3. 不要在试卷上乱写、乱画，不要在标封区填写无关内容。

| 题号 | 一 | 二 | 三 | 总分 |
|---|---|---|---|---|
| 得分 | | | | |
| 阅卷老师 | | | | |

**一、单项选择题** (下列各题有且只有一个正确答案，请将相应的字母填入括号中，每题 1 分，共 60 分。)

1. (　　)是指从事一定职业劳动的人们，在长期的职业活动中形成的行为规范。
A. 道德水准　　B. 爱岗敬业　　C. 思维习惯　　D. 职业道德

2. 职业道德对企业起到(　　)的作用。
A. 增强员工独立意识　　B. 磨合上级与员工关系
C. 使员工规矩做事情　　D. 增强凝聚力

3. 职业纪律是企业的行为规范，具有的特点是(　　)。
A. 明确的规定性　　B. 高度的强制性
C. 普遍的适用性　　D. 完全自愿性

4. 爱岗敬业的具体要求体现在(　　)。
A. 具有强烈的事业心和责任感　　B. 就是一辈子不换岗
C. 追求职业利益　　D. 自觉地遵纪守法

5. 创新对企事业和个人发展的作用体现在(　　)。
A. 创新对企事业和个人发展不会产生巨大动力
B. 创新对个人发展无关紧要
C. 创新是提高企业市场竞争力的重要途径
D. 创新对企事业和个人来说就是要独立自主

6. 在企业的活动中，(　　)不符合平等尊重的要求。-
A. 根据员工技术专长进行分工
B. 根据服务对象的年龄采取不同的服务措施
C. 领导与员工之间要平等和互相尊重
D. 同工同酬，取消员工之间的一切差别

7. 对诚实守信的认识正确的说法是(　　)。
A. 诚实守信与经济发展相矛盾

B. 在激烈的市场竞争中，信守承诺者往往失败

C. 是否诚实我们要视具体对象而定

D. 诚实守信是市场经济既有的市场法则

8. 关于办事公道的说法，正确的是(　　)。

A. 办事公道就是按照一个标准办事

B. 办事公道不可能有明确的标准，只能因人而异

C. 一般工作人员接待顾客不以貌取人，也属办事公道

D. 任何人在处理涉及他朋友的问题时，都不可能真正做到办事公道

9. 在职业实践中，要做到公私分明，下列不正确的叙述是(　　)。

A. 正确认识公与私的关.系　　B. 树立奉献精神

C. 从细微处严格要求自己　　D. 以自身利益为主，公私兼顾

10. 分折和计算结构复杂的电路时，应采用支路电流法、网孔电流法、(　　)及叠加定理来进行。

A. 结点电压法　　B. Y-△变换法　　C. △-Y 变换法　　D. 电路测量法

11. (　　)电源任意相邻的两相在空间上存在着 120 度的相位差。

A. 三相交流　　B. 正弦交流　　C. 脉冲直流　　D. 步进直流

12. 正弦量可以用波形表示法、三角函数表示法、(　　)来表示。

A. 图表表示法　　B. 变量表示法

C. 相量表示法　　D. 图形表示法

13. 电子器件带感性负载时，通常采用反向二极管、压敏电阻、(　　)等保护措施，防止负载在通断瞬间产生的浪涌电压对电子器件造成损坏。

A. 熔断保护器　　B. 电流限制器

C. 隔离变压器　　D. 阻容回路

14. (　　)存储器按采用元件的类型来分有双极型和 MOS 型存储器两大类。

A. 电容　　B. 磁芯　　C. 晶体管　　D. 半导体

15. 数/模转换的作用是把(　　)转换成模拟电压或模拟电流。

A. 开关量　　B. 数字量　　C. BCD 码　　D. 8421 码

16. 交流异步电动机实现减压启动时刻采用(　　)启动控制方式。

A. Y/三角形　　B. 三角形/Y　　C. YY/三角形　　D. 三角形/YY

17. PLC 采用的是一个不断循环顺序扫描的工作方式，每一次扫描所用的时间称为(　　)。

A. 固定扫描周期　　B. 程序调用周期

C. 扫描周期或工作周期　　D. 中断扫描周期

18. 输入映像区的状态在程序执行阶段(　　)，其状态取决于上一周期从输入端子中采样的数据。

A. 进行刷新　　B. 保持不变　　C. 进行传送　　D. 进行采集

19. PLC 的软件包括(　　)和应用软件两大部分。

A. 绘图软件　　B. 组态软件　　C. 设计软件　　D. 系统软件

20. 人机接口又称人机界面，简称为(　　)。

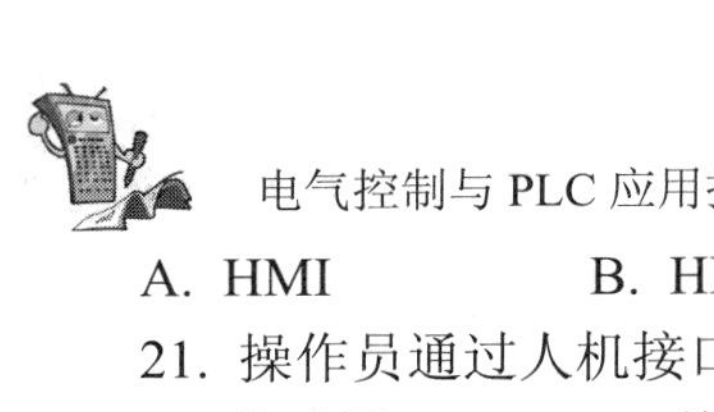



A. HMI　　B. HHI　　C. MMI　　D. MPI

21. 操作员通过人机接口对过程的控制是指操作员通过()控制过程。

A. 传感器　　B. 单片机　　C. 光耦　　D. 图形界面

22. 工业局域网一般采用纵向层次结构，包括直接控制级、监控和优化级、(　　)。

A. 监控级　　B. 策略控制级　　C. 管理级　　D. 故障处理级

23. 总线是传输信号或信息的公共路径，一组设备通过总线连在一起称为总线段。只能连接在总线上，对总线信息进行接收查询的设备称为(　　)。

A. 总线主设备　　B. 总线控制设备

C. 总线从设备　　D. 总线命令者

24. 物理层在信道上传送未经处理的信息，该层协议通信双方的(　　)、电气和连接规程。

A. 数据加密　　B. 机械　　C. 数据校验　　D. 数据打包

25. 早期的物理层标准是在边界点定义电气特性，最近的标准则说明了发送器和接收器的电气特性，而且给出了有关对(　　)的控制。

A. 连接规程　　B. 分层如何传送

C. 数据加密　　D. 连接电缆

26. RS-232 串行接口标准规定了数据终端和数据通信设备之间信息交换的方式和功能，使用(　　)连接器。

A. 2 针或 9 针　　B. 9 针或 22 针

C. 9 针或 25 针　　D. 22 针或 22 针

27. RS-485 定义了一种平衡通信接口。将传输速率提高到(　　)，传输距离延长到 1200 m。

A. 10 Mb/s　　B. 20 Mb/s　　C. 30 Mb/s　　D. 40 Mb/s

28. IEEE802 协议的逻辑链路控制层支持(　　)、数据流控制、命令解释及产生响应等。

A. 数据封装　　B. 数据链接收功能

C. 数据拆装　　D. 介质访问

29. 光缆的中心部分包括(　　)，通过从激光成发光二极管发出的光波穿过中心纤维进行数据传输。

A. 一个或多根导线　　B. 多根玻璃纤维

C. 一个或多根玻璃纤维　　D. 一根玻璃纤维

30. 光缆传输衰减极小，使用光纤传输时，可以达到在 6～8 km 距离内(　　)的数据传输。

A. 使用中继器的低速率　　B. 不使用中继器的低速率

C. 不使用中继器的高速率　　D. 使用中继器的高速率

31. 欧姆龙公司生产的 NS 系列触摸屏是一款整体机，额定电压为 24 V DC，分辨率为 800 × 600，可显示(　　)种颜色。

A. 64　　B. 128　　C. 256　　D. 215

32. 三菱 A985GOT 触摸屏通过(　　)与 PLC CPU 直接连接。

A. 总线连接接口板　　　　B. RS-232 串行接口板

B. 数据链接模板　　　　D. RS-485 串行接口板

33. 西门子 TP170A 触摸屏是额定电压(　　)，分辨率为 320 × 240，5.7 英寸的 4 级灰度蓝色液晶屏。

A. 10 V DC　　B. 24 V DC　　C. 36 V DC　　D. 48 V DC

34. 西门子 K-TP178 触摸屏是专门针对中小型自动化产品用户需求设计的 5.7 英寸触摸屏，与 S7-200 PLC 配合使用，用(　　)组态。

A. Cimplicity　　B. STEP7-Micro/WIN

C. WinCC flexible　　D. InTouch

35. 西门子多功能面板使用的图形对象包括(　　)、图标、矢量图形，字符可以任意。

A. 线图　　B. 点图　　C. 位图　　D. 图片

36. 触摸屏是一种(　　)的绝对定位系统，每次触摸的位置都转换为屏幕上的坐标。

A. 透明　　B. 半透明　　C. 非透明　　D. 图形

37. 电容式触摸屏是一块(　　)层复合成玻璃屏，玻璃屏的内表层和夹层各镀有一层。

A. 2　　B. 3　　C. 4　　D. 5

38. 电容式触摸屏是一块 4 层符合玻璃屏，玻璃屏的内表层和夹层各镀有一层(　　)。

A. OTI　　B. IOF　　C. TIO　　D. ITO

39. 红外线触摸屏到四边排布红外线发射管和红外线接受管，形成红外线(　　)。

A. 图阵　　B. 点阵　　C. 位阵　　D. 矩阵

40. (　　)触摸屏的缺点是屏幕表面如果有水滴和尘土会使触摸屏变得迟钝，甚至不工作。

A. 电阻式　　B. 电容感应式　　C. 红外线式　　D. 表图声波式

41. 在设计人机接口界面时，按照不同的(　　)选择适当的人机交互方式。

A. 任务要求　　B. 控制条件　　C. 硬件设备　　D. 对象、任务类型

42. 人机接口交互方式中的图形符号界面方式的优点是(　　)。

A. 易于学习和操作　　B. 表达语义准确

C. 图形符号占用较大的屏幕空间　　D. 速度快

43. 人机接口交互方式中菜单界面方式的特点是菜单驱动、(　　)、菜单的转移和返回需要一定时间。

A. 组织层次复杂　　B. 扩展灵活

C. 响应速度快　　D. 适用于结构化系统

44. 采用触摸屏等可编程终端代替传统的按钮、开关，甚至将(　　)作为人机接口设备，在工业现场得到了广泛的应用。

A. 传感器　　B. 变频器　　C. 电机　　D. 仪表

45. 现场总线技术是(　　)把控制器与现场设备连接起来。信息传输实现全数字化，实现了检错、纠错的功能，提高了信号传输的可能性。

A. 只用一条通信电缆　　B. 用一对一 I/O 读线方式

C. 用一对多 I/O 读线方式　　D. 用多对多 I/O 读线方式

46. 现场总线比较达成共识的 3 层设备、2 层网络的 3 + 2 结构中的 2 层网络是指(　　)

和控制设备与操作设备之间的管理网。

A. 现场设备与操作设备之间的管理网　　B. 现场设备与操作设备之间的控制网

C. 现场设备与控制设备之间的控制网　　D. 操作设备与控制设备之间的控制网

47. 现场总线系统的互操作性是指实现互联设备间、系统间的信息传送与沟通，可实行(　　)的数字通信。

A. 点对点、多点对多点　　B. 一点对多点、多点对多点

C. 点对点、一点对多点　　D. 多点对多点

48. CC-Link 是(　　)与通信链路系统的简称，是可以将控制和信息数据同时以最高10 Mb/s 高速传输的现场总线。

A. 主从　　B. 控制　　C. 集散　　D. 集中

49. CC-Link 采用(　　)方式通过屏蔽双绞线进行连接，每个网络层可由 1 个主站和多达 54 个子站组成。

A. 总线　　B. 网络形　　C. 环形　　D. 树形

50. CC-Link 的循环通信是指数据一直不停地在网络中传送，瞬时通信是(　　)，可以用专用的指令实现一对一的通信。

A. 与循环通信同时使用　　B. 在循环通信不使用时

C. 在循环通信的数据量不够用时　　D. 随意使用

51. DeviceNet 采用 CAN 物理层和数据链路层规范，最多可支持(　　)个节点。

A. 16　　B. 32　　C. 64　　D. 128

52. DeviceNet 的数据传输波特率是(　　)。

A. 100 kb/s、250 kb/s、500 kb/s　　B. 125 kb/s、300 kb/s、500 kb/s

C. 125 kb/s、250 kb/s、600 kb/s　　D. 100 kb/s、250 kb/s、500 kb/s

53. DeviceNet 介质具有线性总线拓扑结构，每个干线的末端都需要终端电阻，每条直线最长为(　　)。

A. 9 m　　B. 8 m　　C. 7 m　　D. 6 m

54. Interbus 是一种串行性总线系统，使用于分散的输入/输出，支持(　　)拓扑网络，数据传输遵循 RS-485 标准。

A. 总线型　　B. 环形　　C. 树形　　D. 星形

55. Interbus 总线采用总体帧协议传输循环过程数据和非循环数据，共用(　　)个二进制过程数据同时被集成在循环协议中。

A. 64　　B. 32　　C. 16　　D. 8

56. 在 Interbus 总线的环形系统中，最后一个总线模块直接与主站的接收器相连，这样(　　)。

A. 第一个总线模块的寄存器的内容首先被送入从站

B. 第一个总线模块的寄存器的内容首先被送入主站

C. 最后一个总线模块的寄存器的内容首先被送入主站

D. 最后一个总线模块的寄存器的内容首先被送入从站

57. 用于 PROFIBUS-DP 的 RS-485 传输技术采用的电缆是屏蔽双绞铜线，共用(　　)导线对。

A. 1根　　B. 2根　　C. 3根　　D. 4根

58. 除周期性用户数据传输外，PROFIBUS-DP 还提供智能化设备所需的非周期性通信，以进行组态、(　　)。

A. 信息交换和报警处理　　B. 诊断和报警处理

C. 诊断和输入IO信息　　D. 输出IO信息和报警处理

59. PROFIBUS-DP 系统中，DP 从站是进行(　　)的外围设备。

A. 诊断和报警处理　　B. 报警处理

C. 诊断处理　　D. 输入/输出信息采集、发送

60. PROFIBUS-DP 系统在运行状态下，第一类主站 DP 处于(　　)的循环传输中。

A. 输出信息保持在诊断状态　　B. 输出信息保持在故障安全状态

C. 没有数据传输　　D. 输入和输出数据

**二、多项选择题** (请选择两个或两个以上正确答案，将相应的字母填入括号中，错选或多选、少选均不得分，也不倒扣分，每题2分，共20分。)

1. (　　)不是接近开关的检测形式。

A. 电阻变化　　B. 压力变化　　C. 流量变化　　D. 电感变化

2. (　　)不是模拟量信号的表示方法。

A. DC：0～5 V　　B. AC：0～10 V

C. DC：0～10 mA　　D. AC：0～10 mA

E. DC：4～20 mA

3. PLC 不使用(　　)作为用户程序存储器。

A. RAM　　B. ROM　　C. PROM

D. EPROM　　E. EEPROM

4. 对呼吸或心跳都已停止的触电者，应采取(　　)。

A. 迅速联系“120”急救中心

B. 人工呼吸急救措施

C. 清理触电者口腔内杂物使其呼吸通畅

D. 胸外心脏挤压急救措施

E、医生到来之前不得间歇和停止救护

5. (　　)属于质量管理体系四大过程范畴。

A. 人员管理　　B. 管理职责　　C. 制度管理

D. 产品实现　　E. 材料管理

6. (　　)不属于质量检验中的“三检”内容。

A. 自检　　B. 日检　　C. 月检

D. 年检　　E. 专检

7. 触摸屏的组态画面可以完成的有(　　)。

A. 数据通信　　B. 设备工作状态的控制

C. 设备生产数据记录　　D. 复杂的逻辑和数值计算

E. 简单的逻辑和数值计算

8. 总线型拓扑结构的特点是(　　)。

A. 结构简单，便于扩充　　B. 结构复杂，不易扩充

C. 对总线电气性能要求高　　D. 对总线电气性能要求低

E. 可靠性高

9. 三菱 GT1595 触摸屏的基本功能是(　　)。

A. 有 65536 色彩屏　　B. 有 512 色彩屏

C. 有 256 色彩屏　　D. 有 128 色彩屏

E. 有 16 色彩屏

10. DeviceNet 的主要用途有(　　)。

A. 传送与低端设备关联的面向控制的信息

B. 传送与高端设备关联的面向控制的信息

C. 传送与低端设备关联的面向管理的信息

D. 传送与高端设备间接关联的信息

E. 传送与被控设备间接关联的信息

**三、判断题** (请将判断结果填入括号中，正确的填“√”，错误的填“×”，每题 1 分，共 20 分。)

1. 勤劳可以提高效率，节俭可以降低成本。　　(　　)
2. 电压源接通或断开外部负载时，其电压值保持不变。　　(　　)
3. 时序逻辑电路的输出状态只与当前输入有关，与原来所处的状态无关。　　(　　)
4. 继电器输出不是开关量传感器的输出形式。　　(　　)
5. 梯形图是基于 Windows 操作系统的一种高级编程语言，它只能在上位机上实现编辑和监控。　　(　　)
6. 建筑物有了固定防雷系统，能防止直击雷，就不需要再设电涌保护器了。　　(　　)
7. 建筑物的保护接地装置，必须采用联合接地装置来实现。　　(　　)
8. 因企业合同而产生的劳动关系变动也应由《劳动法》调整。　　(　　)
9. 无效合同，是指没有法律效力，不被法律承认和保护的合同。　　(　　)
10. 触摸屏属于人机接口设备。　　(　　)
11. 可以使用蘸有强力去污剂的湿布清洁 HMI 设备。　　(　　)
12. 数据通信系统包括传送设备、现场检测设备、通信软件等。　　(　　)
13. 现场总线是实现现场级设备数字化通信的一种工业现场层的网络通信技术。(　　)
14. 数据链路层将输入的数据组成数据流，并在发送端和接收端检验传送的正确性。(　　)
15. HMI 产品发展趋势是显示尺寸小于 5.7 寸的 HMI 产品为主。　　(　　)
16. 三菱 A895GOT 触摸屏是分辨率为 640 × 400，显示尺寸为 246 mm(W) × 184.5 mm(H)的 16 色液晶屏。　　(　　)
17. 将 PLC 网络系统进行分层，各层执行各自承担的任务，层与层之间可以设有接口。(　　)
18. 人级接口设备使用的组态软件就是生产厂家相应 PLC 产品的编程软件。(　　)

19. 西门子 HMI 设备与计算机的通讯设置在 WinCC flexible 的菜单“项目—传送—传送设置”中进行。（　）

20. 触摸屏指示灯只能与外部变量进行连接，不能连接内部变量。（　）

## 可编程序控制系统设计师(三级)理论模拟试卷 2
## 参考答案

### 一、单项选择题

| 1 | 2 | 3 | 4 | 5 | 6 | 7 | 8 | 9 | 10 |
|---|---|---|---|---|---|---|---|---|---|
| D | D | C | A | C | D | D | A | D | A |
| 11 | 12 | 13 | 14 | 15 | 16 | 17 | 18 | 19 | 20 |
| A | C | D | D | B | A | C | B | D | A |
| 21 | 22 | 23 | 24 | 25 | 26 | 27 | 28 | 29 | 30 |
| D | C | C | B | A | C | A | B | C | C |
| 31 | 32 | 33 | 34 | 35 | 36 | 37 | 38 | 39 | 40 |
| C | D | B | C | C | A | C | D | D | D |
| 41 | 42 | 43 | 44 | 45 | 46 | 47 | 48 | 49 | 50 |
| D | A | D | D | A | C | C | B | A | C |
| 51 | 52 | 53 | 54 | 55 | 56 | 57 | 58 | 59 | 60 |
| C | D | D | B | C | C | D | C | D | D |

### 二、多项选择题

| 1 | 2 | 3 | 4 | 5 | 6 | 7 | 8 | 9 | 10 |
|---|---|---|---|---|---|---|---|---|---|
| ABC | BD | ABC | ABCDE | ABDE | BCD | BCE | AC | ACE | AE |

### 三、是非题

| 1 | 2 | 3 | 4 | 5 | 6 | 7 | 8 | 9 | 10 |
|---|---|---|---|---|---|---|---|---|---|
| × | √ | × | × | × | × | × | √ | √ | √ |
| 11 | 12 | 13 | 14 | 15 | 16 | 17 | 18 | 19 | 20 |
| × | √ | × | × | × | × | √ | × | × | √ |

# 参 考 文 献

[1] 李仁．电器控制．北京：机械工业出版社，2000
[2] 李建兴．可编程控制器及其应用．北京：机械工业出版社，1999
[3] 周庆贵．电气控制技术．北京：化学工业出版社，2005
[4] 李振安．工厂电气控制技术．重庆：重庆大学出版社，2007
[5] 赵秉衡．工厂电气控制设备．北京：冶金工业出版社，2001
[6] 廖常初．可编程控制器的编程方法与工程应用．重庆：重庆大学出版社，2001
[7] MITSUBISHI ELECTRIC CORPORATION．$FX_{2N}$编程手册，2000
[8] 赵晶，张辑，彭彦卿，等．台达可编程控制器的原理与应用．厦门：厦门大学出版社，2014
[9] 廖常初．FX 系列 PLC 编程及应用．北京：机械工业出版社，2013
[10] 肖明耀．三菱 FX 系列 PLC 应用技能实训．北京：中国电力出版社，2010
[11] 郑凤翼．三菱 $FX_{2N}$ 系列 PLC 应用 100 例．北京：电子工业出版社，2013
[12] 李响初．图解三菱 PLC、变频器与触摸屏综合应用．北京：机械工业出版社，2013
[13] 蔡杏山．PLC、变频器入门知识与实践课堂．北京：电子工业出版社，2011
[14] 盖超会，阳胜峰．三菱 PLC 与变频器、触摸屏综合培训教程．北京：中国电力出版社，2011
[15] 王建，徐洪亮．三菱变频器入门与典型应用．北京：中国电力出版社，2009
[16] 阳胜峰．视频学工控：三菱 FX 系列 PLC．北京：中国电力出版社，2015
[17] [日]越石健司．触摸屏技术与应用．北京：机械工业出版社，2014
[18] 薛迎成．PLC 与触摸屏控制技术．北京：中国电力出版社，2014
[19] 李响初，李哲，刘拥华．跟我动手学 PLC 与触摸屏．北京：中国电力出版社，2014
[20] 杜诗超，宋永昌，王建．触摸屏、组态软件入门与典型应用．北京：中国电力出版社，2012
[21] 王建，宋永昌．触摸屏实用技术．北京：中国电力出版社，2012
[22] 吴启红．可编程序控制系统设计技术：FX 系列．北京：机械工业出版社，2012
[23] 苟晓卫．PLC 与触摸屏快速入门与实践．北京：人民邮电出版社，2010
[24] 王健，张宏．三菱 PLC 入门与典型应用．北京：中国电力出版社，2009
[25] 薛迎成．PLC 与触摸屏控制技术．北京：中国电力出版社，2008
[26] 三菱电机自动化(中国)有限公司．GOT-F900 系列图形操作终端硬件手册(接线篇)．2002
[27] 三菱电机自动化(中国)有限公司．GOT-F900 系列操作手册．2002

[28] 三菱电机自动化(中国)有限公司．GT Designer2 画面设计手册．2006

[29] 三菱电机自动化(中国)有限公司．GT Designer2 基本操作、数据传输手册．2005

[30] 三菱电机自动化(中国)有限公司．GT Designer2 参考手册．2005

[31] 肖明耀．三菱 FX 系列 PLC 应用技能实训．北京：中国电力出版社，2010